“十一五”高等院校规划教材

DSP原理及电机控制系统应用

冬 雷 编著

北京航空航天大学出版社

内容简介

本书以飞思卡尔56F800E内核的DSP为主，介绍了DSP与单片机混合控制芯片的体系架构和基本工作原理，并在此基础上详细介绍了基于DSP芯片的电机控制系统的硬件设计和软件设计的基本方法、关键步骤和实现手段。主要内容包括：56F800E系列DSP内核与片内外设的结构和基本工作原理；56F800E系列DSP使用与系统开发方法及软/硬件工具；异步电机、无刷直流电机、永磁同步电机和开关磁阻电机的控制原理及DSP控制系统的设计。

本书给出了大量实例和DSP软件例程供相关人员参考。书中所有程序均在实际控制中调试通过。本书紧扣实际应用的主题，实用性较强，可作为电机与电器、电气工程与自动化、电力电子与电力传动专业及其他相关专业的高年级本科生和研究生教材，也可作为工程技术人员研究、开发电机DSP控制系统的参考书。

图书在版编目(CIP)数据

DSP原理及电机控制系统应用/冬雷编著．—北京：北京航空航天大学出版社，2007.6

ISBN 978-7-81124-003-0

Ⅰ．D…　Ⅱ．冬…　Ⅲ．①数字信号—信号处理②电机—控制系统　Ⅳ．TN911.72　TM301.2

中国版本图书馆CIP数据核字(2007)第058387号

DSP原理及电机控制系统应用

冬　雷　编著

责任编辑　孔祥燮　范仲祥

*

北京航空航天大学出版社出版发行

北京市海淀区学院路37号(100083)　发行部电话：010-82317024　传真：010-82328026

http://www.buaapress.com.cn　E-mail：bhpress@263.net

涿州市新华印刷有限公司印装　各地书店经销

*

开本：787×1 092　1/16　印张：24.5　字数：627千字

2007年6月第1版　2007年6月第1次印刷　印数：5 000册

ISBN 978-7-81124-003-0　定价：36.00元

前言

电机控制系统的发展历史悠久，其数字化控制更使这一传统技术焕发了青春。数字信号处理器(DSP)的产生和发展，更为焕然一新的全数字化控制技术插上了翅膀，使之实现了腾飞。

本书以飞思卡尔56F800E为核心的56F8300系列DSP为例，在系统介绍DSP核心的体系架构及基本工作原理的基础上，重点对DSP应用技术进行了较为全面的总结，涵盖了56F800E为核心的DSP的内核、外设、软件开发环境、软件例程及硬件设计参考等诸多方面。由于56F8300系列DSP是针对电机、电源控制而设计的，所以该系列芯片许多片内外设的功能设置大大简化了电机控制系统的设计，也使得DSP的应用可以更加巧妙。本书详细介绍了56F8300系列DSP所独有的、针对电机控制所设计的一些模块的功能和应用方法。

目前，电机控制领域从直流逐渐向交流电机控制系统过渡。异步电机(IM)、无刷直流电机(BLDC)、永磁同步电机(PMSM)和开关磁阻电机(SRD)等，随着微电子技术、DSP技术、电力电子技术以及新的控制理论的不断发展，其性能不断提高，应用领域越来越广泛，成本也越来越低。本书在对上述电机工作原理进行了认真分析总结的基础上，结合56F8300系列DSP的特点，介绍了基于56F8300系列DSP的全数字化电机控制方法，并给出了详细设计方案和部分软件例程。

本书分为上、下篇：上篇为基础篇，包括第1～6章；下篇为应用篇，包括第7～13章。

第1章，概括介绍了DSP的特点及飞思卡尔DSP的发展。

第2章，详细介绍了56F800E系列DSP的内核结构和基本工作原理。

第3章，详细介绍了56F800E系列DSP丰富片内外设的工作原理及应用技巧。

第4章，介绍了DSP的软件开发平台，即CodeWarrior IDE和处理器专家(PE)系统。

第5章，介绍了DSP系统开发过程中非常便利的一个系统工具——“数据观察”。通过该工具可以实时观察DSP内部变量的数值变化。

第6章，从系统的角度详细介绍了如何利用DSP实现数字控制系统应用。其中定点DSP的数字定标和标么化系统是提高DSP利用效能的一个非常实用的技术。

第7章，介绍了基于DSP的电机控制系统的通用外围模块设计。

第8章，介绍了电机控制常用的DSP外围模块的驱动软件设计。

第9章，详细介绍了处理器专家(PE)所提供的电机控制应用软件模块，为系统软件开发提供了便利。

第 10～13 章，分别介绍了基于 56F8300 系列 DSP 全数字化的异步电机、无刷直流电机、永磁同步电机和开关磁阻电机的工作原理及系统软/硬件设计。

本书在编写过程中，得到了廖晓钟教授的关心和指导，在此表示诚挚的感谢。高爽、李莉对本书进行了认真的编辑、校对工作，王夕夕、傅申、王雪平、程子玲、刘震、孟博、王丽婕、杨栋、贾菲、阮浩强、杨飞、孙汶、单志林和文丽婷等也为本书的编写做了大量工作，北京航空航天大学出版社为本书出版做了大量细致工作，在此一并表示由衷的感谢。本书的完成得益于飞思卡尔公司的李秀梅工程师和刘海宁工程师的帮助，他们为作者提供了大量的技术资料和技术支持。

本书还得到了飞思卡尔公司大学计划部金功九先生的大力支持和帮助，清华大学邵贝贝教授对本书进行了仔细的审阅，并提出了大量的宝贵意见，在此表示深深的谢意。

由于作者水平有限，加之编写时间仓促，书中难免会有错误和不足之处，敬请读者批评指正。如果读者有什么疑问，请与作者联系：pemc. bit@163. com。作者希望通过大家的帮助对本书不断地完善，而且愿意通过电子邮件将本书中的源代码等资料发送给感兴趣的读者。

作　者

2007 年 5 月

于北京理工大学

目录

上篇　基础篇

第1章　DSP处理器简介

第2章　DSP56800E内核的结构

第3章 DSP56F8300 DSP 外设

上篇

基础篇

第1章 DSP处理器简介

数字信号处理器DSP(Digital Signal Processor)是指用于数字信号处理的可编程微处理器,是微电子学、数字信号处理和计算机技术这3门学科综合研究的成果。为了实现高速的数字信号处理以及实时地进行系统控制,DSP芯片一般都采用了不同于通用CPU和MCU的特殊软硬件结构。

1.1 DSP芯片的主要特点

尽管不同的DSP其结构不尽相同,但是在处理器结构、指令系统等方面往往有许多共同点。也就是说,通常的DSP芯片都包含以下特点。

1. 哈佛结构和改进的哈佛结构

传统的通用微处理器内部大多采用冯·诺依曼结构 (Von Neumann Architecture),其片内程序空间和数据空间共用一个公共的存储空间和单一的地址与数据总线,将指令、数据存储在同一存储器中,并统一编址,依靠指令计数器提供的地址对指令、数据信息进行区分。这种将程序和数据存储在同一个存储空间中的思想,简化了系统的结构。但是,由于取指令和取操作数据要访问同一存储空间,使用同一总线,指令和数据分时读/写,因此在高速运算时,限制了数据运算速度的提高。

为了进一步提高DSP的处理速度,现代的DSP芯片内部一般都采用哈佛结构(Harvard Architecture)或改进的哈佛结构。哈佛结构的最大特点是计算机具有独立的数据存储空间和程序存储空间,即将数据和程序分别存储在不同的存储器中,每个存储器单独编址、独立访问。相应地,系统中有独立的数据总线和程序总线。这样就允许CPU同时执行取指令(来自程序存储器)和取数据(来自数据存储器)操作,从而提高了数据吞吐率,提高了系统运算速度。

2. 流水线技术

计算机在执行一条指令时,总要经过取指令(Fetch)、译码(Decode)、取操作数(Operand)和执行操作(Excute)等几个步骤,需要若干个机器周期才能完成。DSP芯片广泛采用流水线技术(Pipline),以减少指令执行时间,从而增强了处理器的处理能力。

流水线操作就是将一条指令的执行分解成多个阶段,在多条指令同时执行过程中,每个指令的执行阶段可以相互重叠进行。

流水线技术是以哈佛结构和内部多总线结构为基础的。通常，指令重叠数也称为流水线深度，分为 2～6 级不等。

图 1-1 所示为一个 4 级流水线操作的时序图。在该流水线操作中，取指令、译码、取操作数、执行操作可以独立进行，即第 N 条指令在取指阶段时，前面一条指令（$N-1$ 条指令）已经执行到了译码阶段，而 $N-2$ 条指令则执行到了取操作数阶段，$N-3$ 条指令到了执行操作阶段。也就是说，在任意给定的周期内，可能有 1～4 条不同的指令是激活的，每一条指令都处于不同的阶段。

另一方面，在执行本条指令时，下面的 3 条指令已依次完成了取操作数、译码、取指令的操作。尽管每一条指令的执行时间仍然是几个机器周期，但由于指令的流水作业，使得每条指令基本上都是单周期指令。衡量 DSP 的速度也经常以单周期指令时间为标准，其倒数就是 MIPS(兆条指令/秒)。

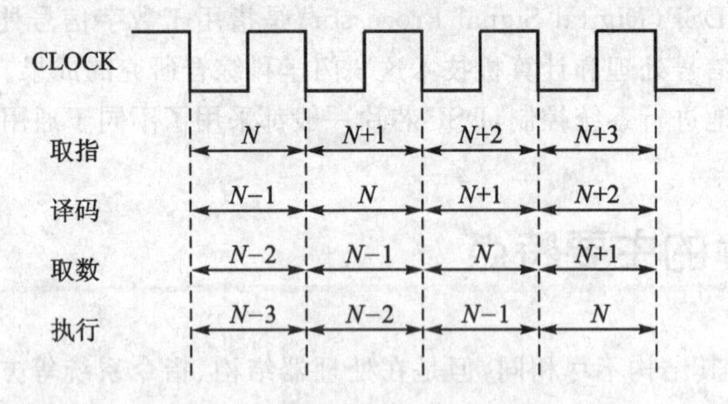

图 1-1　4 级流水线操作的时序图

3. 硬件乘法器和乘加指令 MAC

在数字信号处理的算法中，乘法和累加是基本的、大量的运算。在数字信号处理中，这一类的运算往往要占据 DSP 处理器的绝大部分处理时间。通用计算机的乘法是用软件来实现的，一次乘法往往需要许多个机器周期才能完成。为了提高 DSP 处理器的运算速度，在 DSP 内核中都集成了硬件乘法器，并且设置了 MAC(乘并且累加)一类的指令，可以在单周期内取两个操作数，相乘，并将乘积加到累加器中。整个过程仅需要一个指令周期。通常，定点 DSP 中还会设有输入移位寄存器和输出移位寄存器，以方便运算过程中的数字定标。

4. 特殊的 DSP 指令

在 DSP 中，通常都设有低开销或无开销循环与跳转的硬件支持及快速的中断处理和硬件 I/O 支持，并且设有在单周期内操作的多个硬件地址发生器。由于具有特殊的硬件支持，所以为了更好地满足数字信号处理应用的需要，在 DSP 芯片的指令系统中设计了一些特殊的 DSP 指令，以充分发挥 DSP 算法及各系列芯片的特殊设计功能。这些指令大多是多功能指令，即一条指令可以完成几种不同的操作，或者说一条指令具有几条指令的功能。

5. 丰富的片内外设

DSP 处理器为了自身工作的需要及与外部环境的协调配合，往往都设置了丰富的片内外设(On-Chip Peripherals)。

1.2　电机控制对DSP的要求

数字化电机控制技术的发展,使得电机控制系统的性能得到了大幅度的提高。由于现代电机控制理论的不断发展,对电机控制核心——CPU的要求也在不断提高。为了适应这一需求,DSP技术也在不断完善,推出了一系列针对电机控制的专用DSP产品。

1. 处理速度要求

目前的电机控制,不论电机的种类如何,绝大多数均使用了PWM控制技术。由于高性能电机控制需要引入复杂的电机控制理论和信号处理技术,因此为了在一个PWM周期内完成信号采集、坐标变换、调节器运算、状态观测、数字滤波和PWM生成等复杂算法,势必要求DSP具有较高的运算能力。由于需要完成实时控制算法,与通用CPU的指标要求不同,DSP的时钟频率并不一定能够反映出DSP的实际运算能力,还要考虑DSP的处理单元结构设计、总线种类及数量配置、流水线深度等。通常,PWM的频率在5～20 kHz之间,大容量电机控制会低一些;中小容量电机为了降低控制系统的电磁噪声,通常会将PWM的开关频率设在10～18 kHz左右。也就是说,高性能的控制算法必须要在50～100 μs之内完成。这就对DSP的运算速度和指令执行效率提出了较高的要求。

2. 数据格式与数据宽度要求

尽管浮点DSP的灵活性和数据的动态范围都比较大,对于复杂算法编程容易,运算速度也比较快,但是,也带来了电路复杂,芯片体积较大,成本和功耗较高的缺点。通常,产品化的电机控制核心要考虑到成本问题,大多采用定点DSP芯片。因此,DSP的数据宽度会对电机控制算法产生一定的影响。大多数定点DSP处理器的数据宽度为16位,但有的也使用20、24或32位。对于控制精度要求较高、算法复杂的电机控制系统,通常要求更宽的数据宽度。

3. 片内存储空间的要求

尽管多数DSP都可以外扩存储器,但考虑到成本和程序安全性,实际电机控制系统更多采用的是片内存储器,因此,对片内存储器空间也有了更高的要求。目前,工业上通用的电机控制器越来越多地加入了PLC的一些功能,使电机控制的功能不断扩展,所以电机控制软件的体积也就不可避免地持续膨胀。许多通用变频器要求DSP内部Flash存储器的空间在32 KB以上,甚至多达128 KB以上。DSP处理器的片内RAM也有了较大的提高,使得系统开发时不必仔细考虑数据变量的分配。为了使电机控制系统开发更加容易、便捷,要求DSP处理器的片内RAM有足够的空间。

4. 高度集成的片内外设的要求

高度集成的片内外设对电机控制系统来说是必不可少的。从这一点来看,现代的DSP处理器已经与MCU无法区分了。各个DSP生产厂商推出的、针对电机控制的DSP,无一例外地都集成了许多相关的外设模块。例如,飞思卡尔公司生产的56F800/E系列DSP处理器,实际上就是56F800/E内核加上了MCU模块,成为了一种混合的DSP处理器。

在电机专用DSP芯片中,通常会集成输入/输出模块、PWM模块、定时器模块、A/D转换模块和通信模块等;有些DSP甚至还会集成正交解码器模块、D/A转换模块、比较器模块和

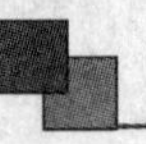

温度传感器模块等。所有这些,都为电机控制提供了便利,增加了电机控制系统的集成度,并有效地降低了系统的成本,同时还使系统的可靠性大大提高。

5. 软件开发环境的要求

DSP 的软件开发环境越来越多地支持 C 语言编程;同时,C 语言与汇编语言的混合编程也更加灵活、方便。但是,电机控制系统的要求不仅仅如此,一款良好的 DSP 软件开发环境必然能够给用户带来巨大的经济效益。这是因为电机控制系统的开发主要是软件控制算法的实现,良好的软件开发环境可以大大缩短产品开发周期,提高开发效率,保证系统的高可靠性。

良好的软件开发环境不仅能提供便利的 DSP 系统配置框架,而且应能提供足够的设计参考例程,以便用户能在最短的时间内对 DSP 处理器内部功能模块有较深入的认识,能将 DSP 中集成的各种功能有效地发挥其应有的作用。另外,好的软件开发环境还应能提供大量的专用函数库,例如,片内外设驱动函数库和电机控制算法函数库等。

同时,在开发过程中的技术支持和培训也是非常有必要的。目前,网上关于 DSP 的技术支持、技术培训内容非常丰富,许多 DSP 生产厂家纷纷推出了网上技术支持,用户提出的问题可以由全球工程师在最短的时间内给予正确的解答,为用户带来了极大的便利。同时,软件开发环境和软件文档都可以通过互联网升级下载,大幅度地提高了系统更新的速度。

6. 性价比的要求

对于工业用电机控制应用领域,性价比是决定系统成败的关键因素之一。好的 DSP 处理器应该能够在满足系统性能要求的基础上做到价格最低。为此,各个 DSP 生产厂家都提供了一系列 DSP 产品,其硬件结构和功能配置从低到高,价格也会相应变化,从而满足不同用户的需求,避免大马拉小车的现象。

1.3 飞思卡尔 DSP 简介

飞思卡尔公司为电机和电源控制系统提供了一系列从低端到高端的 DSP 产品。生产工艺也从最初的 0.35 μm 到 0.25 μm,一直过渡到 0.18 μm。随着工艺的改进,集成度的提高,使得硅片的面积进一步缩小,从而导致成本下降,DSP 芯片的价格逐渐走低。因此,在电机、电源控制领域,高性能的 DSP 会逐渐取代 MCU 成为控制核心的主流。目前,飞思卡尔公司提供的 DSP 产品,主要基于 56800 通用型内核或者 56800E 增强型内核两种。

1.3.1 DSP56800 内核的特点

采用 56800 内核(见图 1-2)的 DSP 主要有 56F80x 和 56F82x 等系列。56800 内核的主要特点如下:

◇ 关键部分采用双哈佛结构,支持并行处理;

◇ 在 80 MHz 时钟频率下,可达到 40 MIPS 的指令执行速度;

◇ 单指令周期可以完成 16 位×16 位的并行乘-加运算;

◇ 支持 15 种不同的寻址方式;

◇ 具有两个带有扩展位的 36 位累加器;

◇ 支持16位双向循环移位；
◇ 支持位操作；
◇ 支持硬件DO和REP循环指令；
◇ 支持可由用户灵活定义的多级中断优先级；
◇ 具有3条内部地址总线和1条外部地址总线；
◇ 具有4条内部数据总线和1条外部数据总线；
◇ 支持DSP和MCU两种功能风格的指令系统；
◇ 寻址方式类似MCU风格，指令代码简洁易学；
◇ 高效的C编译器，支持局部变量；
◇ 支持软件子程序，中断堆栈空间仅由存储器空间大小决定；
◇ JTAG/OnCE程序调试接口，允许在系统设计过程中随时进行调试，并可对软件进行实时调试。

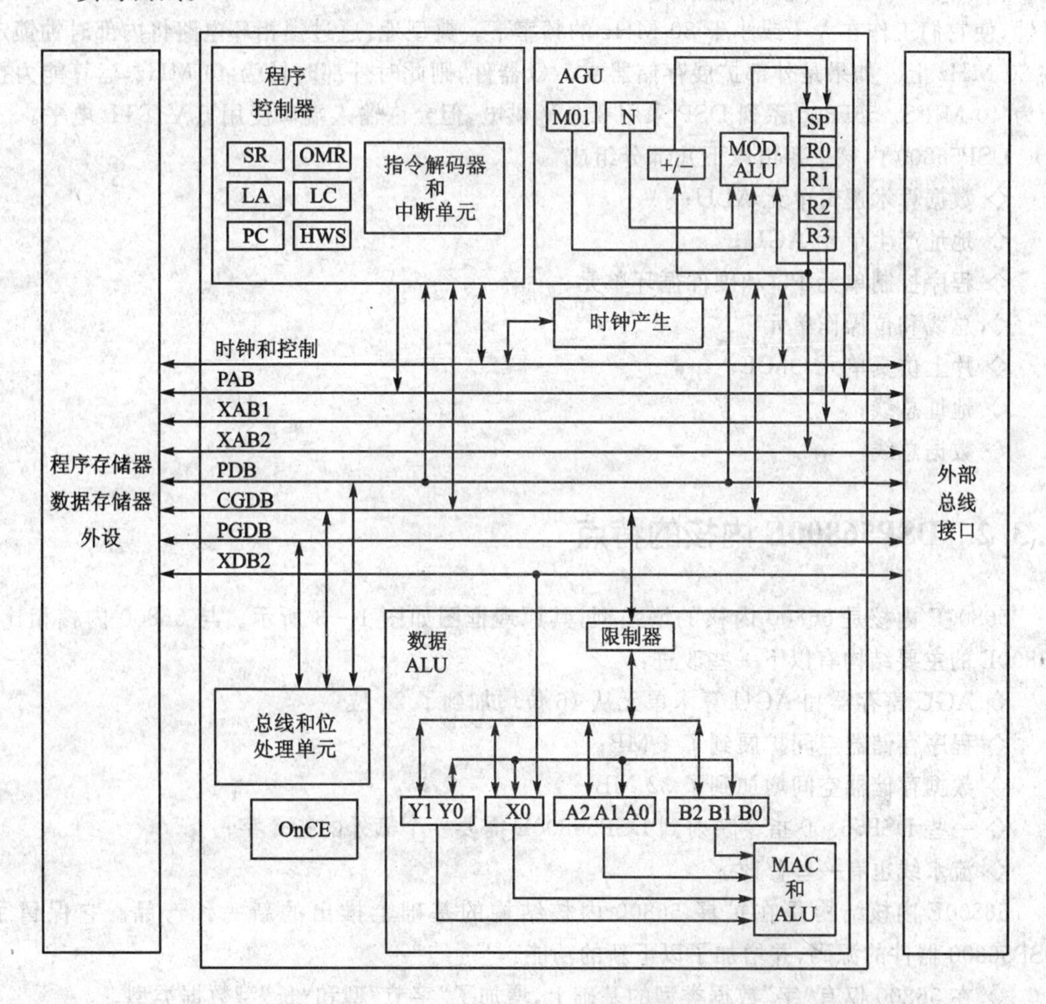

图1-2 DSP56800内核原理框图

DSP56F800系列中除了最早的56824采用0.35 μm工艺，最高运算速度为35 MIPS外，其他都采用0.25 μm工艺，运算速度可达40 MIPS。这么高的指令执行速度足以应付一般的嵌入式应用;即使对运算速度要求较高的 MP3 播放器以及数码相机等应用,它们也足能胜任。3.3 V 的 I/O 电压和 2.5 V 的内核电压大大降低了它们的功耗,适合用在各种低功耗以及电池供电的系统中。I/O 最大可允许 5 V 的电压,这就降低了系统对电源的要求,允许外部电源在一定范围内选择。

该系列 DSP 芯片一般都具有几十千字节的内部 Flash 和几千字节的内部 RAM 存储器,对于一般的系统,这些存储空间已经足够。对于那些程序算法复杂,并且需要处理大量数据的嵌入式应用,这些 DSP 芯片允许进行外部存储器扩展。该系列 DSP 芯片支持 3 种工作模式:全部使用内部存储空间,全部使用外部存储空间和同时使用两部分存储空间。工作模式可以通过对相关寄存器的简单设置来选择,大大增加了应用的灵活性。

典型应用的 DSP56F800 系列产品采用 8 MHz 外部晶振,利用内部压控振荡器和锁相环产生 80 MHz 总线时钟。由于使用了锁相环技术,所以可以利用外部晶振通过软件编程来产生多种不同频率的时钟信号,作为定时器或 DAC 等外围设备的时钟;也可以改变芯片的总线时钟,使它们工作在大于或小于 80 MHz 的频率下。典型地,通过锁相环电路将内部时钟锁定在 80 MHz 上。如果是外部扩展存储器或 I/O 器件,则此时外部时钟为 40 MHz,运算能力折合为 40 MIPS。56F800 系列 DSP 采用 3.3 V 供电,但允许输入端口使用 5 V TTL 电平。

DSP56800 内核主要由以下几部分组成:

◇ 数据算术逻辑单元 ALU;

◇ 地址产生单元 AGU;

◇ 程序控制单元 PC 和硬件循环单元;

◇ 总线和位操作单元;

◇ 片上仿真单元 OnCE;

◇ 地址总线;

◇ 数据总线。

1.3.2 DSP56800E 内核的特点

56800E 内核是 56800 内核的增强型,其原理框图如图 1-3 所示。与 56800 内核相比,56800E 的主要结构有以下一些改进:

◇ AGU 寄存器和 AGU 算术单元从 16 位增加到了 24 位;

◇ 程序存储器空间扩展到了 4 MB;

◇ 数据存储器空间增加到了 32 MB;

◇ 一些 DSP56800 指令映射到 DSP56800E 需要一个额外的指令字;

◇ 流水线也有一些修改。

56800E 内核结构是在扩展 56800 内核结构的基础上推出的新一代产品。它保留了 DSP56800 器件的源码,并增加了以下新的功能:

◇ 在 56800 仅有"字"数据类型的基础上,增加了"字节"型和"长"型数据类型。

◇ 24 位数据存储器地址空间。

◇ 21 位程序存储器地址空间。

◇ 增加 3 个 24 位指针寄存器:R4、R5 和 N,其中,N 寄存器既可以设为偏移寄存器,也

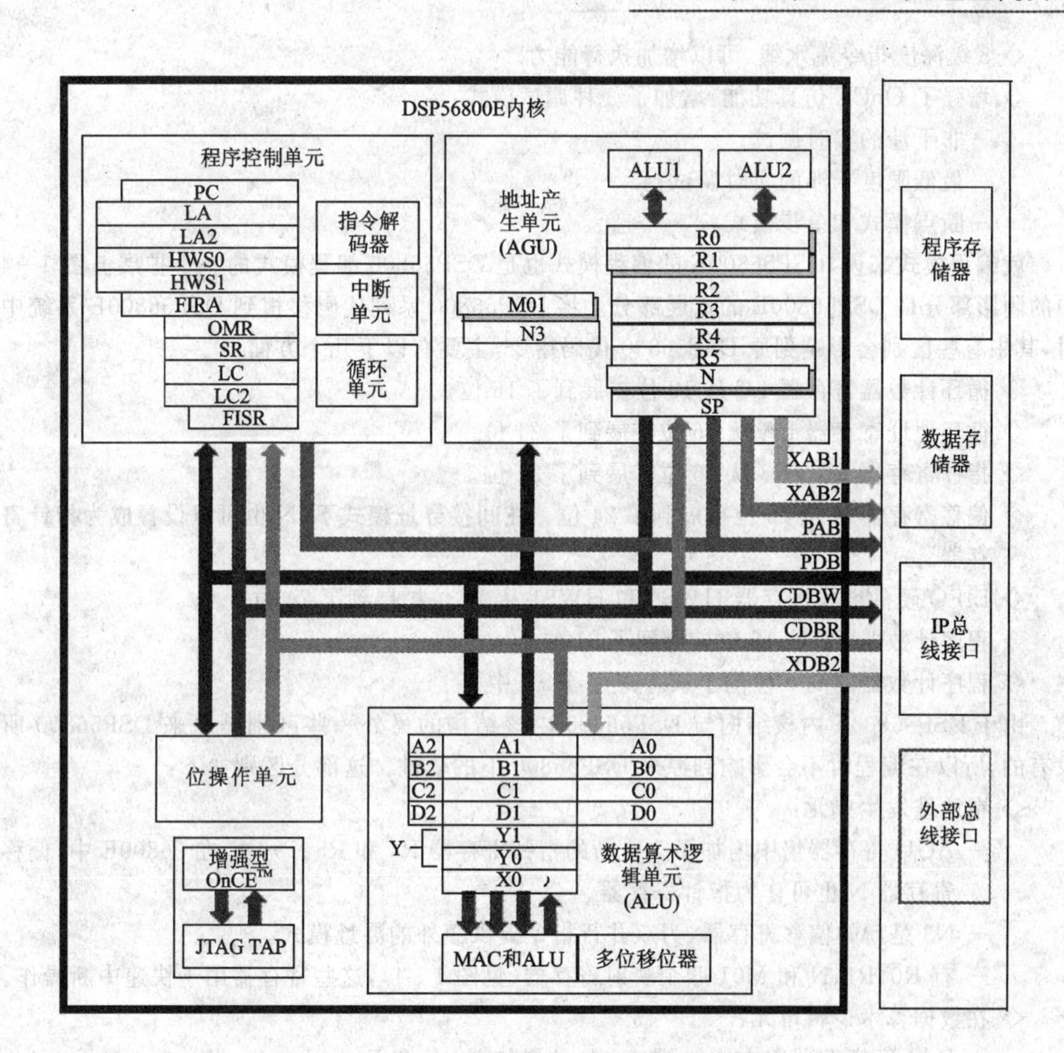

图 1-3　DSP56800E 内核原理框图

可以设为指针寄存器。

◇ 4 个映射寄存器(Shadow Registers),包括 3 个 24 位指针寄存器和变址寄存器 M01。

◇ 1 个 16 位副偏移寄存器,进一步增强双并行数据 ALU 指令。

◇ 增加了 2 个 36 位累加器寄存器。

◇ 全精度整数乘法。

◇ 32 位逻辑和移位操作。

◇ 双读操作指令中的第二个读操作可以访问片外存储器。

◇ 循环计数(LC)寄存器扩展到了 16 位。

◇ 由于增加了循环地址和循环计数寄存器 LA2 和 LC2,因此可以完全支持 Do-Loop 硬件循环嵌套。

◇ 循环地址和硬件堆栈扩展到 24 位。

◇ 增加了两级中断优先级,每个优先级有一个软件中断陷阱,加上一个低优先级的软件陷阱 SWILP。

◇ 8 级深度指令流水线，可以增加执行能力。

◇ 增强了 OnCE 仿真功能，增加了 3 种调试模式：

—非干涉的实时调试；

—最低限度干涉的实时调试；

—断点模式和单步模式。

就编程模式来说，DSP56800E 的编程模式也是 DSP56800 编程模式的一个扩展。图 1-4 中的阴影部分是 DSP56800E 的扩展部分。将 DSP56800 系列代码移植到 DSP56800E 系统中时，其中有些区别会影响到原 DSP56800 代码指令，主要有以下几个方面：

◇ 循环计数器寄存器 LC 从 13 位扩展到了 16 位。

◇ 循环地址寄存器 LA 从 16 位扩展到了 24 位。

◇ 指针寄存器 R0～R3 从 16 位扩展到了 24 位。

◇ 偏移寄存器 N 从 16 位扩展到了 24 位。在间接寻址模式下，N 也可以设置成为指针寄存器。

◇ LIFO 硬件堆栈寄存器 HWS0 和 HWS1 从 16 位扩展到了 24 位。

◇ 程序计数器 PC 从 16 位扩展到了 21 位。

◇ 程序计数器的高 5 位位于状态寄存器 SR 中。

由于 DSP56800E 内核结构与 DSP56800 内核结构的另外一些区别是原来 DSP56800 所没有的，所以在编程时不会影响到原来 DSP56800 下的软件。这部分区别如下：

◇ 在地址发生单元：

— AGU 寄存器组中增加了 2 个新的指针寄存器 R4 和 R5。另外，在 56800E 中，偏移寄存器 N 也可作为指针寄存器。

— N3 是新的偏移寄存器，为双并行指令提供额外的寻址模式。

— 有 R0、R1、N 和 M01 四个映射寄存器(见图 1-4)，这些寄存器用于快速中断操作。

◇ 在数据算术逻辑单元：

— DALU 寄存器组中增加了 2 个新的累加器：C 和 D。

◇ 在程序控制单元中：

— 第二个循环计数器 LC2 和第二个循环地址寄存器 LA2 用来支持硬件循环嵌套。

— FIRA 和 FISR 寄存器是新设计的，专门用来支持快速中断操作。

1.3.3 电机控制用 DSP 简介

飞思卡尔公司的 16 位定点 DSP 是一个庞大的家族。其采用 56800/E 核心，集成了丰富的片内外设，使该系列 DSP 有着非常广泛的应用领域。

图 1-5 描述了该家族的发展历程，DSP 芯片经历了从 0.25 μm 向 0.18 μm 的跨越，运算速度从 30 MMACS 一直到 120 MMACS，以适应不同应用的需要。其中各个系列 DSP 的主要指标如表 1-1 所列。

56F800 系列 DSP(见表 1-2)是整个 56800/E 家族的基础，具有很强的代表性。目前，56F800 系列 DSP 的应用仍然十分广泛。

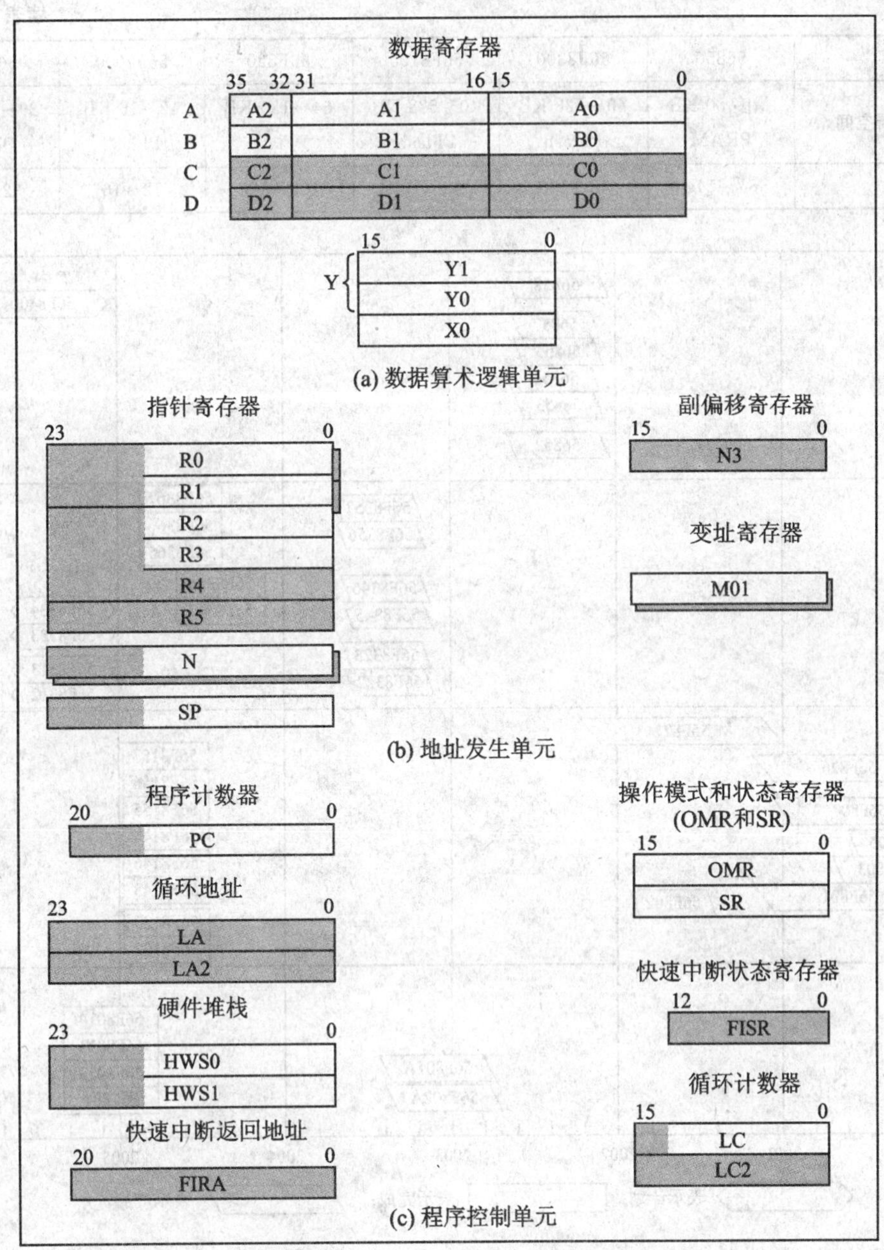

注：阴影部分是DSP56800E所特有的。

图1-4 编程模型——DSP56800E与DSP56800的区别

表1-1 56800/E系列DSP的主要指标

型　号	56850	56F8300	56F8100	56F820	56F8000	56F800
应用领域	电信/语音处理	汽车/工业	工业	通用芯片	汽车/工业	工业控制
存储器类型	RAM	Flash	Flash	Flash	Flash	Flash
运算速度/MMACS	120	60	40	40	32	30～40

续表 1-1

型　号	56850	56F8300	56F8100	56F820	56F8000	56F800
程序存储器空间	最多 80 KB PRAM	40～528 KB PFlash	40～528 KB PFlash	64～130 KB PFlash	12～16 KB PFlash	20～128 KB PFlash
引脚数	81～144	48～160	48～160	100～128	12～16	32～160

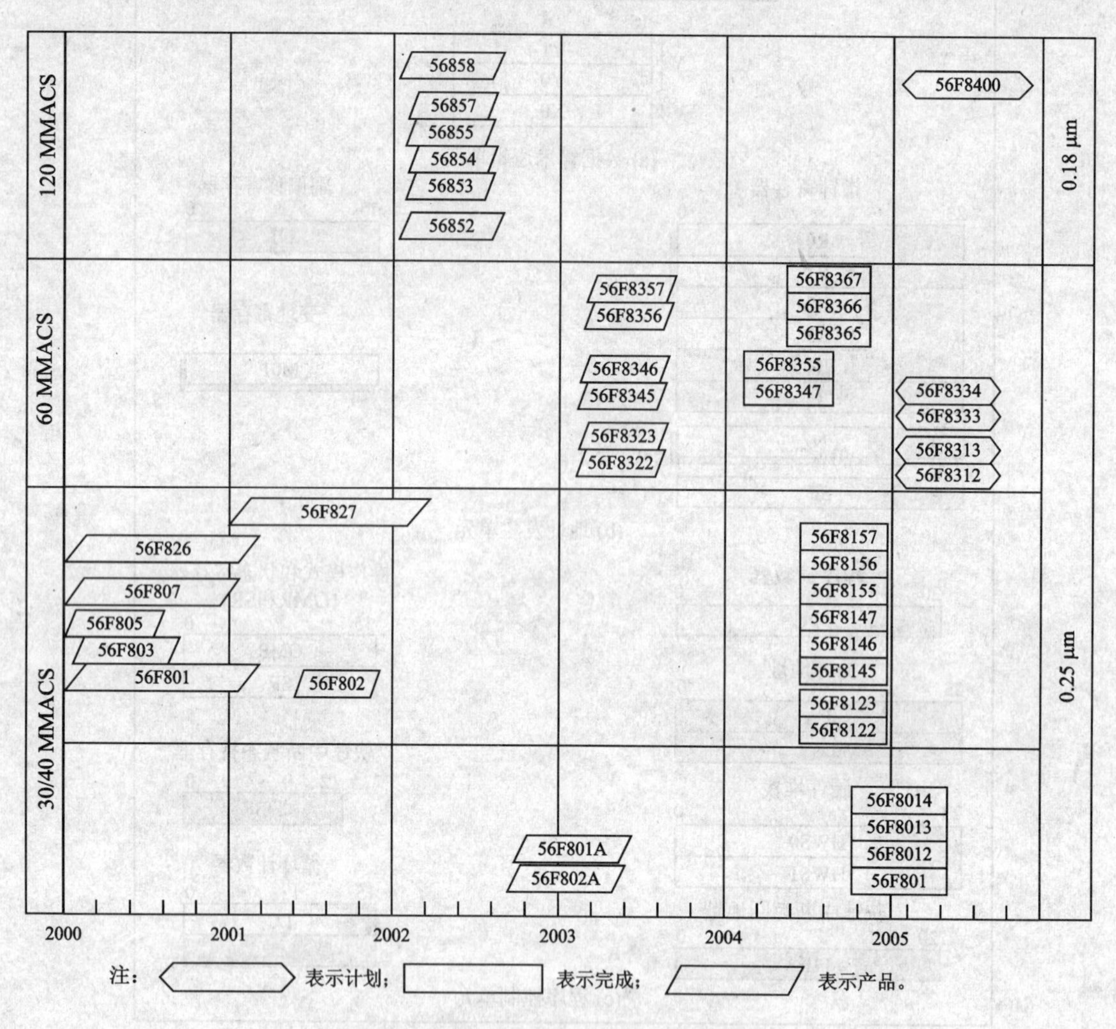

图 1-5　Freescale 公司的 56800/E 系列 DSP

表 1-2　56F800 系列 DSP

型　号	56F801	56F802	56F803	56F805	56F807	56F826	56F827
特　性	80 MHz/ 40 MIPS 60 MHz/ 30 MIPS	80 MHz/ 40 MIPS 60 MHz/ 30 MIPS	80 MHz/ 40 MIPS	80 MHz/ 40 MIPS	80 MHz/ 40 MIPS	80 MHz/ 40 MIPS	80 MHz/ 40 MIPS
温度范围/℃	−40～85	−40～85	−40～85	−40～85	−40～85	−40～85	−40～85

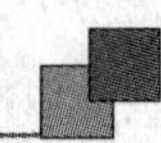

续表 1-2

型　号	56F801	56F802	56F803	56F805	56F807	56F826	56F827
电压/V	3.3	3.3	3.3	3.3	3.3	2.5/3.3	2.5/3.3
片内 Flash/位	12 k×16	12 k×16	38 k×16	38 k×16	70 k×16	35.5 k×16	67 k×16
程序 Flash/位	8 k×16	8 k×16	32 k×16	32 k×16	60 k×16	31.5 k×16	63 k×16
数据 Flash/位	2 k×16	2 k×16	4 k×16	4 k×16	8 k×16	2 k×16	4 k×16
引导 Flash/位	2 k×16	2 k×16	2 k×16	2 k×16	2 k×16	2 k×16	—
片内 RAM/位	2 k×16	2 k×16	2.5 k×16	2.5 k×16	6 k×16	4.5 k×16	5 k×16
程序 RAM/位	1 k×16	1 k×16	512×16	512×16	2 k×16	512×16	1 k×16
数据 RAM/位	1 k×16	1 k×16	2 k×16	2 k×16	4 k×16	4 k×16	4 k×16
外部存储器接口	—	—	有	有	有	有	有
PLL	有	有	有	有	有	有	有
看门狗定时器	有	有	有	有	有	有	有
中断控制器	有	有	有	有	有	有	有
16 位定时器	8	8	8	16	16	4	4
正交解码器	—	—	1×4ch	2×4ch	2×4ch	—	—
PWM	1×6ch	1×6ch	1×6ch	2×6ch	2×6ch	—	—
PWM 故障输入	1	1	3	4+4	4+4	—	—
PWM 电流检测引脚	0	0	3	3+3	3+3	—	—
12 位 ADC	2×4ch	5ch	2×4ch	2×4ch	4×4ch	—	10ch
CAN2.0A/B	—	—	1	1	1	—	—
SCI(UART)	1	1	1	2	2	2	3
SPI(同步)	1	—	1	1	1	2	2
SSI	—	—	—	—	—	1	1
GPIO(专用/复用/总共)	0/11/11	0/4/4	0/16/16	14/18/32	14/18/32	16/30./46	16/48/64
JTAG/OnCE	有	有	有	有	有	有	有
封　装	LQFP-48	LQFP-32	LQFP-100	LQFP-144	LQFP-160	LQFP-100 MBGA-160	LQFP-128

在以 56800E 为核心的 DSP 家族中，比较适合于电机控制和电源控制的有 56F8000 系列 DSP 和 56F8300 系列 DSP，如表 1-3 所列。其中，56F8000 系列 DSP 适用于低端电机或电源控制产品，如通用变频控制器、UPS 电源等；56F8300 系列 DSP 则适用于高端的电机控制系统，如永磁同步电机的伺服控制、异步电机的矢量控制等。

除非特别说明，本书将以 56F8300 系列 DSP 中的 56F8346 为代表，介绍飞思卡尔 DSP 在电机控制和电源控制中的应用。

表 1-3　56F8000 系列 DSP 和 56F8300 系列 DSP

型　号	56F8345	56F8346	56F8347	56F8013	56F8014
特　性	60 MHz/MIPS	60 MHz/MIPS	60 MHz/MIPS	32 MIPS	32 MIPS
温度范围/℃	－40～＋125	－40～＋125	－40～＋125	－40～＋105 －40～＋125	－40～＋105 －40～＋125
电压(内核 I/O)/V	2.5/3.3	2.5/3.3	2.5/3.3	2.6/3.3	2.6/3.3
片内 Flash/KB	144	144	144	—	—
程序 Flash/KB	128	128	128	16	16
数据 Flash/KB	8	8	8	—	—
引导 Flash/KB	8	8	8	—	—
片内 RAM/KB	12	12	12	—	—
程序 RAM/KB	4	4	4	—	—
数据 RAM/KB	8	8	8	—	—
Flash 安全	有	有	有	有	有
外部存储器接口	—	有	有	—	—
电压调节器	片内/外	片内/外	片内/外	片内	片内
片内张弛振荡器	—	—	—	有	有
16 位定时器	16	16	16	4	4
正交解码器	2×4ch	2×4ch	2×4ch	—	—
PWM	2×6ch	2×6ch	2×6ch	1×6ch	1×5ch
PWM 故障输入	4+4	3+4	3+4	4	4
PWM 电流检测引脚	3+3	3+3	3+3	—	—
12 位 ADC	4×4ch	4×4ch	4×4ch	2×3ch	2×4ch
温度传感器	可选	可选	可选	—	—
CAN	FlexCAN	FlexCAN	FlexCAN	—	—
SCI(UART)	2	2	2	1	1
SPI(同步)	2	2	2	1	1
GPIO(专用/复用/总共)	21/28/49	0/62/62	0/76/76	26(max)	26(max)
JTAG/EOnCE	有	有	有	有	有
封　装	LQFP-128	LQFP-14	LQFP-160	LQFP-32 PDIP-32	LQFP-32 PDIP-32

1.3.4　典型飞思卡尔DSP的引脚分布及其主要特点

飞思卡尔DSP的引脚配置非常灵活，尤其是GPIO口的设置，有专用的GPIO口，也有与其他引脚复用的GPIO口，甚至连JTAG口引脚都可以配置成GPIO口。这样就提高了DSP引脚的利用率，减少了芯片尺寸。

图1-6～图1-15示出了几款典型的、采用56800E内核DSP的外围引脚分布图，以便于对DSP芯片的选择。

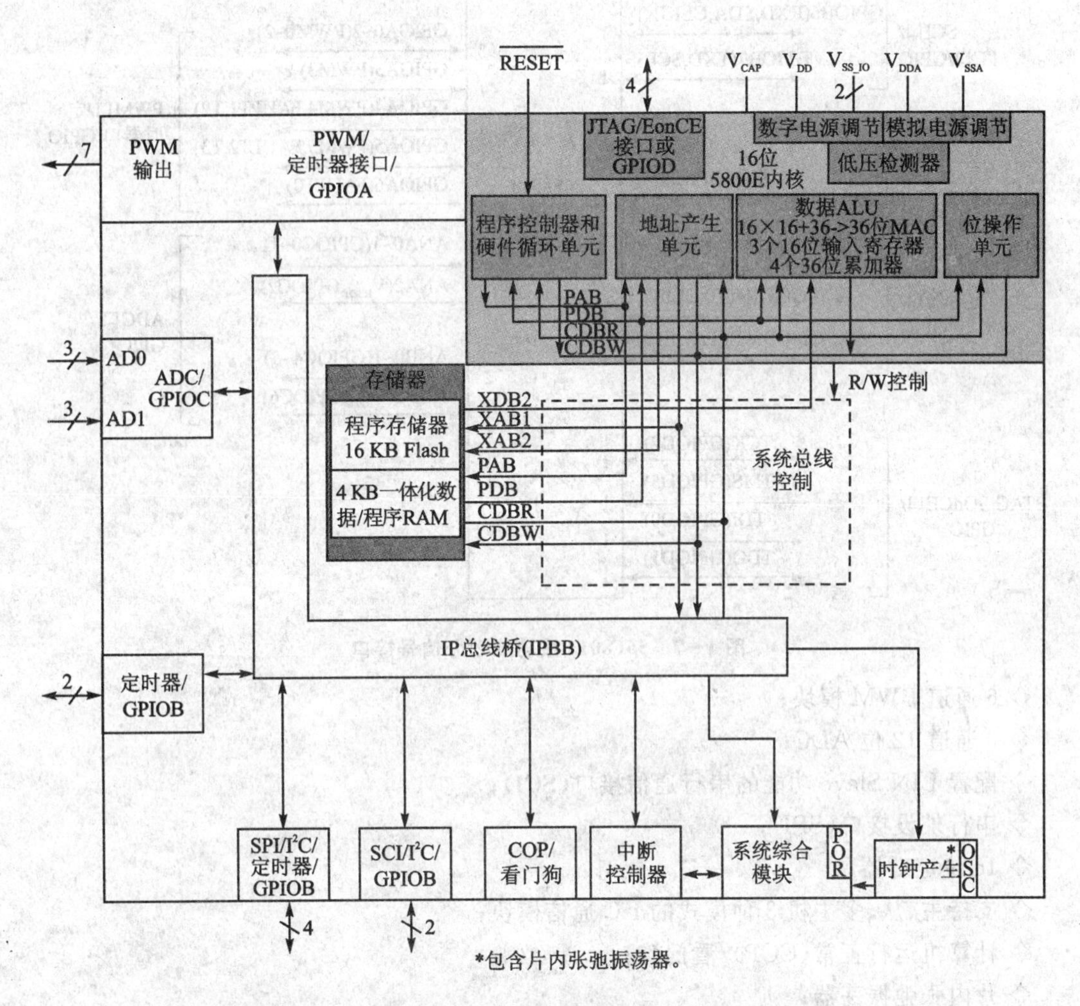

图1-6　56F8013框图

1. 56F8013的主要特点

◇ 在32 MHz内核频率下，可以提供32 MIPS的执行速度；

◇ 集成了DSP和MCU功能；

◇ 16 KB程序Flash；

◇ 4 KB一体化数据/程序RAM；

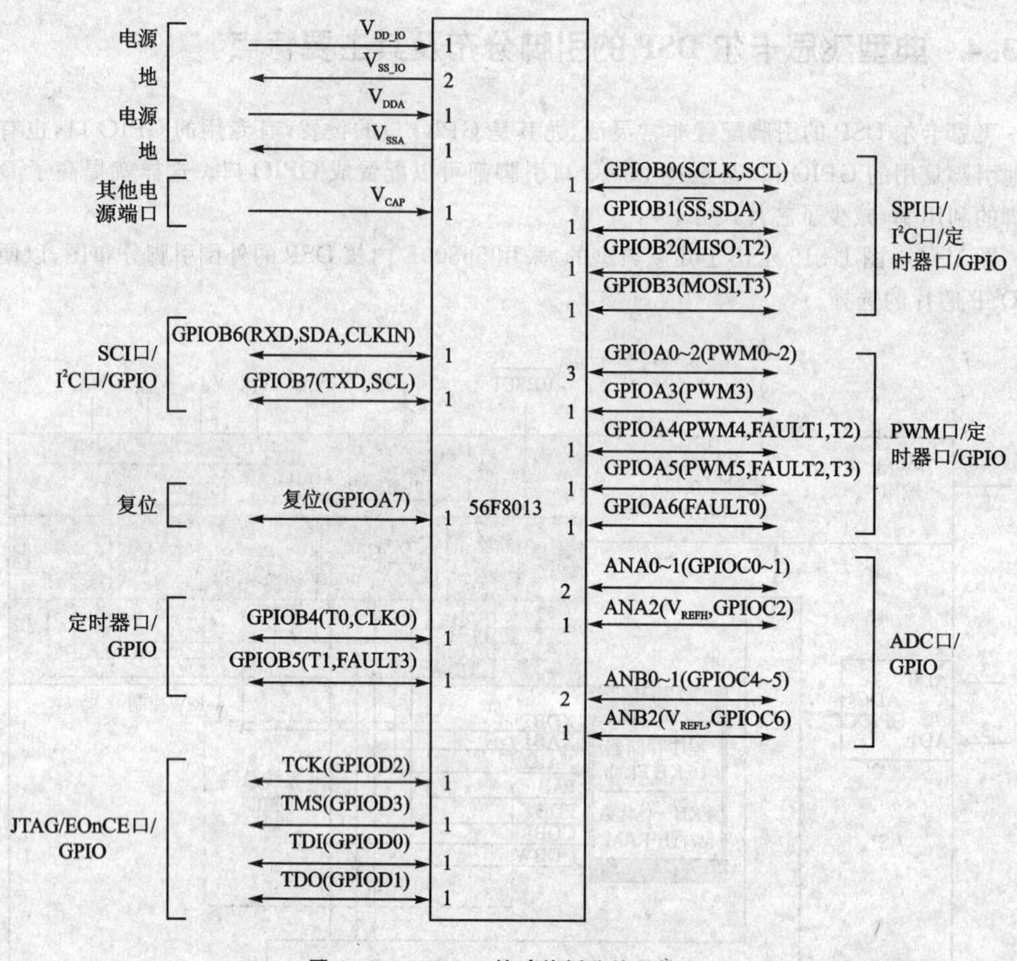

图 1－7　56F8013 按功能划分信号接口

◇ 6 通道 PWM 模块；

◇ 6 通道 12 位 ADC；

◇ 配置 LIN Slave 功能的串行通信接口(SCI)；

◇ 串行外设接口(SPI)；

◇ 16 位定时器；

◇ 支持主、从、多主机 3 种模式的 I^2C 通信模块；

◇ 计算机运行正常(COP)/看门狗；

◇ 片内张弛振荡器；

◇ 集成的上电复位和低电压中断模块；

◇ JTAG/增强型 OnCE 提供非干预实时调试；

◇ 多达 26 个 GPIO；

◇ 32 个引脚 LQFP 封装。

2. 56F8014 的主要特点

◇ 在 32 MHz 内核频率下可以提供 32 MIPS 的执行速度；

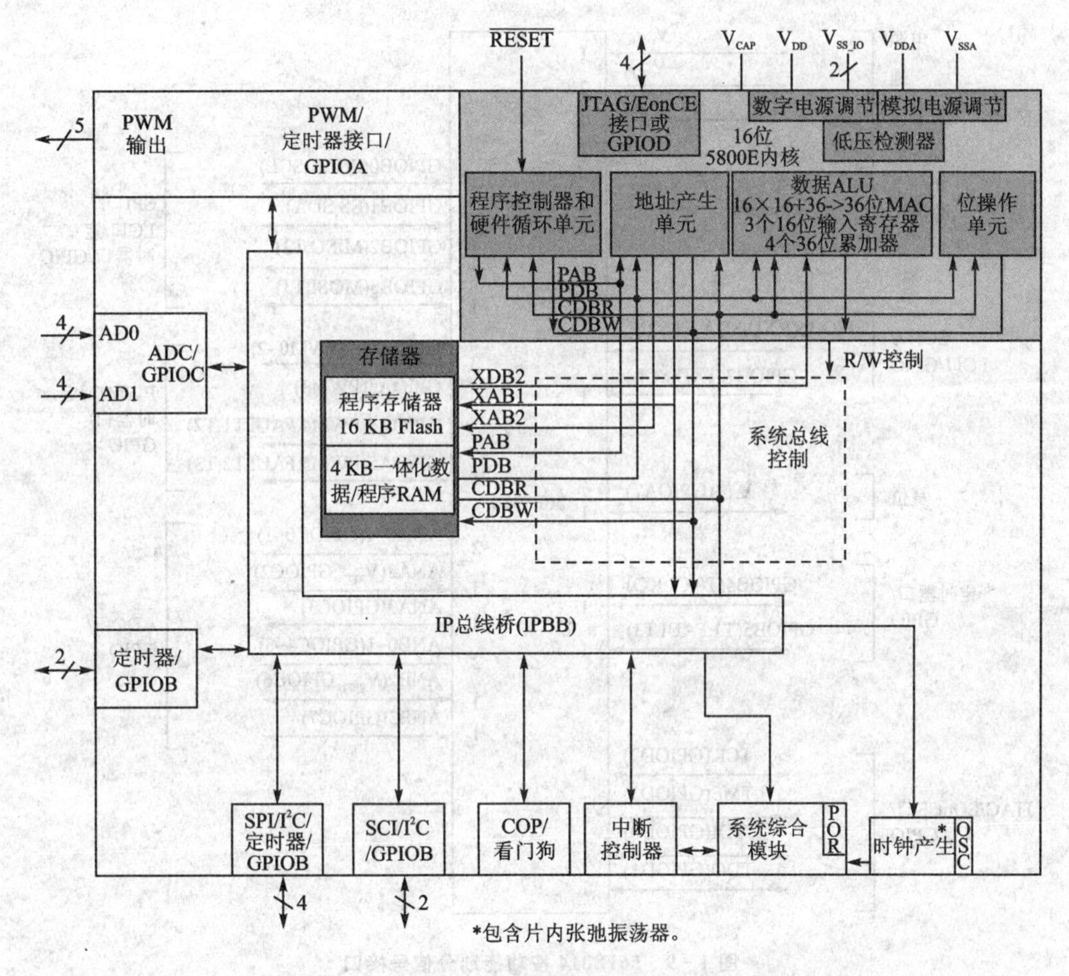

图 1-8 56F8014 框图

◇ 集成了 DSP 和 MCU 功能；

◇ 16 KB 程序 Flash；

◇ 4 KB 一体化数据/程序 RAM；

◇ 5 通道 PWM 模块；

◇ 4 通道 12 位 ADC；

◇ 配置 LIN Slave 功能的串行通信接口(SCI)；

◇ 串行外设接口(SPI)；

◇ 16 位定时器；

◇ 支持主、从、多主机 3 种模式的 I^2C 通信模块；

◇ 计算机运行正常(COP)/看门狗；

◇ 片内张弛振荡器；

◇ 集成的上电复位和低电压中断模块；

◇ JTAG/增强型 OnCE 提供非干预实时调试；

◇ 多达 26 个 GPIO；

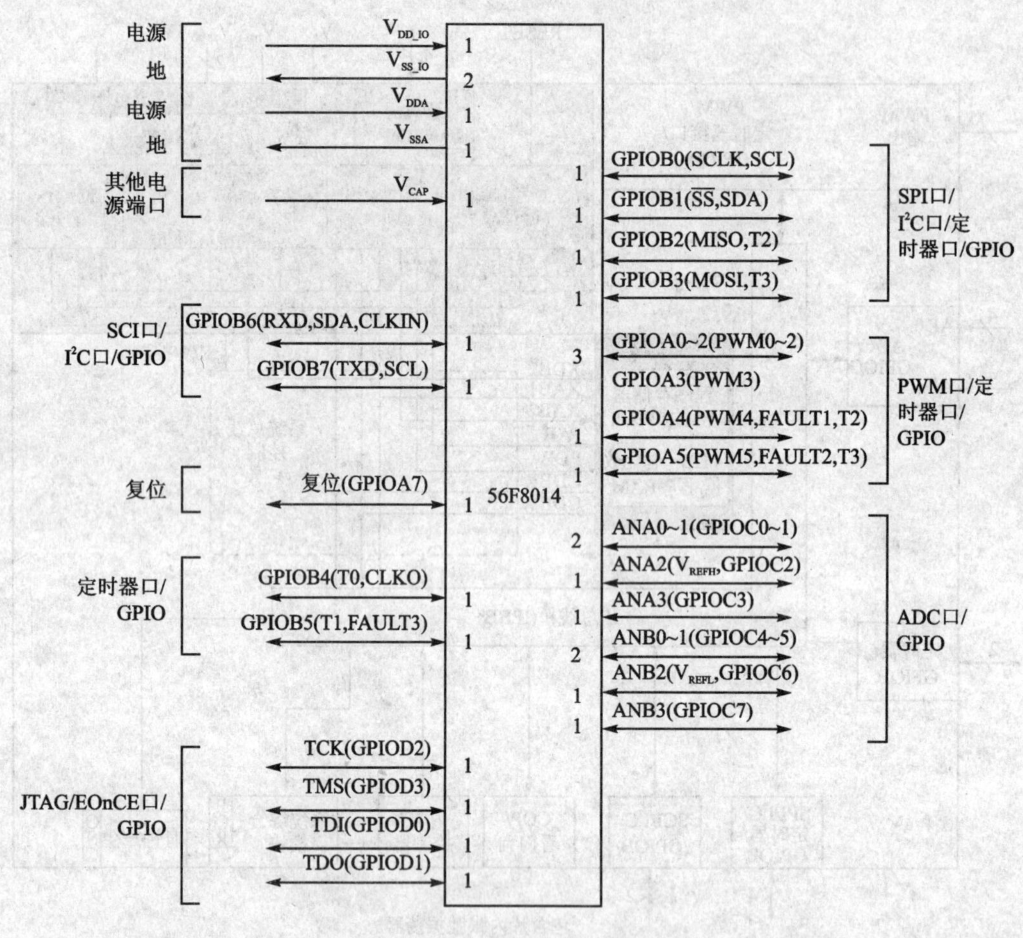

图 1-9　56F8014 按功能划分信号接口

◇ 32 个引脚 LQFP 封装。

3. 56F8345 的主要特点

◇ 在 60 MHz 内核频率下可以提供 60 MIPS 的执行速度；

◇ 集成了 DSP 和 MCU 功能；

◇ 128 KB 程序 Flash；

◇ 4 KB 程序 RAM；

◇ 8 KB 数据 Flash；

◇ 8 KB 数据 RAM；

◇ 8 KB 引导 Flash；

◇ 双 6 通道 PWM 模块；

◇ 4 个 4 通道 12 位 ADC；

◇ 片内温度传感器；

◇ 2 个正交解码器；

◇ FlexCAN 总线模块；

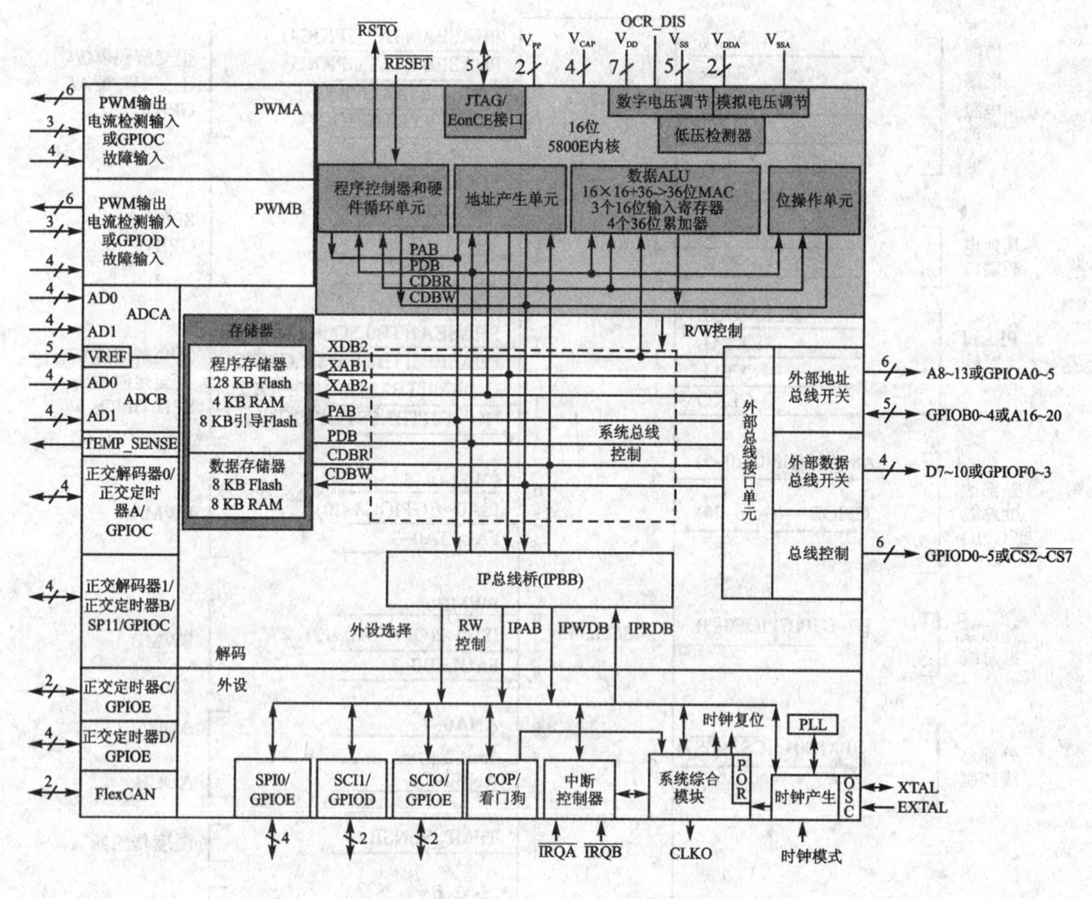

图 1-10 56F8345/56F8145 框图

◇ 可选的片内调节器；
◇ 2 个串行通信接口(SCI)；
◇ 2 个串行外设接口(SPI)；
◇ 4 个通用定时器；
◇ 计算机运行正常(COP)/看门狗；
◇ JTAG/增强型 OnCE 提供非干预实时调试；
◇ 多达 49 个 GPIO；
◇ 128 个引脚 LQFP 封装。

4. 56F8346 的主要特点

◇ 在 60 MHz 内核频率下可以提供 60 MIPS 的执行速度；
◇ 集成了 DSP 和 MCU 功能；
◇ 可以访问 1 MB 片外程序存储器和数据存储器；
◇ 128 KB 程序 Flash
◇ 4 KB 程序 RAM；
◇ 8 KB 数据 Flash；

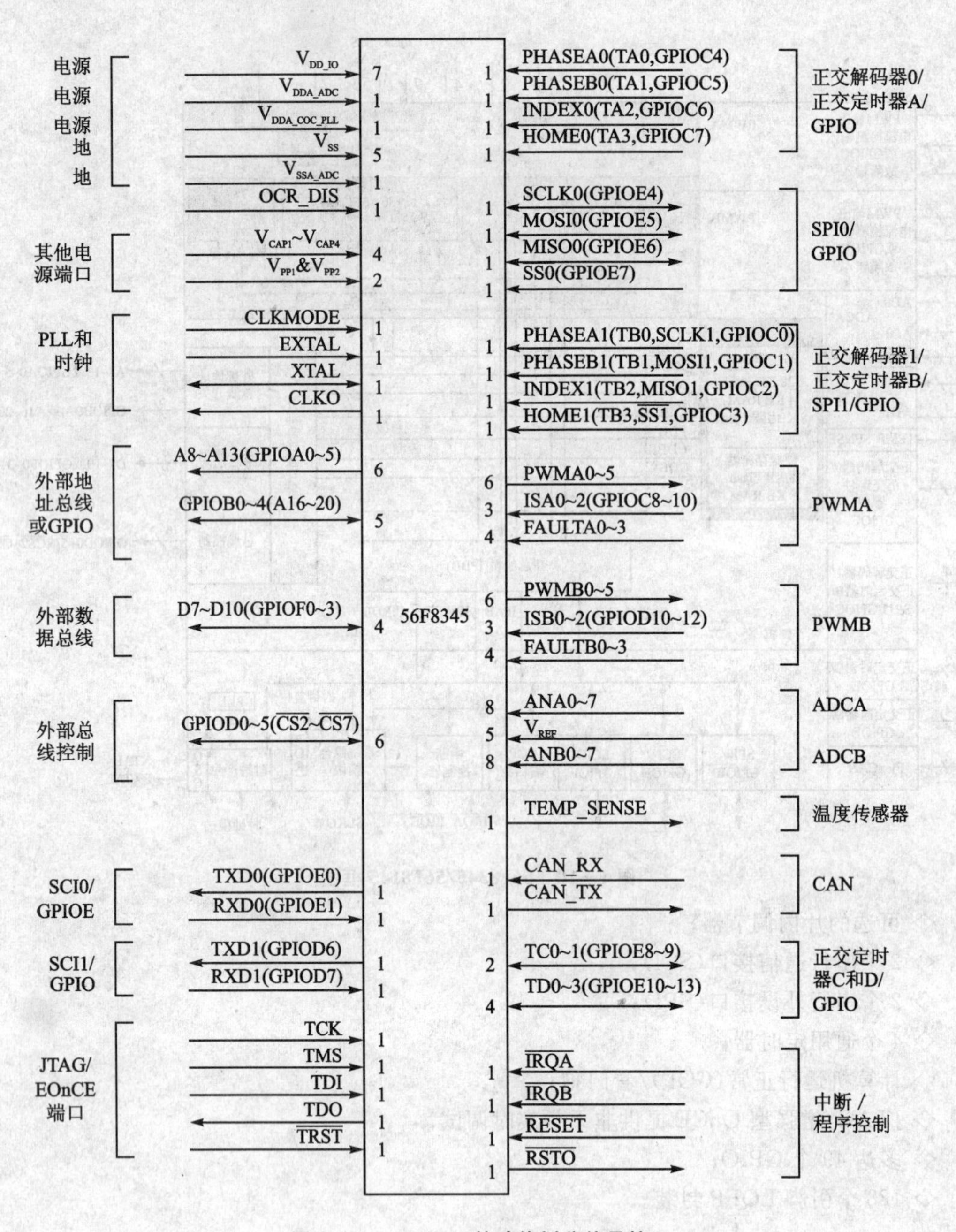

图 1-11　56F8345 按功能划分信号接口

◇ 8 KB 数据 RAM；

◇ 8 KB 引导 Flash；

◇ 双 6 通道 PWM 模块；

◇ 4 个 4 通道 12 位 ADC；

◇ 片内温度传感器；

◇ 2 个正交解码器；

◇ FlexCAN 总线模块；

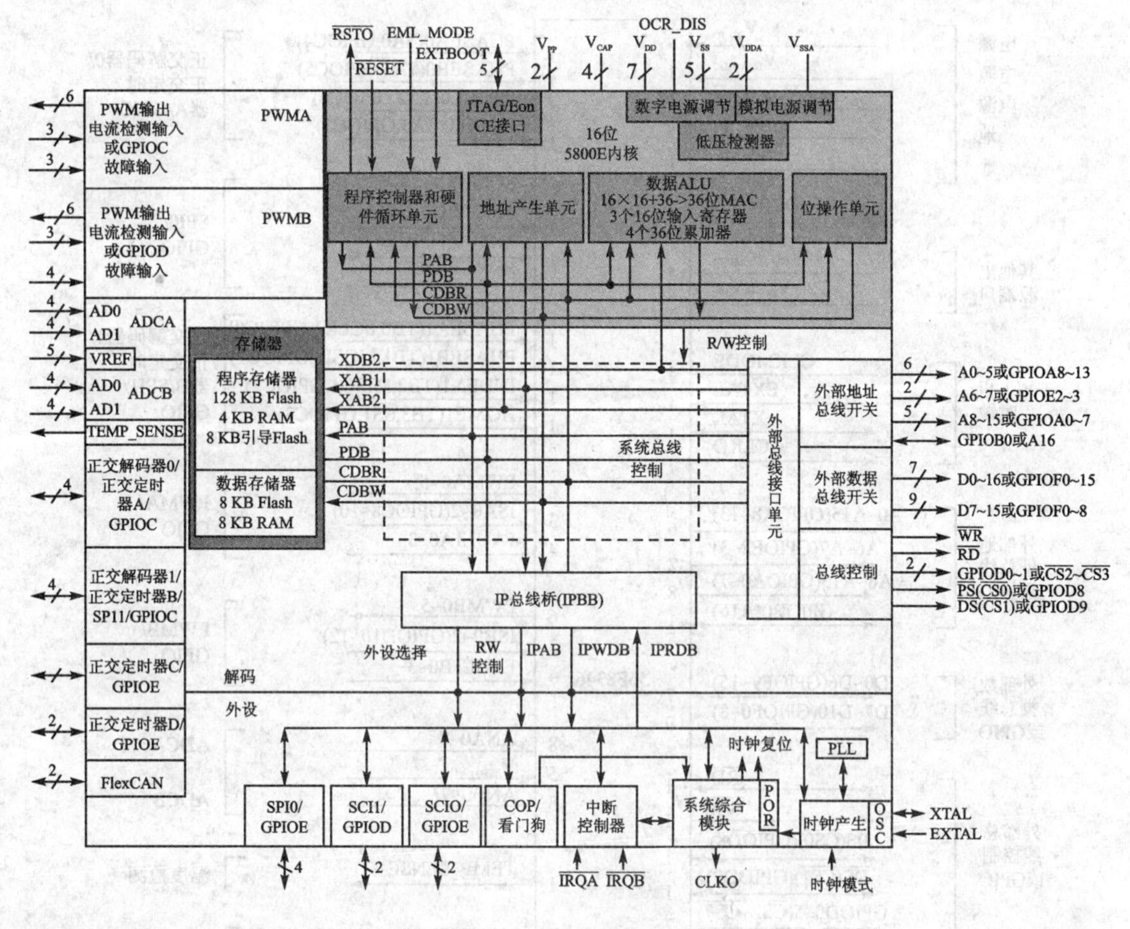

图 1-12　56F8346/56F8146 框图

◇ 可选的片内调节器；

◇ 2 个串行通信接口(SCI)；

◇ 2 个串行外设接口(SPI)；

◇ 4 个通用定时器；

◇ 计算机运行正常(COP)/看门狗；

◇ JTAG/增强型 OnCE 提供非干预实时调试；

◇ 多达 62 个 GPIO；

◇ 144 个引脚 LQFP 封装。

5. 56F8347 的主要特点

◇ 在 60 MHz 内核频率下可以提供 60 MIPS 的执行速度；

◇ 集成了 DSP 和 MCU 功能；

◇ 可以访问 4 MB 片外程序存储器和 32 MB 片外数据存储器；

◇ 128 KB 程序 Flash；

◇ 4 KB 程序 RAM；

◇ 8 KB 数据 Flash；

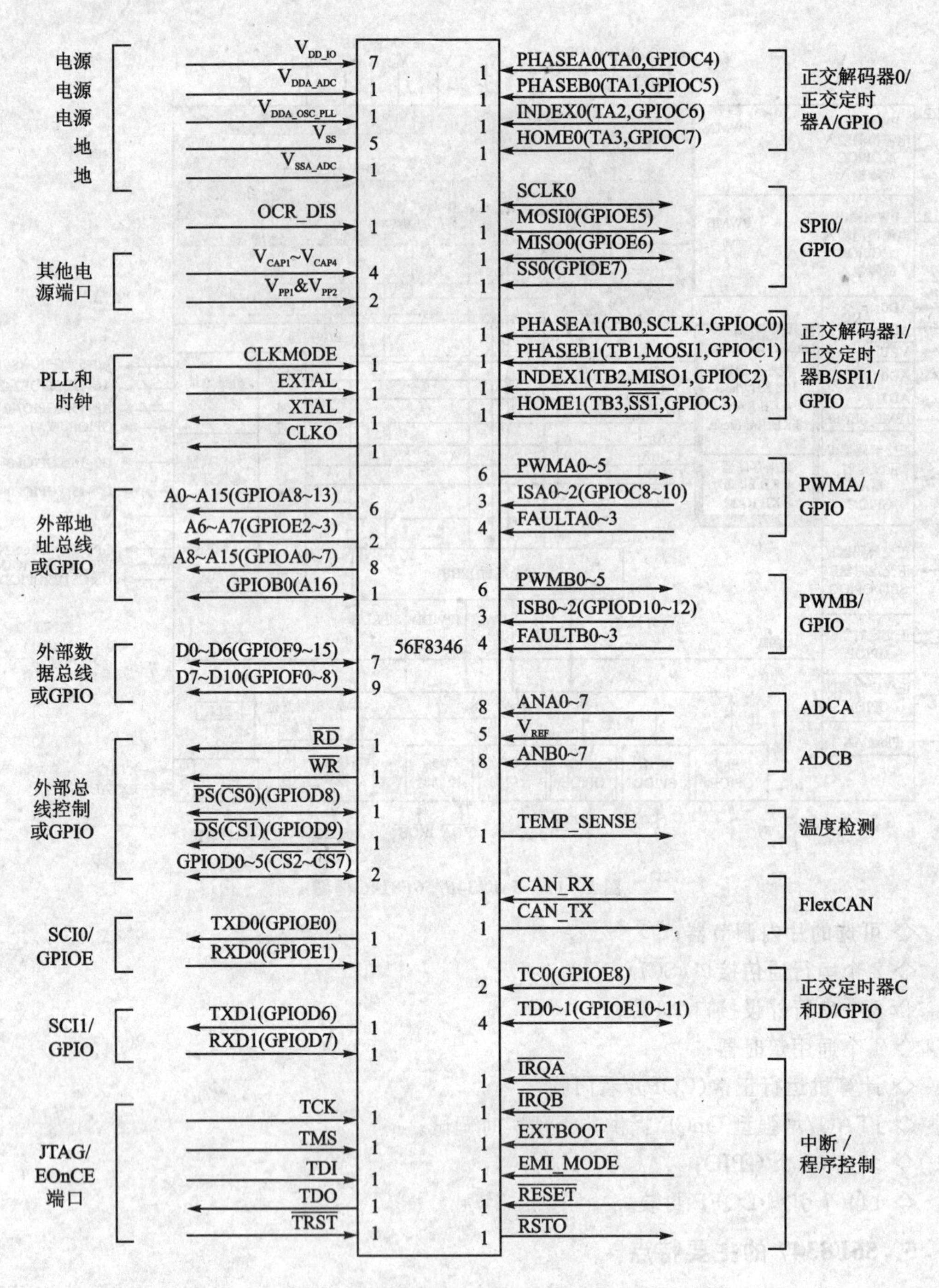

图 1-13　56F8346 按功能划分信号接口

◇ 8 KB 数据 RAM；

◇ 8 KB 引导 Flash；

◇ 双 6 通道 PWM 模块；

◇ 4 个 4 通道 12 位 ADC；

◇ 片内温度传感器；

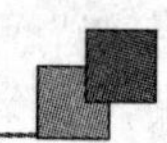

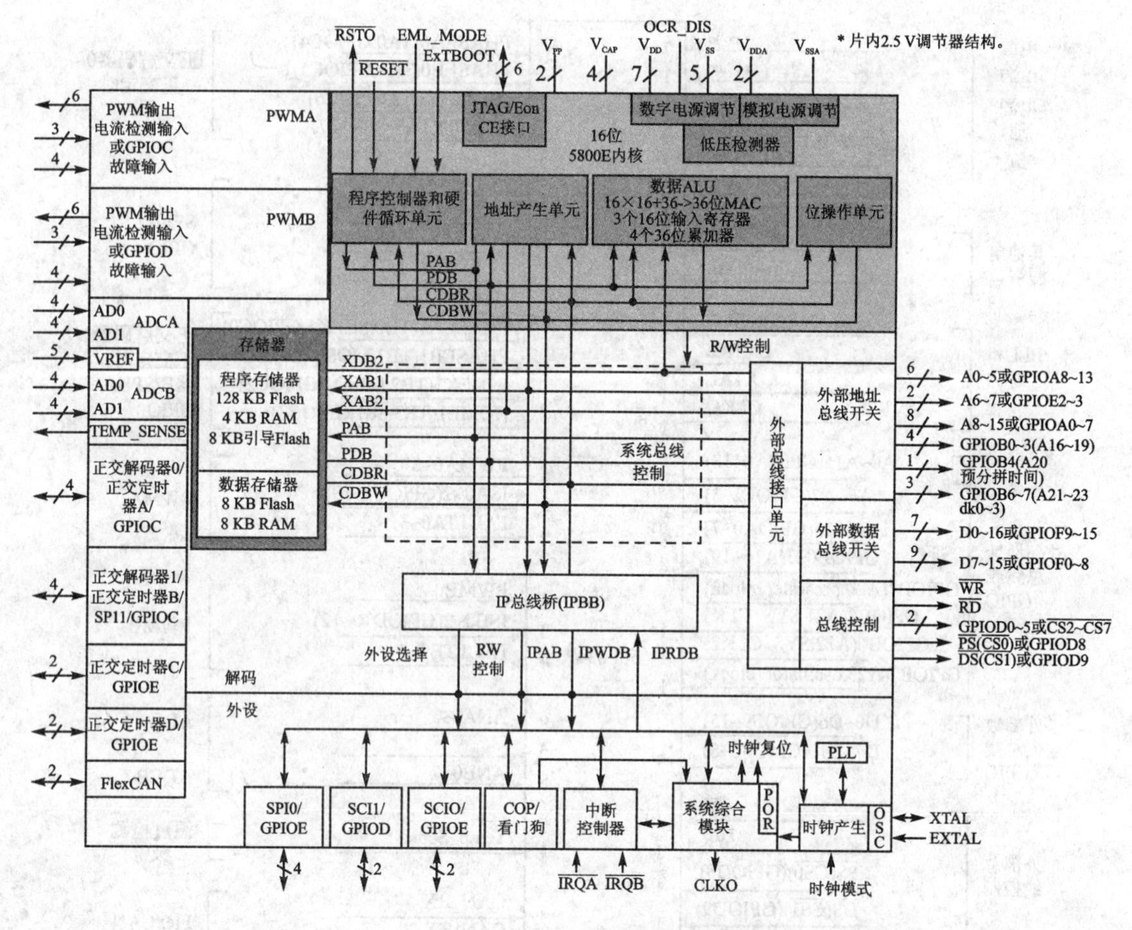

图 1-14 56F8347/56F8147 框图

◇ 2 个正交解码器；

◇ FlexCAN 总线模块；

◇ 可选的片内调节器；

◇ 2 个串行通信接口(SCI)；

◇ 2 个串行外设接口(SPI)；

◇ 4 个通用定时器；

◇ 计算机运行正常(COP)/看门狗；

◇ JTAG/增强型 OnCE 提供非干预实时调试；

◇ 多达 76 个 GPIO；

◇ 160 个引脚 LQFP 封装。

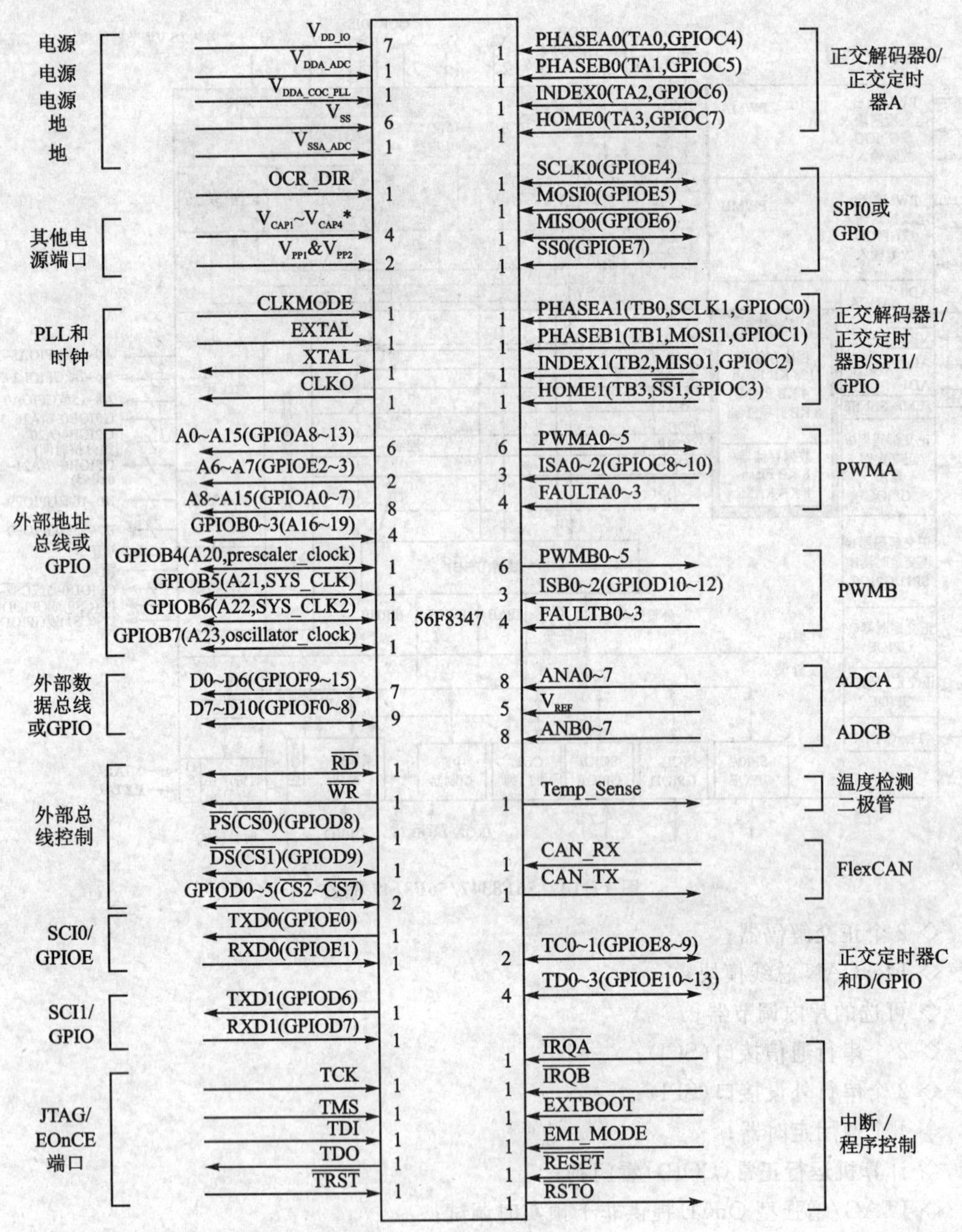

* 当片内调节器被禁止时,这4个引脚变成为2.5 V (V_{DD_CORE})。

图 1-15　56F8347 按功能划分信号接口

第 2 章

DSP56800E 内核的结构

第 1 章中已简要介绍了 56800E 与 56800 内核的主要差别。56800E 内核的扩展，为提高 DSP 的应用性能带来了极大的优势。

主要体现在以下几个方面：

- 56800E 实现了真正软件堆栈和指针，为高效率的 C 语言编程创造了条件。它可以支持结构化的编程，支持几乎无限的程序调用，同时还可以支持本地的变量和参数的传递。
- 通用寄存器组，以及互不影响的访问数据和地址寄存器组的指令，使得任何 ALU 寄存器在进行算术操作时，既可以作为源寄存器，也可以作为目的寄存器。因此可以提高代码效率和编译效率，使得编程更加容易。
- 16 位的程序字，8、16、32 位数据类型，19 种寻址模式，加上自动的"读-修改-写"指令，不仅可以使代码更加紧凑，而且由于较多的数据类型，使代码更加灵活，提高了编程效率，同时也可以提高编译器的编译效率。
- 全部的位操作指令以及 16 位和 32 位移位操作指令，能够有效地支持各种位操作和移位处理，从而提高了控制代码的编程效率，使得外设驱动编程更加便利。
- 乘累加器(MAC)的单独或者双并行移动指令(Move)，非常便于各种数字信号处理算法的编程。
- 两个硬件 Do－Loop 结构支持零开销的可中断循环嵌套，提高了系统的编程和执行效率。
- 支持模运算、整数运算和小数运算，因此不仅适合于传统的 DSP 算法，同时还可以支持更加复杂的算法。
- 5 个中断优先级，硬件中断嵌套，以及快速中断功能，使编程人员能够对中断驱动的应用进行更好地控制。

2.1 核心编程模型

DSP56800E 内核中的寄存器，被认为是核心编程模型的一部分，如图 2－1 所示。有关片内外设的寄存器映射到了数据存储器中的一个 64 单元的模块中。

表 2-1 给出了一个存储器模块的例子。对于具体的芯片，要参照其手册来具体确定各个有关片内外设的定义。

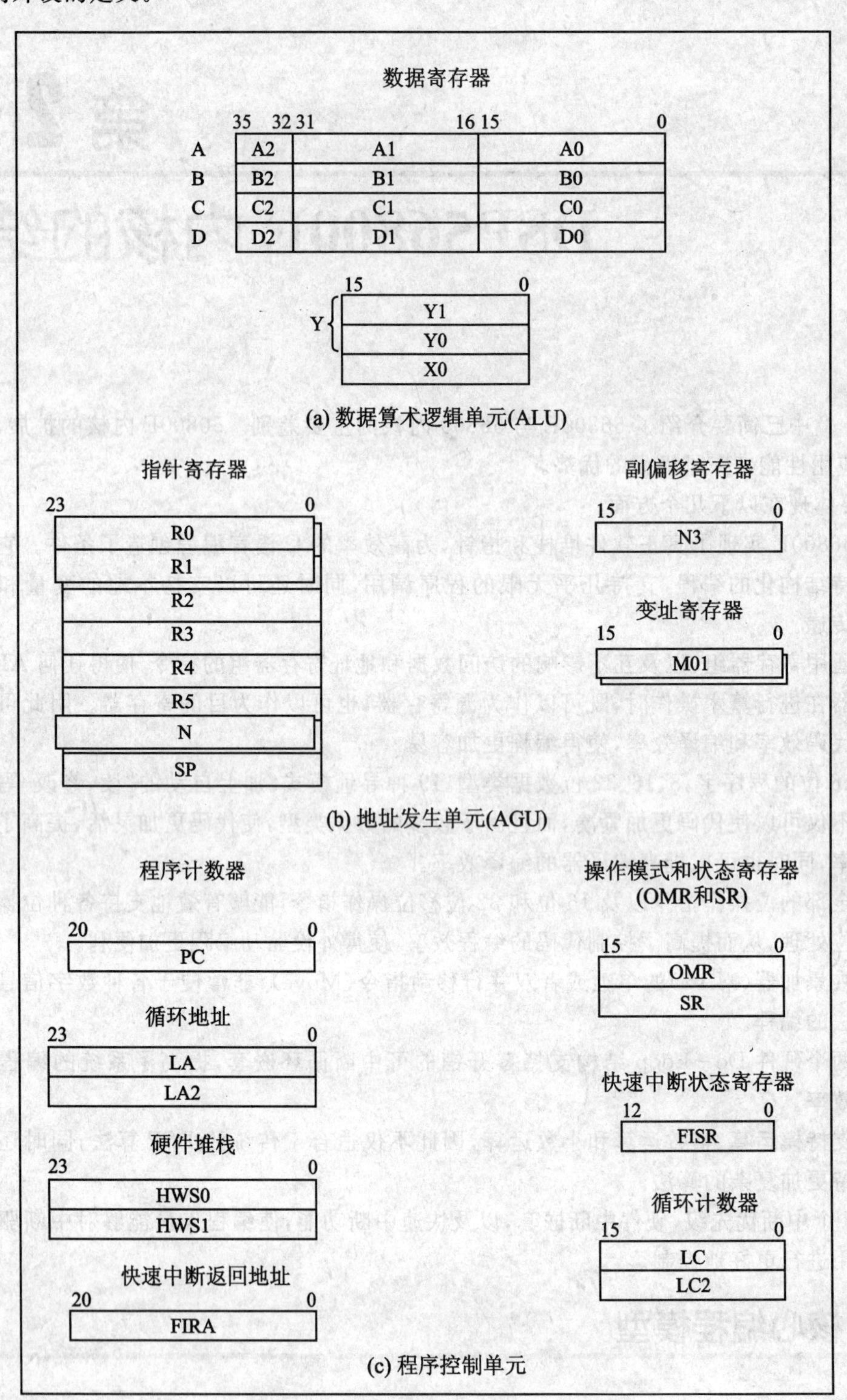

图 2-1 DSP56F800E 内核编程模型

表 2-1 I/O 芯片和片内外设存储器模块举例

X:$xxFFFF	保留用于 DSP 内核	X:$xxFFF4	保留用于 DSP 内核
X:$xxFFFE	保留用于 DSP 内核	X:$xxFFF3	可访问外设
X:$xxFFFD	保留用于 DSP 内核	X:$xxFFF2	可访问外设
X:$xxFFFC	保留用于 DSP 内核	X:$xxFFF1	可访问外设
X:$xxFFFB	保留用于中断优先权	X:$xxFFF0	可访问外设
X:$xxFFFA	保留用于中断优先权	⋮	⋮
X:$xxFFF9	保留用于总线控制	X:$xxFFC3	可访问外设
X:$xxFFF8	保留用于总线控制	X:$xxFFC2	可访问外设
X:$xxFFF7	保留用于 DSP 内核	X:$xxFFC1	可访问外设
X:$xxFFF6	保留用于 DSP 内核	X:$xxFFC0	可访问外设
X:$xxFFF5	保留用于 DSP 内核		

2.2 双哈佛存储器结构

DSP56800E 有一个双哈佛结构。该结构具有独立的程序和数据存储器空间，如图 2-2 所示。这个结构允许同时进行程序和数据存储器访问。数据存储器接口也支持两个同时的读操作，允许多达 3 个存储器同时访问。

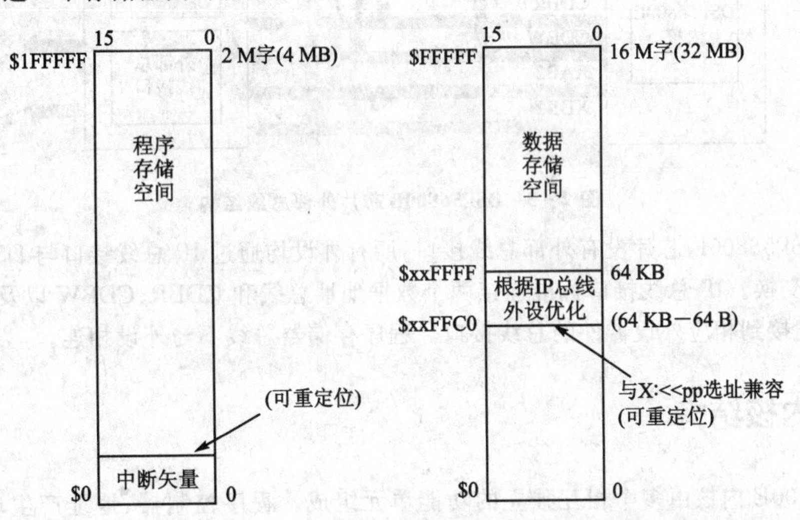

图 2-2 DSP56800E 双哈佛存储器结构

包含复位和中断向量的存储器块可以是任意大小，也可以放置于程序存储器中的任何地方。外设寄存器被映射到了数据存储器空间中的一个 64 字单元块。

数据存储器中的一个 64 字单元块，作为 IP 总线外设寄存器被映射为存储器，并可以置于数据存储空间的任何地方。通常，这些存储器块的位置不应定义为与 RAM 或者 ROM 数据存储器重叠的地方。X:<<pp 寻址方式对该存储器范围提供有效的访问，允许单字、单周期

移动(Move)和位操作指令。

需要注意的是,外设寄存器区的顶部12个单元($xxFFF4～$xxFFFF)被保留用于DSP56800E内核、中断优先权功能和总线控制功能,如表2-1所列。编译器仅访问16 M字数据存储器空间。

2.3 系统结构与外设接口

DSP56800E系统结构包含所有片内模块,包括DSP56800E内核、片内程序存储器、片内数据存储器、片内外设,以及连接上述模块的总线、外部总线接口。图2-3所示为系统结构框图。

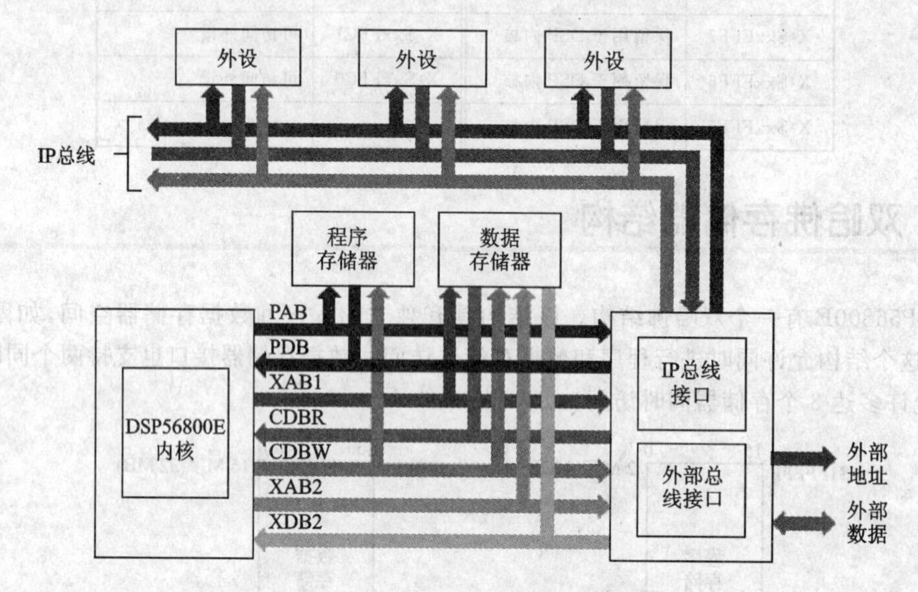

图2-3 DSP56800E芯片外部总线结构

部分DSP56800E芯片没有外部总线接口,所有外设均通过IP总线接口与DSP56800E内核进行信息交换。IP总线接口标准连接两个数据地址总线和CDBR、CDBW以及XDB2单向数据总线,连接到相应外设器件的总线接口。程序存储器总线不与外设相连。

2.3.1 内核结构

DSP56800E内核由多个相互独立的功能单元组成。程序控制器、地址产生单元(AGU)和数据算术逻辑单元(ALU)都有自己专门的寄存器组和控制逻辑,使得它们能够并行地、相互独立地操作,以便增加数据吞吐量。还有一个独立的位操作单元,允许高效的位操作。每个功能单元与其他单元、存储器和映射为存储器的外设之间的接口,都通过核内部地址数据总线相互连接,如图2-4所示。

由于采用先进的流水线结构,所以指令的执行时间显著减少。例如,在单周期内,可以让数据ALU执行一个乘法操作,让AGU产生多达两个地址,并同时让程序控制器取下一个指令。

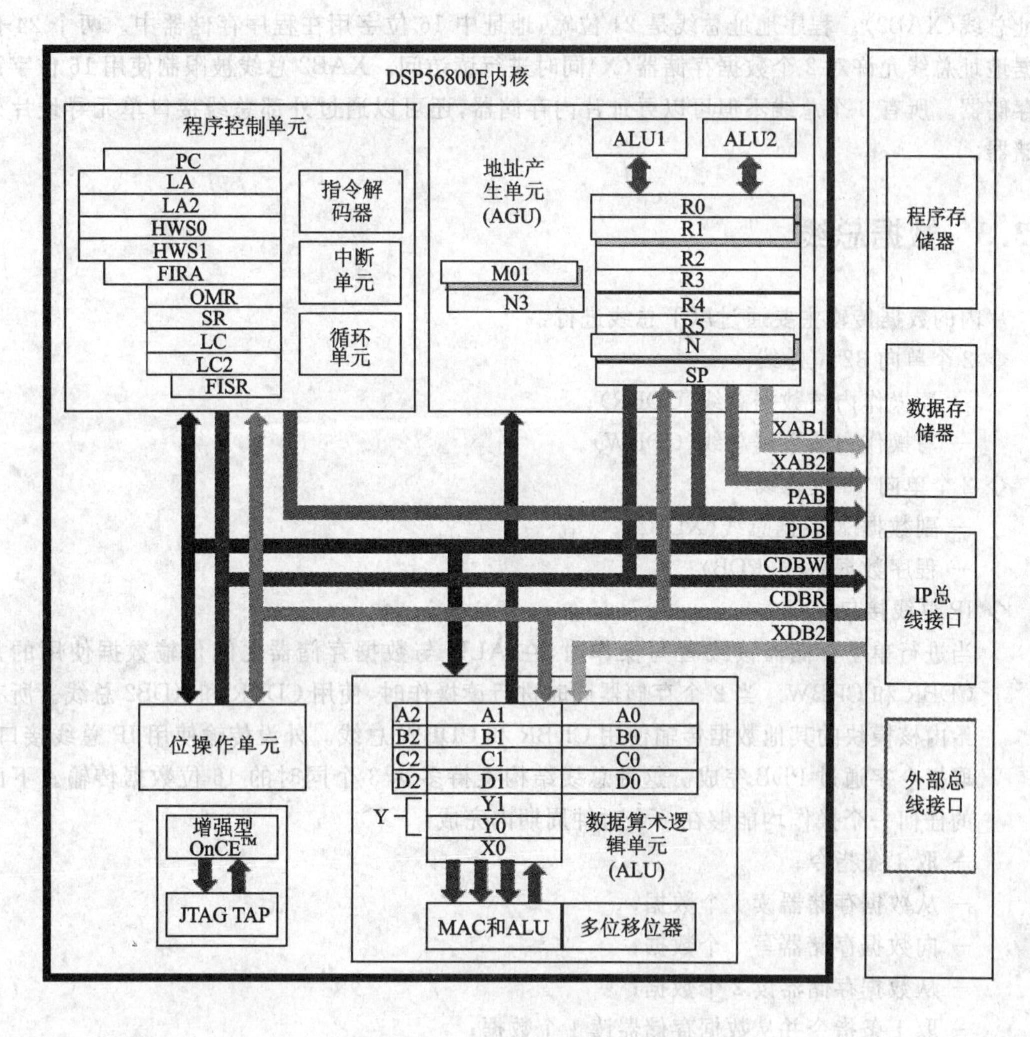

图 2-4　DSP56800E 内核框图

内核中的主要部件有：

◇ 地址总线；

◇ 数据总线；

◇ 数据算术逻辑单元(ALU)；

◇ 地址产生单元(AGU)；

◇ 程序控制器；

◇ 位操作单元；

◇ 增强型 OnCE 调试模块。

下面将详细介绍上述部件。

2.3.2　地址总线

内核包含 3 个地址总线：程序存储器地址总线(PAB)、主数据地址总线(XAB1)和副数据地址总线(XAB2)。程序地址总线是 21 位宽,地址中 16 位字用在程序存储器中。两个 24 位数据地址总线允许对 2 个数据存储器(X)同时进行读访问。XAB2 总线被限制使用 16 位字访问存储器。所有 3 个总线不但可以寻址片内存储器,还可以通过外部总线接口单元寻址片外存储器。

2.3.3 数据总线

片内的数据传输主要通过以下总线进行:

◇ 2 个单向 32 位总线

— 读操作内核数据总线(CDBR);

— 写操作内核数据总线(CDBW)。

◇ 2 个单向 16 位总线

— 副数据 X 数据总线(XDB2);

— 程序数据总线(PDB)。

◇ IP 总线接口

当进行单个存储器读或者写操作时,在 ALU 与数据存储器之间传输数据使用的是 CDBR 和 CDBW。当 2 个存储器同时进行读操作时,使用 CDBR 和 XDB2 总线。所有给内核模块的其他数据传输使用 CDBR 和 CDBW 总线。外设传输使用 IP 总线接口。取指令字通过 PDB 完成。这种总线结构支持多达 3 个同时的 16 位数据传输。下面的任何一个操作均能够在一个时钟周期内完成:

— 取 1 条指令;

— 从数据存储器读 1 个数据;

— 向数据存储器写 1 个数据;

— 从数据存储器读 2 个数据;

— 取 1 条指令并从数据存储器读 1 个数据;

— 取 1 条指令并向数据存储器写 1 个数据;

— 取 1 条指令并从数据存储器读 2 个数据。

尽管可能在执行数据访问时不需要取指操作,但取指操作将在每个时钟周期进行。比较典型的一种情况是,当执行一个硬件循环时,重复的指令仅在最初循环开始时取指。

2.3.4 数据算术逻辑单元(ALU)

数据算术逻辑单元(ALU)对操作数执行所有算术、逻辑、移位操作。数据 ALU 包含以下组成部分:

◇ 3 个 16 位数据寄存器(X0、Y0、Y1);

◇ 4 个 36 位累加器寄存器(A、B、C/D);

◇ 1 个乘累加器(MAC)单元;

◇ 1 个累加器 1 位移位器;

◇ 1 个算术和逻辑多位移位器;

◇ 1 个 MAC 输出限制器；

◇ 1 个数据限制器。

在一个指令周期内，数据 ALU 可以分别完成乘法、乘累加（正或者负累加）、加法、减法、移位或者逻辑操作。同样，数据 ALU 也支持有符号和无符号的多精度运算。所有操作都通过 2 的补码小数或整数运算实现。数据 ALU 的操作数可以是 8、16 或 32 位数据类型，并且可以是指令立即数，或者存放在存储器中，或者存放在数据 ALU 的寄存器中。算术操作和移位可以得到 16、32 或 36 位结果。在一些算术操作指令集中，也支持 8 位结果。逻辑操作使用 16 或 32 位操作数，其结果与操作数相同。数据 ALU 操作的结果，既可以存在任一数据 ALU 寄存器中，也可以直接存在存储器中。

2.3.5　地址产生单元(AGU)

地址产生单元（AGU）用于计算有效的操作数在存储器中的地址。它包括 2 个地址 ALU，允许在每个指令周期产生最多 2 个 24 位地址：1 个用于主数据地址总线（XAB1）或者程序地址总线（PAB）；另外 1 个用于副数据地址总线（XAB2）。地址 ALU 能够完成线性地址算法或者模地址算法。AGU 的操作独立于其他内核单元，使地址计算开销降至最低。

AGU 能够在 XAB1 和 XAB2 总线上直接寻址 2^{24} 字（16 M 字），能够在 PAB 总线上访问 2^{21} 字（2 M 字）。XAB1 总线能够寻址字节、字和长型操作数，PAB 和 XAB2 总线仅能够在存储器中寻址字。

AGU 由以下寄存器和功能单元组成：

◇ 7 个 24 位地址寄存器（R0～R5 和 N）；

◇ 4 个映射寄存器（实寄存器为 R0、R1、N 和 M01）；

◇ 1 个 24 位专用堆栈指针寄存器（SP）；

◇ 2 个偏移寄存器（N 和 N3）；

◇ 1 个 16 位变址寄存器（M01）；

◇ 1 个 24 位加法器单元；

◇ 1 个 24 位模算术单元。

R0～R5 和 N 中的每个地址寄存器均可以装载数据或地址。所有这些寄存器均可以为 XAB1 和 PAB 地址总线提供地址，XAB2 总线上的地址是由 R3 寄存器提供的。偏移寄存器 N 既能用作一个通用地址寄存器，又能用作一个偏移地址或者位寻址模式更新值。副 16 位偏移寄存器 N3 仅用作偏移地址或者更新值。变址寄存器 M01 可以用作线性寻址算法或者模寻址算法。

2.3.6　程序控制器与硬件循环单元

程序控制器用于取指和解码操作、中断处理、硬件互锁和硬件循环。实际的指令在其他内核单元中执行，例如数据 ALU、AGU 或者位处理单元。

程序控制器由以下部分组成：

◇ 指令锁存与解码器。

◇ 硬件循环控制单元。

◇ 中断控制逻辑。

◇ 1 个程序计数器(PC)。

◇ 2 个特殊寄存器用于快速中断:

— 快速中断返回地址寄存器(FIRA);

— 快速中断状态寄存器(FISR)。

◇ 7 个用户可访问的状态与控制寄存器:

— 两级深度硬件堆栈;

— 循环地址寄存器(LA);

— 循环地址寄存器 2(LA2);

— 循环计数寄存器(LC);

— 循环计数寄存器 2(LC2);

— 状态寄存器(SR);

— 操作模式寄存器(OMR)。

操作模式寄存器(OMR)是一个可编程寄存器,用于控制 DSP56800E 的内核,包括存储器映射配置。初始操作模式通常从外部重置之后就被锁存,然后通过程序控制进行修改。

循环地址寄存器(LA)和循环计数寄存器(LC)与硬件堆栈一起协调工作,用来支持无开销的硬件循环。硬件堆栈是一个内部后进先出(LIFO)缓冲器,由 2 个 24 位字组成,并且用来存储硬件循环(DO loop)的第一个指令的地址。当执行 DO 指令开始一个新的硬件循环时,循环的第一个指令的地址被压入硬件堆栈。当循环正常结束或者一个 ENDDO 指令被执行时,硬件堆栈的值被弹出。这种操作使得一个硬件循环可以嵌套于另外一个硬件循环之中。

2.3.7 位操作单元

位操作单元对数据存储器字、外设寄存器和 DSP56800E 内核中寄存器的位进行操作。它可以对 16 位字的各个位进行测试、置位、清零以及单个位取反或者多个位取反。位操作单元也能够测试字节,用于按位状态跳转指令。

2.3.8 增强型片内仿真单元(增强型 OnCE)

增强型片内仿真单元提供了一个非干涉的调试环境。它可以检查和修改内核或者外设寄存器和存储器的值,并能够用于在程序中或数据存储器中设置断点,还能够单步执行或者跟踪指令的执行。

2.4 DSP56800E 内核之外的模块

基于 DSP56800E 内核的器件集成了许多存储器和外设模块。这些模块使得在一个芯片中能够组成一个完整的系统,并为之提供相应的功能。典型的一些模块如图 2-5 所示。

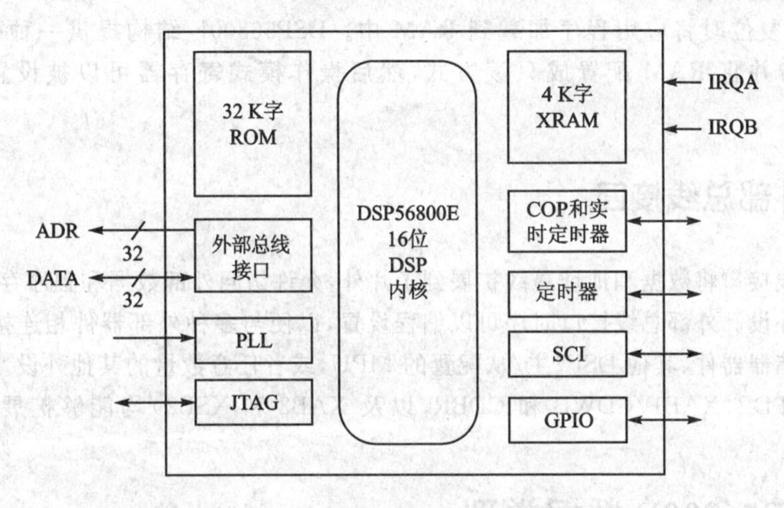

图 2-5　典型 DSP56800E 内核芯片

2.4.1　程序存储器

在芯片中，除了 DSP56800E 结构，还集成了程序存储器(RAM 或者 ROM)。PAB 总线用于选择程序存储器地址，取指操作通过 PDB 总线完成。向程序存储器中写入 16 位数据要利用 CDBW 总线。中断和复位向量表的大小和位置在程序存储器中都可以是任意的。向量表的大小由片内外设的个数和特殊应用的需要来决定。程序存储器可以扩展到片外，最大可以达到 2^{21}字(2 M 字)的寻址空间。

2.4.2　数据存储器

基于 DSP56800E 内核的芯片通常也集成了片内数据存储器(RAM 和 ROM)。XAB1 和 XAB2 用来选择数据存储器的地址。字节、字、长型数据可以通过 CDBR 和 CDBW 总线传输。第二个 16 位读操作可以在 XDB2 总线上并行执行。

外设寄存器被映射到了数据存储器空间。指令集利用一个特殊外设寻址方式优化了访问外设寄存器，能够非常高效地访问 64 个外设地址空间。尽管外设寄存器地址范围通常在 ＄00FFC0～＄00FFFF，但是个别的 DSP56800E 芯片可以将这些寄存器设置在数据存储器地址空间的任何地方。顶部的 12 个外设寄存器地址空间被内核的系统结构、中断优先级和总线控制配置寄存器所保留。

一种特殊寻址模式也被用于数据存储器中的最初 64 个位置，就像外设寻址模式一样，这些位置能够用单字、单周期指令访问。数据存储器能够被扩展到片外，最大允许扩展空间为 2^{24}(16 M 字)。

2.4.3　引导存储器

芯片通常提供一个程序引导 ROM，程序的执行从片内 RAM 开始，而不是 ROM。引导

ROM 用于在复位时将应用程序加载到 RAM 中。DSP56800E 结构提供一种引导模式，从 ROM 中取指并将 RAM 配置成只读方式，然后操作模式寄存器可以被设置为从 RAM 中取指。

2.4.4 外部总线接口

外部总线接口将数据和地址总线扩展到了片外，允许访问外部数据和程序存储器、I/O 器件或者其他外设。外部总线接口时序可以编程设置，以便与多种外部器件相连接。这些器件包括慢速存储器器件、其他 DSP、主/从配置的 MPU，或者任意数量的其他外设。所有 3 组总线（PAB 和 PDB，XAB1、CDWB 和 CDBR，以及 XAB2 和 XSB2）均能够扩展用来访问外部器件。

2.5 DSP56800E 数据类型

DSP56800E 结构支持字节（8 位）、字（16 位）和长型字（32 位）整数型数据类型，也支持字、长型字和累加器（36 位）小数型数据类型。小数和整数的区别是十进制（或二进制）的小数点位置的不同。对于小数值，十进制（或二进制）的小数点总是在最高位的右侧；对于整数值，小数点总是在最低位的右侧。

一个数据值（小数或者整数）的判定是由指令来进行的。有些场合，同样的指令可以对两种数据类型操作，并得到同样的结果；而另外一些场合，则需要不同的指令来处理小数和整数。以乘法为例，需要用 MPY 指令计算小数值，而用 IMPY.L 计算整数值。

2.5.1 数据格式

16 位 DSP 内核支持 4 种二进制补码的数据格式：

◇ 有符号整型数；

◇ 无符号整型数；

◇ 有符号小数；

◇ 无符号小数。

有符号和无符号整数的数据类型用于通用的计算。它与微处理器和微控制器的编程类似。小数的数据类型适合于较为复杂的计算和数字信号处理算法。

2.5.2 有符号整数

这种格式适用于处理整数型数据。在这种格式中，N 位操作数表示为 $N.0$ 格式（N 整数位）。有符号整数的表示范围是：

$$-2^{[N-1]} \leqslant \mathrm{SI} \leqslant (2^{[N-1]}-1)$$

可以采用这种数据格式的有字节、字和长型字。有符号字型数可以表示的最小数是 −32 768（$8000），有符号的长型字可以表示的最小数是 −2147483648（$80000000）。有符号字型数可以表示的最大数是 32 767（$7FFF），有符号的长型字可以表示的最大数是 2 147 483 647（$7FFFFFFF）。

2.5.3 无符号整数

无符号整型数只有正数，最大值几乎是有符号数的两倍。无符号整数的表示范围是：

$$0 \leqslant \mathrm{UI} \leqslant [2^N-1]$$

当采用二进制字表示时，小数点定在最低位的右边。可以采用这种数据格式的有字节、字和长型字。16 位无符号整数的最大值是 65 535（$FFFF），32 位无符号整数的最大值是 4 294 967 295（$FFFFFFFF）。不论数的长短，最小的无符号整数是 0（$0000）。

2.5.4 有符号小数

在这种格式中，N 位操作数表示为 $1.[N-1]$ 格式（1 个符号位，$N-1$ 个小数位）。有符号小数的表示范围是：

$$-1.0 \leqslant \mathrm{SF} \leqslant +1.0-2^{-[N-1]}$$

可以采用这种数据格式的有字和长型字。字和长型字有符号小数的最小值都是 −1.0，即 $8000（字）或者 $80000000（长型字）。最大的字表示的数为 $7FFF（$1.0-2^{-15}$），最大的长型字表示的数为 $7FFFFFFF（$1.0-2^{-31}$）。

2.5.5 无符号小数

无符号小数只有正数，最大值几乎是有符号数的 2 倍。无符号小数的表示范围是：

$$0.0 \leqslant \mathrm{UF} \leqslant 2.0-2^{-[N-1]}$$

当采用二进制字表示时，小数点定在最高位的右边。可以采用这种数据格式的有字和长型字。16 位无符号小数的最大值是 $\{1.0+(1.0-2^{-[N-1]})\}=1.99996948$（$FFFF）。不论数的长短，最小的无符号小数是 0（$0000）。

第 3 章

DSP56F8300 DSP 外设

56F8300 系列 DSP 采用的是 DSP56800E 内核，其片内外设与其他采用 DSP56800E 内核的 DSP 有着相同的结构和功能。本章以 56F8300 系列 DSP 为例，详细介绍飞思卡尔 DSP 片内外设的特点和应用方法。

3.1 模/数转换器(ADC)

模/数转换器(ADC)的功能如图 3-1 所示。

3.1.1 简 介

在该系列 DSP 中，模/数转换器模块的配置有以下 2 种：

◇ 1 组双 12 位 ADC 模块，允许 2 个模/数转换器共用一个参考电压和控制模块。

◇ 2 组双 12 位 ADC 模块(一共 4 个转换器)，4 个模/数转换器共用一个参考电压，但每组 2 个转换器都拥有自己的控制模块。为了叙述方便，本书将这种形式统称为正交(Quad)模块。

图 3-2 和图 3-3 分别绘出了这 2 种 ADC 结构。

3.1.2 特 点

模/数转换器(ADC)由 2 个独立的 ADC 模块组成，每个模块都有自己的采样和保持电路。1 个共用的数字控制模块配置和控制 2 个 ADC 模块的功能。ADC 模块的特点如下：

◇ 12 位精度；

◇ 最大 ADC 时钟频率为 5 MHz，即 200 ns 周期；

◇ 采样速率可达 166 万次/秒；

◇ 单次转换时间为 8.5 个 ADC 时钟周期(8.5×200 ns=1.7 μs)；

◇ 多次采样时，第一次采样需要 8.5 个 ADC 时钟周期，以后每次采样仅需 6 个 ADC 时钟周期(6×200 ns=1.2 μs)；

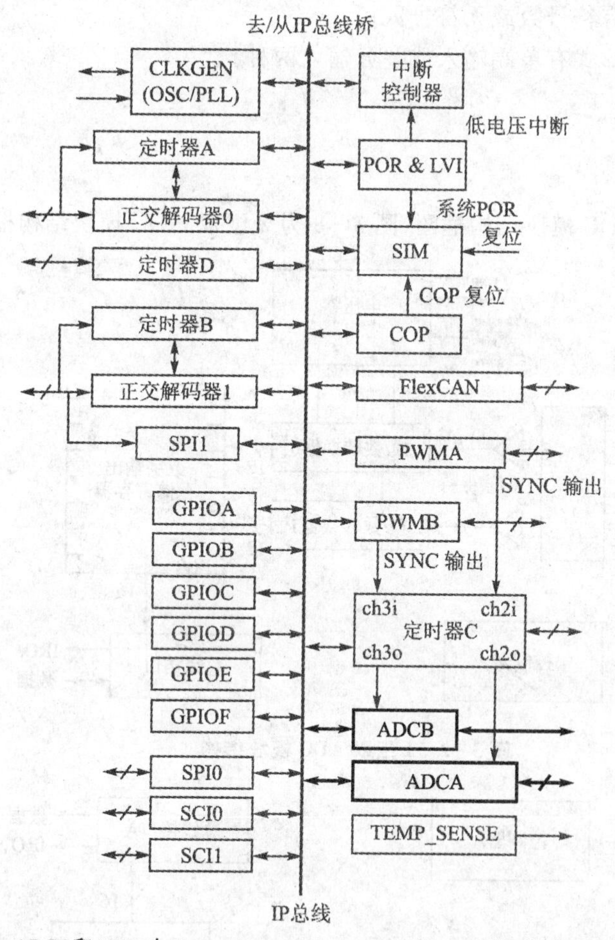

注：ADCA和ADCB与V_{REFH}、V_{REFP}、V_{REFMID}、V_{REFN}和V_{REFLO}引脚使用同一参考电压电路。

图3-1 模/数转换器模块

◇ 同时采样模式，即2个ADC同时采样，进行8个转换需要26.5个ADC时钟周期(26.5×200 ns=5.3 μs)；

◇ ADC可以通过同步信号与PWM或者定时器(TMR)同步；

◇ 有同时采样模式和顺序采样模式两种采样模式；

◇ 可以对2个输入模拟信号同时采样、保持和转换；

◇ 能够顺序扫描并存储多达8个模/数转换结果；

◇ 内部设有多路转换器，可选出2个输入信号(8选2)；

◇ 节电模式可以自动关闭/启动所有或部分ADC模块；

◇ 利用片内输入电压网络可以进行内部校准；

◇ 未选择的输入引脚上可以承受一定的注入/拉出电流，而不会影响ADC的转换，因此可以在恶劣的噪声环境中工作；

◇ 可选择在扫描结束时，或者当采样数据超出预先设定的限制范围(过高或过低)或在输入模拟信号过零时产生中断；

◇ 可通过减去一个预先设定的偏移量对采样转换结果进行校正；

◇ 结果可以设定为有符号数或无符号数；

◇ 模拟信号的输入形式有单端输入或差分输入两种。

3.1.3 功能简介

图 3－2 为 1 组双 ADC 模块结构框图，图 3－3 为 2 组双 ADC 模块结构框图。

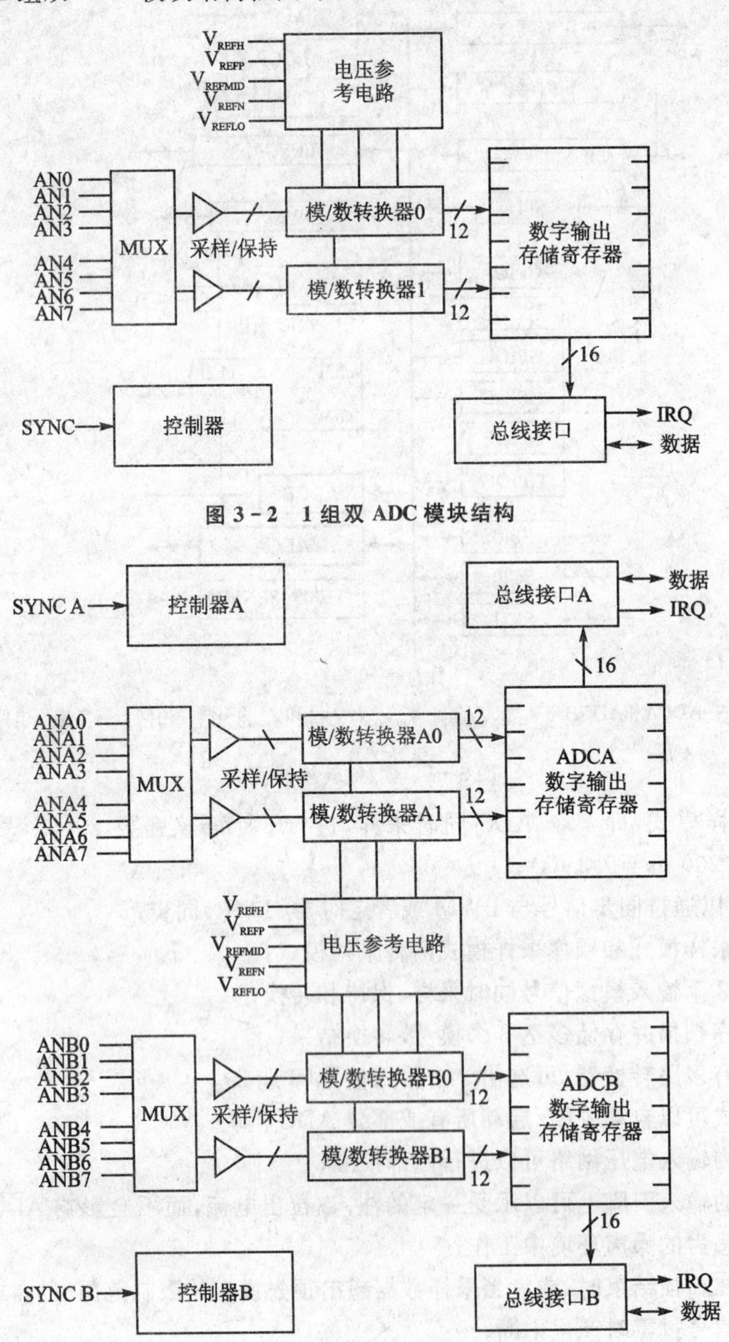

图 3－2　1 组双 ADC 模块结构

图 3－3　2 组双 ADC 模块结构

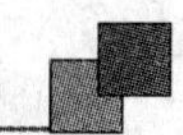

如图3-2所示，ADC模块有1个多路转换器，用以对8个模拟输入通道进行选择；2个独立的采样保持(S/H)电路，分别连接到2个独立的12位模/数转换器上。这2个独立的转换器把转换结果存储到可访问的缓存当中，等待进一步处理。

转换处理可以由SYNC信号——内部定时器的上升沿，或者对控制寄存器(ADCR1)的START位写入1来启动转换过程。

SYNC信号的上升沿或者置START位可以启动一个顺序转换(扫描)。一个转换或者扫描可以采样和转换最多8个单端输入通道或最多4个差分输入通道对，或者两者的结合。

ADC可以配置成单次扫描并暂停，触发后扫描一次；或者按照编程次序反复扫描，直到手动通过STOP位停止。

双ADC可以配置成顺序或同时转换模式。当配置成顺序转换时，多达8个单端输入通道可以被采样，并可按通道列表(Channel List)寄存器所设定的任意顺序进行存储。图3-4表示的是顺序转换时的ADC功能操作。

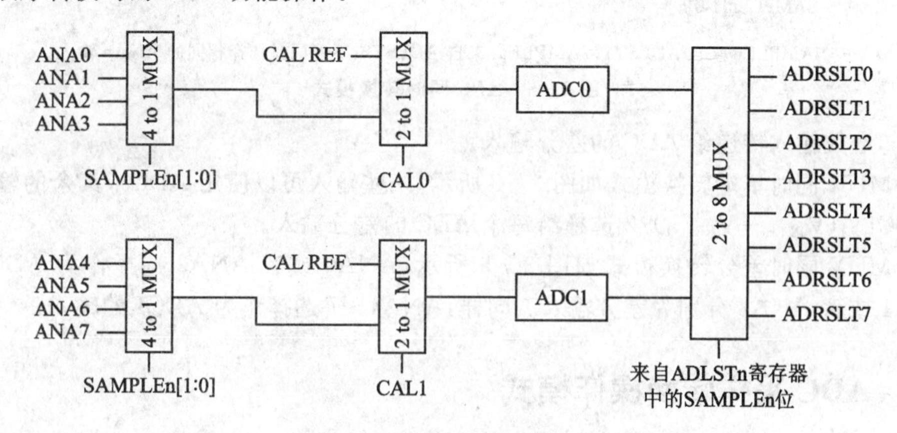

图3-4 ADC顺序转换模式

注意： *一次扫描可能会用到两个ADC，这要取决于被采样的输入通道ANAx。*

图3-5表示的是ADC同时转换操作。当进行同时转换时，两个S/H电路用来在同一时刻捕获两个不同的通道。这要求两个不同的输入通道连接不同的转换器。

通道列表寄存器(ADLST1和ADLST2)可以通过编程设置所需采样通道的扫描顺序。

在扫描结束时可以产生中断，如果一个通道超出了范围(当所检测的值高于或者低于门限寄存器的值时)也可以产生中断，或者当出现过零状态时也可以产生中断。

3.1.4 输入多路转换器功能

输入多路转换器(MUX)功能如图3-4和图3-5所示。MUX可以将8路单端输入分配给2个输出通道中的任何一个，并传送至ADC进行转换。这2个输出通道不能选择同一个输入通道；否则会影响转换精度。MUX的4种功能模式及相关限制如下：

(1) MUX顺序单端转换模式如图3-4所示，根据输入选择可以使用每个ADC。ANA0～3选择ADC0转换，ANA4～7选择ADC1转换。$(V_{REFH}-V_{REFLO})/2$选择给每个ADC的差分输入。

(2) MUX顺序差分转换模式如图3-4所示，偶数输入传递给ADC的输入，与单端转换

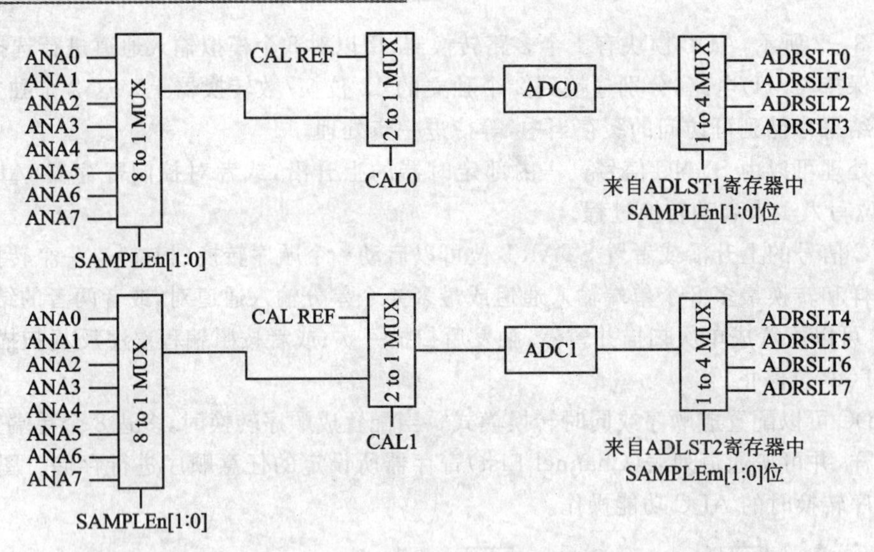

注：SAMPLEn 来自 ADLST1，SAMPLEm 来自 ADLST2，不能同时选择相同的 ANAn 输入。

图 3-5　ADC 同时转换模式

模式一样，奇数输入传递给 ADC 的差分输入。

(3) MUX 同时单端转换模式如图 3-5 所示，一些输入可以使用 ADC0，其余的输入可以使用 ADC1。$(V_{REFH}-V_{REFLO})/2$ 选择给每个 ADC 的差分输入。

(4) MUX 同时差分转换模式如图 3-5 所示，ANA0 或者 ANA2 选择作为 ADC0 的输入，ANA1 或者 ANA3 分别为差分输入。同样，ANA4～7 选择作为 ADC1 的输入。

3.1.5　ADC 采样转换操作模式

ADC 有 1 个闭环的算法结构，使用了 2 个递归子模块（RSD1 和 RSD2），如图 3-6 所示。每个子模块在一个转换时钟内解算 1 位，这样每个时钟周期可以转换 2 位。每个子模块都以最大 5 MHz 时钟频率运行，因此转换 12 位需要 1.2 μs（不包括采样和后处理时间）。

ADC 有以下 2 种操作模式：

(1) 单端模式（CHNCFG 位＝0）。在单端模式下，输入 ADC 的 MUX 在 8 路模拟量输入中选择 1 个传递给 ADC 内核正端。ADC 内核的负端与 V_{REFLO} 参考端相连。ADC 对选择输入的电压进行测量并与$(V_{REFH}-V_{REFLO})$参考电压范围相比较。

(2) 差分模式（CHNCFG 位＝1）。在差分模式下，ADC 测量 2 个模拟量输入的电压差并与$(V_{REFH}-V_{REFLO})$参考电压范围相比较。ADC 输入选择的是输入对：ANA0/1、ANA2/3、ANA4/5 和 ANA6/7。在这个模式下，ADC 内核正端接偶数模拟输入，负端接奇数模拟输入。

以上 2 种操作模式可以混合使用，例如：

◇ ANA0 和 ANA1 为差分输入，ANA2 和 ANA3 为单端输入。

◇ ANA4 和 ANA5 为差分输入，ANA6 和 ANA7 为单端输入。

ADC 模块按比例进行转换，在单端测量时，数字结果与模拟输入量和参考电压成比例关系：

$$单端转换值=取整\left(\frac{V_{IN}-V_{REFLO}}{V_{REFLH}-V_{REFLO}}\times 4\,095\right)\times 8$$

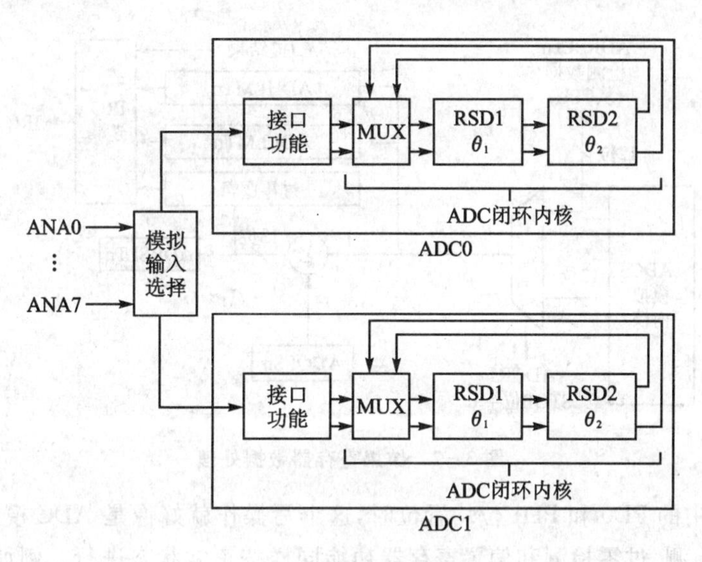

图 3-6 闭环 ADC 框图

式中：V_{IN}为输入引脚电压；V_{REFH}为参考电压(高)，但通常可以设置为V_{DD}；V_{REFLO}为参考电压(低)，但通常可以设置为V_{SS}。

ADC转换结果为12位，即有4096个可能状态。然而，为了方便，将12位左移3位放置到16位数据总线上，因此转换的幅值变为32760。

对于差分测量，数字结果与模拟输入量的差值和参考电压差值(V_{REFH}和V_{REFLO})成比例关系：

$$差分转换值=取整\left(\frac{V_{IN1}-V_{IN2}}{V_{REFH}-V_{REFLO}}\times 4095\right)\times 8$$

式中：V_{IN1}和V_{IN2}为输入引脚电压；V_{REFH}为参考电压(高)，但通常可以设置为V_{DD}；V_{REFLO}为参考电压(低)，但通常可以设置为V_{SS}。

同样，差分ADC转换结果为12位，即有4096个可能状态。然而，为了方便，将12位左移3位放置到16位数据总线上，因此转换的幅值变为32760。

3.1.6 ADC数据处理

如图3-7所示，ADC转换结果送至一个加法器进行偏置校正。加法器从每个采样中减去ADC偏置(ADOFS)寄存器的值，其结果存入ADC结果(ADCRSLT1～7)寄存器。与此同时，对未进行偏置校正的ADC值和ADSLT值进行超限检验和过零检验。如果允许，就会申请相应的中断。

转换结果的符号由ADC转换的无符号结果减去各自的偏置寄存器(ADOFS1～7)中的值来确定。如果偏置寄存器设置为0，则结果寄存器的值是无符号数，并且等于闭环转换器输出的无符号结果。如果ADOFSx寄存器的值设为0，则ADRSLT寄存器的范围是＄0000～＄7FF8(0～32760)，这相当于ADC内核转换后未做处理的结果。

每个结果寄存器只能在ADC处于停止(Stop)状态或掉电(Power-Down)状态时由处理器进行修改。也就是说，当ADCR1寄存器中的STOP位置位时，或者ADC电源寄存器

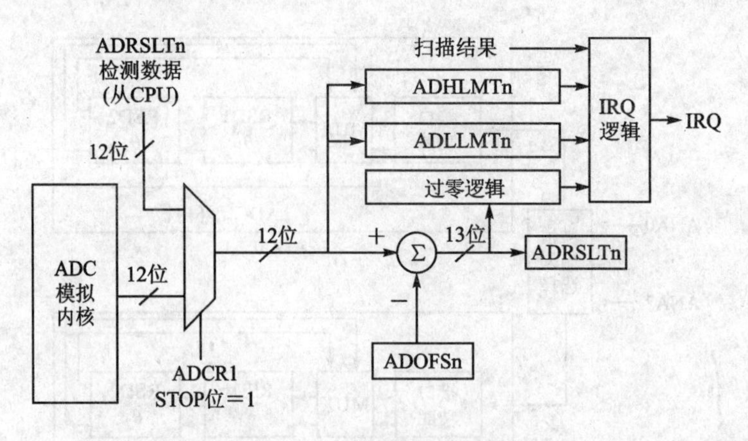

图 3-7 结果寄存器数据处理

(ADCPOWER)中的 PD0 和 PD1 位均置位时，这个写操作就好像是 ADC 模拟部分被改变一样。因此，门限检测、过零检测和偏置寄存器功能同样按正常状态进行。例如，如果 STOP 位置位，则处理器对 ADRLT5 进行写操作，数据被写入 ADRSLT5 并传送到 ADC 数字逻辑输入，就像 ADC 模拟输入端的电压被改变一样。

3.1.7 顺序采样与同时采样

ADC 可以配置成顺序转换或者同时转换两种形式。当配置成顺序转换时，任意时刻，2 个 ADC 中只有 1 个工作；至多 8 个输入的扫描顺序可以人为设定；每个转换可以从 8 个输入中选择任意 1 个输入，转换结果顺序存入结果寄存器中；每个转换均可以是单端输入或者差分输入。

当配置成同时转换时，2 个 ADC 并行工作；每次扫描最多可以同时转换 4 组；每次转换可以在 8 个输入中任选 2 个输入，但是不能同时转换同一个通道；转换结果每次存入 2 个顺序的结果寄存器对中，第一个转换存入 ADRSLT0 和 ADRSLT4，第二个转换结果存入 ADRSLT1 和 ADRSLT5，依此类推；每个转换均可以是单端输入或差分输入，或者其组合。

3.1.8 扫描顺序

转换处理的启动可以由片内定时器通道的 SYNC 信号触发，或者通过向 ADCR1 中的 START 位写入 1 来触发。具体要看芯片手册来确定哪个定时器通道可以作为 ADC 的 SYNC 信号。一旦转换处理被触发，就开始最多 8 个模/数顺序转换。

如果扫描设置参数表明有超过 1 个转换序列，那么当第一个转换完成后，第二个转换立即开始。每次扫描的转换次数由 ADSDIS 寄存器中的禁止采样位(DS)决定，如表 3-1 的第一行所列。转换的通道顺序由 ADLST1 和 ADLST2 寄存器的 SAMPLEx 位决定。

如果启动一个扫描，而这时另外一个扫描正在进行时，则启动信号被忽略，直到正在执行的扫描结束；也就是说，直到 ADC 状态寄存器(ADSTAT)中的转换正在处理位(CIP)从 1 变成 0 为止。

表3-1 ADC扫描顺序控制

扫描特性	控 制	顺序模式	同时模式
扫描长度控制	ADSDIS寄存器的禁止采样位(DS)	由DS0开始,顺序检查每一位,并开始转换,直到找到某位为1时停止。如果所有8位均使能(0),则当8个转换完成后结束扫描	由DS0/4开始,顺序检查每一对,并开始转换,直到找到ADSDIS寄存器对应部分的位为1时停止。如果所有8位均被使能(0),则在4次模/数转换完成后结束扫描
顺序扫描	ADLST1和ADLST2寄存器的SAMPLEn位	由SAMPLE0开始,假设DS0=0,读SAMPLE0,以决定从哪个通道输入至模/数转换。按照ADSDIS寄存器所设置的,从SAMPLE1～SAMPLE7进行处理	由SAMPLE0和SAMPLE4开始,假设DS0=0,DS4=0,读SAMPLE0和SAMPLE4,以决定从哪个通道输入至模/数转换器。按照ADSDIS寄存器所设置的,从SAMPLE1/5至SAMPLE3/7进行处理
循环扫描	ADCR1中的SMODE位	扫描一次,连续(循环),或当触发时扫描	
中 断	ADCR1中的EOSIE、ZCIE、LLMTIE和HLMTIE位	扫描结束中断——连续循环模式除外 过零中断——"+"到"-","-"到"+",或两种 低限中断——超过最低门限 高限中断——超过最高门限	

3.1.9 低功耗操作模式

掉电模式可以通过PD[2:0]和PUDELAY来控制。节电模式提供一种自动的方式来动态控制ADC上电/掉电状态。同一时间只允许掉电模式或者节电模式两者之一有效。

1. 掉电模式

当ADC模块不使用时,可以将ADC的模拟内核关闭,以降低能量消耗。在这种低功耗模式下,ADC的电流小于1 μA。ADC的模拟内核可以通过设置ADPOWER寄存器的PD0、PD1和PD2位来关闭。当PDx位置位时,将相应的ADC模拟内核关闭。

当PD0/PD1/PD2置位时,任何A/D转换将被取消。

注意: *当转换序列开始后进行掉电操作,将会破坏结果寄存器的值;否则结果寄存器保持前次转换结果。*

在双ADC配置中,如果PD0、PD1和PD2位都被置位,则令参考电源也掉电。在正交(Quad)ADC配置中,这些位必须对两个ADC组置位才能令参考电压掉电。

注意: *必须在参考电压上电至少25 ms之后,才能启动A/D转换;否则会使转换数据不正确。另外,在上电之后,PUDELAY的ADC时钟要求有一个延时,之后才能启动A/D转换。PUDELAY被置入了ADC的状态机,使得可以不必了解时序。*

当ADC参考电压掉电时,参考电压的输出置低(V_{SSA}),并且ADC数据输出被迫为低。一旦复位时,ADC模拟内核上电(PDx=0)。

当转换器掉电时，任何试图进行 A/D 转换都将得到不确定的结果。这是因为转换有可能在掉电之前进行，而读 ADC 结果寄存器有可能在转换器掉电之后完成。

掉电模式的清除可以通过将 PD0、PD1 和 PD2 位清零来完成。假设参考电压没有掉电，在重新开始转换之前，必须在 PD0、PD1 和 PD2 位清零之后插入 13 个 ADC 时钟以上的等待时间，具体由 PUDELAY 确定。

退出低功耗模式后，ADC 不会保持任何掉电前的转换结果，只有通过启动新的扫描，才能够得到适用的结果。

注意： ADC 参考电压上电时间通常比 ADC 上电时间长。必须提供额外的时间使 V_{REFP}、V_{REFMID}和 V_{REFN}达到稳定状态。如果这些引脚上的旁路电容没有充满电压，ADC 的精度就会受到影响。这个延时通常要比由 PUDELAY 确定的 ADC 上电时钟周期数长。

2. 节电模式

节电模式（PSM）可以根据需要对 ADC 自动掉电/上电，其电源控制特性如图 3－8 所示。如果使用适当，则 PSM 可显著地节省电能。

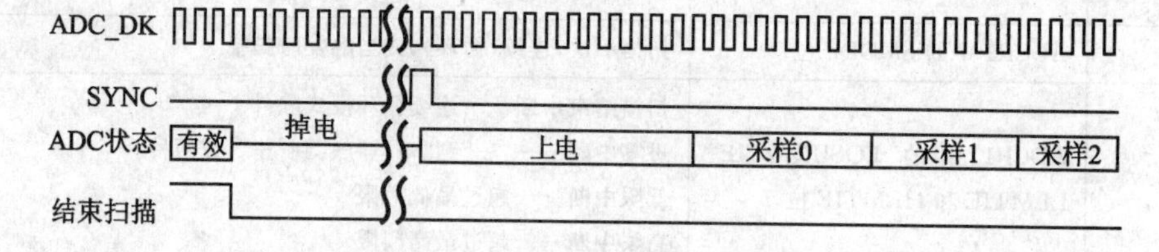

图 3－8　PSM 操作的电源控制特性

当 ADC 转换扫描完成时，ADC 内核自动掉电。当下一个 SYNC 脉冲（或者向 ADCR1 的 START 位写入 1）到来时，ADC 内核自动上电，并记录 ADC 时钟周期数，以便提供上电延时，然后开始下一个 ADC 扫描。在转换序列进行中的 SYNC 脉冲和 START 置位将被忽略。

只有在需要转换时，才对 ADC 上电。如果只有一个 ADC 转换请求，那么只有这个 ADC 上电。

参考电压电路在节电模式下保持上电状态。这是因为参考电压上电后通常需要 25 ms 时间才能使参考电源稳定。

如果在转换处理过程中申请节电模式，则转换不受影响，直到 ADC 转换完成才进入 PSM 状态。掉电模式与此不同，当 PD0 和 PD1 置位时，将使转换处理失败。

PSM 不适用于反复转换模式。这是因为一旦反复转换模式启动，ADC 将不会停止。PSM 仅适用于单次或者触发模式。

3.1.10　ADC 停止操作模式

任何转换序列在处理时，都能够通过将 ADCR1 寄存器中的 STOP 位置位来停止转换。如果这时出现 SYNC 脉冲或者将 START 位置位，则都会被忽略，直到 ADC 的 STOP 位被清零。ADC 进入 ADC 停止模式后，结果寄存器可以被处理器通过写数据来修改。在 ADC 停止模式下向结果寄存器写任何数据，均视为模拟内核提供的数据。因此，如果允许的话，门限检测、过零检测和相关的中断均可产生。

3.1.11 校 准

ADC转换都会有一些比例系数和偏置的误差，这些误差将会影响转换精度，如图3-9所示。为了对此进行补偿，ADC有一个校准功能，提供2个已知的输入给ADC，如图3-10所示。图中表示的是理想的转换结果。基于对2个参考电压的转换结果，比例系数和偏置的误差就可以确定。通过一些软件修正，这些误差可以由用户通过软件进行补偿。

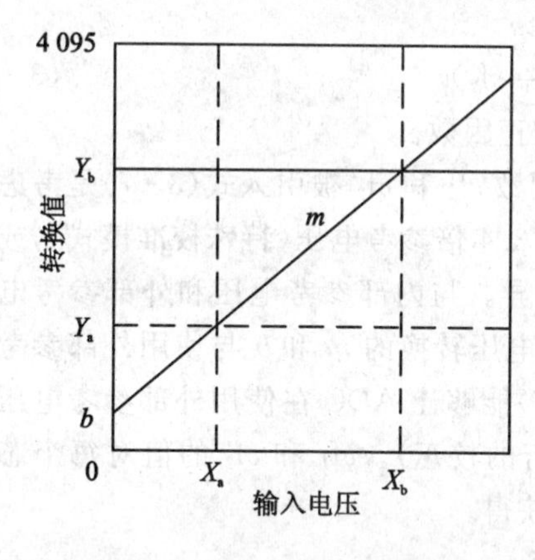

图3-9 ADC系数和偏置误差

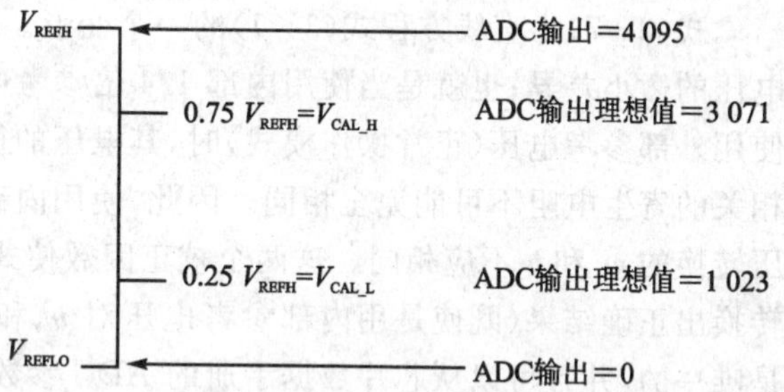

V_{REFH} ← ADC输出=4 095
$0.75\ V_{REFH}=V_{CAL\_H}$ ADC输出理想值=3 071
$0.25\ V_{REFH}=V_{CAL\_L}$ ADC输出理想值=1 023
V_{REFLO} ← ADC输出=0

图3-10 ADC校正基准

注意： 这里所介绍的校准功能只能校准片内转换器误差，对于片外设计所引起的误差无法补偿。

校准功能是通过转换一个特定的值来消除比例系数和偏置误差的影响。理想结果与测量结果、比例系数和偏置量的关系为

$$Y = mX + b \tag{3-1}$$

式中：X是测量值，对应一个特定的输入电压；m是ADC比例系数；Y是对应该输入电压的理想值；b是偏置量。

对于节点电压V_{CAL_H}和V_{CAL_L}，其转换结果为

$$V_{CAL\_H} = mX_{CAL\_H} + b \tag{3-2}$$

$$V_{CAL\_I} = mX_{CAL\_L} + b \tag{3-3}$$

利用式(3-2)和式(3-3)可以得到ADC的比例系数：

$$m = \frac{Y_{CAL\_H} - Y_{CAL\_L}}{X_{CAL\_H} - X_{CAL\_L}} \tag{3-4}$$

偏置量为

$$b = Y_{CAL\_H} - mX_{CAL\_H} \tag{3-5}$$

或者

$$b = Y_{CAL\_L} - mX_{CAL\_L} \tag{3-6}$$

一旦m和b被确定，ADC测量值就可以校正到理想值。

注意： 为了得到更好的精度，可以对参考电压进行多次转换，并对结果取平均值。

例如：转换节点电压V_{CAL_H}和V_{CAL_L}时，得到的转换结果是3010和990。如果理想转换结果如图3-10所示，则可得出比例系数为

$$m=\frac{Y_{CAL\_H}-Y_{CAL\_L}}{X_{CAL\_H}-X_{CAL\_L}}=\frac{3071-1023}{3010-990}=\frac{2048}{2020}=1.01386$$

偏置量 b 为

$$3071-3010\times1.01386=19.0$$

当输入电压为中间电压($V_{REFH}-V_{REFLO}$)/2 时，转换结果为 2000。对该结果进行校正：

$$Y=mX+b=1.01386\times2000+19=2047$$

(1) 校准因数

DSP568300 芯片的 ADC 校准方程为

$$Y=(m+cf_1)X+(b+cf_2) \tag{3-7}$$

式中：cf_1 是 ADC 比例系数的校正因数；cf_2 是偏置量校正因数。

式(3-7)为直线方程式(3-1)的一个变形。校正因数 cf_1 和 cf_2 被引入式(3-7)是考虑到电压的微小差异；也就是当使用内部 1/4 倍参考电压和 3/4 倍参考电压(特殊校准模式)，或者使用外部参考电压(正常操作模式)时，其电压的微小差异。与内部参考电压和外部参考电压相关的寄生电阻不可能完全相同。因此，使用内部参考电压转换的 m 和 b 与使用外部参考电压转换的 m 和 b 不应相同。这两个校正因数使式(3-7)能够让 ADC 在使用外部参考电压时转换出正确结果(既使是用内部参考电压对 m 和 b 进行的校正)。cf_1 和 cf_2 的值对每个芯片是唯一的，并且可以从芯片数据手册的 ADC 参数表中获得。

(2) 校准步骤

ADC 校准在同时转换模式或者顺序转换模式下均可进行。其校准步骤如表 3-2 所列。顺序模式与同时模式下的校准步骤略有不同：同时转换时的校准需要 2 个转换周期；而顺序转换时的校准需要 4 个转换周期。

表 3-2 ADC 校准程序

步 骤	同时模式	顺序模式
1	保存适当的寄存器，以便它们可以为校准重新定义和恢复	
2	停止当前的 ADC 操作并设定单端同时操作模式	停止当前的 ADC 操作并设定单端顺序操作模式
3	在校准寄存器中将校准位(CALn)置位，并为校准设定高/低参考	
4	将禁止采样寄存器置位，以使能采样 0 和 4	将禁止采样寄存器置位，以使能采样 0 和 1。对 ADLST1 寄存器进行设置，以控制校准的模/数转换。假设 ADC0、ADC1 将被校准(以此顺序)，ADLS1 寄存器必须设置采样 0 用于通道 0～3；采样 1 用于通道 4～7
5	启动 A/D 转换，获取校准结果	
6	等待 ADC 转换完成	
7	扫描结束标志(EOSI)位清零	
8	从 ADRSLT0 寄存器中读取 ADC_0 校准结果；从 ADRSLT4 寄存器中读取 ADC_1 校准结果	从 ADRSLT0 寄存器中读取 ADC_0 校准结果；从 ADRSLT1 寄存器中读取 ADC_1 校准结果
9	改变 CAL 寄存器值，选择另外一个校准参考输入	
10	启动 A/D 转换，获取校准结果	

续表 3-2

步 骤	同时模式	顺序模式
11	等待 ADC 转换完成	
12	扫描结束标志(EOSI)位清零	
13	从 ADRSLT0 寄存器中读取 ADC_0 校准结果;从 ADRSLT4 寄存器中读取 ADC_1 校准结果	从 ADRSLT0 寄存器中读取 ADC_0 校准结果;从 ADRSLT1 寄存器中读取 ADC_1 校准结果
14	使 CAL 寄存器恢复正常操作	
15	开始时,恢复 ADC 寄存器原来的状态。这里假设硬件 sync 信号将触发下一次 A/D 转换,并假设在硬件 sync 发生之前工作已完成	

3.1.12 引脚说明

ADC 模块外部引脚说明如表 3-3 所列。

表 3-3 外部引脚说明

名 称	I/O类型	功 能	复位状态	备 注
AN0～AN7	输入	模拟输入引脚	n/a	在双 ADC 模块中,该引脚端将是 ANA0～ANA7 和 ANB0～ANB7
V_{REFH}	输入	参考电压引脚	n/a	可以连接到 V_{DDA}。该引脚必须有旁路电容连接到 V_{SSA_ADC}
V_{REFP}	输入/输出	参考电压引脚	n/a	该引脚必须有旁路电容连接到 V_{SSA_ADC}
V_{REFMID}	输入/输出	参考电压引脚	n/a	该引脚必须有旁路电容连接到 V_{SSA_ADC}
V_{REFN}	输入/输出	参考电压引脚	n/a	该引脚必须有旁路电容连接到 V_{SSA_ADC}
V_{REFLO}	输入/输出	参考电压引脚	n/a	通常连接到 V_{SSA_ADC}
V_{DDA}	电源	ADC 电源	n/a	在双 ADC 模块中,该引脚端将是 ADCA 的 V_{DDA_ADCA} 和 ADCB 的 V_{DDA_ADCB}
V_{SSA}	电源	ADC 地	n/a	—

每个 ADC 模块都有最多 8 个模拟输入引脚,每个引脚与内部多路选择器相连。多路选择器将选择模拟电压进行转换。为了对单端输入进行同时采样,多路选择器可以将输入引脚连接到 ADC 扫描的任意采样保持器上。差分输入信号将被分配到一对采样保持器上。同时采样会选择一对信号(可以是单端信号,也可以是差分信号),每个信号分配给 1 个 ADC。模拟输入等效电路如图 3-11 所示。

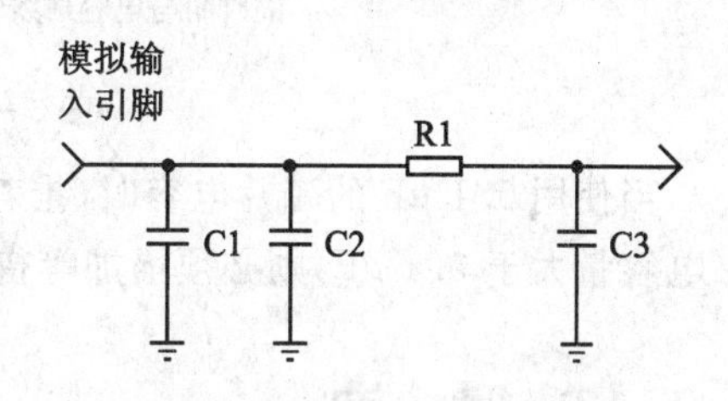

图 3-11 模拟输入等效电路

C1 为由封装产生的寄生电容,主要是在引脚之间、引脚与封装基片之间的寄生电容,容量为 1.8 pF。

C2 为由芯片引线点、ESD 保护器件及信号路径产生的寄生电容，容量为 2.04 pF。

R1 为 ESD 绝缘电阻加上通道选择器的等效电阻，阻值为 500 Ω。

C3 为采样保持电路的采样电容，容量为 1 pF。

V_{REFH} 与 V_{REFLO} 之间的电压差为所有模拟输入提供参考电压。V_{REFH} 通常与 V_{DDA} 相连，而 V_{REFLO} 通常与 V_{SSA} 相连。参考电压必须由一个低噪声并经过滤波的电源提供。参考电压源必须能够提供 1 mA 以上的参考电流。

当 V_{REFH} 的电势与 V_{DDA} 相同时，相关的检测电压不能超过 V_{DDA} 的幅值。一定要保证 V_{REFH} 上没有任何噪声，因为 V_{REFH} 上的任何噪声会直接影响转换的结果。图 3-12 所示为 ADC 内部参考电压电路。图中为最简单的滤波电路配置，其中的 V_{REFP}、V_{REFMID} 和 V_{REFN} 必须与 V_{SSA_ADC} 之间接一个 0.1 μF 的瓷片旁路电容。

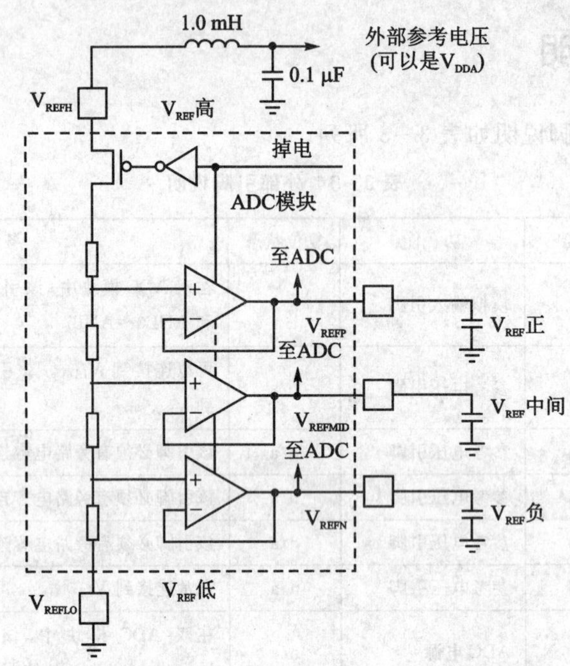

注：所有电容必须为0.1 μF、中等或者低ESR电容（推荐使用瓷片电容)。使用0.1 μF电容时，必须在上电后25 ms之内使所有电压趋于稳定。如果电容量大于0.1 μF，则必须增加等待的时间 (增加的时间与电容成线性关系)。

图 3-12　ADC 参考电压电路

当使用 0.1 μF 的瓷片电容时(推荐使用)，必须在上电后等待 25 ms 之后再开始转换。如果电容量大于 0.1 μF，则必须增加等待的时间(增加的时间与电容成线性关系)。

3.1.13　时　钟

ADC 只有一个来自 IP 总线桥的时钟，如表 3-4 所列。

ADC 采样的内部时钟是利用 IP 总线时钟和 ADC 控制寄存器 2 的时钟分频位通过计算得到的。最大频率为 5 MHz(即 200 ns 周期)。在顺序模式或者同时模式下，ADC 时钟处于

工作状态。在ADC上电过程中,ADC时钟也处于工作状态,并确定ADC电源控制寄存器中的PUDELAY位设置的时间。如果在节电模式下一个转换启动,则ADC时钟一直工作到转换结束。

表3-4 时钟说明

时 钟	优先级	来 源	特 性
IPCLK	1	IP总线桥	60 MHz(通常适于8300系列) 40 MHz(通常适于8100系列)

当56F8300/56F8100上电时,在单次模式和触发模式下,时钟处于停止状态(逻辑0),直到SYNC脉冲或者向START位写入1来启动一个转换。这时ADC时钟将连续工作,直到转换结束。转换结束后,ADC时钟处于停止状态,直到下一个转换开始。这个特点使ADC能够与片内的其他单元平行同步转换。不同单元并行运行时,同步时序的误差为±1 IP总线周期(在最高时钟频率下为1/60 MHz)。这是与80x系列DSP相比的重要改进之处——ADC时钟可以自由工作。80x系列DSP最大同步误差为±1ADC时钟周期(在最高时钟频率下为1/5 MHz)。

3.1.14 中 断

ADC中断说明如表3-5所列。

表3-5 中断说明

中 断	源	种 类
$\overline{\text{ADC\_ERR\_INT}}$	—	过零中断,超过下限中断和超过上限中断
$\overline{\text{ADC\_CC\_INT}}$	—	转换结束中断

注:

(1) 过零中断:当ADZCC寄存器设置该中断后,一旦本次转换结果的符号与前次转换结果的符号不同,则产生该中断。

(2) 超过下限中断:当本次转换值小于下限寄存器中的值时,产生该中断。未处理的转换结果先与ADLLMT(下限寄存器的LLMT位)比较,然后减去偏置寄存器的值。

(3) 超过上限中断:当本次转换值大于上限寄存器中的值时,产生该中断。未处理的转换结果先与ADHLMT(上限寄存器的HLMT位)比较,然后减去偏置寄存器的值。

(4) 转换结束中断:当一个转换完成时,产生该中断。

所有这些中断通过控制寄存器进行设置和使能。

3.2 计算机操作正常(COP)模块

计算机操作正常(COP)模块的功能如图3-13所示。

3.2.1 简 介

计算机操作正常(COP)模块相当于看门狗功能,帮助软件从跑飞状态恢复。COP模块是

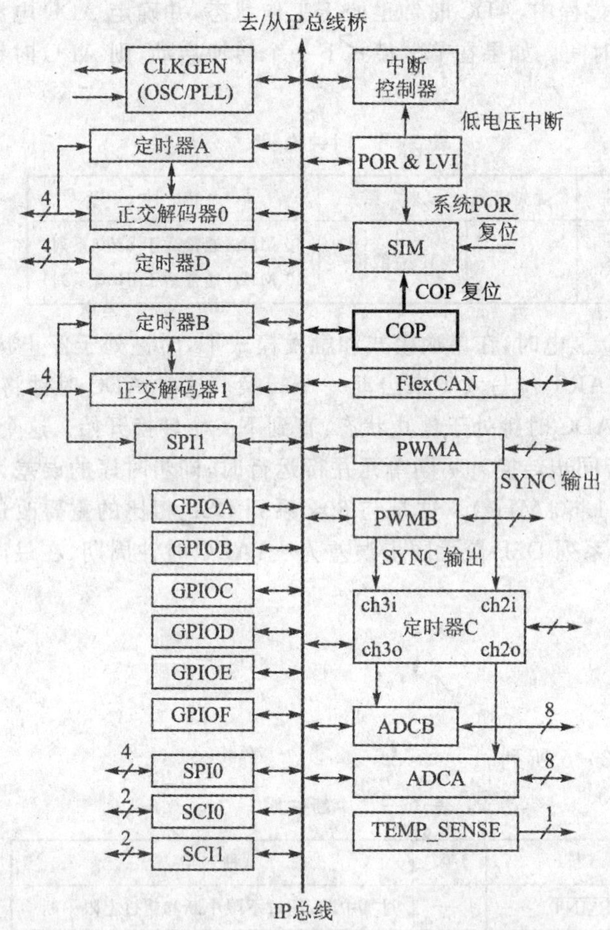

注：ADCA和ADCB与V_{REFH}、V_{REFP}、V_{REFMID}、V_{REFN}和V_{REFLO}引脚使用同一参考电压电路。

图 3-13 计算机操作正常(COP)模块

一个自动运行的递减计数器，一旦被使能，当它减至 0 时，产生一个复位中断。软件必须定期将 COP 计数器重置，并防止产生复位信号。

3.2.2 特 点

COP 模块具有以下特点：

◇ 可编程的定时周期＝(1 024×(CT＋1))振荡器时钟周期，CT 的值为＄0000～＄FFFF；

◇ 可编程的等待和停止模式；

◇ 当主机处于调试模式时，COP 定时器被禁止。

3.2.3 功能简介

COP 模块的原理框图如图 3-14 所示。当 COP 被使能时，每个 OSCCLK 的上升沿会使

计数器减1。如果计数值达到$0000,则产生COP_RST信号并将芯片复位。为了使DSP正常工作,必须在计数器达到$0000之前产生一个服务程序。该服务程序需要先向COP计数器(COPCTR)写入$AAAA,然后再写入$5555。

注意:当处理器处于调试模式时,即使用CodeWarrior的IDE时,COP定时器停止计数。如果COP被使能,则定时器将在调试时继续计数。在调试模式下,读COP控制寄存器(COPCTL)中的CEN位始终为0,即使该位为1也是如此。

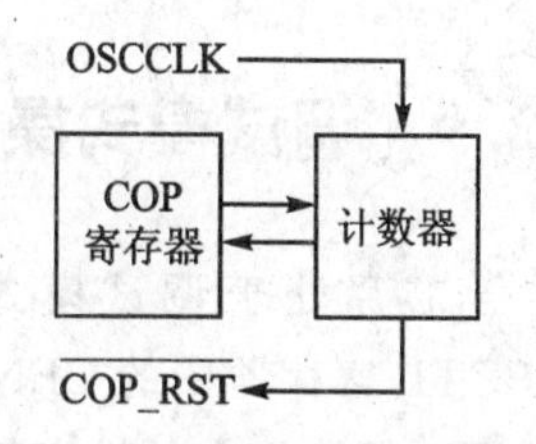

图3-14 COP模块的原理框图与接口信号

3.2.4 定时规范

COP模块使用16位的计数器,其时钟为PLL输入的时钟MSTR_OSC经过1024分频得到。DSP56F8300系列芯片的COP预分频器(COP_PRESCALER)的分频值均为1024。

表3-6所列为定时范围与振荡频率之间的关系。对于8 MHz的晶振,COP计数器的时钟为7.81 MHz。COPTO寄存器可以设置为0~65 535,其定时周期为128 μs~8.4 s。

表3-6 定时范围与振荡频率之间的关系

计数值	4 MHz	6 MHz	8 MHz
$0000	256 μs	170.7 μs	128 μs
$FFFF	16.77 s	11.18 s	8.39 s

3.2.5 复位后的COP

当COPCTL被清零且不在复位状态时,COP被禁止。在复位过程中,COPTO设为最大值$FFFF,故当复位结束后,计数器被装载为最大的定时周期。

3.2.6 中　断

COP模块不产生中断,但是当计数器到0时,会产生COP_RST信号使芯片复位。

3.2.7 等待模式操作

当进入等待模式且CEN和CWEN置位时,COPCTR继续递减计数。当进入等待模式后,如果CEN或者CWEN计数器清零被禁止,则利用COPTO寄存器中的值对计数器重载。

3.2.8 停止模式操作

当进入停止模式时,同时CEN和CWEN置位,COPCTR继续递减计数。当进入停止模式后,如果CEN或者CWEN计数器清零被禁止,则利用COPTO寄存器中的值对计数器重载。

3.2.9 调试模式操作

当芯片处于调试模式时,COP 计数器不允许计数,而且,芯片处于调试状态时,读 COPCTL 寄存器中的 CEN 位将始终为 0。CEN 的实际值将不受调试的影响。当调试进行时,CEN 保持先前的设定值。

3.3 外部存储器接口(EMI)

3.3.1 简 介

外部存储器接口(EMI)为 56800E 内核提供了一个利用外部非同步存储器的接口。56800E 内核的 EMI 利用系统总线工作,并如同一个内核总线外设一样操作。数据可以通过 EMI 直接传递给内核。EMI 为 16 位宽的外部存储器提供接口。外部存储器阵列可以使用 16 位宽的存储器件,也可以使用成对的 8 位存储器。外部数据空间存储器与 56800E 内核的接口如果使用 8 位外部存储器,则可以通过对 CSOR 寄存器的适当设置来完成,但是这样会影响系统的性能。

3.3.2 特 点

外部存储器接口具有以下一些特点:

◇ 能够给外部存储器转换任何内部总线请求。

◇ 能够为外部存储器访问管理多个内部总线请求。

◇ 有多达 8 个 $\overline{CSx}$ 可配置输出($\overline{CS0}$ ~ $\overline{CS7}$)为外部存储器件进行解码:

— 每个 $\overline{CS}$ 可以配置用于程序或者数据空间;

— 每个 $\overline{CS}$ 可以配置用于只读、只写,或者可读/可写;

— 每个 $\overline{CS}$ 可以配置用于空间大小和位置;

— 每个 $\overline{CS}$ 可以独立配置用于设置并保持读和写的时序控制。

◇ 当 Flash 保护被使能时,禁止程序空间访问外部存储器。

3.3.3 功能简介

56800E 内核含有 3 个独立的总线,用于访问存储器或者外设。EMI 与这 3 个总线相互配合,并通过单一外部总线为外部存储器提供一个接口。EMI 将内部请求与外部存储器连接到一起,以防止相互冲突。

对内核访问外部存储器的管理存在以下 4 个问题(见图 3-15):

(1) 3 个总线中的任何一个都可以在任何时候申请访问外部。这就意味着 EMI 能够在内核处理之前必须完成对 3 个请求的响应。EMI 必须拖延内核的执行,直到它将请求与外部总

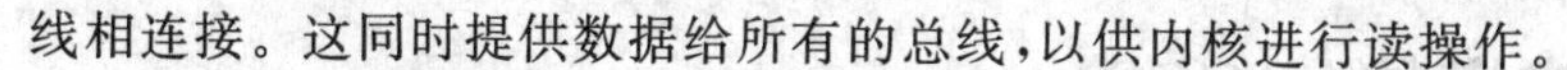

线相连接。这同时提供数据给所有的总线，以供内核进行读操作。

(2) 在内核总线上，可能既有读请求，又有写请求。例如，程序存储器总线可能请求读操作，而主数据总线(XAB1)请求写操作。

(3) 主数据总线(XAB1)可能请求一个8位数据传输。这个请求必须访问适当的外部字节。

(4) 主数据总线(XAB1)可能请求一个32位数据传输。这个请求需要2个外部总线访问。EMI必须拖延内核的执行，直到32位数据传输完成。这个操作可能与问题(1)中的现象同时发生。

EMI的工作原理如图3-15所示。图的左侧为与EMI相连接的56800E内核总线和时钟。所有可能的EMI外部信号在图的右侧。某些型号的DSP，由于引脚数目的限制会使EMI的信号有所不同。

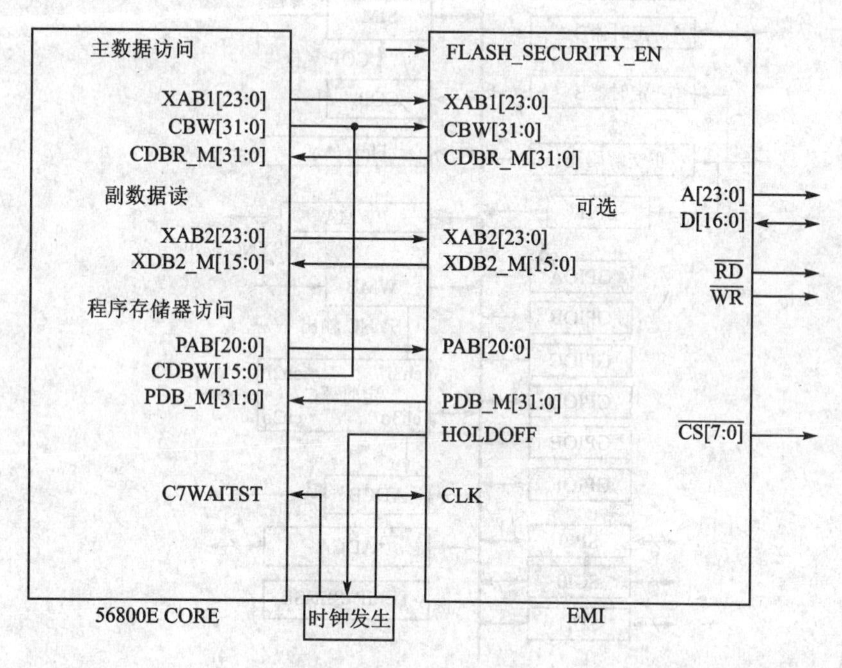

图3-15 EMI模块框图

所有复位形式对EMI都是相同的，因此对其影响也相同。EMI输出在复位期间由BCR上的DRV位控制。在复位期间，该位为0。所有EMI引脚在复位期间的状态如表3-7所列。

表3-7 DRV操作

800E内核操作状态	DRV	引脚		
		A23:A0	$\overline{RD}$、$\overline{WR}$、$\overline{CSx}$	D15:D0
EMI在外部存储器访问之间	0	三态	三态	三态
复位模式		三态	内部上拉	三态
EMI在外部存储器访问之间	1	驱动	驱动($\overline{RD}$、$\overline{WR}$、$\overline{CSx}$被声明)	三态
复位模式		三态	内部上拉	三态

3.4 片内时钟合成模块(OCCS)

片内时钟合成模块(OCCS)的功能如图 3-16 所示。

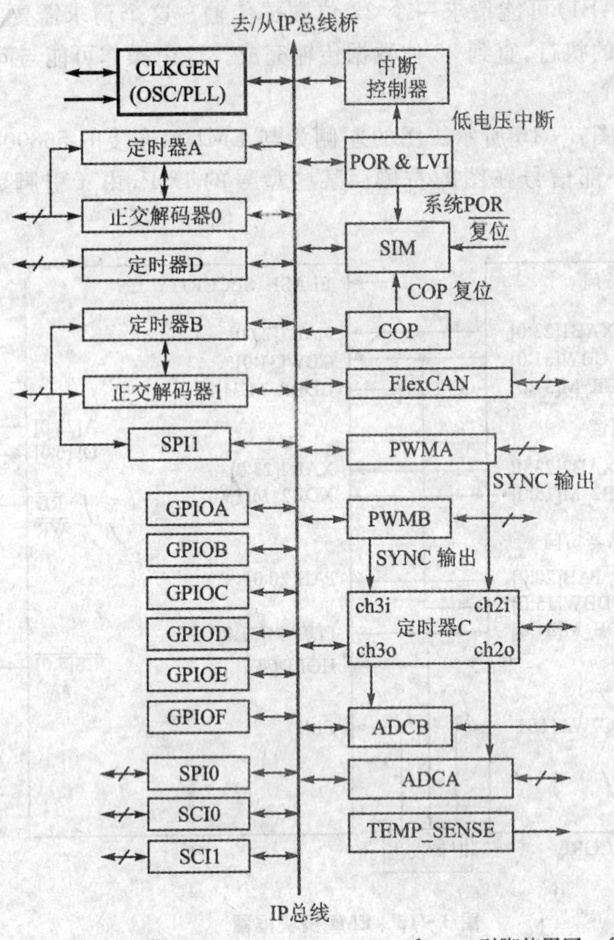

注：ADCA和ADCB与V_{REFH}、V_{REFP}、V_{REFMID}、V_{REFN}和V_{REFLO}引脚使用同一参考电压电路。

图 3-16 片内时钟合成模块(OCCS)

3.4.1 简 介

片内时钟合成模块(OCCS)允许芯片使用价格较低的 8 MHz 石英晶体，使 56F8300 工作频率达 60 MHz，或者使 56F8100 工作在 40 MHz。该模块提供 2×系统时钟频率给系统综合模块(SIM)，利用 SIM 产生各种芯片时钟。该模块也产生 OSC_CLK 信号。

3.4.2 特 点

OCCS 模块与振荡器和 PLL 相连接，也有一个片内预分频器和张弛振荡器。OCCS 模块

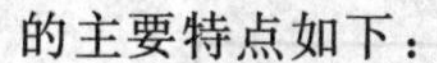

的主要特点如下：

◇ 振荡器可以使用石英晶体或者利用外部时钟发生器驱动；

◇ 2位预分频器可以对振荡器输出进行1、2、4、8分频，然后作为PLL的时钟源；

◇ 2位预分频器对PLL输出作同样的控制；

◇ 能够使内部PLL掉电；

◇ 提供2倍主时钟频率(SYS_CLK_×2)，并且将振荡器时钟(MSTR_OSC)信号提供给SIM模块；

◇ 一旦PLL参考时钟消失，就可以使用安全关闭功能；

◇ 具有内部张弛振荡器(部分芯片具有此模块)。

3.4.3 功能简介

OCCS模块的原理框图如图3-17和图3-18所示。其中，图3-17没有片内张弛振荡器。可选择的时钟源有以下几种形式：

◇ 内部张弛振荡器(部分芯片)；

◇ 外部陶瓷振荡器；

◇ 外部石英晶体；

◇ 外部时钟源。

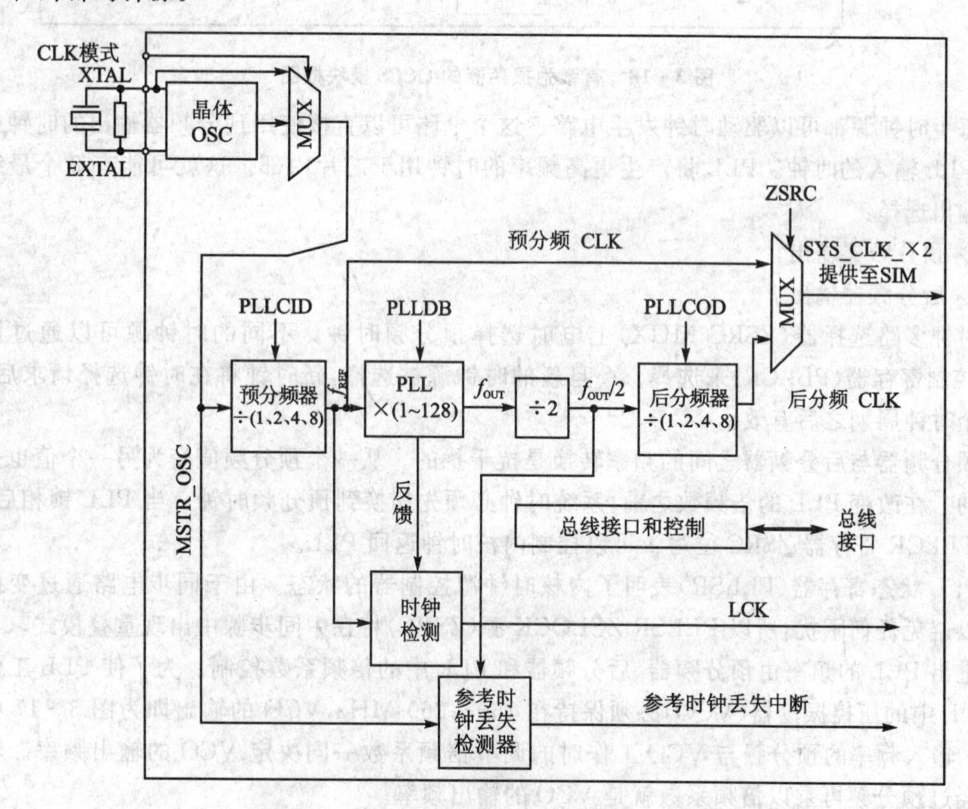

图3-17 无张弛振荡器的OCCS模块框图

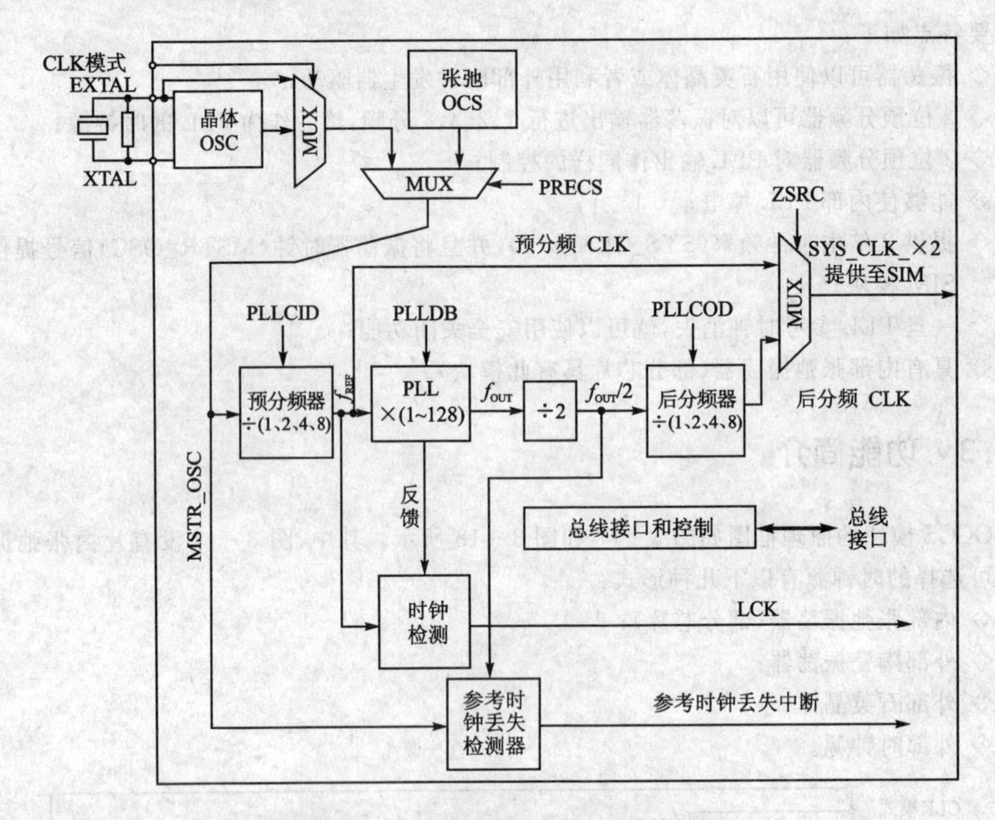

图 3-18　有张弛振荡器的 OCCS 模块框图

每个时钟源都可以驱动时钟发生电路。这个电路可以直接使用预分频器输出的时钟或者作为 PLL 输入的时钟。PLL 将产生更高频率的时钟用于芯片内部。这就可能有 2 个最终的时钟输出选择：

◇ 预分频器输出；

◇ 后分频器输出。

时钟多路选择器(ZSRC MUX)上电时选择预分频时钟。不同的时钟源可以通过设置 PLL 控制寄存器(PLLCR)来选择。一旦新的时钟源被选择，新时钟将在时钟选择请求后，再过 4 个时钟周期之后有效。

预分频器与后分频器之间的频率转换是抗干扰的。从一个预分频值变为另一个值也是抗干扰的。在改变 PLL 的倍频数之前，系统时钟必须先切换到预分频时钟。当 PLL 锁相后，通过向 PLLCR 寄存器 ZSRC 位写 1 可以控制内核时钟返回 PLL。

PLL 状态寄存器(PLLSR)表明了内核时钟源控制器的状态。由于同步电路通过变换模式可以避免任何干扰，所以 PLLSR ZCLOCK 源(ZSRC)将在中间步骤中出现重叠模式。

进出 PLL 的频率由预分频器、后分频器和 PLL 中的倍频系数控制。为了使 PLL 工作正常，PLL 中的压控振荡器(VCO)必须保持在 160～260 MHz，VCO 的输出即为图 3-17 中的 f_{OUT}。输入频率的预分频与 VCO 工作时的调节倍频系数一同决定 VCO 的输出频率。输入频率经过预分频再乘以倍频系数就是 VCO 的输出频率。

当从掉电状态转入上电状态时，PLL 锁相时间为 10 ms 或者略少。当改变分频系数或倍频系数、掉电、上电时，建议不将 PLL 作为时钟源。只有在锁相完成之后，PLL 才可以当作时

钟源。

表 3-8 所列是无片内张弛振荡器的可选时钟源，表 3-9 所列是有片内张弛振荡器的可选时钟源。

表 3-8 不带张弛振荡器的时钟选择

时钟源	选择时钟	设定步骤(复位后)
陶瓷振荡器	预分频器	默认——不需要操作 ① CLKMODE 脚须连接到 V_{SS} ② 如果需要，则改变 PLLCID
陶瓷振荡器	后分频器	① CLKMODE 脚须连接到 V_{SS} ② 如果需要，则改变 PLLCID 和 PLLCOD ③ 为所需的输出时钟设定 PLLDB 位值 ④ 使能 PLL(PLLPB=0) ⑤ 等待 PLL 时钟(LCK1=0 和 LCK0=1) ⑥ 改变 ZSRC，以选择后分频时钟(ZSRC=10)
晶　振	预分频器	① CLKMODE 脚须连接到 V_{SS} ② 改变晶振为低功耗模式(COHL=1) ③ 如果需要，则改变 PLLCID
晶　振	后分频器	① CLKMODE 脚须连接到 V_{SS} ② 设定晶振为低功耗模式(COHL=1) ③ 如果需要，则改变 PLLCID 和 PLLCOD ④ 为所需的输出时钟设定 PLLDB 位值 ⑤ PLL 位使能(PLLB=0) ⑥ 等待 PLL 时钟(LCK1=0 和 LCK0=1) ⑦ 改变 ZSRC，以选择后分频时钟(ZSRC=10)
外部时钟源	预分频器	① CLKMODE 脚须连接到 V_{DD} ② 不需要改变设定值 ③ 如果需要，则改变 PLLCID
外部时钟源	后分频器	① CLKMODE 脚须连接到 V_{DD} ② 为所需的输出时钟设定 PLLDB 位值 ③ 如果需要，则改变 PLLCID 和 PLLCOD ④ PLL 位使能(PLLB=0) ⑤ 等待 PLL 时钟(LCK1=0 和 LCK0=1) ⑥ 改变 ZSRC，以选择后分频时钟(ZSRC=10)

表 3-9 带张弛振荡器的时钟选择

时钟源	选择时钟	设定步骤(复位后)
张弛振荡器	预分频器	默认——不需要操作 ① 按要求改变 TRIM，以获得所需的时钟率 ② 如果需要，则改变 PLLCID

续表 3-9

时钟源	选择时钟	设定步骤(复位后)
张弛振荡器	后分频器	① 按要求改变 TRIM,以获得所需的时钟率 ② 如果需要,则改变 PLLCID 和 PLLCOD ③ 为所需的输出时钟设定 PLLDB 位值 ④ 使能 PLL(PLLB=0) ⑤ 等待 PLL 时钟(LCK1=0 和 LCK0=1) ⑥ 改变 ZSRC,以选择后分频时钟(ZSRC=10)
陶瓷振荡器	预分频器	① 晶体振荡器必须上电(OSCTL 寄存器中的 CLKMODE=0) ② 设定晶振为高功耗模式(COHL=0) ③ 等待晶振稳定(10 ms 以上) ④ 时钟源须选择晶振(PRECS=1) ⑤ 为节电,须关闭张弛振荡器(ROPD=1) ⑥ 如果要求,则改变 PLLCID
陶瓷振荡器	后分频器	① 晶体振荡器必须上电(OSCTL 寄存器中的 CLKMODE=0) ② 设定晶振为高功耗模式(COHL=0) ③ 等待晶振稳定(10 ms 以上) ④ 时钟源须选择晶振(PRECS=1) ⑤ 为节电,须关闭张弛振荡器(ROPD=1) ⑥ 如果要求,则改变 PLLCID ⑦ 为所需的输出时钟设定 PLLDB 位值 ⑧ 使能 PLL(PLLPD=0) ⑨ 等待 PLL 时钟(LCK=1 和 LCK0=1) ⑩ 改变 ZSCR,以选择后分频时钟(ZSRC=10)
晶　振	预分频器	① 晶体振荡器必须上电(OSCTL 寄存器中的 CLKMODE=0) ② 设定晶振为低功耗模式(COHL=1) ③ 等待晶振稳定(10 ms 以上) ④ 时钟源须选择晶振(PRECS=1) ⑤ 为节电,须关闭张弛振荡器(ROPD=1) ⑥ 如果要求,则改变 PLLCID
晶　振	后分频器	① 晶体振荡器必须上电(OSCTL 寄存器中的 CLKMODE=0) ② 设定晶振为低功耗模式(COHL=1) ③ 等待晶振稳定(10 ms 以上) ④ 时钟源须选择晶振(PRECS=1) ⑤ 为节电,须关闭张弛振荡器(ROPD=1) ⑥ 如果要求,则改变 PLLCID ⑦ 为所需的输出时钟设定 PLLDB 位值 ⑧ 使能 PLL(PLLPD=0) ⑨ 等待 PLL 时钟(LCK=1 和 LCK0=1) ⑩ 改变 ZSCR,以选择后分频时钟(ZSRC=10)

续表3-9

时钟源	选择时钟	设定步骤(复位后)
外部时钟源	预分频器	① 时钟源须改成晶振(PRECS=1) ② 为节电,须关闭张弛振荡器(ROPD=1) ③ 如果要求,则改变 PLLCID
外部时钟源	后分频器	① 时钟源须改成晶振(PRECS=1) ② 为节电,须关闭张弛振荡器(ROPD=1) ③ 为所需的输出时钟设定 PLLDB 位值 ④ 如果要求,则改变 PLLCID 和 PLLCOD ⑤ 使能 PLL(PLLB=0) ⑥ 等待 PLL 时钟(LCK1=0 和 LCK0=1) ⑦ 改变 ZSCR,以选择后分频时钟(ZSRC=10)

3.4.4　晶体振荡器

石英振荡器被设计成既可以使用外部石英晶体,又可以使用陶瓷振荡器。陶瓷振荡器需要其默认放大器有一个较大的电流源。如果使用石英晶体,则振荡器的驱动功率应该降低,以防止晶体过驱动,并且降低总功耗。

3.4.5　张弛振荡器

1. 内部张弛振荡器的频率调整

内部张弛振荡器的频率由于产生过程、温度和电压的影响可以变化多达±20%。这些影响因素存在于参考电压和电流、比较器的偏置和内部电容中。电压和温度因素最大会影响±2%的误差。其他的影响可以归为产生过程的因素。

对于具体的芯片,产生过程对频率的影响是固定的。每个芯片在应用时产生的误差大约为工作点频率的±2%。如果工作点可以变化,则频率误差会限制在±2%之内。

调节工作点的方法是改变电容的大小。电容值由 OSCTL 中的调整因数(TRIM)来控制。TRIM 的默认值为$200。每次加减所调整的输出周期为未调节状态的0.078%(增加 TRIM 的值将增加时钟周期,降低频率)。由于 TRIM 有10位,所以张弛振荡器的时钟周期可以调整±40%,足以消除前面介绍的产生过程所带来的误差。

调整内部时钟的最好办法是在输入捕获引脚上利用定时器测量输入脉冲的宽度。这个脉冲必须是由外部提供的,并且要足够的宽。考虑到定时器的预分频值和总线频率的理论值(零误差),就可以计算出振荡器的误差。这个误差换算成百分比,并除以分辨率,就可以得到需要给 TRIM 增或者减的数值。这一过程需要重复多次取平均值,以便消除残留误差。

注意:具有内部振荡器的芯片在 Flash 中记录了 TRIM 的值,用户仅需要将其复制到 TRIM 寄存器中即可。

2. 时钟源的转换

为了使内部张弛振荡器时钟与外部振荡器时钟之间的转换更加可靠,转换开关假设两个时钟完全不同步,因此需要 1 个同步电路来进行转换。当预分频器时钟选择(PRECS)被改变时,开关将继续选择初始时钟 1～2 周期,这时被选择的输入转换到了同步器的一边。然后输出将保持低状态 1～2 周期,使新时钟作为输入选择转换到另一边。于是输出启动开关转换使用新时钟频率。这个转换可以保证输出端没有干扰,即使被选择的输入不同步也没有问题。转换时间的不确定性是因为不同步所必须的。在硬件复位时,转换开关自动选择内部张弛振荡器。

将内部张弛振荡器时钟转换为晶体振荡器时钟源,需要 2 个时钟源均使能并且稳定;反之亦然。其流程如下:

◇ 如果转换到晶体振荡器,则通过 GPIO 口确认它被使能并上电(CLKMODE＝0);

◇ 如果转换到张弛振荡器,则确认它被上电(ROPD＝0);

◇ 等待几个周期,以便时钟稳定;

◇ 转换时钟;

◇ 执行 4 个 NOP 指令;

◇ 禁止先前时钟源,例如,如果选择了晶体振荡器,则将内部张弛振荡器掉电。

注意: *在所选的时钟稳定之前,不要转换时钟源。*

当一个新的 DSP 内核时钟被选择时,时钟产生模块将进行同步请求并选择新时钟。这是因为同步电路转换模式可以避免扰动,PLLSR 中的 ZSRCS 位将在中间步骤出现重叠模式。

3.4.6 锁相环(PLL)

PLL 中 VCO 的工作频率为 160～260 MHz。PLL 的输出 2 分频后作为后分频器的输入。PLL 可以被编程为 $n+1$ 倍频,n 为 1～128,由 PLLDB 位决定这个值。对于较大的 n,PLL 的锁相时间将会成为一个问题。应当避免选择使 VCO 的频率超过 260 MHz 或者低于 160 MHz。表 3-10 所列为所有正确的 PLL 设置组合。优化的 PLL,其输出的 f_{OUT} 值为 240 MHz。

表 3-10 56F8300 系列 PLL 设置

PLL 输入设定		PLLDB	PLL f_{OUT} /MHz	SYS_CLK 操作频率/MHz			
PLLCID	预分频器			后分频＝1 (PLLCOD＝0)	后分频＝2 (PLLCOD＝1)	后分频＝4 (PLLCOD＝2)	后分频＝8 (PLLCOD＝3)
0	1	19	160	40.000	20.000	10.000	5.000
0	1	20	168	42.000	21.000	10.500	5.250
0	1	21	176	44.000	22.000	11.000	5.500
0	1	22	184	46.000	23.000	11.500	5.750
0	1	23	192	48.000	24.000	12.000	6.000
0	1	24	200	50.000	25.000	12.500	6.250
0	1	25	208	52.000	26.000	13.000	6.500
0	1	26	216	54.000	27.000	13.500	6.750
0	1	27	224	56.000	28.000	14.000	7.000
0	1	28	232	58.000	29.000	14.500	7.250

续表 3 - 10

PLL 输入设定		PLLDB	PLL f_{OUT} /MHz	SYS_CLK 操作频率/MHz			
PLLCID	预分频器			后分频=1 (PLLCOD=0)	后分频=2 (PLLCOD=1)	后分频=4 (PLLCOD=2)	后分频=8 (PLLCOD=3)
0	1	29	240	60.000	30.000	15.000	7.500
0	1	30	248		31.000	15.500	7.750
0	1	31	256		32.000	16.000	8.000
1	2	39	160	40.000	20.000	10.000	5.000
1	2	40	164	41.000	20.500	10.250	5.125
1	2	41	168	42.000	21.000	10.500	5.250
1	2	42	172	43.000	21.500	10.750	5.375
1	2	43	176	44.000	22.000	11.000	5.500
1	2	44	180	45.000	22.500	11.250	5.625
1	2	45	184	46.000	23.000	11.500	5.750
1	2	46	188	47.000	23.500	11.750	5.875
1	2	47	192	48.000	24.000	12.000	6.000
1	2	48	196	49.000	24.500	12.250	6.125
1	2	49	200	50.000	25.000	12.500	6.250
1	2	50	204	51.000	25.500	12.750	6.375
1	2	51	208	52.000	26.000	13.000	6.500
1	2	52	212	53.000	26.500	13.250	6.625
1	2	53	216	54.000	27.000	13.500	6.750
1	2	54	220	55.000	27.500	13.750	6.875
1	2	55	224	56.000	28.000	14.000	7.000
1	2	56	228	57.000	28.500	14.250	7.125
1	2	57	232	58.000	29.000	14.500	7.250
1	2	58	236	59.000	29.500	14.750	7.375
1	2	59	240	60.000	30.000	15.000	7.500
1	2	60	244		30.500	15.250	7.625
1	2	61	248		31.000	15.500	7.750
1	2	62	252		31.500	15.750	7.875
1	2	63	256		32.000	16.000	8.000
1	2	64	260		32.500	16.250	8.125

注：阴影区域代表推荐组合。

(1) 假设输入时钟为 8 MHz。

(2) 表中仅示出了 f_{OUT} 频率的值。

3.4.7 PLL 频率锁相检测器模块

PLL 频率锁相检测器模块(见图 3-17)监视 VCO 的输出时钟,并基于频率的精度来设置 PLLSR 中的 LCK0 和 LCK1 位。锁相检测器通过 PLLCR 中的 LCKON 和 PLLPD 位来使能。一旦被使能,监测器启动 2 个计数器,这 2 个计数器的输出被定期比较。

PLL 输入时钟以及 VCO 输出经过(PLLDB+1)分频的时钟(称为反馈——FEEDBACK)输入给 2 个计数器。脉冲的周期与每个时钟的整个周期进行比较。这是由于反馈的时钟不能保证是 50%占空比。如果反馈时钟在 f_{REF} 的上升沿变高,则检测完成,如图 3-17 所示。反馈与 f_{REF} 时钟在 16、32、64 个周期之后进行比较,如果 32 个周期之后,时钟匹配,则 LCK0 位置位;如果 64 个 f_{REF} 周期之后,f_{REF} 时钟与反馈时钟数相同,LCK1 位也置位。LCK 位保持置位状态直到:

◇ 时钟不匹配;

◇ 新的值被写入 PLLDB 因子;

◇ 由 LCKON、PLLPD 引起的复位;

◇ 芯片级的复位。

当电路设置 LCK1 时,2 个定时器被复位并再次启动计数。锁相检测器也被设计成如果由于时钟不匹配而将 LCK1 复位为 0 时,LCK0 能够保持高电平。这为处理器中的 2 个时钟的精度提供了保证。

3.4.8 参考时钟丢失检测器

当给 PLL 的参考时钟丢失时,参考时钟丢失检测器(LOR)将产生一个中断。例如,外部晶体发生物理损坏时,在 LORTP×10×PLL 时钟周期之后 LOR 会发生中断。图 3-19 所示为 LOR 检测器的工作框图。依靠 LOR 检测器,在参考时钟被干扰后,PLL 能够连续工作一段时间。这可以使系统有时间进行故障检测,并使系统有序地关闭。

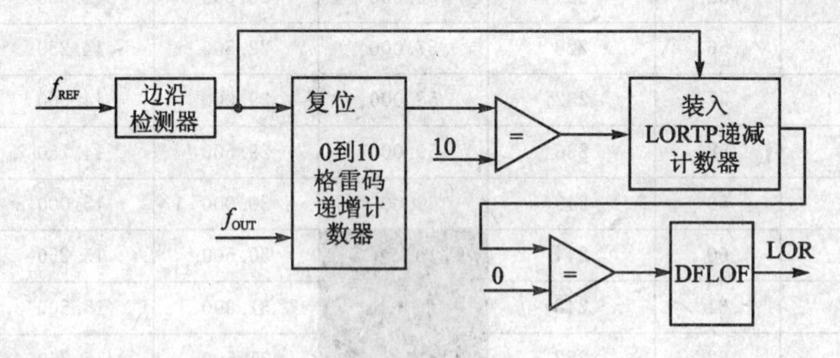

图 3-19 LOR 检测器的工作框图

3.4.9 操作模式

外部晶体、外部陶瓷振荡器,或者外部时钟源都可以用作 2×系统时钟(SYS_CLK_×2)。

在一些芯片中，内部张弛振荡器也可以用来提供该时钟，2×系统时钟源从OCCS输出可以由下面的公式之一进行描述：

如果ZSRC=01，则SYS_CLK_×2=(振荡器频率)/预分频数

如果ZSRC=10，则SYS_CLK_×2=(振荡器频率×(PLLDB+1))/(2×预分频数×后分频数)

式中：PLLDB=PLL倍频系数；预分频数=1、2、4或8 PLL输入频率分频数=2^{PLLCID}；后分频数=1、2、4或8 PLL输出频率分频数=2^{PLLCOD}。

SIM进一步对这些频率进行2分频，以确保系统时钟输出为50%占空比。

3.4.10 晶体振荡器

内部晶体振荡器电路针对并联晶体振荡器设计。外部晶体的频率范围是4～8 MHz。图3-20所示为典型的晶体振荡器电路。应根据晶体供应商的推荐选择晶体。这是因为晶体的参数决定了最大系统的稳定性和可靠启动。振荡电路使用的负载电容值应当包括所有布线中的寄生电容。晶体和相关的器件应该尽量接近EXTAL和XTAL引脚安装，以减小输出干扰和启动稳定时间。

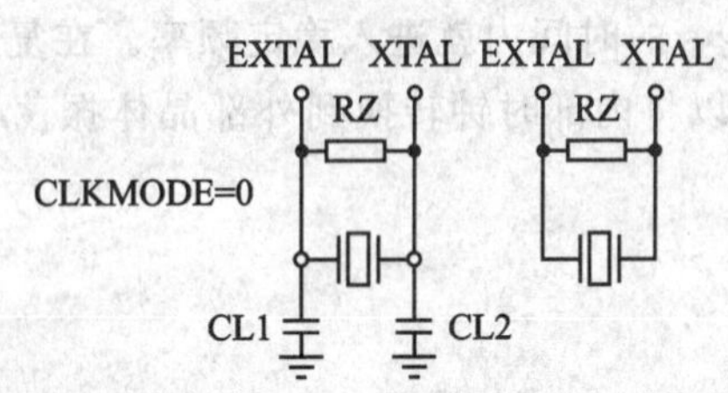

注：晶振频率=4~8 MHz(最优为8 MHz)；外部晶振采样参数：RZ的值为750 kΩ。
注意：如果操作温度范围限制低于85 ℃，则RZ的值为10 MΩ。

图3-20 外部晶体振荡器电路

3.4.11 陶瓷振荡器

外部晶体振荡器电路也可以使用频率范围在4～8 MHz的陶瓷振荡器。图3-21所示为典型的2端和3端陶瓷振荡器及其相关电路。应根据陶瓷振荡器供应商的推荐选择器件。这是因为陶瓷振荡器的参数决定了最大系统的稳定性和可靠启动。振荡电路使用的负载电容值应当包括所有布线中的寄生电容。晶体和相关的器件应该尽量接近EXTAL和XTAL引脚安装，以减小输出干扰和启动稳定时间。

3.4.12 外部时钟源

推荐的连接外部时钟的方法如图3-22所示。外部时钟源连接到XTAL引脚，EXTAL引脚接地。外部时钟输入必须用相当低的阻抗驱动电路产生时钟。这是因为XTAL引脚实际上是振荡器的输出引脚，有一个非常脆弱的驱动器。

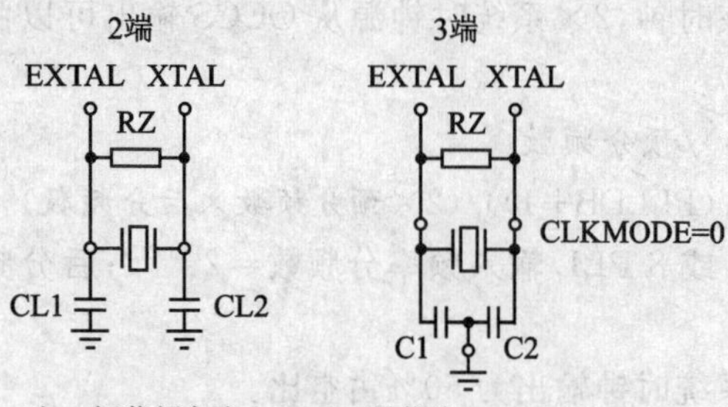

注：振荡频率为4~8 MHz(最优为8 MHz)；
外部陶瓷振荡器采样参数：RZ的阻值为1 MΩ。

图 3-21　外部陶瓷振荡器电路

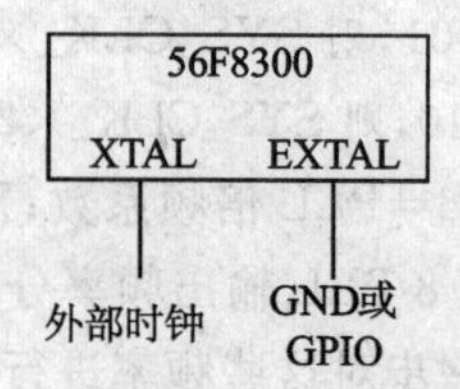

注：当使用外部时钟源时，时钟模式应为高且应把 OSCTL 寄存器中的 COHL 位置位。

图 3-22　使用 XTAL 连接外部时钟信号

3.4.13　内部时钟源

部分芯片有内部张弛振荡器，当时钟精度要求不高时，可以用来作为内部时钟源。内部振荡器频率随电压和温度变化会有微小的变化，但是其最大变化不会超过±20%。该变化量与晶元的制造有关。它会在小于 1 μs 的时间内就进入稳定频率。在复位过程中，内部振荡器将被默认为使能。应用程序代码可以将内部时钟转换到外部晶体振荡器或者其他外部时钟源，并且将内部振荡器关闭。

3.4.14　中　断

主要中断类别如表 3-11 所列。

表 3-11　中断说明

中　断	源	种　类
LOLI1	PLLSR	时钟 1 中断
LOLI0	PLLSR	时钟 2 中断
LOCI	PLLSR	参考时钟丢失中断

3.5　Flash 存储器(FM)

3.5.1　简　介

Flash 存储器(FM)模块是非易失性存储器模块，与程序总线、主/副数据总线和 IP 总线一起工作。Flash 存储器主要包括程序、数据和启动存储器 3 类。

需要根据具体的芯片数据手册来了解其实际程序 Flash 的空间大小。例如，有些芯片的程序 Flash 有 32 K 字×16b 交叉存取(Interleaved)模块。所谓交叉存取就是每 32 K 字存储

器块包含16 K字存储器块专门是偶数地址,另外16 K字存储器块专门是奇数地址。这种设计允许单周期访问连续的地址,其访问速率高达60 MHz,相当于内核的最高执行频率。因此,该设计解决了芯片执行时访问存储器对系统实际执行速率的瓶颈效应。

数据和启动Flash由单个非交叉存取(Non-interleaved)模块组成。所谓非交叉存取就是单个Flash块既使用偶数地址,又使用奇数地址。这种设计需要2个周期访问连续的地址,因此访问速率可以达到30 MHz,是内核最高执行频率的1/2。

Flash阵列是可电擦除并可编程的存储器。Flash EEPROM是单芯片应用中理想的程序和数据存储方式,允许直接烧写程序而不需要外部烧写电压源。

烧写电压用来烧写程序和擦除Flash,是由内部充电泵产生的。烧写和擦除操作通过一个命令驱动16位控制器的接口,并使用1个内部的状态机来实现。所有Flash块都能够同时烧写或者擦除;但是,在某个块烧写或擦除时,不能同时进行读操作。然而,在不同的模块可以同时执行读、写操作。例如,在从程序Flash块执行指令时,可以同时烧写或者擦除数据Flash块。

Flash也包含安全和保护机制,用来防止从外部访问Flash,以及烧写或者擦除Flash。

3.5.2 特　点

◇ 程序Flash存储器是交叉存取的。

◇ 8/16 KB(因芯片而异)启动Flash存储器,由单个4/8 K字×16b块组成。

◇ 8 KB数据Flash存储器,由单个4 K字×16b块组成。

◇ 8300系列DSP使用交叉存取块,因此能够对程序存储器进行60 MHz单周期访问;对启动和数据存储器进行30 MHz操作;所有访问均可在150 ℃(T_J)、2.25 V条件下进行。

◇ 8100系列DSP使用交叉存取块,因此能够对程序存储器进行40 MHz单周期访问;对引导和数据存储器进行20 MHz操作;所有访问均可在105 ℃(T_J)、2.25 V条件下进行。

◇ 具有自动烧写和擦除操作。

◇ 具有同时读/写能力。

◇ 命令完成、命令缓存空和访问错误时,可产生中断。

◇ 快速页擦除。

◇ 单电源供电的烧写和擦除功能。

◇ 安全功能防止外部器件访问Flash。

◇ 保护防止意外的烧写和擦除。

◇ 针对程序、启动、数据Flash的分区保护系统。

◇ 通过16位主控制器,Flash支持字节、字、长字数据Flash的读操作。

3.5.3 工作原理

图3-23为Flash存储器(FM)结构框图。它包括Flash阵列模块、总线、IP接口控制、Flash接口和寄存器模块。Flash块是可电擦除和烧写的非易失性存储器,使用程序总线和主/副数据总线。

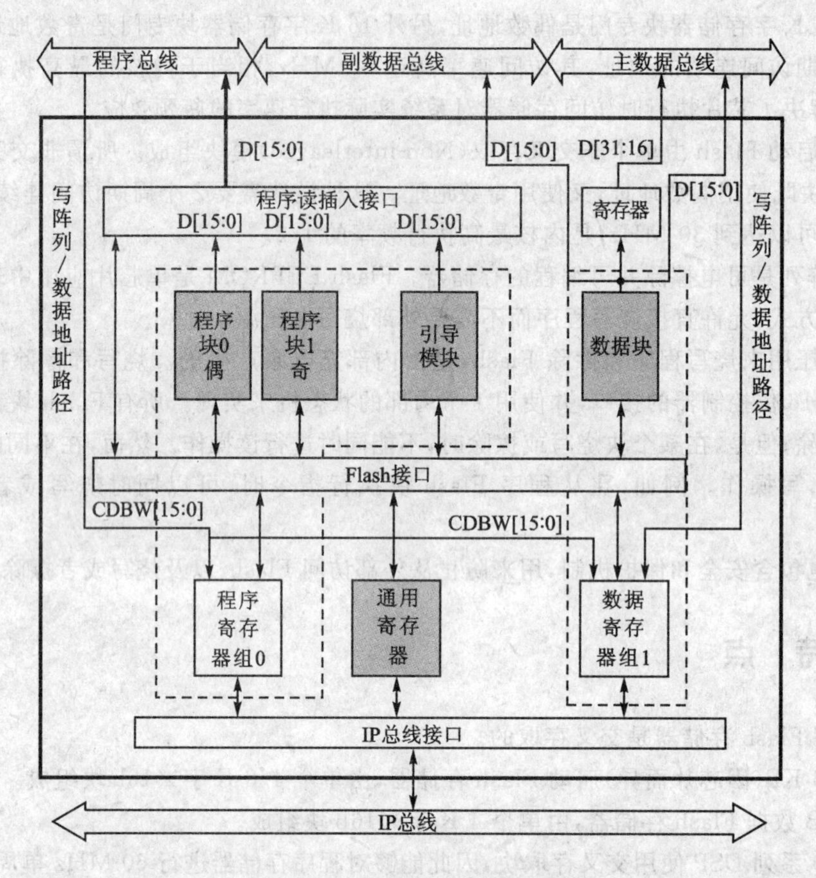

图 3-23　Flash 存储器结构框图

程序 Flash 通过程序总线可以读访问，并且是交叉存取的结构，能够提供无等待的访问，除非连续访问同一个模块。连续访问同一模块需要插入 1 个等待状态，例如连续 2 次访问同一个地址。

数据 Flash 的访问是通过主数据总线和副数据总线完成的。连续的 16 位访问需要插入 1 个等待状态。1 个 32 位访问需要 2 个等待状态。只允许有 16 位排列的写访问。

启动 Flash 通过程序总线访问。写访问必须是 16 位排列的。连续的读访问始终要插入 1 个等待状态。

Flash 存储器在写入之前必须擦除。可以擦除的最小存储器块是 1 页，每页有 8 行，每行 32 字，共有 512 字节。这是引导和数据 Flash 可以被擦除的最小块。

由于程序 Flash 是 2 个交叉存取块组成的存储器，执行擦除操作时同时在 2 个块进行，因此程序 Flash 擦除的最小块是 1024 个字节。擦除操作也支持整块擦除，能够擦除整个存储器模块。

注意： 擦除后的位读取时为 1。

程序、引导、数据 Flash 存储器需要一组控制寄存器来控制烧写和擦除操作。图 3-23 所示有 2 组寄存器来控制程序、引导、数据 Flash 存储器。

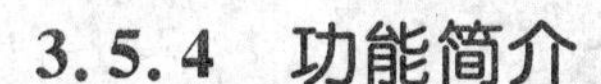

3.5.4 功能简介

1. 读操作

当程序总线、主数据总线或副数据总线上的地址等于相应 FM 地址空间，并且读/写控制显示为读操作时，读操作就会执行。

2. 写操作

写操作的发生来源于程序地址总线和主数据地址总线两个方面。

当总线选择信号有效，并且读/写控制显示为写操作时，写操作就会执行。只有 16 位写操作被允许写入 FM 空间。

3. 烧写和擦除操作

在烧写和擦除算法中，写和读操作均会被用到。这些算法由一个状态机来控制。该状态机的时基是通过 16 位控制器系统时钟经过 2 分频并输入给可编程计数器得到的。

命令寄存器(FMCMD)和相关的地址与数据寄存器一起，作为一个缓存和一个寄存器(两级 FIFO)使用。因此，一个新的命令与必要的地址和数据一起可以被存入缓存中，而前一个命令还在处理当中。

这个特点提高了 FM 状态机接收命令的速率，并且降低了命令处理时间，加快了烧写/擦除的周期。若缓存变空而且命令执行结束，FM 状态寄存器(FMSTAT)中的标志就会指示。如果允许，中断就会产生。

4. Flash 安全操作

Flash 安全功能是指防止非授权用户读取内部 Flash 的内容(包括程序、数据和引导 Flash)。如果该功能被使能，则内部存储器将受到限制。

在程序 Flash 地址范围顶部的 FM 配置区，含有 SECL_VALUE 中的信息，用来配置 DSP 的安全功能。这个字在 DSP 每次复位之后都会自动读取，并存储在 FM 安全低寄存器(FMSECL)中。如果 SECL_VALUE 等于 0xE70A，则 FM 安全高寄存器(FMSECH)中的安全状态位(SECSTAT)置位，表明 DSP 是安全的。

5. Flash 保护操作

Flash 可以逐区地防止被烧写或擦除。FM 配置区中的 PROT_BANK1_VALUE、PROT_BANK0_VALUE 和 PROTB_VALUE 具有默认的保护值，分别对应于数据、程序和引导 Flash。在复位时，这些值被放入保护寄存器。

复位后，如果 Flash 配置寄存器(FMCR)中的 LOCK 位被清零，则保护寄存器的值可以被修改。一旦 LOCK 位被置位，则保护位不再变化，直到 DSP 被复位，从而清除 LOCK 位。

3.5.5 中 断

当所有 Flash 命令执行完毕或者地址、数据和命令缓存为空时，Flash 存储器模块产生一个中断。当 ACCERR 位置位时,也可以产生中断,如表 3-12 所列。

表 3-12 Flash 存储器中断源

中断源	中断标志	使 能
Flash 命令,数据和地址缓存为空	CBEIF (FMUSTAT)	CBEIE (FMCR)
所有 Flash 命令执行完毕	CCIF (FMUSTAT)	CCIE (FMCR)
ACCER 发生	ACCERR (FMUSTAT)	AEIE (FMCR)

3.5.6 复 位

如果当命令正在处理时发生复位,则命令被立即取消。复位中断后,烧写或者按页/块擦除的字的状态不确定。在复位时,下面的寄存器将从程序 Flash 的 FM 配置区装载:

◇ 组 1 的数据保护寄存器(FM_BASE + $10 − FMPROT)从 FM 配置区的 PROT_BANK1_VALUE 装载;

◇ 组 0 的程序保护寄存器(FM_BASE + $10 − FMPROT)从 FM 配置区的 PROT_BANK0_VALUE 装载;

◇ 组 0 的启动保护寄存器(FM_BASE + $11− FMPROTB)从 FM 配置区的 PROTB_VALUE 装载;

◇ 公共寄存器-安全高寄存器(FM_BASE + $03 − FMSECH)从 FM 配置区的 SECH_VALUE 装载;

◇ 公共寄存器-安全低寄存器(FM_BASE + $04 − FMSECL)从 FM 配置区的 SECL_VALUE 装载。

3.6 FlexCAN 总线模块(FC)

FlexCAN 总线模块(FC)的功能如图 3-24 所示。

3.6.1 简 介

FlexCAN 总线模块(FC)用于通信控制器完成 CAN(Controller Area Network)总线协议。该协议是广泛应用于汽车和工业控制方面的异步通信协议。它是一个高速(1 Mb/s)、短距离、基于优先级的协议,能够使用多种媒介进行通信(光缆或非屏蔽双绞线等)。FlexCAN 模块支持标准的和扩展标志符(ID)报文格式,符合 CAN2.0B 协议标准。

CAN 总线是 20 世纪 80 年代初德国 Bosch 公司针对轿车开发的现场总线。由于 CAN 总线本身的特点,其应用范围目前已不再局限于汽车行业,而是逐渐扩展到机械工业、机器人、数控机床、医疗器械、家用电器及传感器等应用领域。CAN 总线已经形成了国际标准,并已被公认为几种最有前途的现场总线之一。

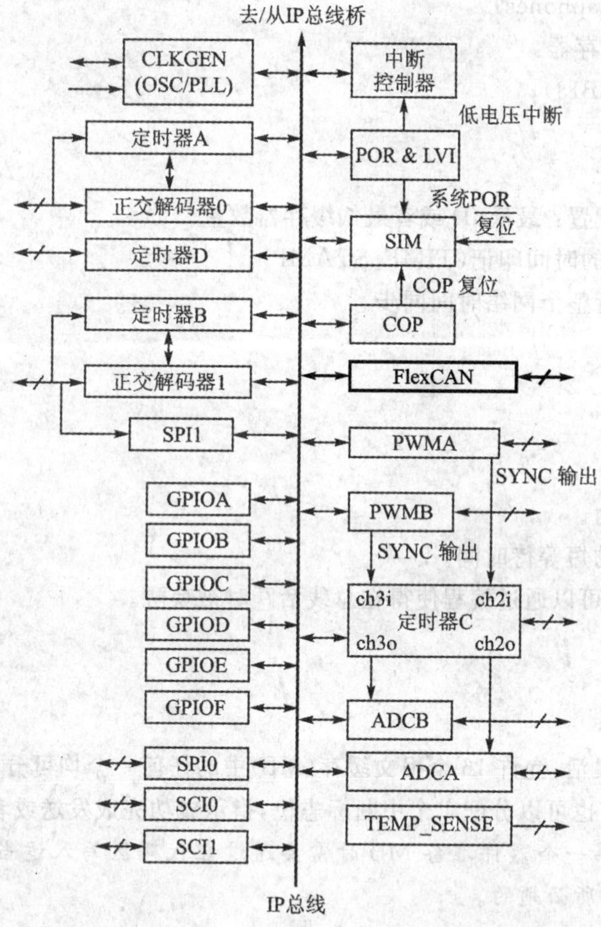

注：ADCA和ADCB与V_{REFH}、V_{REFP}、V_{REFMID}、V_{REFN}和V_{REFLO}引脚使用同一参考电压电路。

图3-24 FlexCAN模块(FC)

3.6.2 特 点

◇ 基于并包括所有现存的TouCAN模块特点。

◇ IP接口结构。

◇ 符合CAN2.0标准：

— 标准数据和远程帧(多达109位长度)；

— 扩展数据和远程帧(多达127位长度)；

— 0～8字节的数据长度；

— 高达1 Mb/s的可编程的通信速率。

◇ 多达16个灵活的报文缓存，具有0～8字节数据长度，每个缓冲器均可以配置为接收或者发送，全部支持标准和扩展报文。

◇ 具有只接收模式(Listen-Only)的能力。

◇ 具有内容相关(Content-related)寻址方式。

◇ 无读/写旗语(Semaphones)。

◇ 3 个可编程屏蔽寄存器：

— 全局(MB0～MB13)；

— MB14 专用；

— MB15 专用。

◇ 可编程发送优先配置：最低 ID 或者最低缓存器数量。

◇ 基于 16 位定时器的时间印记(TIME_STAMP)。

◇ 通过特殊报文进行整个网络时间同步。

◇ 可屏蔽中断。

◇ 不依赖传送介质。

◇ 开放的网络结构。

◇ 多主机总线。

◇ 高抗电磁干扰能力。

◇ 对高优先级报文的短等待时间。

◇ 低功耗睡眠模式,可以通过编程使得在总线活跃时被唤醒。

3.6.3 功能简介

FlexCAN 模块非常灵活,允许 16 个报文缓存(MB)中的任何一个均可分配作为发送缓存或者接收缓存。每个 MB 也可以分配 1 个中断标志位,指示成功完成发送或者接收操作。

注意：两个过程中,第一个器件准备 MB 时需要通过在代码区写入适当的值使之无效。这个要求是确保操作正常所必须的。

1. 发送过程

芯片为发送而准备或者改变一个 MB 时,执行以下步骤：

① 写控制/状态字保持发送 MB 停止(CODE = 1000)；

② 写 ID_HIGH 和 ID_LOW 字；

③ 写数据字节；

④ 写控制/状态字(激活的 CODE 和 LENGTH)。

注意：第①步和第④步是必须的。

从第④步开始,MB 将加入到内部仲裁过程,每次获取接收器,或者在帧间间隔,检测到 CAN 总线空闲,并且至少 1 个 MB 准备好发送。这些内部过程旨在选择下一个要发送的 MB。

当成功获取要发送的 MB 时,过程结束,帧被传送到串行报文缓存(SMB)等待发送(移出)。

在发送时,FlexCAN 模块发送多达 8 个数据字节。即使 LENGTH 区的值大于 8,也只发送 8 个数据字节(当 LENGTH>8 时,DLC=8 在发送的帧中)。

在成功发送之后：

◇ 自激定时器(Free-Running Timer)的值(在 CAN 总线标识符区开始捕获的)被写入

MB的TIME_STAMP区；

◇ MB的控制/状态字中的CODE区被更新；

◇ 中断标志寄存器(FCIFLAG1)中的状态标志置位。

如果对应的FCIMASK1位置位，则每个MB均可作为中断源。对于一个特定的MB，接收中断和发送中断没有差别。

如果利用软件对发送进行轮询，则FCIFLAG1寄存器需要被读取来确定发送状态。

注意：不要通过读取MB的控制/状态字来确定发送状态，因为这个过程将导致MB锁定。

2. 接收过程

芯片为接收而准备或者改变一个MB时，需执行以下步骤：

① 写控制/状态字保持接收MB停止(CODE = 0000)；

② 写ID_HIGH和ID_LOW字；

③ 写控制/状态字来标志接收MB有效并且为空(CODE=0100)。

注意：第①步和第③步是强制的。

从第③步开始，该MB是激活的接收缓存，并将加入到内部匹配过程中，接收器每次接收一个无错帧。在这个过程中汇总所有激活的接收缓存与新接收的ID进行比较。如果有相匹配的，则这个帧被传送(移进)到第一个(最低入口)匹配的MB。

自激定时器(Free-Running Timer)的值(在CAN总线标识符区开始捕获的)被写入MB的TIME_STAMP区。ID区、数据区(至多8字节)和LENGTH区被存储，CODE区被更新，中断标志寄存器(FCIFLAG1)的BUFxxI标志置位。

DSP从MB中读取一个接收帧时需要通过以下途径：

◇ 控制/状态字(必须的——为该缓存激活内部锁定)；

◇ ID(可选——如果一个屏蔽被使用)；

◇ 数据区的字；

◇ 自激定时器(可选——内部解锁)；

自激定时器的读取不是必须的。不过，如果不执行，MB将保持锁定，除非DSP启动对另外一个MB的读过程。

注意：任意时刻只有一个MB被锁定。

读操作中唯一必须的是控制/状态字，以保证数据的一致。如果BUSY位(CODE区的LSB)被置位，则DSP需要推迟到该位清除。

接收标识符(IDENTIFIER)区总是存在匹配MB中。这样，如果过滤匹配，则MB的ID区的内容可能改变。

如果数据字节数是奇数(见LENGTH)，则最后一字节将被复制并填满余下的16位字。由于整个接收数据区在移入过程被写满，所以如果接收数据字节数小于8，则MB中未使用的字节不能保持前次的值。

如果对应的FCIMASK1位置位，则每个MB均可作为中断源。对于一个特定的MB，接收中断与发送中断没有差别。

如果利用软件对接收进行轮询，则FCIFLAG1寄存器需要通过被读取来确定接收状态。

注意：不要通过读取 MB 的控制/状态字来确定发送状态，因为这个过程将导致 MB 锁定。

如果匹配的接收 MB 存在，则 FlexCAN 模块可以接收自己发送的帧。

3. 报文缓存处理

为了保持数据一致以及正确的 FlexCAN 操作，DSP 必须遵守上面"1. 发射过程"和"2. 接收过程"中所列的规则。将一个 MB 激活是一个内核行为，可以使 MB 被排除在 FlexCAN 发送和接收过程之外。任何 DSP 对 MB 结构的控制/状态字进行写访问都会使 MB 激活。这个处理将 MB 排除在发送/接收过程之外。在 FlexCAN 模块中，对 MB 结构的任何其他访问(即不是以上面"1. 发射过程"和"2. 接收过程"中所提到的访问)都会导致 FlexCAN 不可预测的行为。

匹配/仲裁处理仅需要 1 个周期，由 FlexCAN 模块完成。一旦获胜方或者匹配被确定，不论什么时候都不再重新评估，以保证接收的帧不丢失。当 FlexCAN 第二次扫描后半匹配的 MB 置为无效时，两个或两个以上的接收 MB 将保持一个匹配的 ID 给一个接收帧，而不能确保在 FlexCAN 模块中的接收。

假设 MB0 和 MB1 被配置匹配相同的 ID 来接收一个帧，数字最低的 MB(MB0)有优先权来接收报文。如果匹配的 ID 被接收到，则它应该移入 MB0。但是如果 MB0 被锁定，则它将待在串行报文缓存(SMB)中，而且不能保证在第一次扫描 MB1 后 MB0 被激活时，移入操作会被执行。

在扫描过程中，FlexCAN 模块将读每个 MB 的控制/状态字，并查找一个激活的接收码(Active Receive Code)。如果 ID_HIGH 字表明 MB 被配置用来接收扩展帧，则 FlexCAN 模块将测试 ID_LOW；否则它将去下一个 MB 的控制/状态字。

在这种情况下，FlexCAN 扫描 MB0 后将找到一个匹配，但在扫描后它将不会停止。这是因为 MB0 被锁定，它将去 MB1。它也将找出 MB1 激活并匹配 ID，但 MB1 的优先级比较低，因此数据不能存储。这样，如果在扫描 MB1 之后特意将 MB0 激活，那么，在扫描过程结尾，FlexCAN 将不能找到一个激活的 MB 移送数据。

串行报文缓存(SMB)：为了对报文进行双缓存，FlexCAN 模块有两个影子缓存(shadow buffer)称为串行报文缓存(SMB)。这两个缓存被 FlexCAN 模块用来缓存接收报文和待发送的报文。某一时刻只有 1 个 SMB 是激活的，这个功能依赖于该时刻 FlexCAN 模块的操作。任何时刻，这 2 个缓存均不可访问，也不可见。

发送报文缓存激活：当选择一个 MB 用于发送时，任何对该 MB 控制/状态字进行写访问都会立即使该 MB 激活，因此将其从发送处理中除去。

◇ 如果发送 MB 被激活，则这时从发送报文缓存发送一个报文给 SMB，该报文将不会被发送；

◇ 如果在报文发送到 SMB 后该发送 MB 被激活，则该报文被发送，但不产生中断，而且 TX CODE 不会被更新；

◇ 当报文正在内部仲裁处理以便确定哪个报文将被发送时，如果具有最低 ID 的 MB 被激活，则该报文可能不被发送。

接收报文缓存激活：当选择一个 MB 用于接收时，任何对该 MB 控制/状态字进行写访问

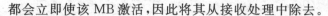

都会立即使该MB激活，因此将其从接收处理中除去。

如果接收MB被激活，这时一个报文正被传送到该MB，则传送被停止，并且没有中断被请求。如果这种情况发生，则接收MB可能会混有2个不同帧的数据。

注意：数据永远不会被写入接收MB。如果一个报文正在从SMB传递给MB时发生这种情况，则控制/状态字反映一个满状态，或者移出状态，但是没有中断请求。这种情况必须绝对禁止。

4. 锁定/释放/忙机制和SMB用法

这种机制被执行，以确认数据在接收和发送过程中的一致性。这种机制包括1个MB的锁定状态和FlexCAN模块内的2个SMB到缓存帧传送。

◇ DSP读取MB的控制/状态字触发该MB锁定；也就是说，新的匹配使该MB的接收帧不能够写入该MB。

◇ 为了释放被锁定的MB，DSP既可以通过读另外一个MB的控制/状态字将其锁定，从而释放锁定的MB，也可以通过读自激定时器释放所有的MB。

◇ 当一个MB被锁定并接收到一个ID匹配的接收帧时，它不能被存入该MB，仍然留在SMB中。这种状态没有任何指示。

◇ 当一个MB被锁定并接收到2个或以上ID匹配的接收帧时，最后一个接收的帧停留在SMB中，而之前接收的所有帧全部丢失。这种状态没有任何指示。

◇ 如果一个锁定的MB被释放，SMB中存在一个匹配的帧，则该帧会传送到匹配的MB。

◇ SMB正在被传送时，如果DSP读一个接收MB，则控制/状态字中的BUSY CODE位被置位。DSP需要等待，直到该位在进一步读该MB之前被清零，以确保数据的一致。在这种情况下，MB没有被锁定。

◇ 如果DSP将一个锁定的MB激活，则它的锁定状态被清除，但是没有数据传送给该MB。

5. 远程帧(Remote Frame)

远程帧是一个发送的报文帧，用来请求一个数据帧。FlexCAN模块能够被配置成自动地发送一个数据帧，以响应一个远程帧，或者发送一个远程帧，然后等待响应的数据帧的接收。

当发送一个远程帧时：将1个MB初始化位发送MB，并将远程发送请求位(RTR)置位；一旦该远程帧成功发送，发送MB自动地变为接收MB，并与发送的远程帧有相同的ID。

当FlexCAN模块接收到一个远程帧时：该远程帧ID与所有CODE为1010的发送MB的ID进行比较；如果匹配的发送MB中的RTR位被置位，则FlexCAN模块发送一个远程帧作为响应。

接收到的远程帧不能被存入接收MB。它只用来触发自动发送一个响应帧。屏蔽寄存器不用于远程帧ID的匹配。进入的接收帧的所有ID位(除了RTR)必须与远程帧相匹配来触发一个响应发送。

在这种情况下，远程请求帧被接收并与发送MB匹配，这个MB立即进入内部仲裁处理，但只作为一个正常的发送MB，没有更高的优先级。

6. 过载帧(Overload Frame)

过载帧发送不由FlexCAN模块初始化，除非在CAN总线上检测到一定的条件。这些条件包括：

◇ 在间隔的第 1 位或第 2 位，检测到一个显性位(dominant bit)；

◇ 在接收帧的帧尾(EOF)区的第 7 位(最后 1 位)检测到一个显性位；

◇ 在错误帧分隔符或者过载帧分隔符的第 8 位(最后 1 位)检测到一个显性位。

7. 时间印记(Time Stamp)

自激 16 位定时器的值在 CAN 总线标识符区的开始时被采样。

◇ 为了使报文被接收，在报文被写入接收 MB 时，时间印记将被存储到接收 MB 的 TIME_STAMP 区。

◇ 为了使报文被发送，一旦发送成功，TIME_STAMP 区将被写入发送 MB。

当一个帧接收到报文缓存 0(MB0)时，自激定时器能够任意地被复位。这个特点可以使网络时间同步。

8. 只接收模式(Listen-Only)

在只接收模式下，FlexCAN 模块能够接收由另外一个 CAN 总线节点发送的公认报文。无论何时模块进入该模式，错误计数器(Error Counter)的状态均被冻结，并且 FlexCAN 模块进入错误被动(Error Passive)模式。在错误和状态寄存器中的故障限制状态位表示一个与错误计数器值无关的被动错误状态。这是因为在该模式下，模块不影响 CAN 总线，DSP 可以作为一个监视器，或者用于自动位速度检测。然而，FlexCAN 将只检测有效的发送，不会导致错误。这要求总线上的另外一个 CAN 模块提供承认位(ACK)并完成发送。

一旦该模式被设置，FlexCAN 模块等待进入间断、被动错误、总线脱离，或者待机状态。在这个等待期间，进入该模式前，FlexCAN 模块须等候所有内部活动结束，而不是对 CAN 总线接口操作。

9. 位定时(Bit Timing)

FlexCAN 模块支持多种方法设置 CAN 协议要求的位定时参数。有两个 16 位寄存器(FCCTL0 和 FCCTL1)能够确定位定时参数的多个区的值。传播时间段(PROPSEG)、相位段 1/2(PSEG1 和 PSEG2)和再同步跳越宽度(RJW)都可以通过 FCCTL0 和 FCCTL1 寄存器的相应区来设置。同样，FlexCAN 模块保持一个预分频器(PRES_DIV)，能够确定系统时钟与实际时间单元时钟(SCLOCK)之间的比率。表 3-13 所列为系统时钟与 CAN 位速率表。

表 3-13 系统时钟/CAN 位速率/S-时钟

系统时钟频率/MHz	CAN 位速率/MHz	可能的 S-时钟频率/MHz	可能的时间片段数/位数	预分频器设定值+1	备 注
60	1	20、15、12、10	20、15、12、10	3、4、5、6	
56	1	14、8	14、8	4、7	最小为 8 个时间片段 最大为 25 个时间片段
54	1	18、9	18、9	3、6	
50	1	25、10	25、10	2、5	
60	0.125	3、2.5、2、1.875、1.5、1.25、1	24、20、16、15、12、10、8	20、24、30、32、40、48、60	

下面介绍CAN2.0协议标准中的CAN位定时的详细资料。

在对位定时编程时，必须仔细考虑以下3点：

(1) 如果可编程的PRES_DIV值导致每个时间单元只有1个系统时钟，则FCCTL1寄存器的PSEG2区不能设为0。

(2) 如果可编程的PRES_DIV值导致每个时间单元只有1个系统时钟，则信息处理时间(IPT)等于3个时间单元；否则它等于2个时间单元。如果PSEG2 = 2，那么FlexCAN模块可能不允许按时为发送准备一个MB，以便开始它自己的发送和仲裁，用来对抗发送一个较早SOF的CAN节点。

当预分频器和位定时控制区被设置使得每个CAN位时间小于10个系统时钟周期时，并且CAN总线负载为100%，在报文间隔的第3位期间，任何时刻另外一个节点发送的起始帧(SOF)标志上升沿产生。

(3) FlexCAN模块位定时必须被配置成大于或等于9个系统时钟；否则不能保证执行正常。

10. FlexCAN的初始化/复位步骤

FlexCAN模块可以通过以下2种途径复位：

◇ 使用系统复位线进行硬件复位；

◇ 在FCMCR中声明SOFT_RST。

随着这2种复位的低信号，FlexCAN模块不再与CAN总线同步，FCMCR中的HALT和FRZ1位置位。它的主控制被禁止，并且FCMCR中的FREEZ_ACK和NOT_RDY位置位。

FlexCAN模块的CANTX引脚呈隐性状态，并且它不开始发送帧，也不从CAN总线接收任何帧。MB内容不随SOFT_RESET或者硬件复位变化。

下面是FlexCAN模块一般的初始化步骤。

① 初始化所有操作模式：

◇ 位定时参数：PROPSEG、PSEG1、PSEG2、RJW (FCCTL0和FCCTL1寄存器)；

◇ 通过设置PRES_DIV区(FCCTL1寄存器)确定位速率；

◇ 确定内部仲裁模式(FCCTL0寄存器中LBUF位)。

② 初始化报文缓存器(MB)：

◇ 所有MB的控制/状态字必须写，不论是否是激活的MB；

◇ 每个MB的其他入口根据需要初始化。

③ 根据需要为接收屏蔽来初始化屏蔽寄存器(MASK)。

④ 初始化FlexCAN中断处理器：根据需要将FCIMASK1寄存器中的BUFxxI位置位(对应所有MB中断)，在FCCTL0寄存器中，对应总线脱离和错误中断；在FCMCR寄存器中，对应唤醒中断。

⑤ 清除FCMCR中的HALT位：随着这个事件的开始，FlexCAN模块就会与CAN总线同步。

3.6.4 特殊执行模式

1. 调试模式

调试模式由 FRZ1 来确定。假设 FRZ1=1，当 HALT 被置位时，进入调试模式。一旦该模式被设置，FlexCAN 模块等待进入间隔状态、被动错误状态、总线脱离状态，或者待机状态。当进入其中一种状态时，在下列事件发生之前，FlexCAN 模块等待所有的内部动作完成，而不等待 CAN 总线接口：

◇ FlexCAN 模块将停止发送/接收帧；
◇ 预分频器停止，使得所有相关动作暂停；
◇ DSP 被允许读和写错误计数器寄存器；
◇ FlexCAN 模块忽略 CAN_RX 输入引脚，使该 CAN_TX 进入隐性状态；
◇ FlexCAN 模块丧失与 CAN 总线的同步，FCMCR 中的 NOT_RDY 和 FREEZ_ACK 位置位。

设置调试模式配置位后，在执行任何其他 FlexCAN 模块操作前，等待 FCMCR 中的 FREEZ_ACK 位被置位。

注意：如果没有等待 FREEZ_ACK 置位，则 FlexCAN 模块的操作将不可预见。

通过以下途径之一可以退出调试模式：

◇ 清除 HALT 位；
◇ 清除 FRZ1 位。

一旦从调试模式退出，FlexCAN 模块就等待 11 个连续隐性位，尝试与 CAN 总线再同步。

2. 为了节电的停止模式

注意：本节将介绍两个不同的停止模式。这里介绍的"停止模式"是相对于通过写 FCMCR 中的 STOP 位来执行的内部停止模式而"LP-停止"是相对于影响整个 DSP 的停止指令所执行的停止模式。

FlexCAN 模块的停止模式表现出节电特性。当设置该模式时，FlexCAN 模块检测 CAN 总线是否处于总线脱离或待机，或者等待间隔的第三个位，检测它是否进入隐性状态。在下列事件发生之前，FlexCAN 模块等待所有的内部动作完成，而不等待 CAN 总线接口：

◇ FlexCAN 关闭它的时钟，停止大多数内部电路，最大限度降低功耗；
◇ IP 总线接口逻辑继续工作，使 DSP 访问 FCMCR；
◇ FlexCAN 模块忽略 CAN_RX 输入引脚，使该 CAN_TX 进入隐性状态；
◇ FlexCAN 模块丧失与 CAN 总线的同步，FCMCR 中的 STOP_ACK 和 NOT_RDY 位置位。

通过以下途径之一可以退出停止模式：

◇ 通过硬件复位或者通过声明 FCMCR 中的 SOFT_RST 位；
◇ 清除 FCMCR 的 STOP 位；
◇ 如果在 FlexCAN 模块进入停止模式时将 FCMCR 中的 SELF_WAKE 位置位，则根据检测到的 CAN 总线从隐性到显性的转变，FlexCAN 模块将 FCMCR 的 STOP 位复

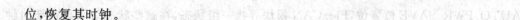

位,恢复其时钟。

处于停止模式或者 LP-停止模式时,在 CAN 总线上从隐性到显性的转变使错误和状态寄存器的 WAKE_INT 位置位。如果 FCMCR 的 WAKE_MASK 位置位,则这个事件能够导致 DSP 的中断。

停止模式操作注意事项:

◇ 在停止/自唤醒模式下,FlexCAN 模块试图接收唤醒它的响应帧;也就是说,假设检测到的显性位是一个起始帧位,该位不会为 CAN 总线进行仲裁。

◇ 在声明停止模式之前,DSP 应该禁止所有 FlexCAN 模块中的中断。如果不这样,则可能导致在一个非唤醒状态时产生中断。如果需要,则 WAKE_MASK 位应该置位,使能唤醒中断。

◇ 如果 FlexCAN 模块处于脱离总线状态时声明停止模式,则 FlexCAN 模块进入停止状态。这一时刻停止计数同步顺序,一旦停止清除,继续计数。

◇ 利用 SELF_WAKE 进入停止状态的流程:

— 声明 SELF_WAKE,同时声明 STOP;

— 等待 STOP_ACK 位置位。

◇ 进入 SELF_WAKE 时清除停止的流程:

— 清除 SELF_WAKE,同时清除 STOP;

— 等待 STOP_ACK 位取反。

◇ 只有当 FCMCR 中的停止位被清除并且 FlexCAN 模块准备好时,SELF_WAKE 才应该置位;也就是说,FCMCR 中的 NOT_RDY 位被清零。

◇ 如果 STOP 和 SELF_WAKE 置位,并且一个隐性到显性的边沿立即在 CAN 总线出现,则 FCMCR 中的 STOP_ACK 位可能永远不会置位,而将 FCMCR 中的 STOP 位复位。

◇ 当 FlexCAN 模块被唤醒(STOP 随着 SELF_WAKE)时,通过在停止前禁止所有发送源,包括远程响应来避免不希望的、旧的帧被发送。

◇ 如果在 STOP 位被声明时调试模式激活,则 FlexCAN 模块认为调试模式应该退出。调试模式尝试与 CAN 总线同步(11 个连续隐性位),搜索正确的状态来停止。

◇ 尝试在复位允许之后立即停止 FlexCAN 模块,这只有在基本初始化完成之后才可以进行。

◇ 如果因 SELF_WAKE 而停止,并且 FlexCAN 模块按照每个时间单元为一个系统时钟方式执行,那么有一些极端的情况 FlexCAN 由于隐性到显性的边沿唤醒,可能不符合 BOSCH CAN 协议,这是因为 FlexCAN 模块的同步状态与所需状态偏移了一个时间单元。这个偏移持续直到下一个隐性到显性的边沿,再使 FlexCAN 模块同步回到一致的协议。对由隐性到显性的边沿唤醒的自动节电模式也一样。

◇ 如果“LP-停止”再发送数据时,执行则会失败,并导致与 BOSCH CAN 协议不一致。要确保在 DSP 进入“LP-停止”前,使 FlexCAN 模块进入待机状态。

3. 自动节电模式

FlexCAN 模块中的自动节电模式用于在正常操作的同时优化节电。将 FCMCR 中的

AUTO_PWR_SAVE 位置位,FlexCAN 模块寻找一组状态,在这些状态下不再需要时钟。如果所有这些状态都合适,则 FlexCAN 模块就停止时钟,因此节电。当 FlexCAN 模块时钟停止时,任何下面提到的状态不再满足,FlexCAN 模块恢复时钟。FlexCAN 模块连续监视状态,适当地启动和停止时钟。

自动时钟关闭和节电模式所对应的状态:

◇ 没有接收和发送帧在处理;

◇ 接收和发送帧没有在 SMB 与 MB 之间传递,或者没有 CANTX 帧在 MB 中等待发送;

◇ FlexCAN 模块内核不可访问;

◇ FlexCAN 模块不处于调试模式(FCMCR 中 第 8 位)、停止模式(FCMCR 中 第 15 位)和总线脱离状态。

3.6.5 中 断

FlexCAN 模块可以产生 19 个中断源,其中 16 个中断属于 MB,3 个中断属于总线脱离、错误和唤醒。如果相应的 IMASK 位置位,则每个 MB 都能成为一个中断源。

对于一个特定的缓存器,假设被初始化位发送或者接收,其接收中断和发送中断没有差别。因此,其中断程序可以在编译时固定。每个缓存器在 FCIFLAG1 寄存器中被分配一个位。当相应的缓存器完成一个发送或接收时,该位被置位。该位要被清零,需 DSP 读中断标志寄存器(FCIFLAG1)且相关位置位。一旦相关位置位,把该位写入 1,如同在读与写之间没有同样的新事件发生一样。

DSP 必须读 FCIFLAG1 寄存器,用来确定哪个 MB 产生的中断。

其他 3 个中断源包括总线脱离、错误和唤醒。

每个中断产生的方式相同,它们均在错误和状态寄存器中。BOFF_MASK 和 ERR_MASK 位在 FCCTL0 寄存器中,WAKE_INT MASK 位在 FCMCR 中。

3.6.6 复 位

FlexCAN 模块可以通过以下 2 种方法复位:

◇ 利用系统复位线硬件复位;

◇ 在 FCMCR 中声明 SOFT_RST 位。

不论使用哪种复位,FlexCAN 模块都不与 CAN 总线同步,FCMCR 中的 HALT 和 FRZ1 位被置位。其主控制被禁止,FCMCR 中的 FREEZ_ACK 和 NOT_RDY 被置位。FlexCAN 模块的 CANTX 引脚处于隐性状态,并且不会启动帧发送,也不会从 CAN 总线接收任何帧。MB 内容不随 SOFT_RST 或者硬复位改变。

3.7 通用输入/输出模块(GPIO)

通用输入/输出模块(GPIO)的功能如图 3-25 所示。

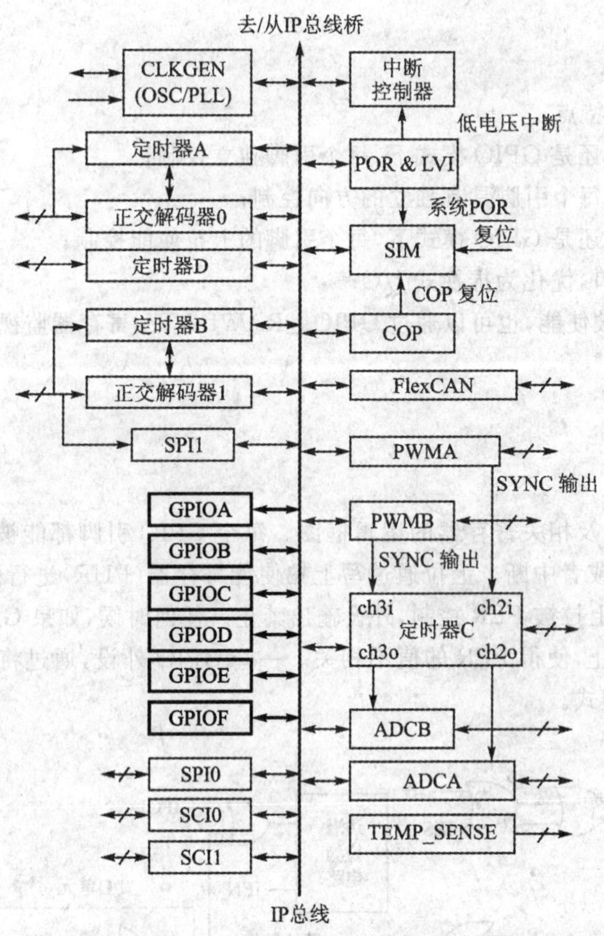

注：ADCA和ADCB与V_{REFH}、V_{REFP}、V_{REFMID}、V_{REFN}和V_{REFLO}引脚使用同一参考电压电路。

图3-25 通用输入/输出模块(GPIO)

3.7.1 简 介

通用输入/输出模块(GPIO)允许直接对引脚的值进行读或写，或者将引脚配置成外部中断。GPIO引脚可以是专门的GPIO引脚，也可以是与其他外设复用的引脚。DSP数据手册会对引脚的分配加以详细说明。

一个GPIO引脚可以配置成以下3种形式：

◇ 带有上拉或者没有上拉的输入引脚；

◇ 输出引脚；

◇ 中断。

如果GPIO引脚与外设复用，那么它也可以被配置用于外设。GPIO按1～16位进行分组，称为端口，如端口A、B、C等。

3.7.2 特　点

GPIO 模块具有以下特点：

◇ 不论是标准模式，还是 GPIO 模式下，每个引脚独立控制；

◇ 在 GPIO 模式下，每个引脚具有独立的方向控制；

◇ 不论是外设模式，还是 GPIO 模式下，每个引脚的上拉使能控制；

◇ 为了用于键盘接口，优化为推挽式 I/O；

◇ 即使 GPIO 没有被使能，也可以通过 GPIOx_RAWDATA 寄存器监视引脚的逻辑值；

◇ 能够产生中断。

3.7.3 逻辑框图

图 3-26 为 GPIO 口及相关寄存器的逻辑框图。每个 GPIO 引脚都能被配置成输入（有上拉或者无上拉）、输出，或者中断。上拉通过写上拉使能寄存器（PUR）进行配置。当外设使能寄存器（PER）置位时，上拉被 PER 控制，外设输出禁止。任何时候，如果 GPIO 引脚设置为输出引脚，则上拉就被禁止，使得 PER 的值不相关。一些 GPIO 外设，通过将 PPMODE 位清零来支持漏极开路输出模式。

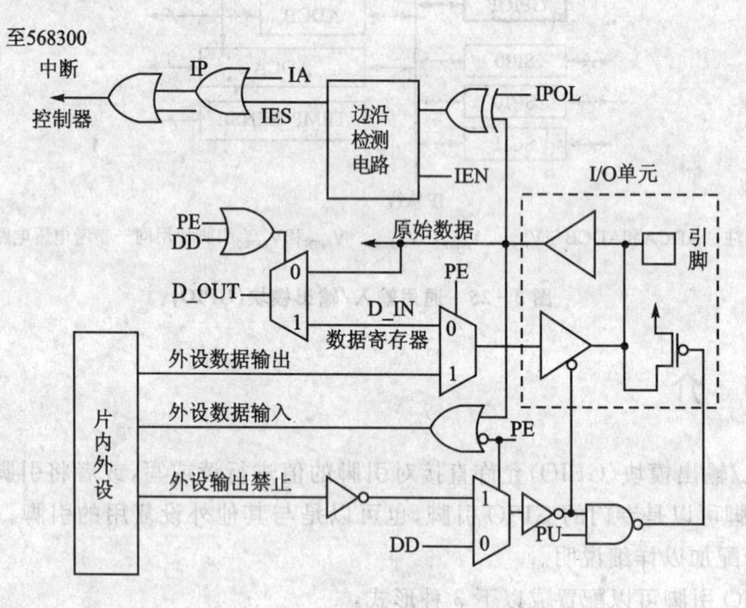

图 3-26　GPIO 引脚逻辑框图

3.7.4 操作模式

GPIO 模块包括以下 2 个主要操作模式：

◇ 标准模式——也可称为外设控制模式。外设模块控制其输出使能，并且任何通过引脚

的输入/输出数据都传送给外设。当引脚配置为输入时，上拉使能由PUR控制。

◇ GPIO模式——在该模式下，GPIO模块控制输出使能，并可提供任何数据给输出。同样，任何输入数据可以通过读GPIO存储器映射的寄存器得到。当引脚配置为输入时，上拉使能由PUR控制。

3.7.5 中　断

GPIO有以下2种中断：

(1) 为了测试使用的软件中断

中断声明寄存器(IAR)用于产生软件中断。可以通过写相应的IAR进行测试。IPR将记录IAR的值。在测试过程中，通过向IAR中写入0来将IPR清零。

注意：当测试IAP时，IPOLR、IESR和IENR必须被清零，以保证IPR中注册的中断只依赖于IAR。

(2) 来自引脚的边沿敏感硬件中断

当GPIO作为中断时，IAR必须清零，IPOLR和IENR必须置位，使得中断低电平有效。当引脚信号变低时，并且被边沿检测电路得到，其值可以通过IESR查看并记录到IPR中，如表3-14所列。向IESR写入1将IPR清零。如果IPOLR清零，则中断高电平有效。每个端口的中断信号"或"在一起，每个端口提供1个中断信号给DSP。中断服务程序通过检测IPR的内容来确定哪个引脚产生中断。由于有边沿检测电路，所以外部中断源不需要保持中断信号的电平。

表3-14　GPIO中断声明功能

IPOLR	中断声明	注　释
0	高	如果IENR设定为1，则当引脚信号变高时中断被IPR记录
1	低	如果IENR设定为1，则当引脚信号变低时中断被IPR记录

3.8 能量管理器(PS)

3.8.1 简　介

能量管理器(PS)模块的功能是使芯片在允许的电压范围内工作，并且在芯片供电中断或电压跌落时，协助芯片有序地关闭。

3.8.2 特　点

能量管理器(PS)模块监测片内电压(数字电压3.3 V和2.5 V)，并提供以下功能：

◇ 当V_{DD}内核电压超过1.8 V时，产生上电复位(POR)；

◇ 当 2.5 V 电压降到 2.2 V 以下时，产生低电压中断(LVI)；

◇ 当 3.3 V 电压降到 2.7 V 以下时，产生低电压中断(LVI)。

假设电源电压的变化速度远低于系统时钟，低电压中断应该提供足够的警告，使芯片有序地关闭。

3.8.3 功能简介

基本的上电复位(POR)和低电压检测模块如图 3-27 所示。POR 电路用于声明内部电压从 $V_{DD}=0$ V 到 $V_{DD}=1.8$ V 的复位。POR 变为高，说明有足够的电源供芯片在振荡频率下进行逻辑操作。

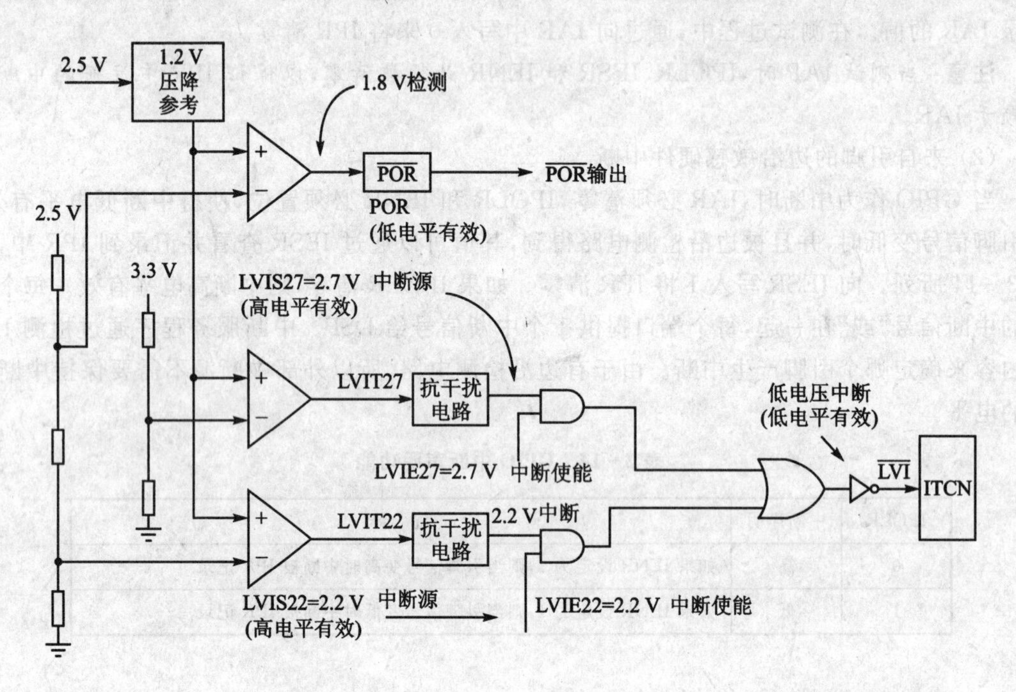

图 3-27 电压检测器框图

注意：在 2.7 V 和 2.2 V 中断源有效时，不能保证高速操作执行正确。

抗干扰模块由 4 级串连组成。其输出必须在输出转换到有效状态前指示中断有效，以防止 LVI 电路对瞬时干扰产生响应。一旦复位，状态位 LVIS27S、LVIS22S 和 LVI 必须明确地写入 1 来复位。

在正常环境下，上电复位总是被使能的。在复位时，电压低，中断被禁止。当 DSP 上电后，POR 将被释放。

只有当两个 LVI 源提供的电压高于必须的最小值时，经由 PLL 的高速操作才能够执行，然后 LVI 才被使能。

只有当两个 LVI 被清除时，PLL 才能用于在满速度下驱动系统时钟。

在典型的应用中，中断通常在 PLL 启动之后被使能。在 PLL 锁定与中断使能之间的时间，是 LVI 事件较为薄弱的一个时间段。只有这个时间段足够短时，才能将其忽略；否则，需

要将中断允许放入启动程序的其他部分之中。

对大多数初始化，等待 PLL 锁定是启动时间链中的最大一部分。因此，要在 PLL 锁定后立即再次检查 LVI 状态位。

图 3－28 为 POR 与低电压检测电路之间的关系。当检测到低电压时，LVI 需要被关闭部分单元的中断服务程序清除，并被禁止。

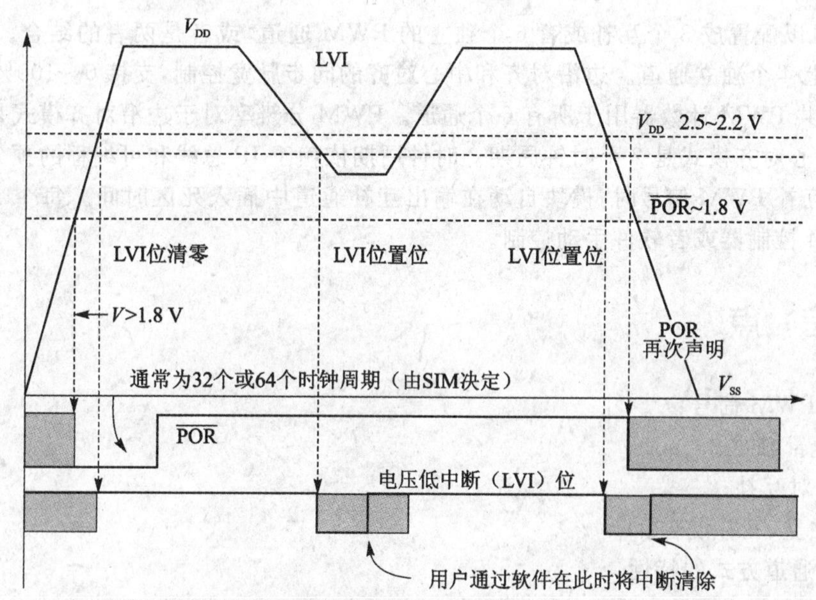

注：灰色区域指示模拟电路的输出。

图 3－28　$\overline{\text{POR}}$与电压低中断

低电压中断根据 POR 来屏蔽。在 POR 之后必须明确地使能，掉电后要明确地禁止。电源管理状态寄存器(LVISR)的低电压状态位总是被激活的，不论低电压中断是否使能。LVI 有大约 50～100 mV 的迟滞。

在电源管理状态寄存器(LVISR)中有 1 个或多个 LVI 为高，说明 DSP 的正常操作不再可能。

如果 2.7 V 中断发生(LVIS27S 或者 LVIS27 为 1)，则 DSP 的 I/O 操作会不可靠(逻辑正确但输出高电平达不到要求)。如果 2.2 V 中断发生，则内核在高速下的操作会不可靠。

为了使系统可靠运行，LVI 事件的 ISR 需要进行以下处理：

◇ 令 DSP 降低频率；

◇ 禁止 COP；

◇ 将 PLL 关闭；

◇ 设置 COP 在 1 s 内唤醒芯片；

◇ 允许 COP 工作在停止模式；

◇ 按照顺序关闭外设；

◇ 使 DSP 进入停止模式。

3.9 脉宽调制模块(PWM)

3.9.1 简 介

PWM可以配置成3个互补或者6个独立的PWM通道，或者是两者的结合。例如，1个互补通道加上4个独立通道。边沿对齐和中心对齐的同步脉宽控制，支持0～100%占空比。

15位公共PWM计数器用于所有6个通道。PWM分辨率对于边沿对齐模式是1个时钟周期，对于中心对齐模式是2个时钟周期。时钟周期依赖于IP总线和可编程的预分频器。

当产生互补PWM信号时，模块自动在输出互补通道中插入死区时间。每个PWM输出能够由PWM控制器或者软件手动控制。

3.9.2 特 点

◇ 6路PWM信号：
 — 全部独立；
 — 3对互补；
 — 独立、互补混合。
◇ 互补通道方式的特性：
 — 可编程插入死区时间；
 — 通过电流状态信号输入的硬件方式或软件方式进行PWM死区补偿；
 — 中心对齐操作时的不对称PWM输出；
 — 独立的上、下通道PWM输出的极性控制。
◇ 边沿或中心对齐方式的PWM信号。
◇ 15位分辨率。
◇ 半PWM周期参数重载功能。
◇ 1～16倍PWM周期的参数重载功能。
◇ 独立的软件控制PWM输出。
◇ 可编程的故障保护功能。
◇ 输出极性控制。
◇ PWM引脚能输出10 mA电流或吸收12 mA电流。
◇ 寄存器可以写保护。

3.9.3 功能简介

PWM模块的结构如图3-29所示。

1. 预分频器

为了获得较低频率的PWM，可以通过预分频器将IP总线时钟频率除以1、2、4或8后作

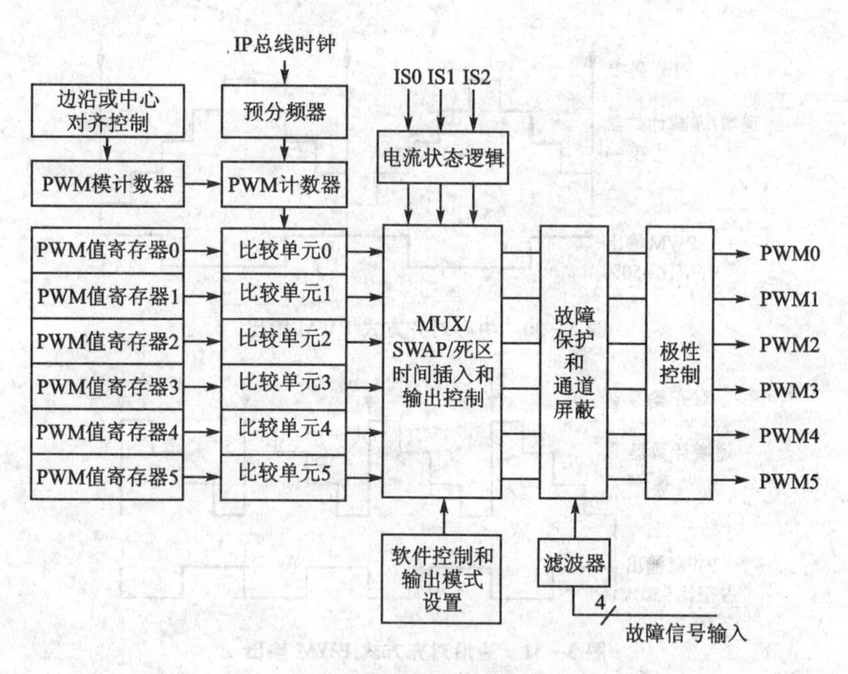

图 3-29 PWM 逻辑框图

为PWM的时钟频率。PWM控制寄存器(PMCTL)中的PRSC0和PRSC1位为预分频的控制位,用来选择预分频的分频系数。分频器是带缓冲的,只有当LDOK位被置1并在一个新的PWM参数重载开始时,PWM发生器才能够使用新的PWM时钟。

2. PWM发生器

PWM发生器包含一个15位的递增/递减PWM计数器,用来产生输出信号;同时具有以下几个控制选项以备选择。

1) 对齐方式

通过PWM配置寄存器(PMCFG)中的边沿对齐控制位(EDGE),可以选择PWM发生器输出采用中心对齐或边沿对齐方式,如图3-30和图3-31所示。从图中可以看出,当PWM模块采用中心对齐方式时,PWM计数器先进行递增计数;当计数器值达到模寄存器设定值时,变为递减计数器,减到0后再次变为递增计数。当计数寄存器PMCNT的值小于PWM值寄存器PWMVALx时,输出有效电平;当计数寄存器PMCNT的值大于PWM值寄存器PWMVALx时,输出非有效电平。当PWM模块采用边沿对齐方式时,PWM计数器进行递增计数;当计数器值达到模寄存器设定值时,计数器清零,并重新开始递增计数。当计数寄存器PMCNT的值小于PWM值寄存器PWMVALx时,输出有效电平;当计数寄存器PMCNT的值大于PWM值寄存器PWMVALx时,输出非有效电平。

2) 周 期

PWM周期由写入计数器模寄存器(PWMCM)的值决定。在中心对齐方式下,PWM计数器是一个递增/递减计数器,PWM输出的最高分辨率为2倍的IP总线时钟周期。PWM周期等于计数器模值乘以PWM时钟周期的2倍(见图3-32):

$$\text{PWM周期} = \text{PWM计数器模值} \times \text{PWM时钟周期} \times 2$$

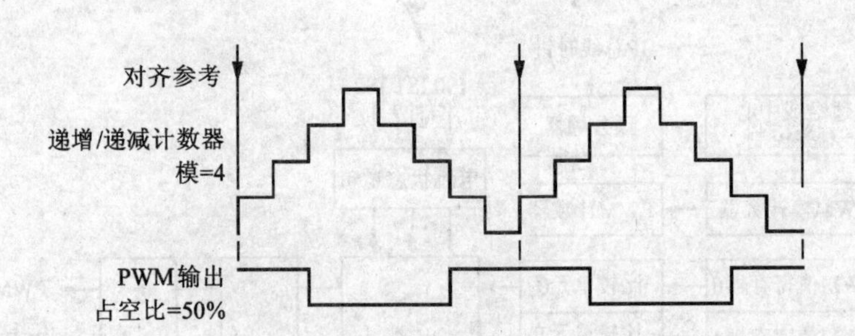

图 3-30 中心对齐方式 PWM 输出

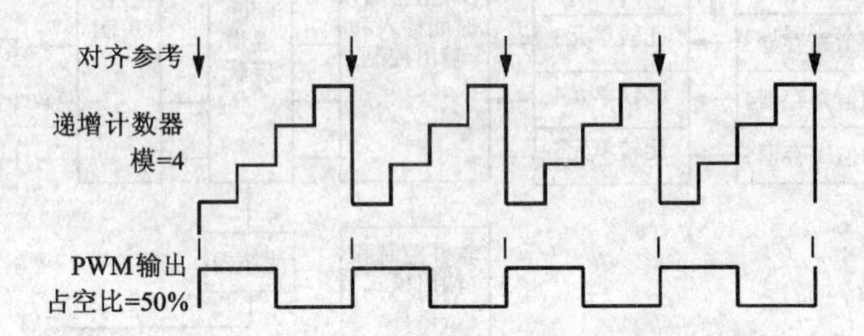

图 3-31 边沿对齐方式 PWM 输出

在边沿对齐方式下，PWM 计数器是一个递增计数器，PWM 输出的最高分辨率等于 IP 总线时钟周期。PWM 的时钟周期乘以计数器模值就等于 PWM 周期（见图 3-33）：

PWM 周期＝PWM 计数器模值×PWM 时钟周期

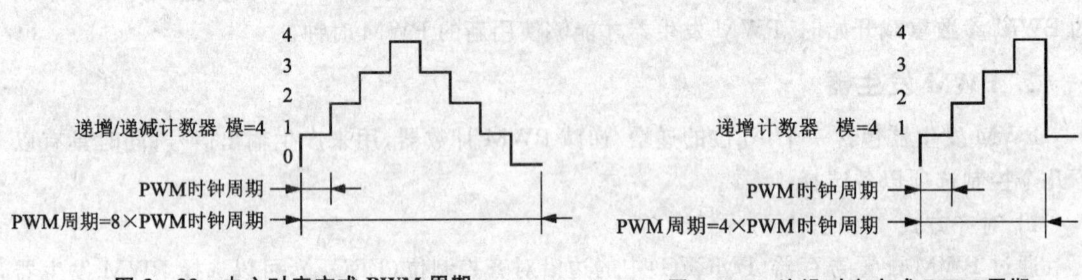

图 3-32 中心对齐方式 PWM 周期　　图 3-33 边沿对齐方式 PWM 周期

3）占空比

PWM 模块输出的占空比可由下式得到：

$$占空比=\frac{PWM 值寄存器值}{PWM 模寄存器值}\times 100\%$$

由于 PWM 模块只有 15 位精度（这种设置在标么化系统中非常便利，请参看第 6 章），因此，PWM 值寄存器的值在 0～32767 之间（见表 3-15）。如果超出这个范围，将会使整个 PWM 周期内的输出无效，即输出无效电平。当 PWM 值寄存器的值小于或等于 PWM 模寄存器的值时，在整个 PWM 周期内输出一直有效，即输出有效电平。

表 3-15 PWM 值寄存器的范围和下溢条件

PWMVALx	条　件	使用的 PWMVAL 值
$0000～$7FFF	正常	寄存器中的值
$8000～$FFFF	下溢	$0000

尽管在不同对齐模式下输出的占空比相同，但相同PWMVALx时输出的脉冲宽度不同。中心对齐方式PWM脉宽如图3-34所示。其脉冲宽度等于写入PWM值寄存器的值的2倍乘以中心对齐方式的PWM时钟周期，即

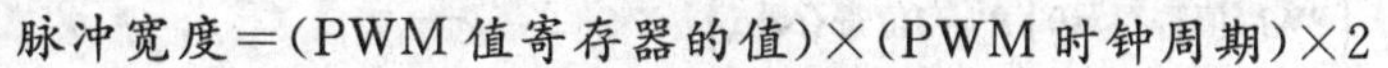

脉冲宽度=(PWM值寄存器的值)×(PWM时钟周期)×2

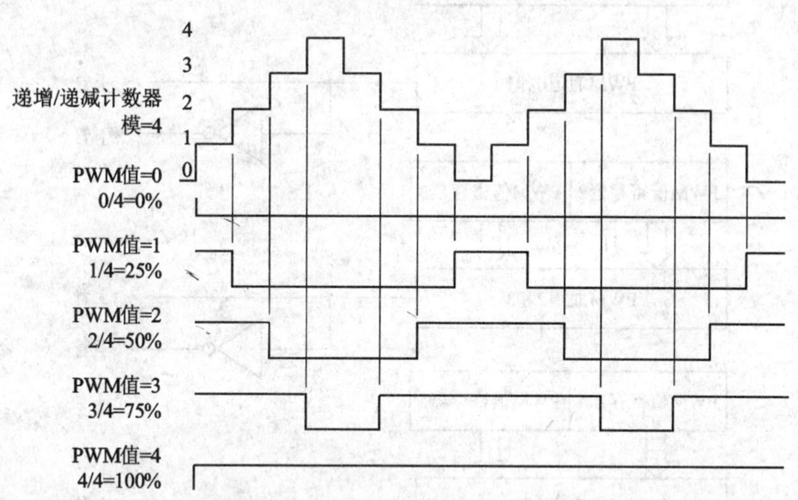

图3-34 中心对齐方式PWM脉宽

边沿对齐方式PWM脉宽如图3-35所示。其脉冲宽度等于写入PWM值寄存器的值乘以边沿对齐方式的PWM时钟周期，即

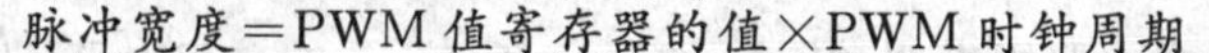

脉冲宽度=PWM值寄存器的值×PWM时钟周期

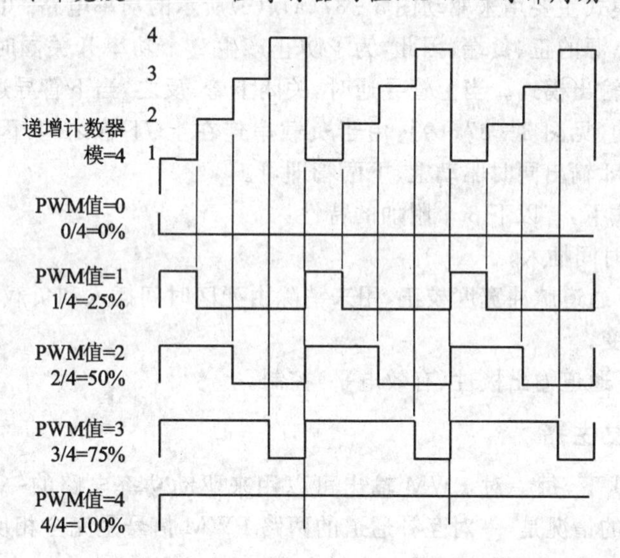

图3-35 边沿对齐方式PWM脉宽

3. 独立通道模式和互补通道模式

在PWM配置寄存器(PMCFG)中，向独立或互补方式(INDEPxx)位写入逻辑1，将一对PWM输出设置成两路独立的PWM通道。每一路PWM输出都具有自己的PWM值寄存器PWMVAL，并且对该寄存器的操作独立于对其他独立通道的操作。

向 INDEPxx 位写入逻辑 0，将一对 PWM 输出设置成一对互补通道方式。PWM 输出引脚设置成 3 对互补通道方式如图 3-36 所示。

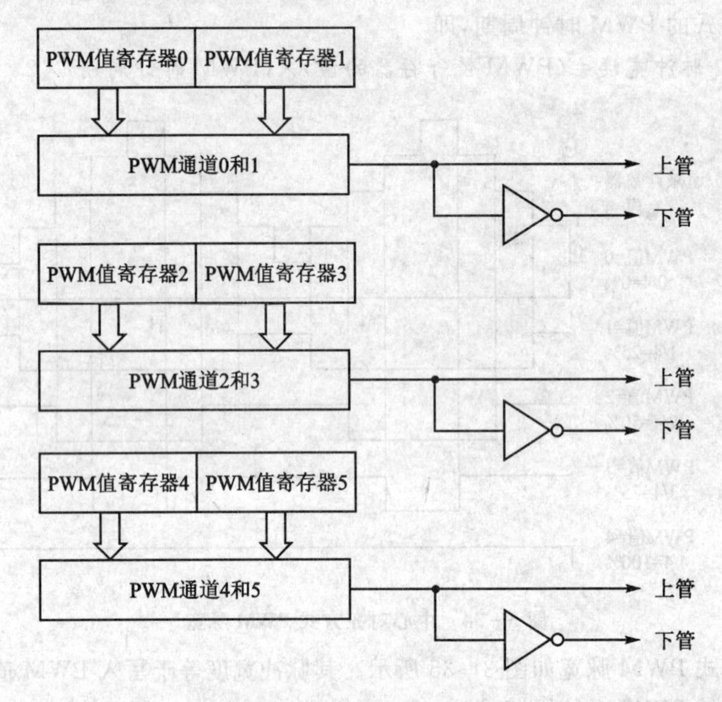

图 3-36 互补通道对

这种互补输出模式主要用来驱动图 3-37(a)、(c)所示的功率电路。由于同一桥臂的 2 只功率开关串联接在电源的正、负端，因此，为了防止产生 2 个功率开关同时打开的直通短路现象，采用 PWM 互补输出模式。当上管导通时，关闭下管；反之，当下管导通时，必须关闭上管。对于不对称半桥结构(见图 3-37(b))，由于负载串连在上、下管之间，因此不会产生直通现象，只要用一路 PWM 输出同时驱动上、下两管即可。

在互补通道方式下，有以下 3 个附加的特性：

◇ 必要的死区时间插入；

◇ 独立的上、下通道脉冲宽度校正，用来消除由死区时间插入和负载电流引起的电压、电流波形的畸变；

◇ 独立的上、下通道输出极性(有效电平)控制。

4. 死区时间发生器

在互补通道模式下，每一对 PWM 输出可以用来驱动功率电路的一个桥臂，如图 3-37(a)、(c)所示。理想的情况是，一对互补通道的两路 PWM 信号是完全相反的。当上 PWM 通道为有效电平时，下 PWM 通道应该是非有效电平；反之亦然。

但在实际电路中，功率器件的导通和关断都会有一个过渡过程，需要一定的导通和关断时间。为了防止一个功率管还没有完全关断，另外一个功率管已经开始导通的情况出现，即防止上、下管同时导通形成短路，必须保证在上管和下管导通时间上没有重叠区域。因此，为了避免在上、下管之间出现重叠导通区域，必须在一个开关周期内插入死区时间，如图 3-38 所示。

死区时间发生器自动地向每一对互补输出 PWM 信号中插入死区时间。该死区时间可由

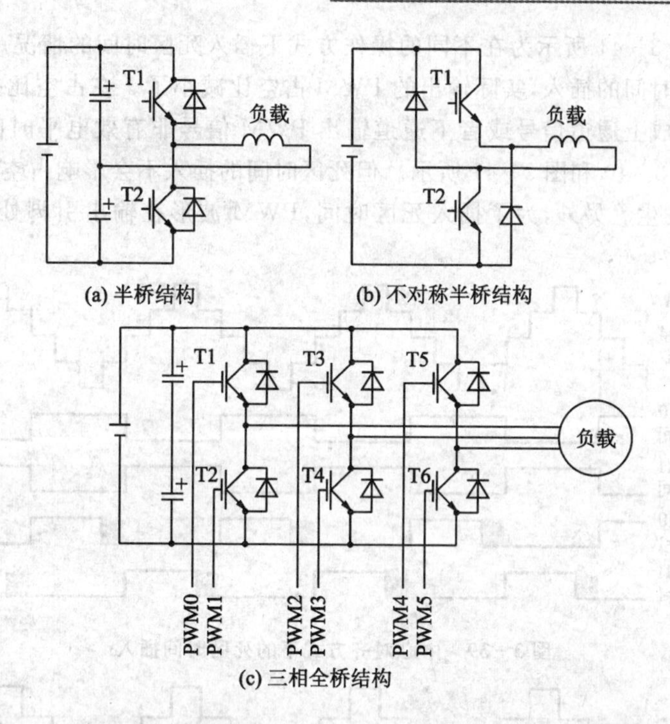

图3-37 典型功率电路(其中,T1、T3、T5为上管,T2、T4、T6为下管)

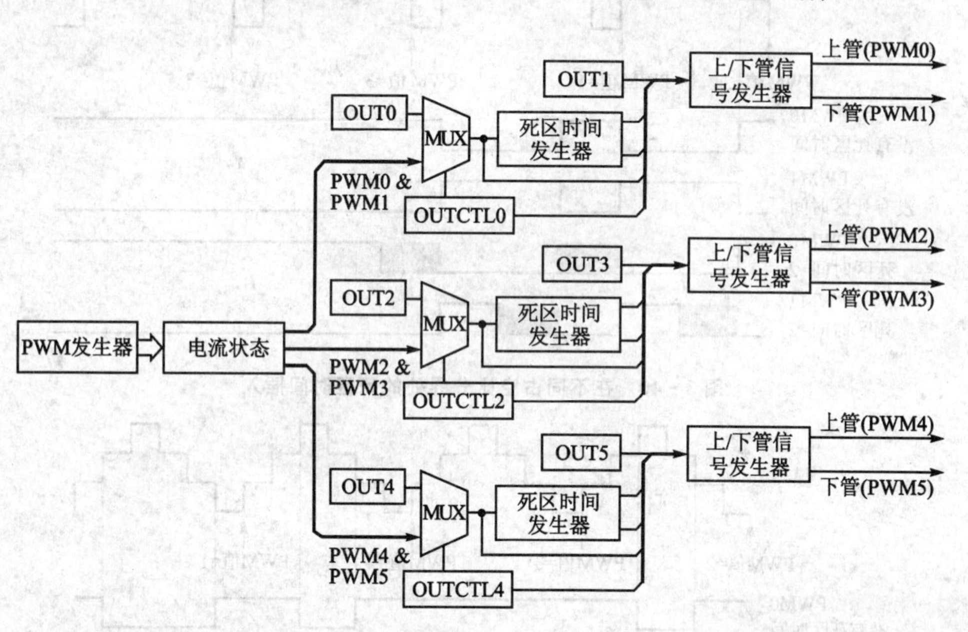

图3-38 死区时间发生器

软件控制其有效电平起始时刻的时间延迟。PWM模块中的死区时间寄存器(PMDEADTM)用来指定PWM时钟周期的个数作为死区时间延迟。PWM发生器实时地改变输出状态,插入的死区时间迫使互补PWM输出处于非有效电平状态。由于插入死区时间,所以使得输出PWM信号产生畸变。一种死区补偿方法,就是通过增加或者减小PWM值寄存器的值进行补偿。

图 3-39～图 3-41 所示为在不同的操作方式下插入死区时间的情况。从图 3-39 中可以看出，由于死区时间的插入，实际输出的 PWM 占空比减小了。在占空比接近 100%或者接近 0 时，有可能造成上通道信号或者下通道输出 PWM 信号非有效电平时间超过 1 个 PWM 周期的现象，如图 3-40 和图 3-41 所示。但死区时间的插入不会影响占空比为 100%和 0 时的 PWM 信号的发生。另外，为了插入死区时间，PWM 波形在输出引脚处会被延迟 2 个 IP 总线时钟周期。

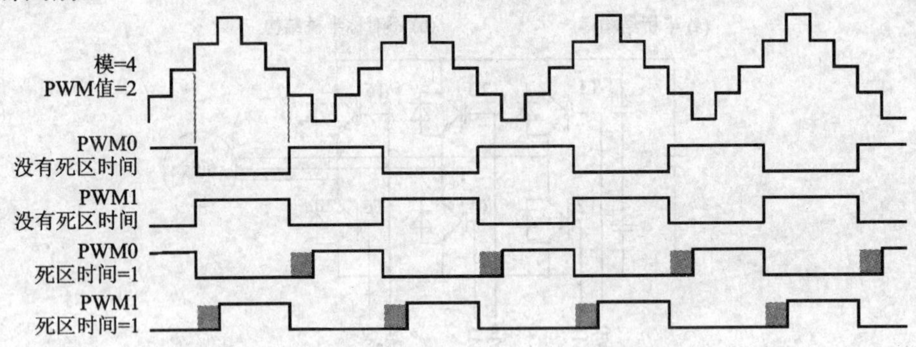

图 3-39　中心对齐方式下的死区时间插入

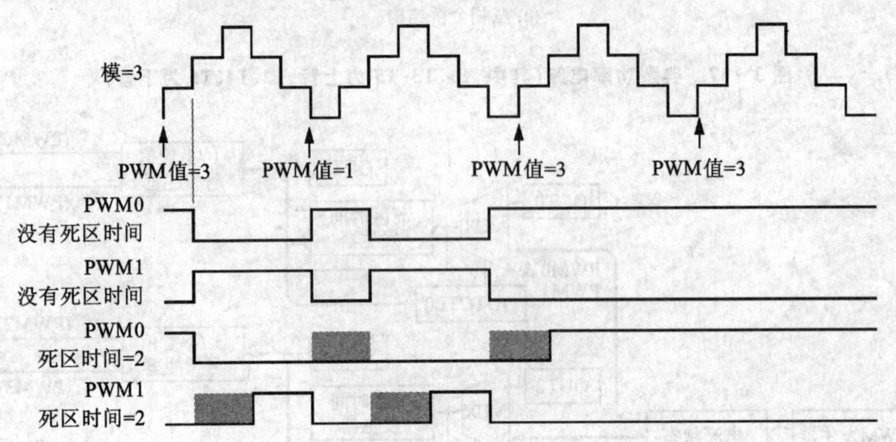

图 3-40　在不同占空比分界处的死区时间插入

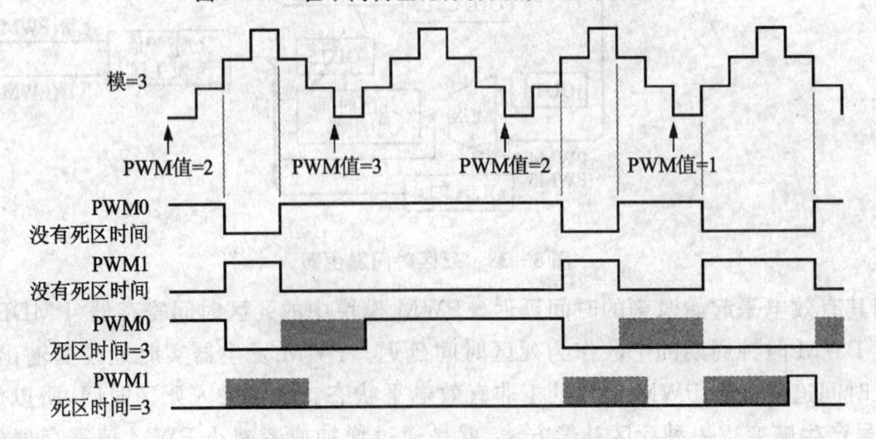

图 3-41　小脉冲宽度下的死区时间插入

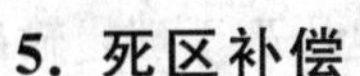

5. 死区补偿

功率电路中的一个桥臂的输出电压是由该桥臂的一对功率管通过 PWM 控制得到的。然而在互补模式下,必须插入死区时间,以避免在上、下管之间出现重叠导通的区域,并导致短路现象。在死区当中,一个桥臂的上、下管都处于关闭状态,因此,由于负载感性电流的作用,将导致与功率管反向并联的二极管导通。如图 3-42 所示,当电流为正向时,与下管并联的二极管导通并开始续流,该桥臂实际输出零电压,实际输出的电压占空比小于期望值;反之,当电流为负向时,与上管并联的二极管导通并开始续流,该桥臂实际输出 V_+ 电压,实际输出的电压占空比大于期望值。

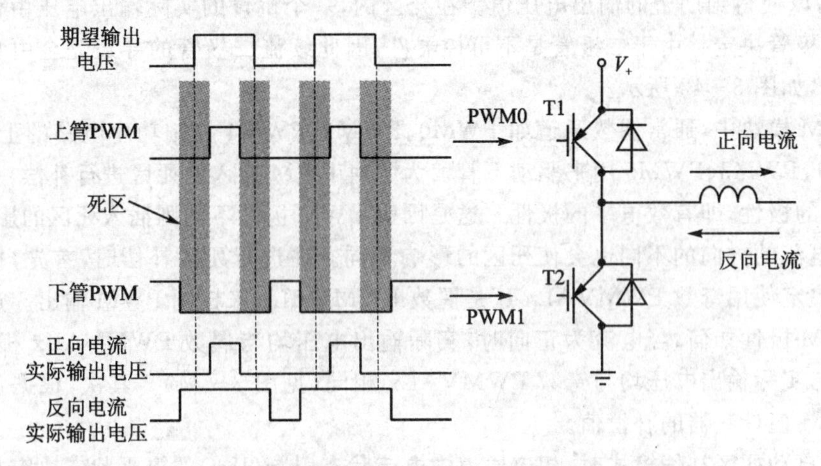

图 3-42 死区时间插入引起的电压畸变

因此,由于 PWM 死区的存在、输出电压取决于负载电流的状态,进而使输出电压产生畸变,如图 3-43 所示。从图中可以看到,在负载电流过零点时,由于死区的存在,输出电压有一

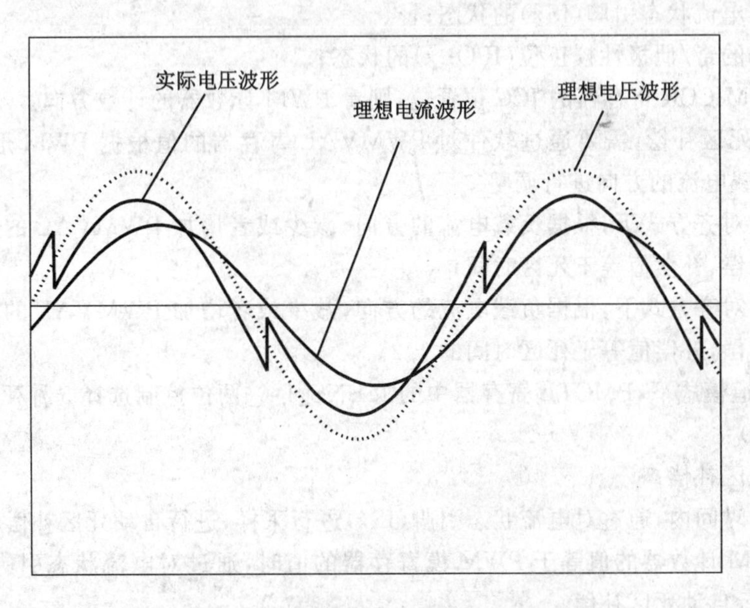

图 3-43 死区时间对电压波形的影响

个跳变，当电流为正时，输出电压低于理想输出电压；当电流为负时，输出电压高于理想输出电压。输出电压的畸变不仅会产生电磁干扰，而且会引起电流也发生畸变，甚至引起电流振荡。特别是在输出电压较低时，PWM的占空比较小，死区时间的影响更为严重。

由于死区时间产生的影响非常严重，因此非常有必要对死区进行补偿。通过上面的分析可以看出，既然死区产生的输出电压畸变是因为感性电流的存在而引起的，所以可以通过对电流状态进行检测，从而对输出PWM进行补偿，以便消除由于死区引起的不良影响，使实际输出的电压满足理想输出电压的要求。

对于一个典型的互补通道方式电路，在任一给定时刻最多只有一个功率管导通，并通过PWM控制，以便得到期望的输出电压值。在死区内，一个桥臂的实际输出电压由该桥臂上导通的续流二极管决定。由于二极管是不可控器件，因此续流二极管的导通完全由负载电流的方向来决定，如图3-42所示。

在PWM模块中，通常偶数通道如PWM0、PWM2、PWM4控制功率电路的上管，奇数通道如PWM1、PWM3、PWM5用来驱动下管。为了对PWM插入的死区进行补偿，首先要确定输出PWM的极性，即有效电平的极性。这是因为PWM极性不同则插入死区的影响也不同。另外，负载电流的方向的不同也会使死区的影响不同。在进行死区补偿时，首先，根据负载电流的状态，决定使用奇数PWMVALx还是偶数PWMVALx来控制PWM输出。这是因为不论输出PWM极性如何，当电流为正向时，实际输出电压均与偶数PWMVALx相同；而当电流为反向时，实际输出电压均与奇数PWMVALx相同(见图3-44)。其次，根据负载电流状态计算PWM值计数器的补偿值。

当采用自动死区补偿模式时，相应通道中电流状态引脚(ISx)的电平状态决定是奇数还是偶数的PWMVAL寄存器起作用；当采用手动死区补偿模式时，相应通道中奇/偶极性位(IPOLx)决定是奇数还是偶数的PWMVAL寄存器起作用。

对于给定的PWM对，是奇数还是偶数的PWMVAL寄存器起作用，依赖于：

◇ 驱动器电流状态引脚(ISx)的状态；

◇ 驱动器的奇/偶极性校正位(IPOLx)的状态；

◇ 如果PMICCR寄存器的ICC位置位，则看PWM计数器的计数方向。

为了进行死区补偿，需要通过软件对PWMVAL寄存器的值根据PWM形式、死区时间的大小以及负载电流的方向进行调整。

◇ 在边沿对齐方式下，根据负载电流的方向，减少或者增加PWMVAL的值对死区时间进行补偿，补偿值等于死区时间；

◇ 在中心对齐方式下，根据负载电流的方向，减少或者增加PWMVAL的值对死区时间进行补偿，补偿值等于死区时间的1/2。

在互补通道模式下，PMCTL寄存器中的ISENS[1:0]两位控制选择3种死区时间补偿方法(见表3-16)：

◇ 手动死区补偿；

◇ 在死区时间内，通过对电流状态引脚(ISx)进行采样，进行自动死区补偿；

◇ 当PWM计数器的值等于PWM模寄存器的值时，通过对电流状态引脚(ISx)进行采样，进行自动死区补偿。

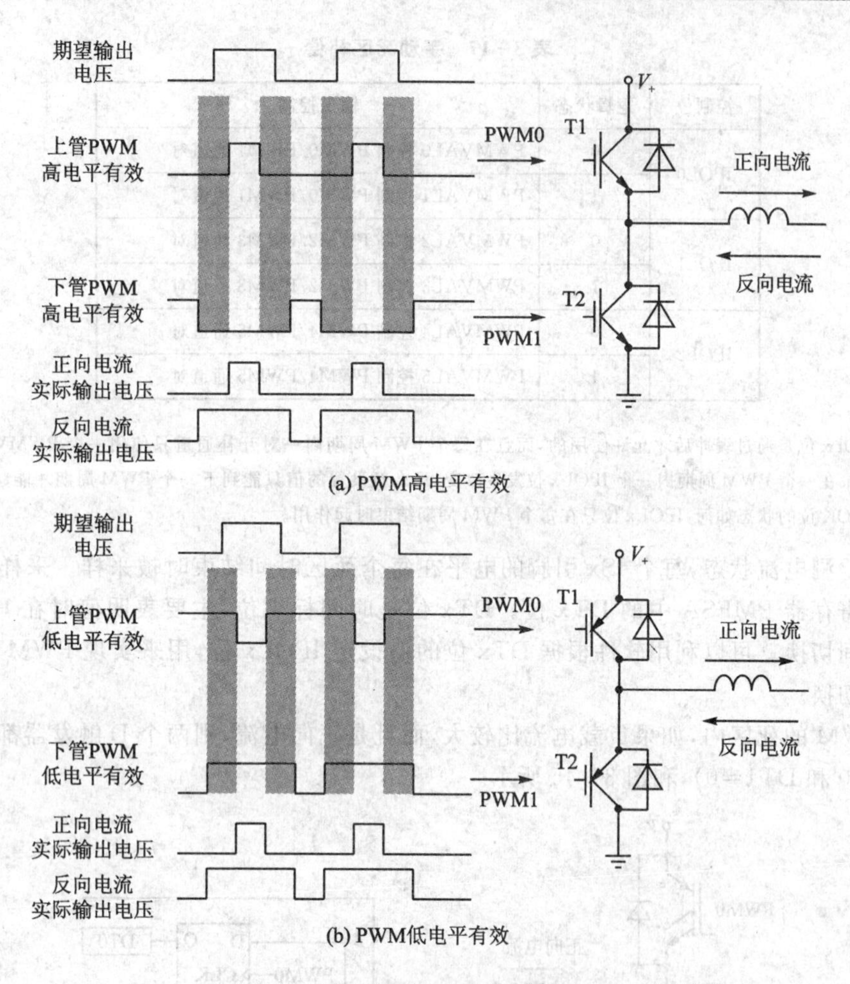

图 3-44　不同 PWM 极性时的死区时间对输出电压的影响

表 3-16　死区补偿方法的选择

ISENS[1:0]	补偿方法	注　释
0X	手动死区补偿或没有补偿	—
10	在死区时间内，通过对电流状态引脚(ISx)进行采样	当上、下 PWM 通道都关断时，ISx 引脚的极性被锁存。在 0 和 100%占空比的边沿处，没有死区时间，所以不能检测到新的电流值
11	对电流状态引脚(ISx)进行采样：中心对齐模式下，在半周期处检测；边沿对齐模式下，在周期末检测	甚至在 0 或 100%占空比时都可以检测电流值

注：自动死区补偿时，使用者必须提供电流状态检测电路，使得在正向负载电流情况下，相应的输入引脚 ISx 为低电平；在反向负载电流情况下，相应的输入引脚 ISx 为高电平。并设定上通道 PWM 输出为 PWM0、PWM2、PWM4，而下通道 PWM 输出为 PWM1、PWM3、PWM5。

1) 手动死区补偿

在互补通道模式下，在 PWM 输出的下一个 PWM 周期，当 ISENS[1:0]=0x 时，通过 PWM 控制寄存器(PMCTL)中的 IPOL0～IPOL2 位来选择使用奇数还是偶数的 PWMVAL，如表 3-17 所列。

表 3-17 手动死区补偿

控制位	逻辑状态	输出控制
IPOL0	0	PWMVAL0 控制 PWM0/PWM1 通道对
	1	PWMVAL1 控制 PWM0/PWM1 通道对
IPOL1	0	PWMVAL2 控制 PWM2/PWM3 通道对
	1	PWMVAL3 控制 PWM2/PWM3 通道对
IPOL2	0	PWMVAL4 控制 PWM4/PWM5 通道对
	1	PWMVAL5 控制 PWM4/PWM5 通道对

注：IPOLx 位是通过缓冲后才允许使用的，而且在每个 PWM 周期内一对互补通道只使用一个 PWMVAL 寄存器。如果在一个 PWM 周期内一个 IPOLx 位发生改变，那么新设置的值只能到下一个 PWM 周期才能起作用。不管 LDOK 位的状态如何，IPOLx 位只在每个 PWM 周期结束时起作用。

为了检测电流状态，每个 ISx 引脚的电平在每个死区时间结束时被采样。采样值储存在故障确认寄存器 PMFSA 中的 DTx 位。DTx 位是时间标志位，主要表明何时在 PWMVAL 寄存器之间切换。可以利用软件根据 DTx 位的值设定 IPOLx 位，用来实现 PWMVAL 寄存器之间的切换。

在 PWM 的死区内，如果负载电流比较大，而且是正向电流，则两个 D 触发器都置于低电平(DT0=0 和 DT1=0)，和图 3-45 所示。

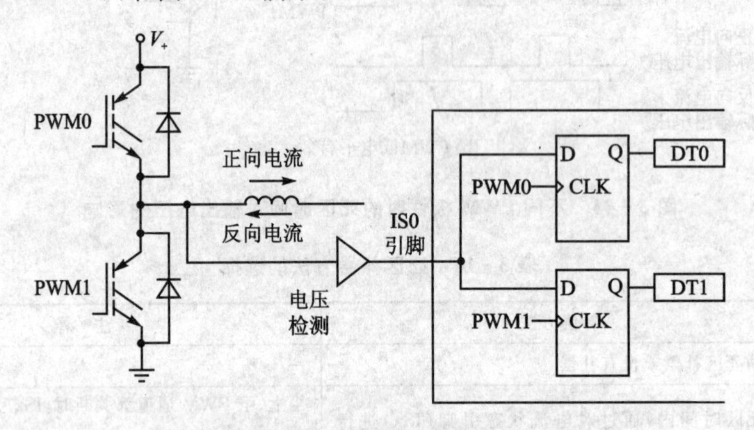

图 3-45 电流状态检测用于死区时间校正

在 PWM 的死区内，如果负载电流比较大，而且是反向电流，则两个 D 触发器都置于高电平(DT0=1 和 DT1=1)，如图 3-45 所示。

然而，在负载电流较小的情况下，由于二极管不能饱和导通，因此在 PWM 的死区内功率电路的输出电压可能处于高电平与低电平之间的某个值。无论负载电流的极性如何，采样结果都将会是 DT0=0 和 DT1=1，都会在负载电流穿过零点时产生附加的畸变。因此，改变一个 PWMVAL 寄存器的值到另一个值的最好时机是在负载电流刚好反向之前，如图 3-46 所示。

2) 自动死区补偿

每一对 PWM 互补通道都有一个电流状态引脚 ISx，用来选择在下一个 PWM 周期使用

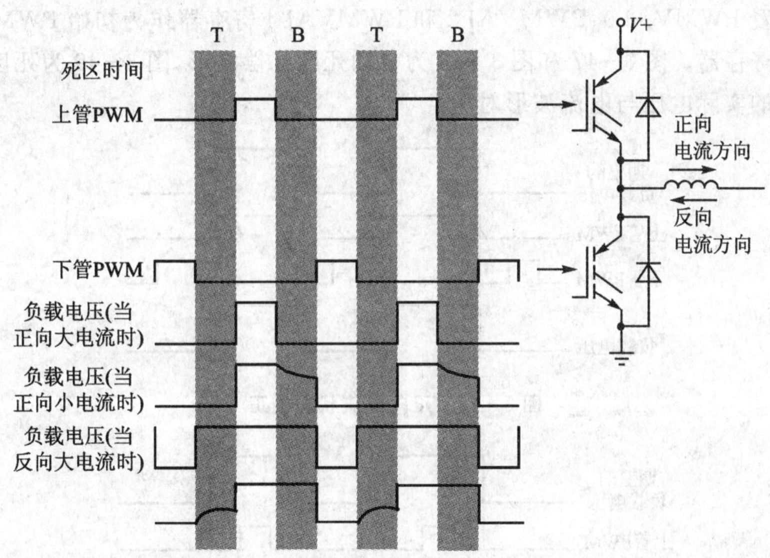

注：T为在上管PWM为高电平之前插入死区时间；B为在下管PWM为高电平之前插入死区时间。

图 3-46 输出电压波形

奇数还是偶数的 PWMVAL 寄存器，如表 3-18 所列。用户必须提供适当的的电流检测电路来驱动 ISx 引脚，使得反向负载电流时 ISx 引脚为高电平，正向负载电流时 ISx 引脚为低电平。

表 3-18 自动死区补偿

引 脚	逻辑状态	输出控制
$\overline{IS0}$	0	PWMVAL0 控制 PWM0/PWM1 通道对
	1	PWMVAL1 控制 PWM0/PWM1 通道对
$\overline{IS1}$	0	PWMVAL2 控制 PWM2/PWM3 通道对
	1	PWMVAL3 控制 PWM2/PWM3 通道对
$\overline{IS2}$	0	PWMVAL4 控制 PWM4/PWM5 通道对
	1	PWMVAL5 控制 PWM4/PWM5 通道对

当 ISENS[1:0]=10 时，为第一种自动补偿方式，负载电流检测在死区内完成，并通过对负载电流状态引脚(ISx)采样自动进行死区补偿。当占空比为 100%或者 0 时，由于此时没有插入死区，所以无法检测负载电流状态。

当 ISENS[1:0]=11 时，为第二种自动补偿方式，负载电流检测因 PWM 模式不同而不同。在中心对齐模式下，在 PWM 半周期末对负载电流状态引脚(ISx)进行采样；在边沿对齐模式下，在 PWM 周期末对负载电流状态引脚(ISx)采样，并自动完成死区补偿。

锁存在 ISx 引脚的值是通过缓冲后才允许使用的，而且在每个 PWM 周期内一对互补通道只使用一个 PWMVAL 寄存器。如果在一个 PWM 周期内电流状态发生改变，那么新的负载电流状态只能到下一个 PWM 周期才能起作用。

初始化阶段，当设置 PWMEN 位启动 PWM 模块时，尚无负载电流状态可以检测，因此自动死区补偿设置 PWMVAL0、PWMVAL2 和 PWMVAL4 寄存器作为初始 PWM 互补输出通道的 PWM 值寄存器。图 3-47 和图 3-48 为自动死区补偿波形，图 3-49 为死区补偿前后的功率电路输出的实际电压与电流波形对比。

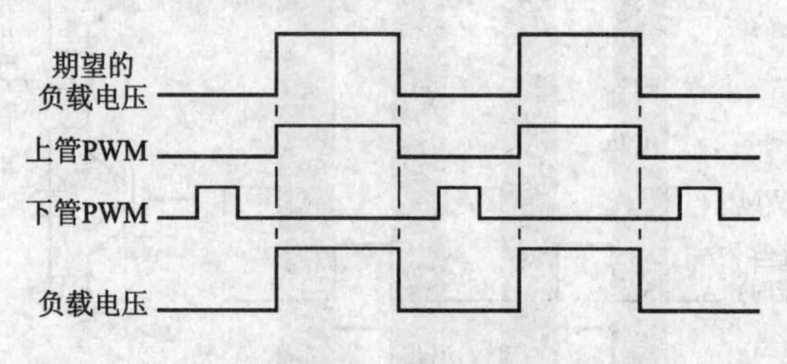

图 3-47　正向电流状态校正

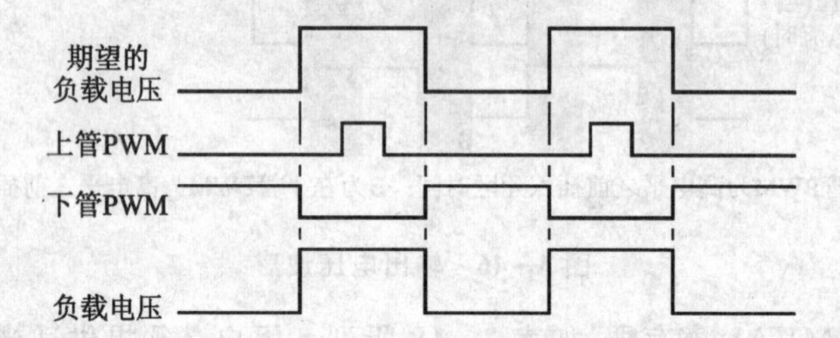

图 3-48　负向电流状态校正

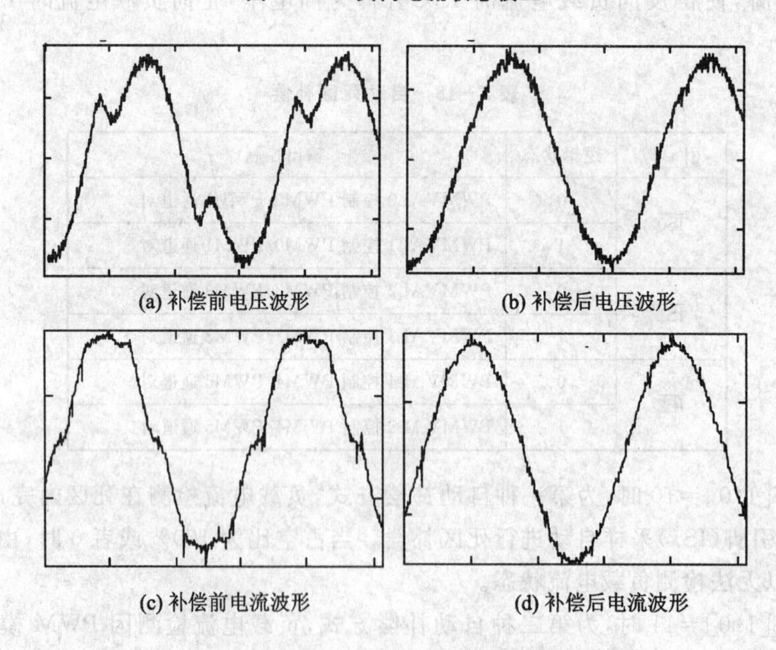

图 3-49　补偿前后波形对比图

6. 不对称 PWM 输出

在中心对齐的互补操作模式下，PWM 占空比可以在每半个周期进行改变。PWM 计数器的计数方向选择奇数或者偶数 PWM 值寄存器用于 PWM 脉宽，如表 3-19 所列。对于递增计数，选择偶数 PWM 值计数器用于 PWM 脉宽；对于递减计数，选择奇数 PWM 值寄存器用

于PWM脉宽。

注意：如果PMICCR寄存器中的ICCx位在一个PWM周期中发生改变，则新的值直到下一个PWM周期才起作用。因此，ICCx位在每个PWM周期结束起作用，而不管此时重载允许位(LODK)的状态如何，如图3-50所示。

表3-19 由ICCn位选择的上管/下管补偿

位	逻辑状态	输出控制
ICC0	0	ISENS[1:0]控制PWM0/PWM1通道对
	1	PWM计数方向控制PWM0/PWM1通道对
ICC1	0	ISENS[1:0]控制PWM2/PWM3通道对
	1	PWM计数方向控制PWM2/PWM3通道对
ICC2	0	ISENS[1:0]控制PWM4/PWM5通道对
	1	PWM计数方向控制PWM4/PWM5通道对

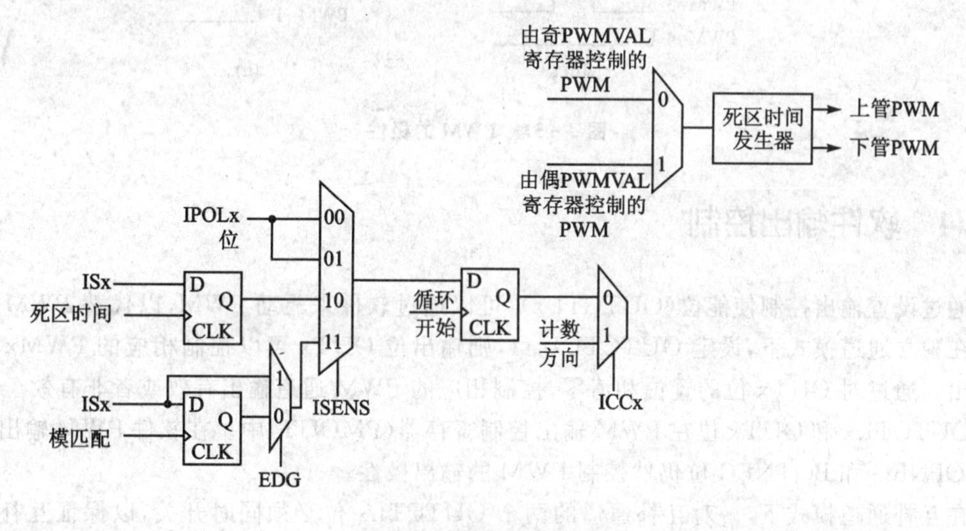

图3-50 死区补偿逻辑

7. 输出极性控制

PWM的输出极性，即PWM输出的有效电平由以下两个选项决定：

(1) PWM配置寄存器中的TOPNEG位控制PWM0、PWM2和PWM4的输出极性，专门用来驱动功率电路的上管。当TOPNEG位被置位时，PWM0、PWM2和PWM4输出为低电平有效；当TOPNEG位被清零时，PWM0、PWM2和PWM4输出为高电平有效。

(2) PWM配置寄存器中的BOPNEG位控制PWM1、PWM3和PWM5的输出极性，专门用来驱动功率电路的下管。当BOPNEG位被置位时，PWM1、PWM3、PWM5输出为低电平有效；当BOPNEG位被清零时，PWM1、PWM3、PWM5输出为高电平有效。

TOPNEG位和BOTNEG位都在PWM配置寄存器(PMCFG)中，如图3-51所示。

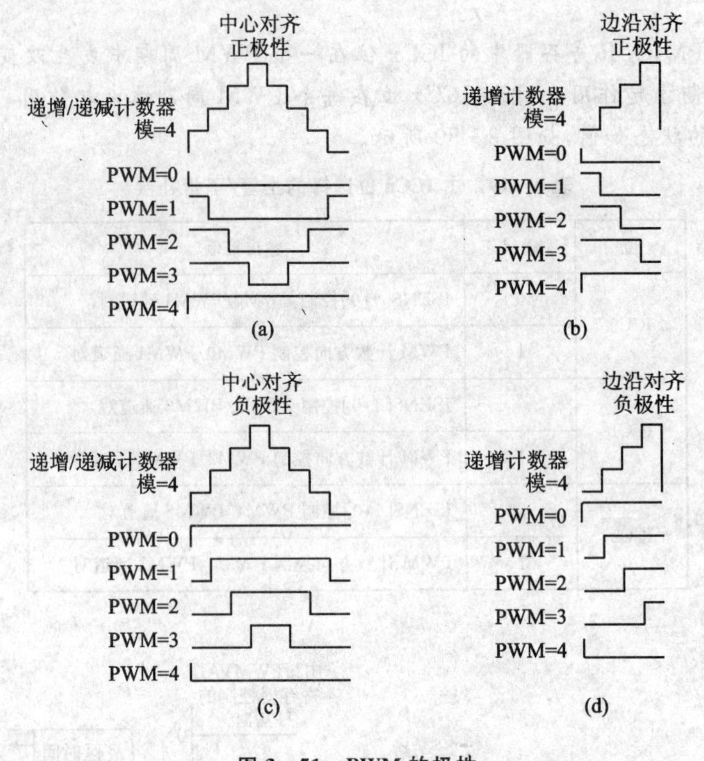

图 3-51　PWM 的极性

3.9.4　软件输出控制

通过设置输出控制使能位(OUTCTLx),可以通过软件来驱动 PWM,以代替 PWM 发生器。在独立通道模式下,设定 OUTCTLx=1,则输出位 OUTx 可以控制相应的 PWMx 通道的输出。通过对 OUTx 位的置位和清零,控制相应的 PWM 通道输出有效或者非有效。

OUTCTLx 和 OUTx 位在 PWM 输出控制寄存器(PMOUT)中。在软件 PWM 输出控制中,TOPNEG 和 BOTNEG 位仍然控制 PWM 的输出极性。

在互补通道模式下,一对互补通道的两个 OUTCTLx 位必须同时开关,以保证互补通道能够正确地输出 PWM 信号,偶数 OUTx 位代替 PWM 发生器控制 PWM 信号的输出。互补的上、下通道不能同时有效,死区时间发生器在偶数 OUTx 位翻转时,继续插入死区时间。但是当奇数 OUTx 位翻转时,不能插入死区时间。当奇数 OUTx 位设为 1 时,偶数 OUTx 位控制互补通道对。然而,如果奇数 OUTx 位被清零,则奇数 PWM 通道处于非有效状态,偶数 OUTx 位仍然控制互补通道对。换句话说,奇数 OUTx 位置位时,由偶数 OUTx 控制互补通道的输出状态;奇数 OUTx 位清零时,只会使奇数 PWMx 通道输出处于非有效状态,如图 3-52 所示。

OUTCTLx 位置位时,不能禁止 PWM 发生器和负载电流状态检测电路。它们继续工作,但是不再控制 PWM 输出引脚。当 OUTCTLx 位清零后,在下一个 PWM 周期开始时,由 PWM 发生器来控制 PWM 的输出,如图 3-52 所示。

甚至在 PWM 使能(PWMEN)位被设为 0 时,也可以通过软件驱动 PWM 的输出。

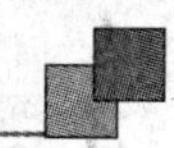

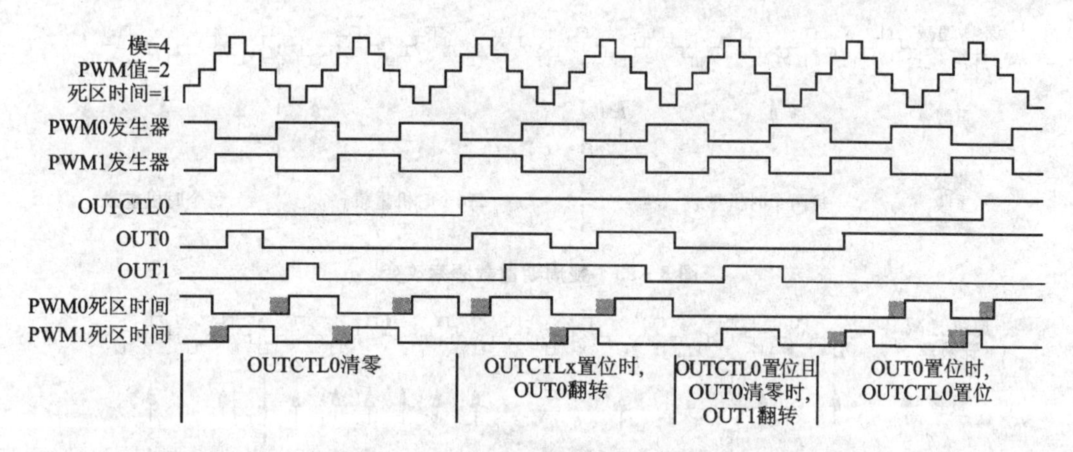

图3-52 互补通话方式下的软件输出控制

注意: 在OUTCTLx位置位之前,或者在OUTCTLx位清零之后,要将OUTx位清零,以防止意外插入死区时间。

3.9.5 PWM发生器装载

1. 重载使能

重载允许(LDOK)位允许PWM发生器重载下列参数:

◇ 预分频因子——位于PWM控制寄存器(PMCTL)的PRSC1和PRSC0位;

◇ PWM周期——位于PWM模寄存器(PWMCM);

◇ PWM脉宽——位于所有的PWM值寄存器(PWMVAL)。

LDOK位确保以上PWM参数能够同时重载。设置LDOK位允许预分频位、PWMCM和PWMVALx寄存器装载到一组缓冲器中。在下一个PWM重载周期开始时,PWM发生器使用该组重载缓冲器,将PWM参数重载。设置LDOK位的方法是,先读一次LDOK位,然后向该位写入逻辑1。在参数被载入PWM发生器之后,LDOK位自动清零。

2. 重载频率

在PWM控制寄存器(PMCTL)中的LDFQ3、LDFQ2、LDFQ1和LDFQ0位决定了PWM的重载频率,即从每个PWM重载时机重载一次到每隔16个PWM重载时机重载一次。LDFQ位在每个PWM重载时机来临时起作用,而不管LDOK位的状态如何。在中心对齐PWM模式下,PMCTL寄存器中的HALF位控制PWM半周期重载。如果HALF位被置位,那么一个PWM周期内有两次重载时机,一次在PWM周期的开始处,另外一次在PWM的半周期处。如果HALF位被清零,那么重载时机只能出现在PWM周期的开始处。在边沿对齐模式下,重载时机只能出现在PWM周期的开始处,如图3-53和图3-54所示。

注意: 在半周期重载新的PWM模值,会在下一个PWM时钟周期使计数器的值等于新的模值减1。

3. 重载标志

在每个可重载时机PMCTL寄存器的PWM重载标志(PWMF)位将被置位。即使实际

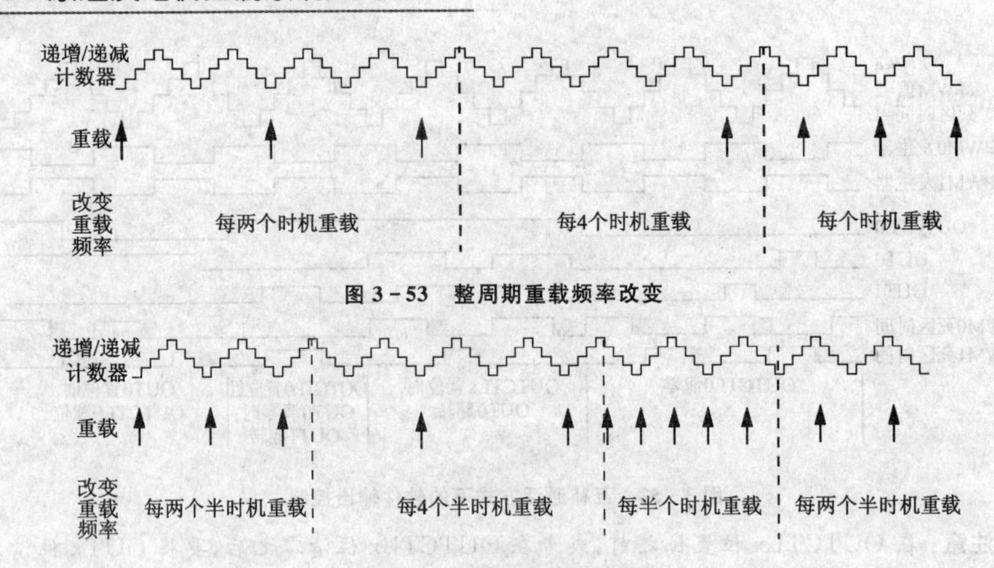

图 3-53　整周期重载频率改变

递增/递减计数器
重载
改变重载频率
每两个半时机重载
每4个半时机重载
每半个时机重载
每两个半时机重载

图 3-54　半周期重载频率改变

的重载参数被 LDOK 位禁止，仍然会将 PWMF 位置位。如果 PWM 重载中断允许（PWMRIE）位被置位，PWMF 向内核发出中断请求，允许软件实时计算新的 PWM 参数。当 PWMRIE 被清零时，仍然按照设定的重载频率重载 PWM 参数，但不发出中断请求。清除 PWMF 位的方法是，先读取 PWMF 位，然后向其写入逻辑 0。中心对齐方式下整周期/半周期 PWM 计数值/模参数重载分别如图 3-55～图 3-60 所示。

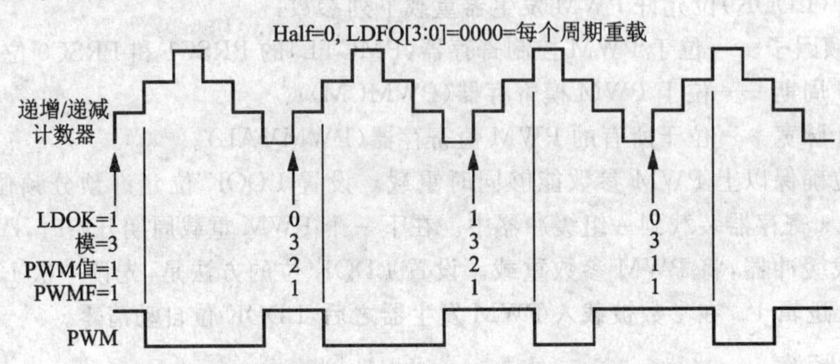

图 3-55　中心对齐方式下整周期 PWM 计数值参数重载

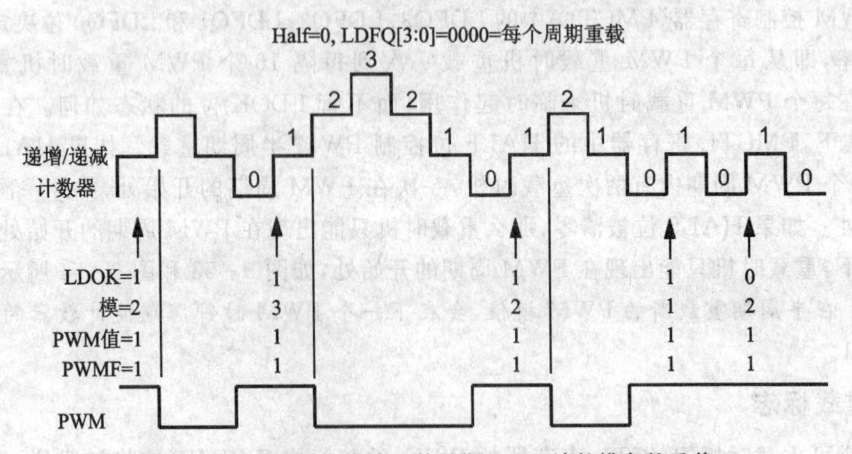

图 3-56　中心对齐方式下整周期 PWM 计数模参数重载

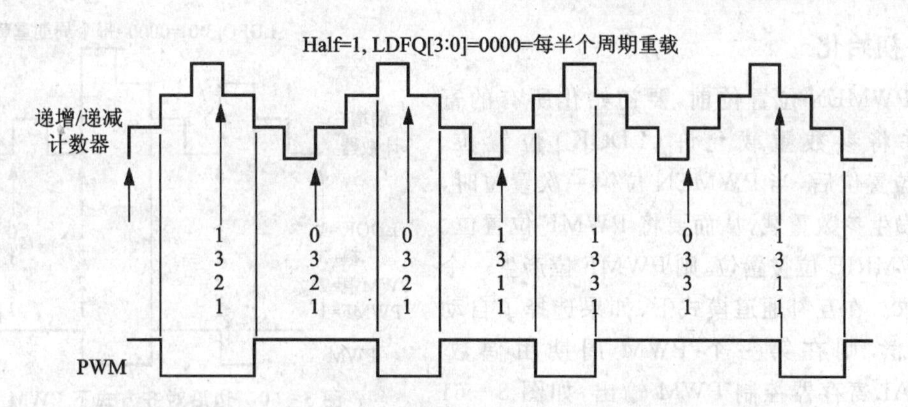

图3-57 中心对齐方式下半周期PWM计数值参数重载

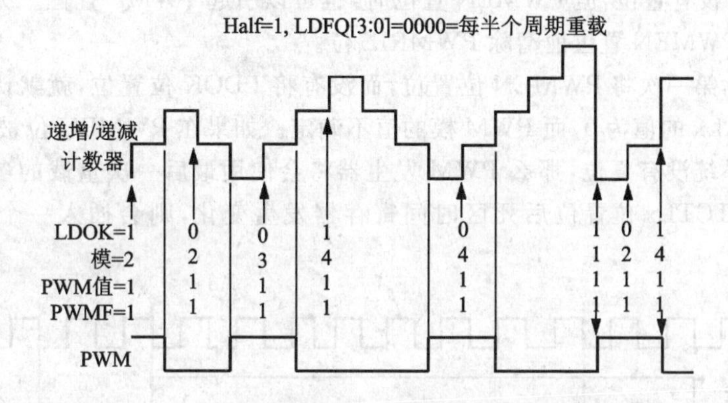

图3-58 中心对齐方式下半周期PWM计数模参数重载

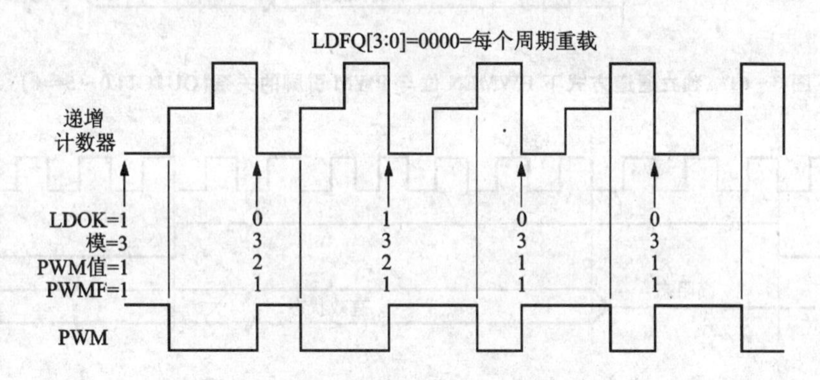

图3-59 边沿对齐方式下PWM计数值参数重载

4. 同步输出

PWM输出一个同步脉冲信号，该信号作为输入连接到同步模块，即定时器C。

在每个PWM参数重载时，无论LDOK位的状态如何，都将产生一个高电平脉冲为1的同步信号。

当半周期参数重载允许时，PMCTL寄存器中的HALF＝1，在半周期处可以产生该同步脉冲信号。

5. 初始化

在 PWMEN 位置位前，要初始化所有的寄存器，并将参数重载允许（LDOK）位置位。LDOK 位置位后，当 PWMEN 位第一次置位时，会立即发生参数重载，从而要将 PWMF 位置位。如果 PWMRIE 位被置位，则 PWMF 位产生一个中断请求。在互补通道模式下，如果选择了自动死区补偿，则在第一个 PWM 周期由偶数 PWMVAL 寄存器控制 PWM 输出，如图 3-61 和图 3-62 所示。

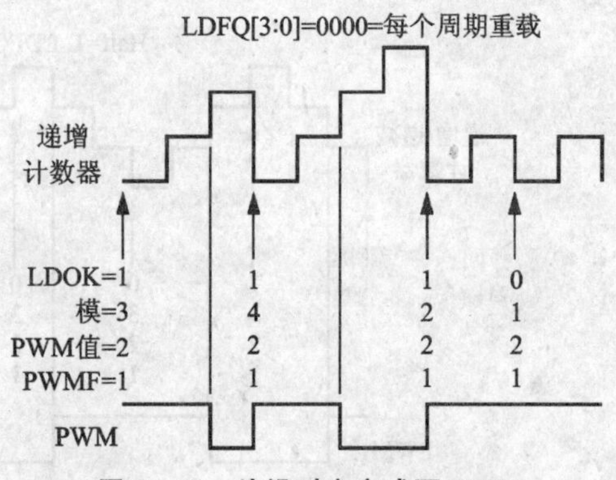

图 3-60 边沿对齐方式下 PWM 计数模参数重载

即使 LDOK 没有置位，但 PWMEN 置位时，也可以引起 PWMF 置位。为了防止产生中断请求，必须在 PWMEN 置位前清除 PWMRIE 位。

系统复位后，第一次将 PWMEN 位置位，而没有将 LDOK 位置位，就默认装载预分频因子为 1，PWMVALx 的值为 0，而 PWM 模的值不确定。如果在 PWMEN 位被清零后，LDOK 位没有置位，且系统没有复位，那么 PWM 发生器将会使用最后一次重载的参数值。如果在 PWMEN 或 OUTCTLx 位置位后死区时间寄存器发生变化，则会插入一个不正确的死区时间。

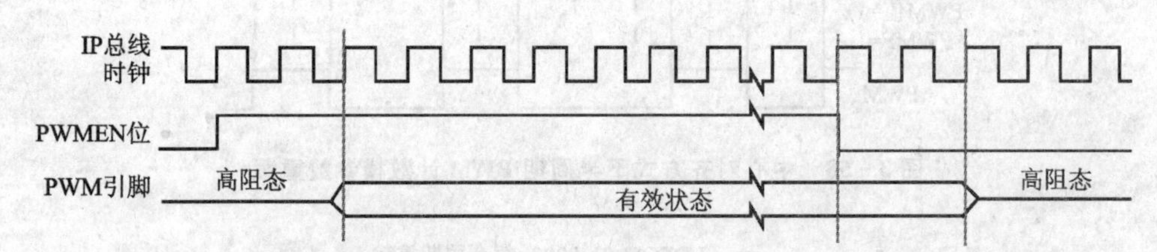

图 3-61 独立通道方式下 PWMEN 位与 PWM 引脚的关系（OUTCTL0～5=0）

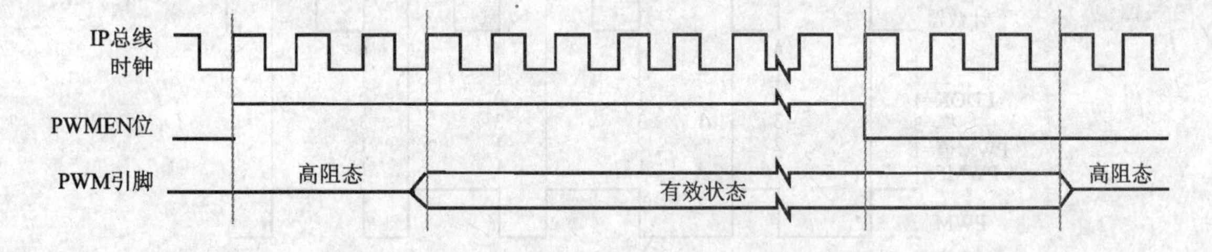

图 3-62 互补通道方式下 PWMEN 位与 PWM 引脚的关系（OUTCTL0,2,4=0）

当 PWMEN 位被清零时：

◇ PWMx 引脚输出为非有效状态，除非 OUTCTLx=1；

◇ PWM 计数器被清零，并不再计数；

◇ PWM 发生器输出为 0；

◇ PWMF 标志和未处理的中断请求不清除；

◇ 所有的故障保护电路保持有效；

◇ 如果 OUTCTLx=1，则软件输出控制保持有效；

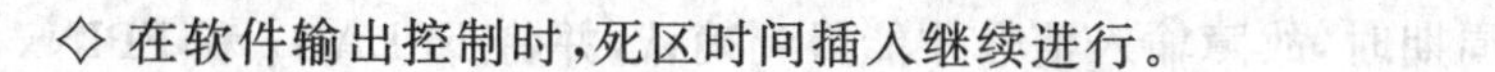

◇ 在软件输出控制时，死区时间插入继续进行。

3.9.6 故障保护

在电机控制和电源控制方面，由于需要对大功率的能量进行控制，所以系统的安全性显得非常重要。PWM故障保护模块可以在检测出系统故障信号的同时使PWM处于非有效状态，从而关断功率器件，对系统进行保护，防止由于故障引起功率电路的损坏。

通过硬件设计，当产生故障时，在FAULT输入引脚上产生逻辑高电平。每一个故障输入引脚都可以用来关断任意一个PWM输出引脚。当故障保护模块利用硬件电路禁止PWM引脚输出时，PWM发生器继续工作，而仅仅是输出引脚处于非有效状态。故障保护解码器通过事先在PWM禁止映射寄存器(PMDISMAP)中设定的故障逻辑，选择要禁止的PWM引脚，如图3-63所示。PWM禁止映射寄存器的每4位为一段，根据这4位的值，将4路故障引脚的信号有选择地映射到一个PWM输出引脚上，用以对该PWM输出引脚所控制的功率器件进行故障保护，如表3-20所列。甚至当PWM输出被禁止时，故障保护功能依然有效。因此，如果有一个故障信号被锁存，那么在使能PWM输出时必须预先清除该信号，以防止产生不期望的中断。

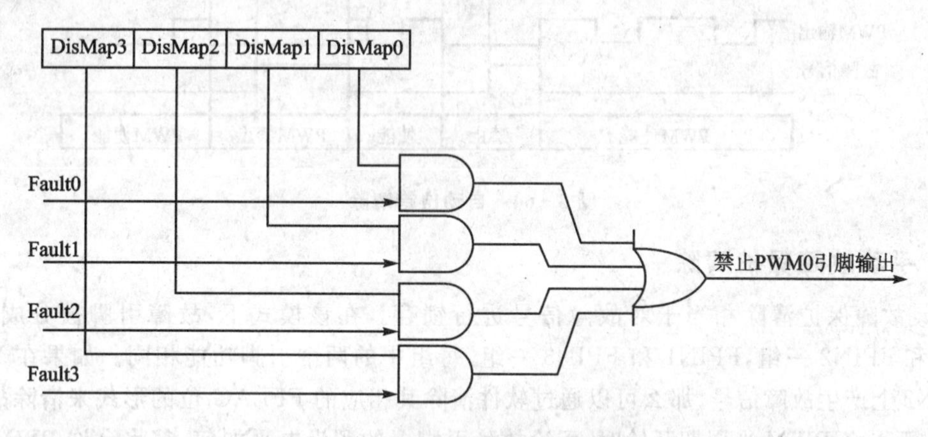

图3-63 PWM0通道故障解码器结构

表3-20 故障信号映射表

PWM引脚	控制寄存器相应位	PWM引脚	控制寄存器相应位
PWM0	DISMAP3～DISMAP0	PWM3	DISMAP15～DISMAP12
PWM1	DISMAP7～DISMAP4	PWM4	DISMAP19～DISMAP16
PWM2	DISMAP11～DISMAP8	PWM5	DISMAP23～DISMAP20

对于某些具体应用当中，故障信号少于4个，这样就会有相应的故障输入引脚没有使用，但是其他引脚的工作与上述情况一样。只是没有使用的故障输入引脚所对应的映射区的位应该被清零。例如，如果Fault3引脚没有应用，则设置DISMAP3＝0，如图3-63所示。

1. 故障引脚滤波器

每一个故障引脚都有一个滤波器，用来检测故障状态。只有在故障引脚检测到的高电平状态持续两个 IP 总线时钟周期时，故障输入信号才能得到确认，并将 FFLAGx 和 FPINx 置位。FPINx 位将会保持置位状态，直到在两个连续的 IP 总线时钟周期内在 Fault 输入引脚上检测到低电平。清除 FFLAGx 位需要向相应的出错确认位 FTACKx 写入逻辑 1。如果 FIEx 和 FAULTx 引脚的中断使能位被置位，那么 FFLAGx 的标志位将产生一个中断请求。要清除中断请求，必须满足下列条件之一：

◇ 软件通过向相应的 FTACKx 位写入逻辑 1 来清除 FFLAGx 位；

◇ 软件通过向 FIEx 位写入逻辑 0 来清除其 FIEx 位；

◇ 系统复位。

2. 自动故障保护清除

自动故障保护清除也就是对故障保护信号不进行锁存。在该模式下，如果 FMODEx 位被置位，当 FAULTx 引脚返回到低电平，并且到下一个 PWM 半周期开始时，被禁止的 PWM 引脚便被使能，如图 3－64 所示。当 FMODEx 位被置位时，清除 FFLAGx 标志位不会影响被禁止的 PWM 引脚。

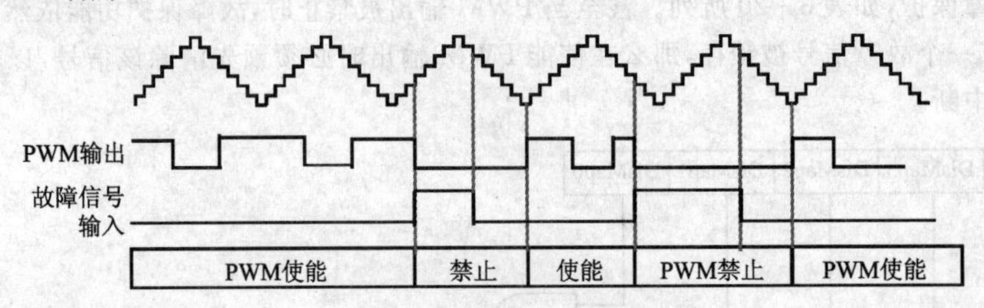

图 3－64　自动出错清除

3. 手动故障保护清除

手动故障保护清除相当于对故障信号进行锁存。在该模式下，故障引脚被分成两组，FPIN0 和 FPIN2 一组，FPIN1 和 FPIN3 一组，每组中的两个引脚功能相同。如果在 FPIN0 或 FPIN2 上产生故障信号，那么可以通过软件清除其相应的 FFLAG 位的形式来清除故障状态，并在下一个 PWM 半周期开始时，无论故障引脚上的逻辑电平如何，都将允许 PWM 输出使能，如图 3－65 所示。如果在 FPIN1 或 FPIN3 上产生故障信号，那么通过软件清除其相应的 FFLAG 位来清除故障状态，只有在下一个 PWM 半周期开始时，并检测到故障引脚上为逻辑低电平，才能将 PWM 输出使能，如图 3－66 所示。

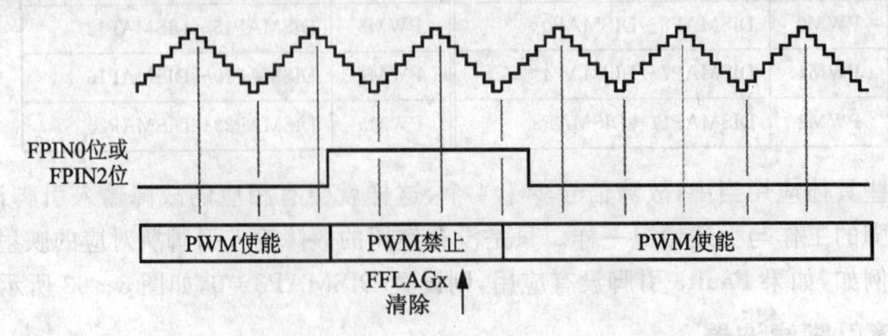

图 3－65　手动出错清除(例 1)

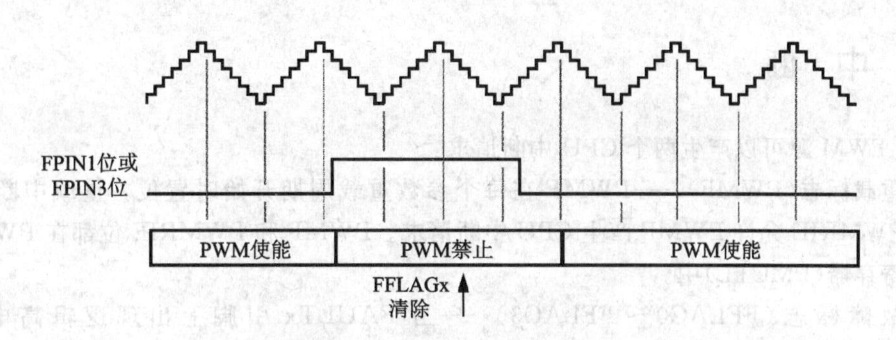

图 3-66 手动出错清除(例 2)

在本节提到的“半周期”的边界,对于中心对齐模式,是指 PWM 周期开始时刻以及当计数器值等于 PWM 模值的时刻;对于边沿对齐模式,“半周期”就是整个 PWM 周期。

当 OUTCTLx 位被置位时,故障保护也能在软件输出控制时有效。当 PWMEN 等于 1 且 PWM 发生器处于工作状态时,故障保护清除仍然发生在 PWM 半周期边界处。但是当 PWMEN 等于 0 且 PWM 发生器停止工作时,OUTx 位控制 PWM 引脚输出。因此,当 PWM 发生器停止工作时,在 IP 总线周期开始处故障清除;当 PWM 发生器工作时,在 PWM 周期的开始处故障清除。

3.9.7 操作模式

在应用 PWM 模块时要注意其操作模式。一些应用需要定期升级软件来适应具体的操作。如果不按照有关注意事项进行操作,就有可能损坏电路。因此,PWM 输出设置了停止模式、等待模式和 EonCE 模式,如表 3-21 所列。当 PWM 模块退出这些模式后,PWM 输出会重新工作。

表 3-21 当 PWM 操作被限制时的模式

模 式	描 述
停止	PWM 输出被禁止
等待	根据 PMCFG WAIT_EN 位,PWM 输出被禁止
EonCE	根据 PMCFG DBG_EN 位,PWM 输出被禁止

3.9.8 引脚说明

脉宽调制模块(PWM)在功能上具有以下外部引脚:

◇ PWM0~PWM5 是 6 路 PWM 通道的输出引脚;

◇ FAULT0~FAULT3 是故障状态输入引脚;

◇ IS0~IS2 是电流状态引脚,用于在互补通道方式下的死区补偿。

3.9.9 中　断

5 个 PWM 源可以产生两个 CPU 中断请求：

◇ 重载标志(PWMF)——PWMF 在每个参数重载周期开始时置位。重载中断使能位 PWMRIE 允许 PWMF 产生 CPU 中断请求。PWMF 和 PWMRIE 位都在 PWM 控制寄存器(PMCTL)中。

◇ 故障标志(FFLAG0～FFLAG3)——当 FAULTx 引脚上出现逻辑高电平时，FFLAGx 位置位。故障引脚中断使能位 FIE0～FIE3 允许 FFLAGx 标志位产生 CPU 中断请求。FFLAG0～FFLAG3 在故障状态寄存器(PMFSA)中。FIE0～FIE3 在故障控制寄存器(PMFCTL)中。

3.10 正交解码器模块

正交解码器模块的功能如图 3-67 所示。

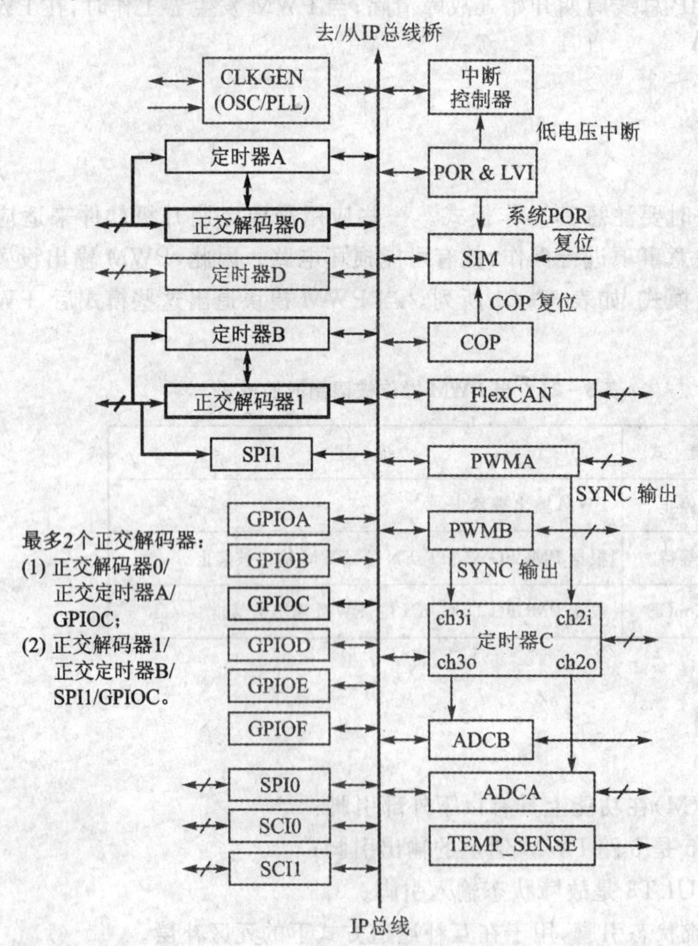

注：ADCA和ADCB与V_{REFH}、V_{REFP}、V_{REFMID}、V_{REFN}和V_{REFLO}引脚使用同一参考电压电路。

图 3-67　正交解码器模块

3.10.1 简 介

正交解码器电路用于解码正交编码信号,通常是相位相差90°的脉冲信号,包含了数值和方向信息。其最大计数分辨率为4×输入信号。正交解码器对输入的两路信号均进行采样,基于前次的两路输入信号的脉冲信息和当前状态,输出一个数值信号和一个方向信号给内部位置计数器进行计算。

3.10.2 特 点

正交解码器具有以下主要特点:

◇ 具有正交信号解码逻辑;

◇ 可配置的输入数字滤波器;

◇ 32位位置计数器;

◇ 16位位置差寄存器;

◇ 最大的计数频率等于IP总线时钟频率;

◇ 位置计数器可由软件(SW)或外部事件初始化;

◇ 可预置的16位循环计数器;

◇ 输入可以连接到通用定时器,用以辅助低速时的速率测量;

◇ 设有看门狗定时器,用以检测被测轴不旋转时的状态;

◇ 可选择用作单相脉冲信号累加器。

3.10.3 功能简介

图3-68所示为正交解码器的内部结构框图。

正交解码器模块有PHASEA、PHASEB、INDEX和HOME 4个输入信号。

正交解码器也包括一个称为开关阵列的电路。开关阵列提供输入引脚共享相关定时器模块的方法。

1. 正/反转方向

图3-69所示为正交解码器的时序图。典型的正交解码器有PHASEA、PHASEB和INDEX脉冲(在图3-69中没有显示)3个输入信号。

如果PHASEA领先PHASEB,并假设该方向为正向移动,则PHASEA滞后PHASEB时,为反向。对这些相的变换可以产生位置信号,或者通过差分得到速度信号。正交解码器利用硬件实现了上述功能。

2. 位置计数器

输入的PHASEA与PHASEB信号共有4种状态组合,每次状态变化时产生的脉冲信号由32位的位置计数器进行递增或递减方式计数,如图3-69所示。该计数器作为一个积分器,其计数值与位置成正比,计数的方向(递增或递减)由Count_Up和Count_Down信号来决

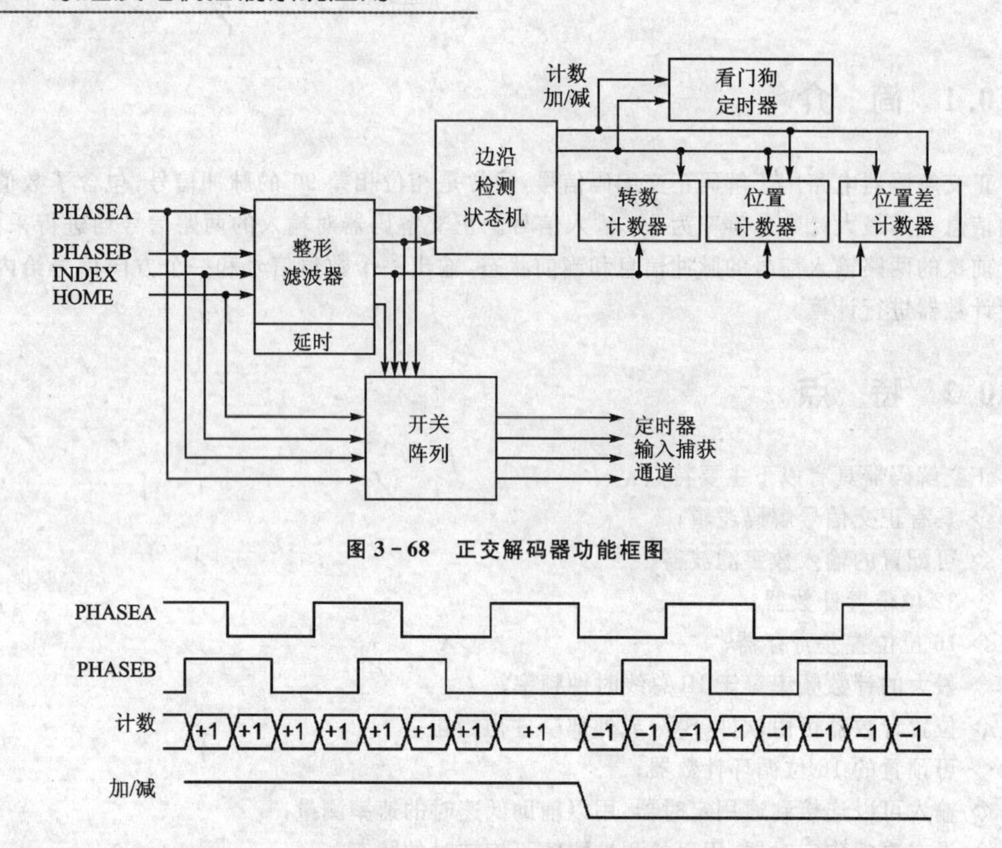

图 3-68 正交解码器功能框图

图 3-69 正交解码器信号

定。位置寄存器可以用以下 3 种方法进行数据初始化，并装入预定值：

(1) 软件触发的事件；

(2) INDEX 信号改变；

(3) HOME 信号改变。

可以通过编程来使 INDEX 和 HOME 信号产生中断。无论何时，只要位置计数器的值与高 16 位位置计数寄存器(UPOS)或低 16 位位置计数寄存器(LPOS)的值相匹配，则位置计数器、位置差计数器、转数计数器中的数值会迅速装入它们各自的保持寄存器。计数的方向由 Count_Up 和 Count_Down 信号来决定。

3. 位置差计数器

16 位的位置差计数器存有每两次读取位置寄存器时的差值。该计数器对每个计数脉冲进行加或减计数，其计数方向由方向信号确定。其作用就像个微分器，其计数值与上一次读取位置计数器后的位置改变量成比例。当位置差计数器的值被读取时，位置计数器、位置差计数器和转数计数器的值被存进它们相应的保持寄存器中，同时位置差寄存器被清零。

4. 转数计数器

16 位的加/减转数计数器用来计数或者对转数积分。这一功能是通过对编码器中的绝对位置信号(INDEX)脉冲的计数来实现的。计数器的计数方向由方向信号来决定。如果计数的方向在某个 INDEX 脉冲的上升沿和下降沿不同，则说明了正交编码器在 INDEX 脉冲产生

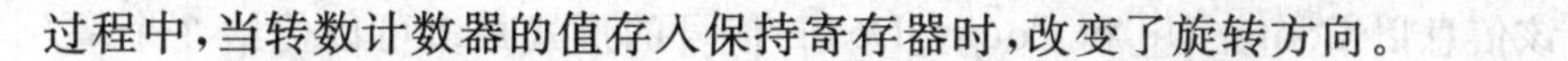

过程中，当转数计数器的值存入保持寄存器时，改变了旋转方向。

5. 保持与初始化寄存器

保持寄存器与位置、位置差和转数3个计数器相关联。

当任何一个计数寄存器被读取时，每个计数寄存器的值都被写入相应的保持寄存器中。对这些计数器值的“快照”——即瞬时记录，可以使系统能够计算当时的位置和速度。

计数寄存器和保持寄存器均可读/写。然而，如果在读取计数器之前向保持寄存器写数据，则保持寄存器的内容将被之后读取任何计数器时的内容所覆盖。

位置计数器为32位宽，可以由双16位寄存器来初始化。DSP提供1个高16位和1个低16位初始化寄存器。高16位初始化寄存器(UIR)和低16位初始化寄存器(LIR)需要修改为需要的值来初始化计数器。

位置计数器能够通过向解码控制寄存器(DECCR)中的SWIP位写入1来装载。另外，DECCR中的XIP位和HIP位可以用来将位置计数器初始化，以便响应HOME和INDEX信号的变化。

6. 用于高速或者低速测量的预分频器

预分频器主要用于低速时的速度测量。当编码器的转速较高时，速度可以通过单位时间位置计数器的变化计算出来，或者通过读位置差计数寄存器(POSD)来计算出速度，也就是所谓的测频法。当编码器的转速较低时，可以用测周法来提高测速分辨率，利用定时器模块，用测量两个正交信号脉冲之间时间间隔的方法来计算速度。定时器模块利用一个16位自由运行计数器，对经过预分频的IP总线时钟进行计数。预分频器可以对IP总线时钟进行分频，分频因子为1～128。计数周期可以由下式得到：

$$\text{计数周期}=\frac{\text{计数值}\times\text{预分频系数}}{\text{IP 总线频率}}$$

因此，40 MHz的IP总线时钟频率可以得到25 ns到3.2 μs的分辨率，其最大的计数周期可以为1.62～204 ms。例如，在一个1000齿的编码器中，每旋转一周可以产生4000个脉冲计数信号。用预分频器设定每个计数周期为102 ms，可以测量最低达0.15 r/min的转速。

7. 脉冲累加器

可以通过编程使累加器功能只对所选的PHASEA信号变化进行累加。在这种模式下，位置寄存器用作脉冲累加器，计数方向递增。脉冲累加器可以选择由INDEX信号初始化。

8. 信号整形滤波器

由于正交解码器采样时需要检测信号的边沿，所以如果输入信号上由于干扰产生一些毛刺的话，就会使解码逻辑产生巨大的检测误差。为此，在正交解码器中设计了一个输入信号滤波器，对输入信号整形，并滤除信号中的毛刺，以确保正交解码器所检测到的是信号真正的上升沿或下降沿。该滤波器是通过对信号进行4次采样实现的。如果连续4次采样得到的大多数采样信号变为新的状态，则说明输入信号已经产生跳变，并把新状态传递给内部逻辑单元。其采样率可以根据输入信号的带宽通过软件进行编程，以适应不同的应用领域。

9. 边沿检测状态机

边沿检测状态机通过检测PHASEA和PHASEB信号，经滤波后可能产生的4种状态来计算出电机的转向。该信息以 Count_Up 和 Count_Down 信号的形式最多可以传给 3 个增/减计数器：位置计数器、转数计数器和位置差计数器。

10. 看门狗定时器

看门狗定时器用来检测轴是否运动，两次连续计数表示运转正常并复位定时器。时间溢出值可编程，当时间溢出时，将会产生一个中断。当轴的转速低于某一定值时，计数器会产生溢出。为了防止溢出发生，可以通过对看门狗定时器中断来处理较低转速的状态控制。

3.10.4 操作模式

PHASEA 和 PHASEB 的输入可以通过一个开关阵列传送到一个通用定时器模块，可能的开关阵列如表 3-22 所列。在模式 0 中，定时器模块可以利用所有 4 路输入作为定时器的捕捉通道。在这种模式下，也可以使用正交解码器，但是一般情况下不用这种模式。模式 1 与模式 0 相似，但模式 1 采用了正交解码器中的数字滤波器。模式 2 是采用正交解码器时最常用的模式。在模式 2 下，PHASEA 和 PHASEB 的正负边沿都能被捕捉到，所有速度范围的检测都可以在这种模式下进行。

表 3-22 输入信号到定时器的开关阵列

	PHASEA	PHASEA 经过滤波	PHASEB	PHASEB 经过滤波	INDEX	INDEX 经过滤波	HOME	HOME 经过滤波
模式 0	定时器 0	—	定时器 1	—	定时器 2	—	定时器 3	—
模式 1	—	定时器 0	—	定时器 1	—	定时器 2	—	定时器 3
模式 2	—	定时器 0、1	—	定时器 2、3	—	—	—	—
模式 3	保留							

3.10.5 引脚说明

1. A、B 相输入(PHASEA、PHASEB)

PHASEA 和 PHASEB 输入可以与轴上安装的两相正交编码器的任何一个输出相连。可以通过正交解码器并结合 PHASEA 和 PHASEB 的输入来计算转过的位置，并且计算出轴的转动方向。当 PHASEA 超前 PHASEB 时，为正向旋转；反之，当 PHASEA 滞后 PHASEB 时，为负向旋转。当正交解码器用作单相脉冲累加器时，其中任何一个引脚也可以作为单脉冲输入。

2. 标志信号输入(INDEX)

通常 INDEX 与增量式光电编码器的绝对位置信号相连，当编码器旋转一周时，通常只输出一个 INDEX 脉冲。这个脉冲可以用来将位置计数器和正交解码器的脉冲累加器复位，也可以改变循环计数器的状态。这个改变的方向，也就是计数器值的增加或减少，由 PHASEA 和 PHASEB 的输入来决定。INDEX 输入也可作为定时器的一个输入捕捉通道。

3. 终点开关输入(HOME)

HOME输入可以用于正交解码器和定时器模块。该输入可以触发位置计数器的初始化，并在位置计数器中装入位置计数寄存器(UPOS和LPOS)的值。例如，可以在运动系统的某一个特定位置设置终点微动开关(或贴近开关)，当系统运动到该位置时，通过给HOME引脚一个脉冲信号，触发位置计数器的初始化。通常情况下，该信号连接到电机或机器的传感器上，以确认达到某给定终点位置。此通用信号也可以连接到定时器模块。

3.10.6 中　断

正交解码器模块中断说明如表3-23所列。其中看门狗和HOME中断共用一个中断。软件必须通过读取DECCR来确定是哪个中断发生。

表3-23　中断说明

中　断	说　明
HIRQ	HOME信号跳变和看门狗中断请求
XIRQ	INDEX信号跳变中断请求

3.11 串行通信接口模块(SCI)

串行通信接口模块(SCI)的功能如图3-70所示。

3.11.1 简　介

计算机数据通信主要采用异步串行通信方式。目前有很多串行通信标准可供选择，例如RS-232、RS-485及20 mA电流环等。EIA RS-232C是美国电子工业协会正式公布的异步串行通信标准，也是目前最常用的串行通信标准，用来实现计算机与计算机之间、计算机与外设之间的数据通信，与国际电报电话咨询委员会CCITT指定的串行接口标准V.24——《数据终端设备(DTE)和数据通信设备(DCE)之间的接口电路定义表》基本相同。RS-232C适用于设备之间的通信距离不大于15 m且传输速率最大为20 KB/s的数据传输领域。

DSP568300系列的串行通信接口SCI(Serial Communication Interface)是一个通用的异步接收器/发送器UART(Universal Asynchronous Receiver/Transmitter)类型的异步通信接口，通过RS-232、RS-485等串行通信协议与主机系统(如PC、终端等)通信。加上硬件驱动电路后，SCI能够在比较长的距离上通信，而且，多个DSP可以通过SCI相互连接组成串行通信网络。

3.11.2 特　点

SCI模块的主要特点如下：

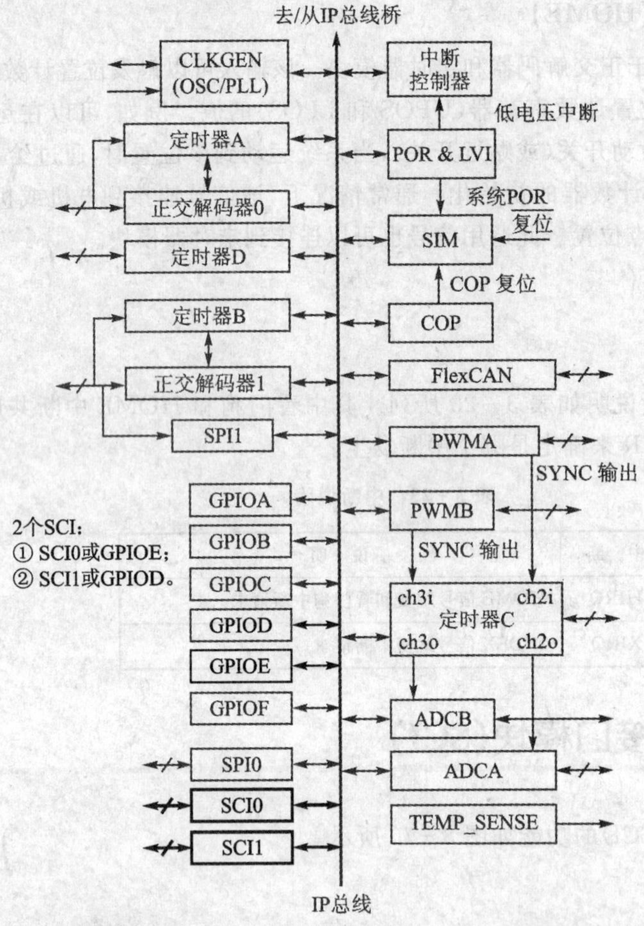

注：ADCA和ADCB与V_{REFH}、V_{REFP}、V_{REFMID}、V_{REFN}和V_{REFLO}引脚使用同一参考电压电路。

图 3-70　串行通信接口模块(SCI)

◇ 全双工或半双工操作。
◇ 标准标志/间隔不归零(NRZ)格式。
◇ 13 位波特率选择。
◇ 可编程 8 或 9 位数据格式。
◇ 相互独立的接收器和发送器使能。
◇ 相互独立的接收器和发送器中断请求。
◇ 可编程设置的接收器和发送器输出极性。
◇ 两种接收器唤醒方法：
— 空闲线唤醒；
— 地址标志唤醒。
◇ 产生中断操作的 7 个标志；
— 发送器空；
— 发送器闲；
— 接收器满；

— 接收器溢出；
— 噪声错误；
— 帧错误；
— 奇偶校验错误。

◇ 接收器帧错误检测。
◇ 硬件奇偶性校验。
◇ 1/16“位时间”噪声检测。

3.11.3 功能简介

图3-71所示为SCI模块的内部结构。SCI支持控制器与远程设备，包括其他控制器之间进行全双工、异步、不归零(NRZ)的串行通信。尽管采用同一个波特率发生器，但SCI的发送器和接收器相互独立工作。控制器监控SCI的状态，写入待发数据并处理已接收数据。

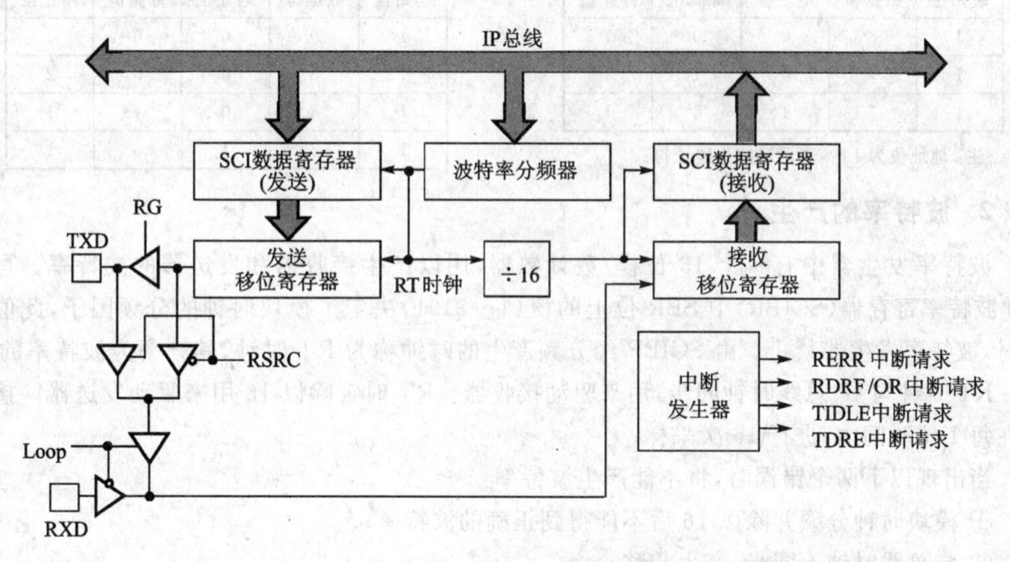

图3-71 SCI框图

SCI有输入和输出信号引脚各一个。数据由TXD引脚发送，并由RXD引脚接收。SCI数据寄存器(SCIDR)保存接收的数据和待发送数据，因此，它实际上包括两个不同的物理寄存器。发送时，软件向SCIDR写入一字节；接收时，软件从SCIDR读一字节。但是，如果第一字节没有按时读出，而第二字节已经接收时，则第二字节会丢失，同时溢出标志(OR)将被置位。

当初始化SCI时，如果SCI与通用输入/输出(GPIO)引脚复用，必须在GPIO寄存器的相应外设控制位进行设置，将相应引脚设置成SCI功能，并将内部上拉使能。

1. 数据帧格式

SCI使用标准脉冲间隔不归零(NRZ)数据帧格式，如图3-72所示。

每个数据帧中包括1个起始位、8个或9个数据位和1个停止位。清除SCI控制寄存器(SCICR)中的模式位(M)，可以设定数据帧为8个数据位。有8个数据位的数据帧共10位。表3-24所列即为此种格式。

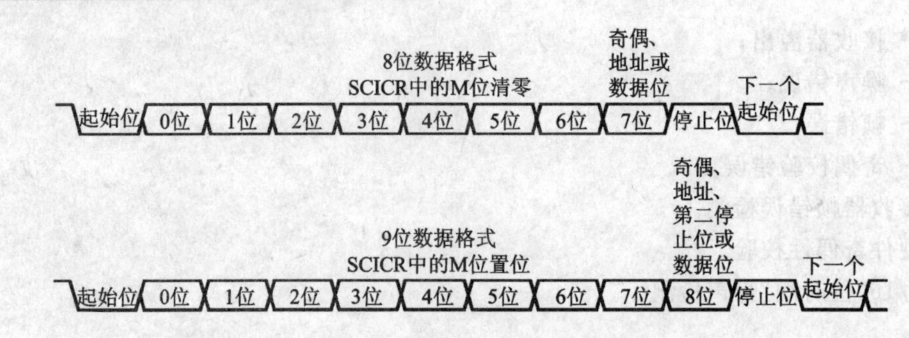

图 3－72　SCI 数据帧格式

将 M 置位，可以选择 9 个数据位。有 9 个数据位的数据帧一共有 11 位。表 3－25 所列即为这种格式。

表 3－24　8 位数据帧格式

起始位	数据位	地址位	奇偶位	停止位
1	8	0	0	1
1	7	0	1	1
1	7	1	0	1

注：地址位为 1 时，表示该帧为地址符。

表 3－25　9 位数据帧格式

起始位	数据位	地址位	奇偶位	停止位
1	9	0	0	1
1	8	0	0	2
1	8	0	1	1
1	8	1	0	1

2. 波特率的产生

波特率发生器中有一个 13 位模/数计数器，用以产生接收器和发送器的波特率。写在 SCI 波特率寄存器（SCIBR）中 SBR 位上的值（1～8191）决定了模块时钟的分频因子，此值为零时，波特率发生器禁止。由 SCIBR 经分频产生的时钟称为 RT 时钟，其频率为波特率的 16 倍。RT 时钟与 IP 总线时钟同步，用来驱动接收器。RT 时钟除以 16 用来驱动发送器。接收器在每 1 位时间内，进行 16 次采样。

当出现以下两个错误时，将不能产生波特率：

① 模块时钟分频并除以 16 后不能得到正确的波特率；

② 与总线时钟不同步，产生相移。

表 3－26 所列为在 40 MHz 的模块时钟下得到的几组目标频率。波特率的最大值为 IP 总线时钟频率除以 16。系统通常不会工作在这个速度上。表 3－27 所列为在 60 MHz 的模块时钟下得到的几组目标频率。

表 3－26　波特率（模块时钟＝40 MHz）

SBR 位	接收器时钟频率/Hz	发送器时钟频率/Hz	目标波特率	误差/%
65	615384.6	38461.5	38400	0.16
130	307692.3	19230.8	19200	0.16
260	153846.1	9615.4	9600	0.16
521	76775.4	4798.5	4800	0.03
1042	38387.7	2399.2	2400	0.03
2083	19203.1	1200.2	1200	0.02
4167	9599.2	600.0	600	0.01

表3-27 波特率(模块时钟=60 MHz)

SBR位	接收模块频率/Hz	发送模块频率/Hz	目标波特率	误差/%
98	612245	38265	38400	-0.35
195	307692	19231	19200	0.16
391	153453	9591	9600	-0.10
781	76825	4802	4800	0.03
1563	38388	2399	2400	-0.03
3125	19200	1200	1200	0.00
6250	9600	600	600	0.00

3. 发送器

1) 字符长度

图3-73所示为发送器的功能框图。SCI发送器有8位或9位两种数据长度，是由SCICR上的M位决定的。

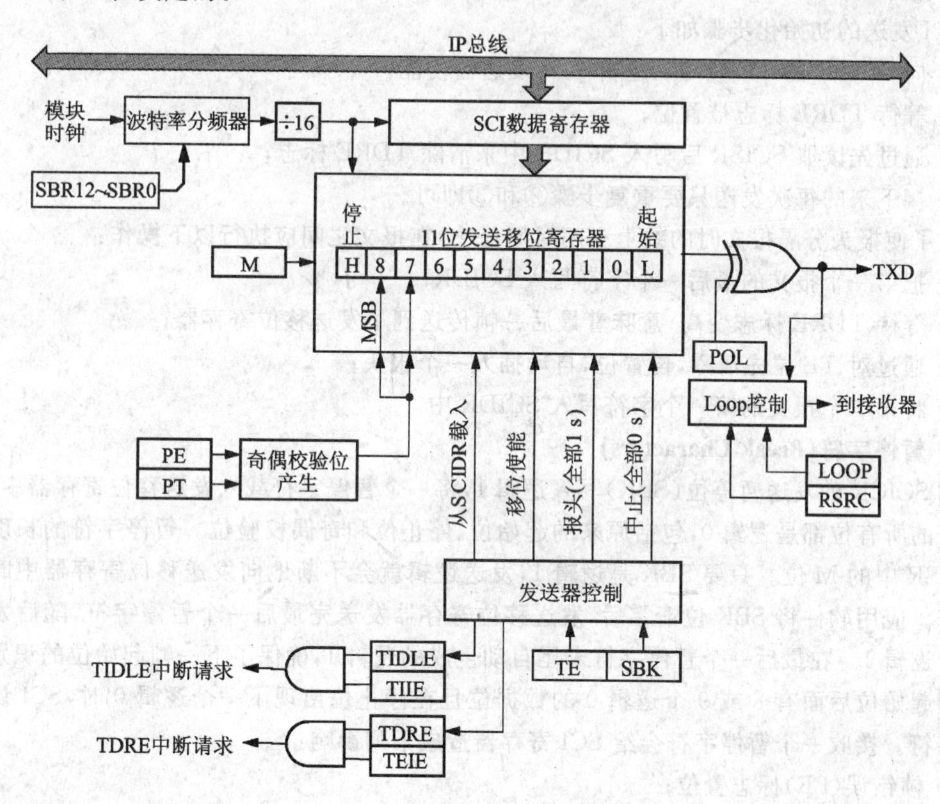

图3-73 SCI发送模块框图

2) 字符发送

在SCI的发送过程中，发送移位寄存器将一个帧从TXD引脚输出。SCI数据寄存器(SCIDR)是内部数据总线与发送移位寄存器之间的缓冲器。

将发送器使能位(TE)从 0 调整为 1,自动将报头(Preamble)载入发送移位寄存器,即所有位都被载入逻辑 1,包括原来的起始位、停止位和奇偶校验位。等到将报头移出以后,控制逻辑会自动地将数据从 SCIDR 传送到发送移位寄存器中。一个逻辑 0 作为起始位自动插入发送移位寄存器的最低有效位(LSB)位上,一个逻辑 1 作为停止位自动插入到发送移位寄存器的最高有效位(MSB)位上。

SCI 模块支持硬件奇校验或者偶校验。当奇偶校验使能时,数据的 MSB 位由 PARITY 位(奇偶校验位)代替。

当 SCIDR 向发送移位寄存器传送一个字符时,SCISR 中的发送数据寄存器空(TDRE)标志被置位。TDRE 标志表示 SCIDR 可以接收新的待发送数据。如果 SCICR 中的 TEIE 位也被置位,则 TDRE 标志会产生一个发送器空中断请求。

当 SCI 发送移位寄存器没有传送数据帧且 TE=1 时,TXD 引脚变为空闲状态,即变为逻辑 1。如果在发送过程中应用软件将 TE 清零,则 SCI 发送移位寄存器中的帧继续移出发送器,然后放弃端口 I/O 引脚的控制。这个操作会导致 TXD 引脚进入高阻态(即使仍然有数据在 SCIDR 中待发)。为避免意外切断报文的最后一帧,应总是等待在最后一帧发送完毕且 TDRE 变高以后再将 TE 清零。

SCI 发送的初始化步骤如下:

① 向 SCIDR 的 TE 位写入逻辑 1,将发送器使能;

② 等待 TDRE 标志被置位;

③ 通过先读取 SCISR 后写入 SCIDR 中来清除 TDRE 标志;

④ 接下来的每次发送只要重复步骤②和③即可。

为了使报头分隔报文时的线上空闲时间最小,在报文之间应执行以下操作:

◇ 把第一个报文的最后一个字符写入 SCIDR;

◇ 等待 TDRE 标志变高,意味着最后一帧传送到了发送移位寄存器;

◇ 通过对 TE 位先清零,再置位,自动插入一个报头;

◇ 将第二个报文的第一个字符写入 SCIDR 中。

3) 暂停字符(Break Characters)

向 SCICR 的发送暂停位(SBK)写入逻辑 1,将一个暂停字符载入发送移位寄存器中,即暂停字符的所有位都是逻辑 0,包括原来的起始位、停止位和奇偶校验位。暂停字符的长度取决于 SCISR 中的 M 位。只要 SBK 是逻辑 1,发送逻辑就会不断地向发送移位寄存器中载入暂停字符。应用软件将 SBK 位清零后,发送移位寄存器发送完最后一个暂停字符,随后发送至少一个逻辑 1。在最后一个暂停字符末尾自动生成的逻辑 1,确保了下一帧起始位的识别。

当起始位后面有 8 或 9 个逻辑 0 的数据位且在停止位出现了一个逻辑 0 时,SCI 认为是暂停字符。接收一个暂停字符会给 SCI 寄存器造成下列影响:

◇ 帧错误(FE)标志置位;

◇ 接收数据寄存器满(RDRF)标志置位;

◇ SCI 数据寄存器(SCIDR)清零;

◇ 有可能将溢出(OR)标志、噪声(NF)标志、奇偶错误(PE)标志或接收器激活(RAF)标志置位。

4）报头(Preambles)

所谓报头，即所有位都是逻辑1，没有起始位、停止位和奇偶校验位之分。报头的长度取决于SCICR上的M位。报头是一个同步机制，在TE位从0调整为1后，通过报头初始化第一个发送操作的开始。

通过以下操作可以在两个发送过程之间插入一个报头：

◇ 在第一个发送过程的最后一个字符写入发送寄存器之后，等待TDRE标志置位。

◇ TDRE标志置位以后，将TE位先清零，再置位。这将会在第一个发送过程的最后一个字符后插入一个报头。

◇ 在TE位置位后，立刻将第二个发送过程的第一个字符写入SCIDR。

4. 接收器

1）字符长度

图3-74所示为SCI接收器的功能框图。SCI的接收器能够适应8位或9位两种数据格式，这是由SCIDR中的M位决定的。

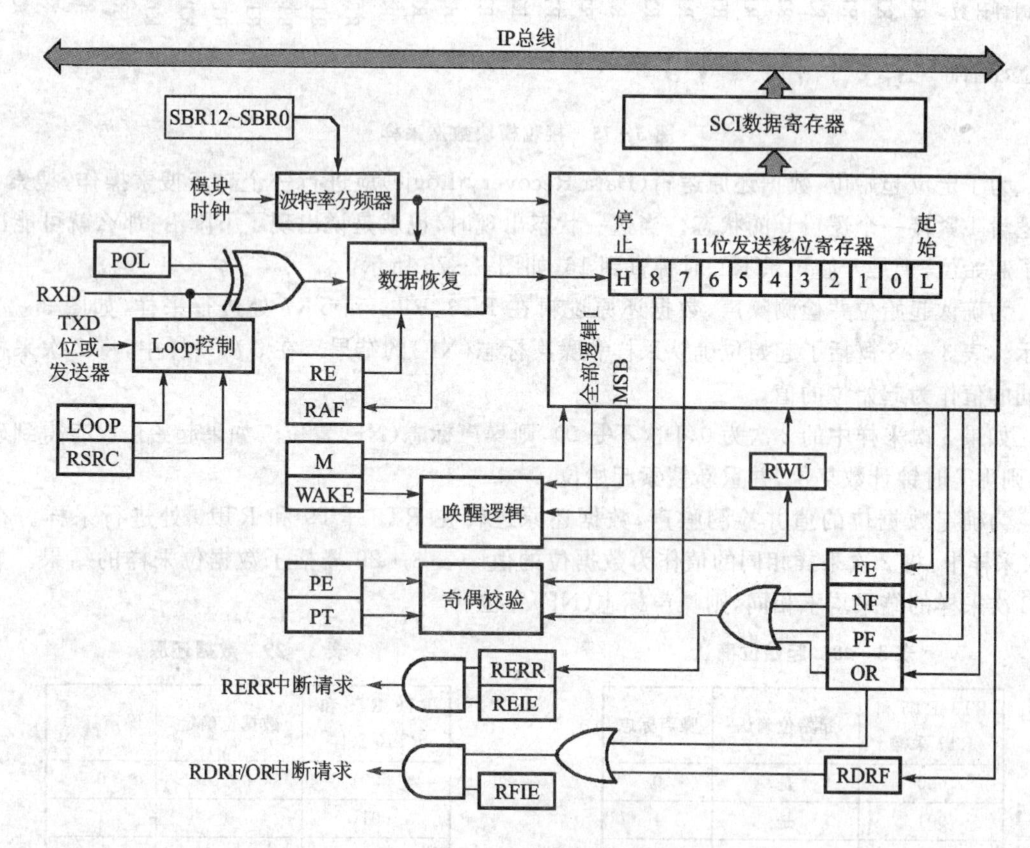

图3-74 SCI接收模块框图

2）接收字符

在SCI接收过程中，接收移位寄存器从RXD引脚移入一个帧，然后帧的数据部分转移到SCRDR中。这时，SCISR中的接收数据寄存器满(RDRF)置位，说明已接收的字符可以读取。如果SCICR中的接收满中断使能(RFIE)位也置位了，则RDRF标志产生一个RDRF中断请求。

3) 数据采样

接收器以容差速率(RT)时钟频率对 RXD 引脚进行采样。为了使波特率与接收采样协调配合,每次接收时需要使 RT 时钟与 RXD 引脚信号保持同步。为此,在接收时需要作同步调整,如图 3-75 所示。这个调整过程要在每一个起始位以后进行,也就是在接收器检测到一个数据位从逻辑 1 变为逻辑 0 以后进行。

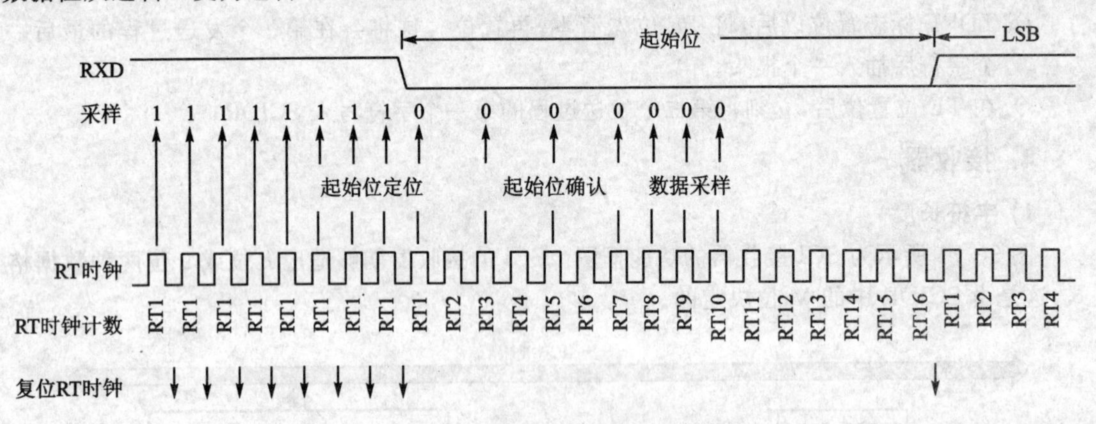

图 3-75　接收模块数据采样

为了定位起始位,数据还原逻辑(Data Recovery Logic)应进行一个异步搜索操作,搜索 3 个逻辑 1 紧接一个逻辑 0 的状态。当这一状态出现时,也就是说出现了下降沿,那么就可能出现了起始位,于是开始记录 RT 时钟直到 16,如图 3-75 所示。

为确认起始位并检测噪声,数据还原逻辑在 RT3、RT5 和 TR7 处进行采样,如图 3-75 所示。表 3-28 概括了起始位确认采样和噪声标志(NF)的结果。在 3 次采样中,将 2 次采样相同的值作为起始位的值。

如果 3 次采样中的 2 次为 0(1 次不是 0),则噪声标志(NF)置位。如果起始位没有得到确认,则 RT 时钟计数复位,并重新搜索起始位。

为确定数据位的值并检测噪声,数据还原逻辑在 RT8、RT9 和 RT10 处进行采样。在 3 次采样中,将 2 次采样相同的值作为数据位的值。表 3-29 概括了数据位采样的结果。如果 3 次采样的结果均不相同,则噪声标志(NF)置位。

表 3-28　起始位确认

RT3、RT5 和 RT7 采样	起始位确认	噪声标志
000	是	0
001	是	1
010	是	1
011	否	0
100	是	1
101	否	0
110	否	0
111	否	0

表 3-29　数据还原

RT8、RT9 和 RT10 采样	数据位确定	噪声标志
000	0	0
001	0	1
010	0	1
011	1	1
100	0	1
101	1	1
110	1	1
111	1	0

RT8、RT9 和 RT10 的采样不会影响起始位的确认。如果在起始位得到确认的情况下，任何一个或全部起始位的 RT8、RT9 和 RT10 采样为逻辑 1，则噪声标志(NF)置位，同时接收器认定该位为一个起始位(逻辑 0)。

为确认停止位并检测噪声，数据还原逻辑会在 RT8、RT9 和 RT10 处进行采样。在 3 次采样中，将 2 次采样相同的值作为停止位的值。表 3-30 概括了停止位采样结果。如果 3 次采样的结果均不相同，则噪声标志(NF)置位。如果停止位检测失败，则帧错误标志(FE)置位。

表 3-30 停止位还原

RT8、RT9 和 RT10 采样	帧错误标志	噪声标志	RT8、RT9 和 RT10 采样	帧错误标志	噪声标志
000	1	0	100	1	1
001	1	1	101	0	1
010	1	1	110	0	1
011	0	1	111	0	0

4）帧错误

如果在输入帧中的停止位数据还原逻辑没有检测到逻辑 1，则在 SCISR 中的帧错误标志(FE)置位。接收到一个暂停字符时也会使帧错误标志(FE)置位，这是因为暂停字符没有停止位。FE 标志与 RDRF 标志同时置位。FE 标志禁止数据进一步接收，直到该位被清零。通过读 SCISR，然后向 SCISR 写入任何值来清除 FE 标志。

5）波特率容差

一个通信设备可以在接收器波特率的上下一定范围内工作。由于“位时间”对齐误差的累计可以导致噪声错误、帧错误，或两者兼有。也就是说，由于接收器工作的波特率与实际接收信号的波特率之间的差异，会造成噪声错误、帧错误，或两者兼有。

接收器对输入帧进行采样时，会在该帧的任何有效下降沿处对 RT 时钟再同步。帧内再同步可以使接收器的位时间对齐和发送器位时间对齐。最糟糕的情况是，数据帧中全部为 0 或全部为 1，这时在整个传送过程中不会进行再同步动作。

(1) 慢数据公差

图 3-76 所示为没有噪声或者帧错误的前提下，一个实际速率低于接收器工作波特率的帧在接收时的“位时间”偏离程度。较慢的停止位在 RT8 开始而不是 RT1，但对于停止位的 RE8、RE9 和 RE10 采样，它仍能及时到达。也就是说，如果接收的帧信号到达比较慢，那么只要其停止位的延迟不超过 RT8，就不会产生混乱。

对于一个 8 位(均为 0)的数据字符，接收器进行停止位采样需要的周期数为

$$9\text{ 位}\times 16\text{ RT 周期}+10\text{ RT 周期}=154\text{ RT 周期}$$

如图 3-76 所示，由于字符偏离，接收器计数到 154 RT 周期时，发送设备计数得到的周期数为

$$9\text{ 位}\times 16\text{ RT 周期}+3\text{ RT 周期}=147\text{ RT 周期}$$

传送一个较慢的 8 位数据字符时，如果不产生错误，则接收器与发送设备间允许的最大百分比误差为

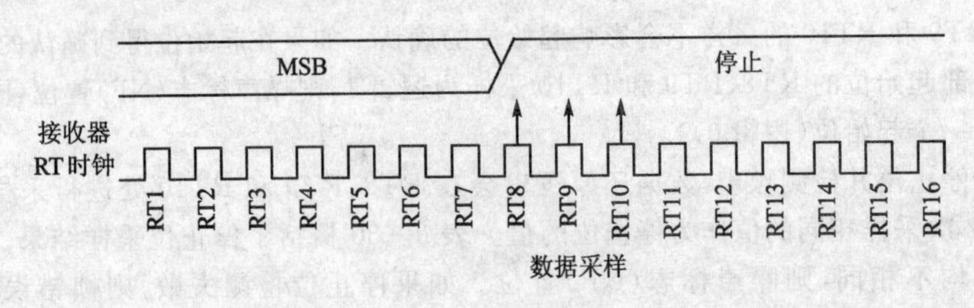

图 3-76　慢数据

$$\left|\frac{154-147}{154}\right|\times 100=4.54\%$$

对于一个 9 位(均为 0)数据字符，接收器进行停止位采样所需要的周期数为

$$10\text{ 位}\times 16\text{ RT 周期}+10\text{ RT 周期}=170\text{ RT 周期}$$

如图 3-76 所示，由于字符偏离，接收器计数到 170 RT 周期时，发送设备计数得到的周期数为

$$10\text{ 位}\times 16\text{ RT 周期}+3\text{ RT 周期}=163\text{ RT 周期}$$

传送一个较慢的 9 位数据字符时，如果不产生错误，则接收器与发送设备间允许的最大百分比误差为

$$\left|\frac{170-163}{170}\right|\times 100=4.12\%$$

(2) 快数据容差

图 3-77 所示为没有噪声或者帧错误的前提下，一个实际速率高于接收器工作波特率的帧在接收时的“位时间”偏离程度。较快的停止位在 RT10 处结束而不是 RT16，但对于停止位的 RT8、RT9 和 RT10 采样，它仍能及时完成。也就是说，如果接收的帧信号到达比较快，那么只要其停止位的超前不超过 RT10，就不会产生混乱。

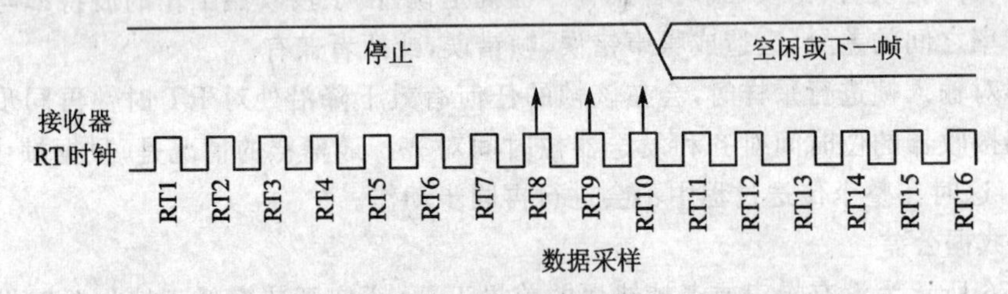

图 3-77　快数据

对于一个 8 位(均为 1 或均为 0)的数据字符，接收器进行停止位采样需要的周期数为

$$9\text{ 位}\times 16\text{ RT 周期}+10\text{ RT 周期}=154\text{ RT 周期}$$

如图 3-77 所示，由于字符偏离，接收器计数到 154 RT 周期时，发送设备计数得到的周期数为

$$10\text{ 位}\times 16\text{ RT 周期}=160\text{ RT 周期}$$

传送一个较快的 8 位数据字符时，如果不产生错误，则接收器与发送设备间允许的最大百分比误差为

$$\left|\frac{154-60}{154}\right|\times 100=3.90\%$$

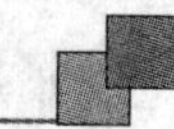

对于一个9位(均为0或均为1)的数据字符,接收器进行停止位数据采样需要的周期数为

$$10\text{位} \times 16\ \text{RT周期} + 10\ \text{RT周期} = 170\ \text{RT周期}$$

如图3-77所示,由于字符偏离,接收器计数到170 RT周期时,发送设备计数得到的周期数为

$$11\text{位} \times 16\ \text{RT周期} = 176\ \text{RT周期}$$

传送一个较快的9位数据字符时,如果不产生错误,则接收器与发送设备间允许的最大百分比误差为

$$\left|\frac{170-176}{170}\right| \times 100 = 3.53\%$$

6) 接收器唤醒

在多接收器系统中,为使SCI忽略掉发送给其他接收器的数据,接收器需要设置待机状态。将SCICR中的接收器唤醒(RWU)位置位,可以使接收器处于待机状态,这时接收器中断禁止。

发送设备通过在每个报文的起始帧或者在每个报文的帧中加入地址信息,可以寻址所选的接收器。

SCICR中的唤醒位(WAKE)决定了SCI如何从待命状态中跳出来处理一个发来的报文。唤醒位(WAKE)可以设置接收线空闲(Idle Input Line)唤醒模式,或者地址标志(Address Mark)唤醒模式:

(1) 接收线空闲唤醒模式(WAKE=0)

在这种唤醒模式下,RXD引脚的一个空闲条件将RWU清零,唤醒SCI。接收线空闲唤醒至少需要一个报头来将报文隔开,而且每个报文都不包含报头。在每个报文的起始帧或者在每个报文的帧中加入地址信息,所有接收器都会验证地址信息,并且接收器会处理其后的帧。任何接收器,如果一个报文的地址没有被确认,则将它的RWU置位,回到待机状态。RWU位会保持置位状态,而接收器保持在待机状态,直到RXD引脚上出现下一个报头。接收器唤醒报头不会将接收器空闲(RIDLE)位或接收数据寄存器满(RDRF)标志置位。随着WAKE清零,将RWU置位,在RXD引脚进入空闲状态以后,可以立即唤醒接收器。

(2) 地址标志唤醒模式(WAKE=1)

在这种唤醒模式下,一个帧中MSB位上的逻辑1可以将RWU清零,唤醒SCI。MSB位上的逻辑1表示一个帧作为包含寻址信息的地址帧。此地址帧也会将SCISR上的RDRF置位。所有的接收器都会对地址信息进行评估,得到地址确认的接收器会接收其后的帧。地址没有得到确认的接收器将RWU置位,并回到待机状态。RWU位会保持置位状态,而接收器保持在待机状态,直到RXD引脚上出现另外一个地址帧。地址标志唤醒模式允许报文中插入报头,但要求将报头的MSB保留用于地址帧。

3.11.4 特殊工作模式

表3-31概括了如何设置正常模式、独立闭环(Loop Back)模式,或半双工模式。

表 3-31　Loop 功能

LOOP	RSRC	模　式
0		正常模式
1	0	独立闭环模式。内部 TXD 反馈到 RXD
1	1	半双工模式。TXD 输出反馈到 RXD

1. 半双工模式

正常模式工作时，SCI 使用两个引脚进行发送和接收。在半双工模式下（即单线工作模式），RXD 引脚与 SCI 断开，并且可以用于其他外设，如图 3-78 所示。SCI 既使用 TXD 引脚进行接收，也要使用 TXD 引脚进行发送。

将 SCICR 的 TE 置位，以便将发送器使能，并将 TXD 引脚设置为输出引脚，用来发送数据。将 TE 清零，可以将发送器禁止，并将 TXD 引脚设置为输入引脚接收数据。

将 SCICR 中的 LOOP 位和 RSRC 位置位，可以使能半双工操作模式。将 LOOP 置位，可以禁止 RXD 引脚到接收器之间的路径。将 RSRC 置位，可以将接收器输入连接到 TXD 引脚驱动器的输出，如图 3-78 所示。将 SCICR 上的 RE 置位，可以使能接收器。

2. 独立闭环模式(LOOP)

在 LOOP 操作模式下，发送器的输出直接连接到接收器输入，形成一个独立的闭环系统。RXD 引脚与 SCI 断开，可以作为一个 GPIO 引脚，如图 3-79 所示。

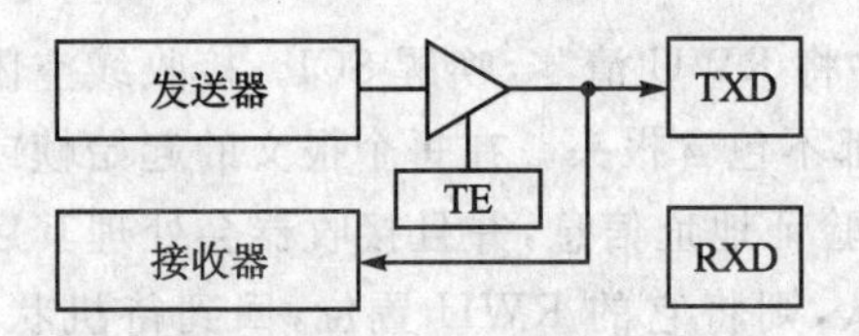

图 3-78　单线运行(LOOP=1,RSRC=1)

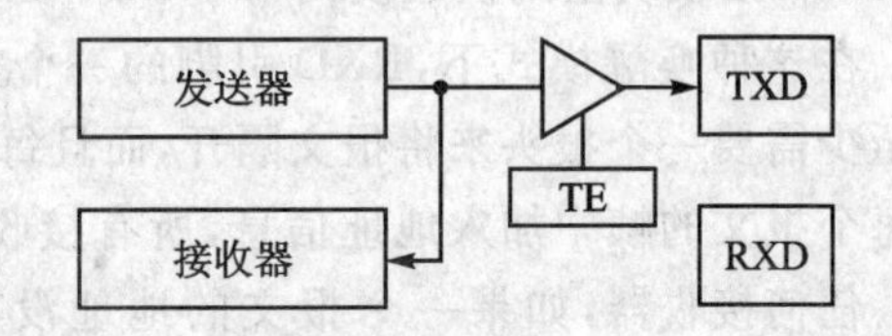

图 3-79　独立闭环运行(LOOP=1,RSRC=0)

将 SCICR 中的 LOOP 置位，可以将发送器使能，并将发送器连接到 TXD 引脚。将 TE 位清零，可以禁止发送器，将发送器与 TXD 引脚断开。

将 SCICR 中的 LOOP 置位，并将 RSRC 清零，可以将独立闭环模式使能。将 LOOP 置位，可以禁止 RXD 到接收器之间的路径。将 RSRC 清零，可以将发送器输出连接到接收器输入上。为使能独立闭环模式，SCICR 上的发送器使能(TE)和接收器使能(RE)必须置位。

3. 低功耗模式

1) 运行模式(Run Mode)

在运行模式下，将 SCICR 上的发送器使能位(TE)或者接收器使能位(RE)清零，可以降低功耗。当 TE 或者 RE 位清零时，SCI 寄存器仍然可以访问，但 SCI 模块的时钟被禁止。

2) 等待模式(Wait Mode)

等待模式的 SCI 操作取决于 SCICR 上 SWAI 位的状态：

◇ 若 SWAI 清零且 CPU 处于等待模式时，SCI 正常工作。

◇ 若 SWAI 置位且 CPU 处于等待模式时，SCI 时钟发生停止，同时 SCI 模块进入节电状

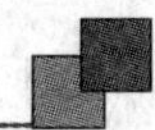

态。SWAI置位不会影响RE位和TE位的状态。

当SWAI置位时,任何发送或接收进程停止在等待模式入口处。当内部或外部中断使处理器跳出等待模式时,发送或接收继续进行。

当SWAI置位时,等待模式下的SCI模块不能产生中断请求。只要SWAI清零,任何使能的SCI中断请求都可以使处理器跳出等待模式。

3) 停止模式(Stop Mode)

SCI在停止模式下处于休眠状态,以便降低功耗。停止指令不会影响寄存器状态。当外部中断使处理器跳出停止状态以后,SCI操作将继续进行。

3.11.5 中 断

SCI中断源如表3-32所列。

1. 发送器空中断

将SCICR中的TEIE置位可以使能此中断。使能此中断后,当数据由SCIDR转移到发送移位寄存器时,将产生一个中断。

2. 发送器空闲中断

将SCICR中的TIIE置位,可以使能该中断。此中断意味着TIDLE标志被置位,同时发送器不再发送数据、报头或暂停字符。此中断的中断服务程序需要初始化一个报头、暂停字符或将一个数据字符写入SCIDR,或者将发送器禁止。

表3-32 SCI中断源

中断源	标志位	当前使能位	描 述
发送器	TDRE	TEIE	发送空
	TIDLE	TIIE	发送空闲
接收器	RDRF	RFIE	接收满
	OR		
	FE	REIE	接收错误
	PE		
	NF		
	OR		

3. 接收器满中断

将SCICR中的RFIE置位可以使能此中断。此中断意味着SCIDR中的接收数据处于待读取状态或者数据发生了溢出。此中断的中断服务程序需要通过读取SCISR来确定被置位的标志是RDRF还是OR,或者两者均被置位。

4. 接收错误中断

将SCICR中的REIE置位,可以使能此中断。此中断意味着接收器至少发生了下列错误的其中一项:

◇ 噪声标志(NF)置位;

◇ 奇偶错误标志(PF)置位;

◇ 帧错误标志(FE)置位;

◇ 溢出标志(OR)置位。

此中断的中断服务程序需要通过读取SCISR来确定上述标志中的哪一个被置位。向SCISR写入任意数,可以清除错误标志,然后通过中断服务程序来作相应的处理。

3.12 串行外设接口模块(SPI)

串行外设接口模块(SPI)的功能如图 3-80 所示。

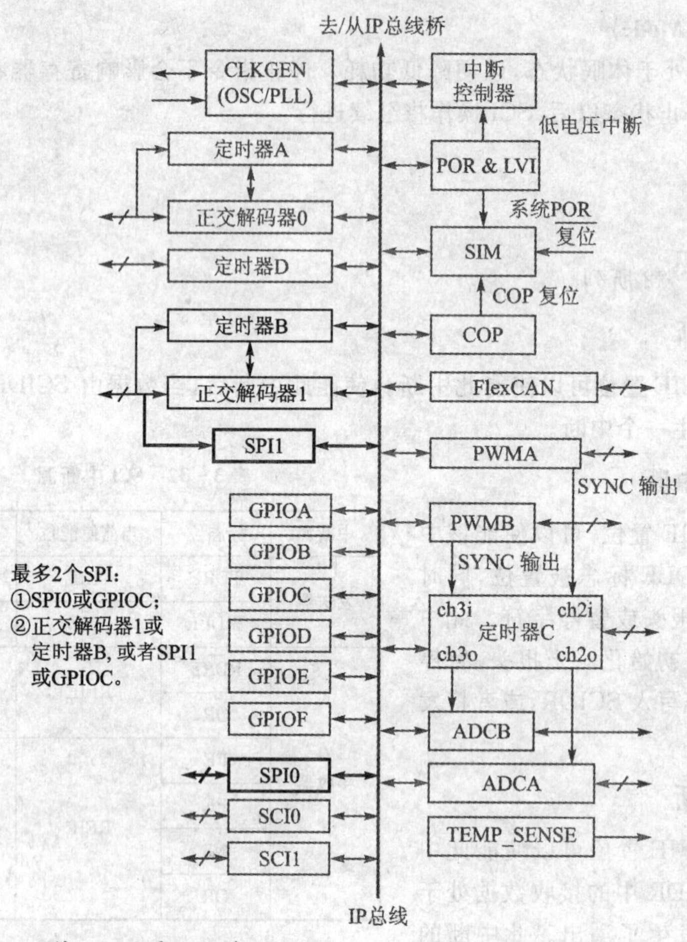

注：ADCA和ADCB与V_{REFH}、V_{REFP}、V_{REFMID}、V_{REFN}和V_{REFLO}引脚使用同一参考电压电路。

图 3-80 串行外设接口模块(SPI)

3.12.1 简 介

通常，串行外设接口(SPI)模块用于 DSP 控制器与外设之间，或者其他处理器之间的全双工、同步、串行通信。软件可以查询 SPI 状态标志，SPI 操作可以由中断驱动。该模块包含 4 个 1 位映射到存储器上的寄存器，用于控制参数、状态以及数据传输。SPI 有 4 个外部引脚，这些引脚在不使用 SPI 模块时，可以作为普通 I/O 引脚使用。

3.12.2 特 点

SPI 的内部结构如图 3-81 所示，其主要特点如下：

◇ 全双工操作。

◇ 主模式和从模式。

◇ 使用相互独立的发送和接收数据寄存器，可实现双缓存操作。

◇ 可编程选择数据传输位的长度，可选 2～16 位。

◇ 可编程选择发送和接收的数据格式，即首先发送 MSB 还是 LSB。

◇ 8 种可编程主模式工作频率(最高可达模块时钟频率的 1/2)。

◇ 从模式的最大工作频率等于模块时钟频率的 1/2。

◇ 时钟地引脚用于减少射频干扰。

◇ 可编程选择串行时钟极性和相位。

◇ 两种独立的可控中断标志：

— SPI 接收缓冲区满标志 SPRF；

— SPI 发送缓冲区空标志 SPTF。

◇ 模式故障错误中断标志 MODF。

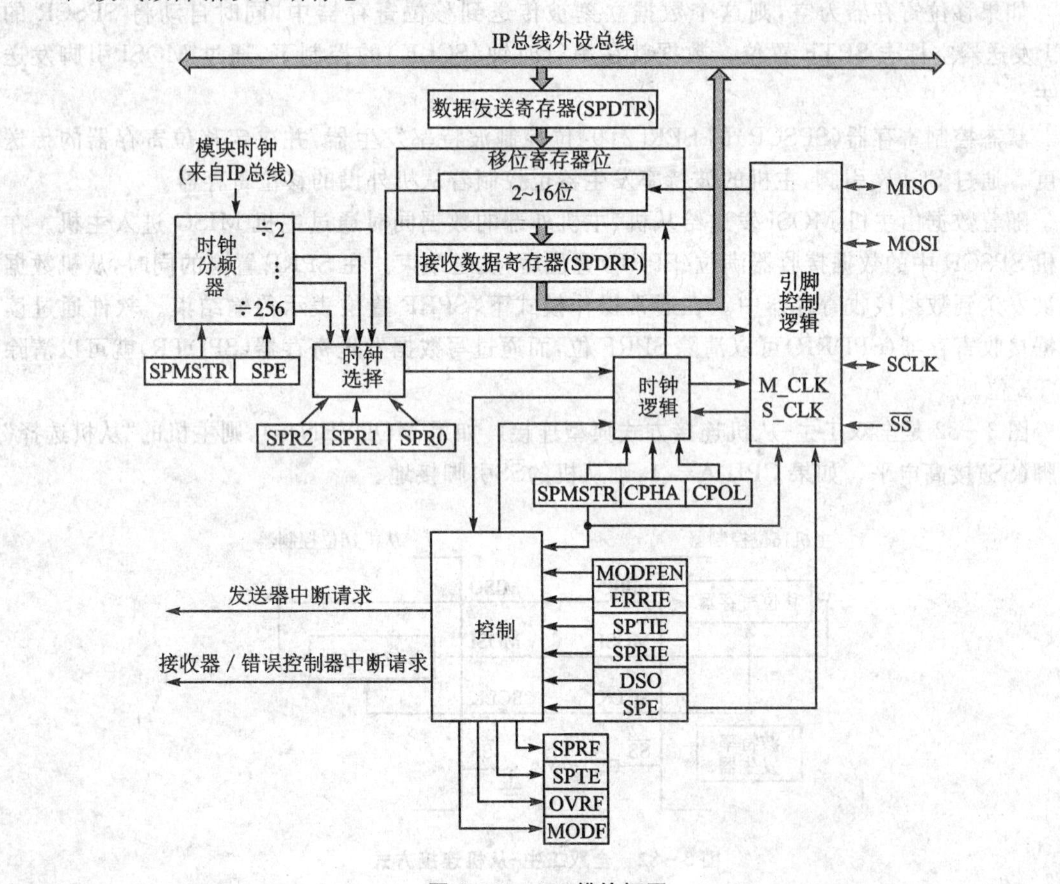

图 3-81 SPI 模块框图

◇ 允许多 SPI 连接。

注意： SPI 模块时钟为 IPBus 时钟。

3.12.3 工作模式

SPI 有主机模式和从机模式两种工作模式。

操作模式的选择是由 SPI 状态和控制寄存器（SPSCR）中的 SPMSTR 位来确定的：SPMSTR＝1 时，为主机模式；SPMSTR＝0 时，为从机模式。

注意：

◇ 必须在使能 SPI 之前配置 SPI 的主从工作模式；

◇ 必须在使能 SPI 从机之前使能 SPI 主机；

◇ 必须在禁止 SPI 主机之前先禁止 SPI 从机。

1. 主机模式

当 SPSCR 寄存器的 SPMSTR 被置位后，SPI 工作在主机模式下。只有 SPI 主机才可以启动数据传输。在 SPI 使能之后，软件将数据写入数据发送寄存器（SPDTR），启动 SPI 主模块传输数据。

如果移位寄存器为空，则这个数据立刻被传送到移位寄存器中，同时自动将 SPSCR 的 SPI 发送器空标志 SPTE 置位。数据就在串行时钟（SCLK）的控制下，通过 MOSI 引脚发送出去。

状态控制寄存器（SPSCR）的 SPR[2∶0]位控制波特率发生器，并决定移位寄存器的传送速度。通过 SCLK 引脚，主机的波特率发生器也控制着从机外设的移位寄存器。

随着数据由主机 MOSI 发送给从机，主机外部的数据同时通过主机 MISO 进入主机。在主机 SPSCR 中的数据接收器满位（SPRF）置位后，发送结束。在 SPRF 置位的同时，从机数据也被发送到数据接收寄存器中。在通常操作模式下，SPRF 置位表示传输结束。软件通过读数据接收寄存器（SPDRR）可以清除 SPRF 位，而通过写数据发送寄存器（SPDTR）就可以清除 SPTE 位。

图 3－82 是全双工主-从机连接方式典型连接。如果 MODFEN＝1，则主机的“从机选择”引脚（$\overline{SS}$）接高电平。如果 CPILA＝ 1，则从机的$\overline{SS}$引脚接地。

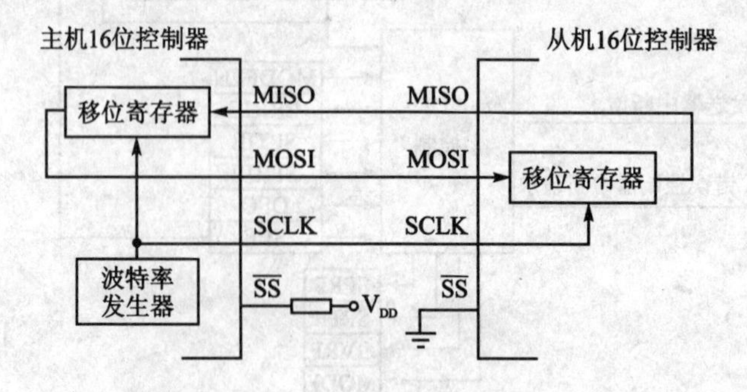

图 3－82　全双工主-从机连接方式

2. 从机模式

当 SPI 状态控制寄存器(SPSCR)中的 SPMSTR 位被清零后,SPI 就工作在从机模式下。在从机模式下,SCLK 引脚作为接收从主机控制器发出串行时钟信号的输入引脚。在数据输出前,SPI 从机的 $\overline{SS}$引脚必须置为低电平。$\overline{SS}$引脚必须保持低电平,直到传输结束或者产生了一个模式故障错误为止。

注意: 为了接收从机的发送数据,SPI 必须使能(SPE＝1)。当 SPI 作为从机但未被选定时,在发送移位寄存器中的数据不会受到 SCLK 变化的影响。

在 SPI 从模块中,数据在 SPI 主模块串行时钟(SCLK)控制下进入移位寄存器。当数据的全部有效位进入从 SPI 的移位寄存器中后,将数据传送至数据接收寄存器中(SPDRR),同时 SPSCR 中的 SPRF 置位。为了防止溢出,从机应用软件必须在另一个数据全部进入移位寄存器之前,读出数据存储寄存器(SPDRR)内容。

SPI 从模块的 SCLK 的最高频率为模块时钟频率的一半。SPI 从模块的串行时钟(SCLK)频率不必符合任何 SPI 波特率。SPI 从模块的波特率仅仅受控于 SPI 主模块所产生的串行时钟(SCLK)频率。因此,SPI 从模块的串行时钟(SCLK)频率可以为小于或者等于总线时钟频率一半之间的任何值。

在 SPI 主机启动数据传输时,从机移位寄存器中数据开始通过从机的 MISO 引脚移位发送出去。从机可以通过写数据发送寄存器将新数据存储至移位寄存器中,为下一次数据传输做准备。在主机启动新数据传输至少一个总线周期之前,从机必须将数据写到数据发送寄存器内;否则,移位寄存器内先前的无用数据就会发送给主机。

当 SPI 状态控制寄存器(SPSCR)中的时钟相位(CPHA)被置位时,数据传输在 SCLK 的第一个跳沿开始;当 CPHA 被清零时,在$\overline{SS}$的下降沿开始数据传输。为了防止 SCLK 产生时钟跳沿,在 SPI 从模块使能之前 SCLK 必须处于一个适当的空闲状态。

3. 从机并联模式

从机并联(Wired OR)模式可以使多个 SPI 并联运行。图 3－83 所示为单主机控制两个从机的连接方式。当 WOM 置位时,从通常的互补 CMOS 输出改为漏极开路输出。这使得内部上拉电阻接高电平,并且可以由 SPI 控制输出高电平或者低电平。

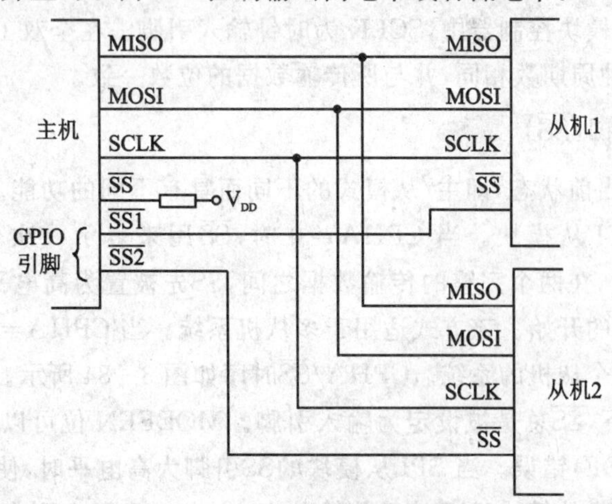

图 3－83　双从机并联模式

3.12.4 引脚说明

SPI 共有 4 个输入、输出引脚，如表 3-33 所列。

表 3-33 外部 I/O 引脚

引脚名称	种 类	方 向
MISO	主入/从出引脚	双向
MOSI	主出/从入引脚	双向
SCLK	串行时钟引脚	双向
$\overline{SS}$	从机片选引脚(低电平有效)	输入

1. 主入/从出引脚(MISO)

MISO(Master In/Slave Out)是 SPI 模块的两个串行数据传输引脚之一。在全双工模式下，主 SPI 模块的 MISO 被连接到从 SPI 模块的 MISO。主 SPI 模块同步地从 MISO 引脚接收数据，并由 MOSI 引脚发送数据。

只有当 SPI 设备被配置成从机模式时，才可以由其 MISO 引脚发送数据；而要将 SPI 设置成从机模式，需要将 SPI 状态控制寄存器 SPSCR 的 SPMSTR 位清零，并且将 SPI 模块的$\overline{SS}$引脚置成低电平。通过将 SPI 模块的$\overline{SS}$引脚置高电平，可使 MISO 引脚处于高阻态，从而可以组成一个多从机系统。

2. 主出/从入引脚(MOSI)

MOSI(Master Out/Slave In)是 SPI 模块的另外一个串行数据传输引脚。在全双工操作下，主 SPI 模块的 MOSI 引脚连接到从 SPI 模块的 MOSI 引脚上。这样，主 SPI 模块通过 MOSI 引脚同步发送数据，并通过其 MISO 引脚接收数据。

3. 串行时钟引脚(SCLK)

SCLK(Serial Clock)用于同步数据在主/从模块之间传输。在主模块控制器中，SCLK 为时钟输出引脚；而在从模块控制器中，SCLK 为时钟输入引脚。在全双工操作下，主/从模块之间交换数据所用的时钟周期数相同，并与所传输数据的位数一致。

4. 从机片选引脚($\overline{SS}$)

$\overline{SS}$引脚根据 SPI 当前状态，即主/从模式的不同而具有不同的功能。在 SPI 从模式下，$\overline{SS}$引脚用于选择一个 SPI 从模块。当 CPHA＝0 时，$\overline{SS}$用来表示一次传输的开始。当采用 CPHA＝0 格式传输时，在两个完整的传输数据之间，$\overline{SS}$先被置为高电平，然后再被置为低电平，以便说明数据传输的开始。该方式适用于多从机系统。当 CPHA＝1 时，$\overline{SS}$可以一直保持在低电平，用于只有一个从机的系统。CPHA/$\overline{SS}$时序如图 3-84 所示。

无论在什么模式下，$\overline{SS}$总是被设定为输入引脚。MODFEN 位可以防止因$\overline{SS}$引脚的状态而引起工作模式(MODF)错误。当 SPI 从模块的$\overline{SS}$引脚为高电平时，使得其 MISO 引脚处于高阻态。这时，即使 SPI 从模块已经处于传输状态，也会忽略所有到来的串行时钟(SCLK)。

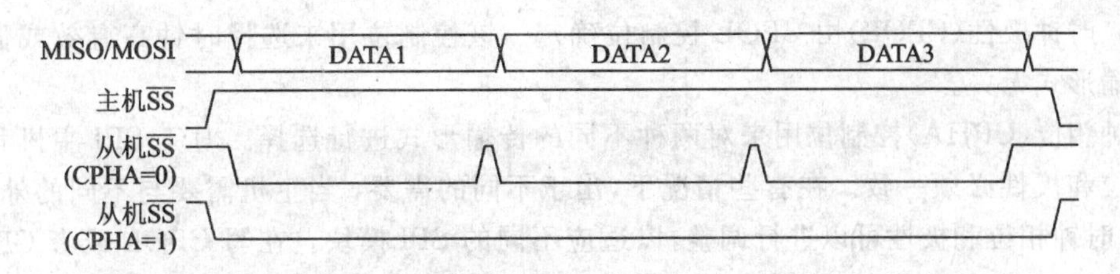

图 3-84 CPHA/$\overline{SS}$时序

在数据传输中，改变$\overline{SS}$引脚的状态会产生故障模式。

如果将 SPI 设置为主模块，则$\overline{SS}$输入可以与 MODF 标志结合在一起使用，以此来防止 SPI 系统中多个 SPI 主模块驱动 MOSI 和 SCLK 信号，从而保证只有一个 SPI 作为主模块。为了用$\overline{SS}$引脚来设置 MODF 标志位，SCLK 寄存器中 MODFEN 位必须置位。

SPI 与$\overline{SS}$配置如表 3-34 所列。

表 3-34 SPI 与$\overline{SS}$配置

SPE	SPMSTR	MODFEN	SPI 设置	$\overline{SS}$逻辑状态
0	×	×	不使能	SPI 忽略$\overline{SS}$
1	0	×	从机	SPI 只输入
1	1	0	主机 MODF 不置位	SPI 忽略$\overline{SS}$
1	1	1	主机 MODF 置位	SPI 只输入

3.12.5 传输格式

在 SPI 传输中，数据的发送（串行移出）和接收（串行移入）都是同步进行的。一个串行时钟信号将两条串行数据传输线上的数据移位和采样同步。从机选择线用来选择 SPI 从机设备；那些没有选到的从机设备不会影响 SPI 总线的操作。对于一个 SPI 主机，从机选择线可以用来指示多主机总线冲突。

1. 传输数据长度

SPI 可以支持 2～16 位的数据长度。这可以通过 SPI 数据长度寄存器（SPDSR）来设置。当数据长度不足 16 位时，SPI 的接收数据寄存器（SPDRR）会将高位补 0。当软件读取SPDRR 中这个 16 位数据时，可将那些补为 0 的高位去掉。这是因为，当读取 SPDRR 时，可一次读取 16 位。如果传输数据长度与主机和从机设定支持长度都不一致，则会发生数据丢失的现象。

2. 数据移位顺序

SPI 可设置为首先发送或接收 MSB 还是 LSB，这是由 SPSCR 的数据移位顺序位（DSO）控制的。无论是将数据写入发送寄存器（SPDTR），还是由接收寄存器（SPDRR）读出数据，其 LSB 位始终是寄存器的第 0 位，而 MSB 位的准确位置视传输数据的长度而定。

3. 时钟相位和极性控制

应用软件可通过 SPI 控制寄存器（SPCR）中的两个控制位来选择 SCLK 的 4 种相位和极

性组合。时钟极性(CPOL)由 CPOL 控制位确定。该控制位用来选择时钟高有效或低有效。它与传输形式无关。

时钟相位(CPHA)控制位用来对两种不同的传输形式进行选择。对于 SPI 主机和从机,时钟相位和极性必须一致。在有些情况下,出于不同的需要,当主机需要与不同的外设从机通信时,时钟相位和极性可以进行调整,以适应不同的 SPI 模块。在写 CPOL 或者 CPHA 之前,须通过将 SPI 使能位清零来禁止 SPI。上述各控制位均在 SPSCR 中。

4. CPHA=0 时的传输形式

CPHA=0 时的 SPI 传输波形如图 3-85 所示。图中,SCLK 有两种波形:一种为 CPOL=0;另一种为 CPOL=1。当主机与从机的 SCLK、MISO 和 MOSI 引脚直接相连时,图 3-85 可作为主机或者从机的时序图。MISO 中的信号来自于从机的输出;MOSI 中的信号来自于主机的输出。从机片选线($\overline{SS}$)的信号作为从机的片选输入。只有从机的$\overline{SS}$输入为逻辑 0 时,SPI 从机才能够驱动 MISO 输出。只有被选到的从机才能够与主机通信。主机的$\overline{SS}$引脚必须为高电平;否则将会发生模式故障错误。当 CPHA=0 时,第一个 SCLK 跳变捕捉传输数据的最高位。因此,从机必须在第一个 SCLK 跳变沿之前驱动它的数据,并在$\overline{SS}$的下降沿开始从机数据传输。在两个完整的传输数据之间,从机的$\overline{SS}$引脚必须先翻转变为高电平再回到低电平,如图 3-85 所示。

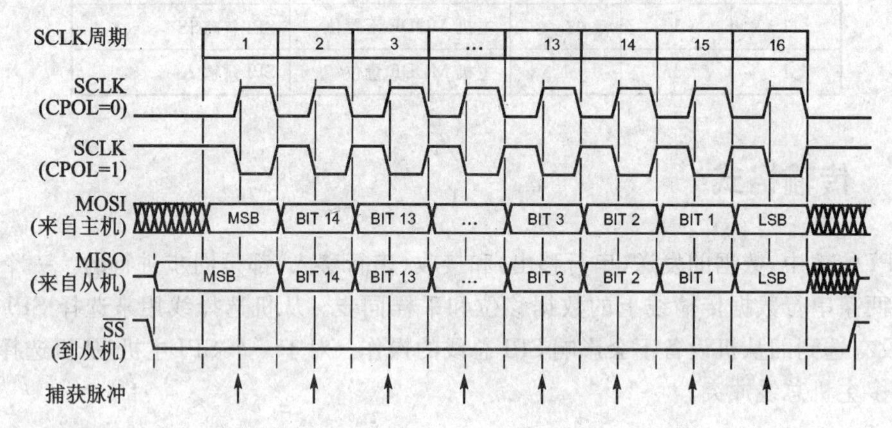

图 3-85 CPHA=0 时的 SPI 传输波形

当从机 CPHA=0 时,$\overline{SS}$引脚的输出下降沿表示传输的开始。这使得 SPI 离开空闲状态并以数据的第一位开始驱动 MISO 引脚。一旦传输开始,新数据便不能再由发送数据寄存器(SPDTR)进入移位寄存器了。因此,从机的发送数据寄存器(SPDTR)必须在$\overline{SS}$的下降沿之前装载发送数据。$\overline{SS}$下降沿之后写入的任何数据将存入发送数据寄存器中(SPDTR),并在当前传输结束之后送入移位寄存器。

5. CPHA=1 时的传输形式

CPHA=1 时的 SPI 传输波形如图 3-86 所示。图中,SCLK 有两种波形:一种为 CPOL=0;另一种为 CPOL=1。

当主机与从机的 SCLK、MISO 和 MOSI 引脚直接相连时,图 3-86 可作为主机或者从机的时序图。MISO 信号是从机的输出;MOSI 信号则是主机的输出。$\overline{SS}$作为从机的片选输入信号。当从机的$\overline{SS}$输入为逻辑0时，SPI从机才能够驱动MISO输出。只有被选到的从机才能够与主机通信。主机的$\overline{SS}$引脚必须为高电平；否则将会产生模式故障错误。当CPHA＝1时，主机在第一个SCLK跳沿驱动MOSI引脚。因此，从机将第一个SCLK跳沿用作传输的开始信号。在数据传输间隔，$\overline{SS}$引脚可以保持低电平。这种传输形式比较适合只有一个主机和一个从机的系统。

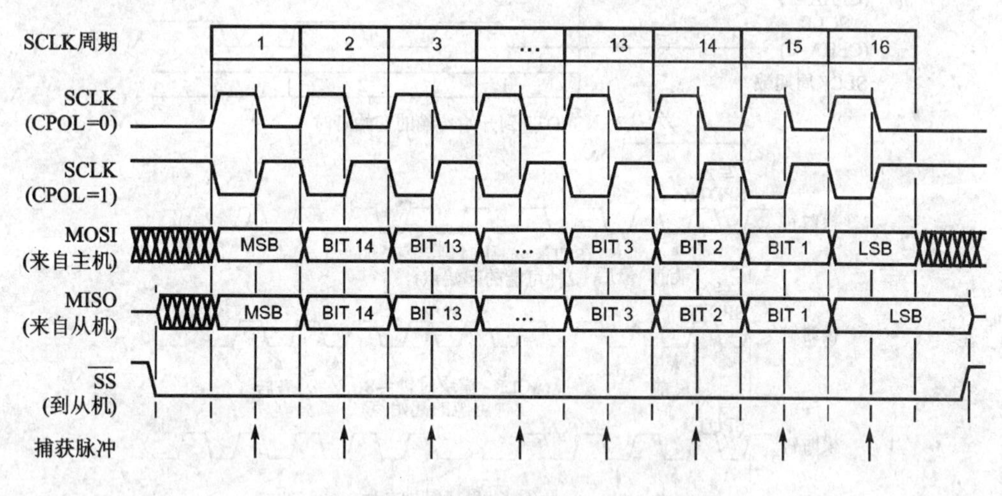

图3-86 CPHA＝1时的SPI传输波形

当从机CPHA＝1时，SCLK的第一个跳沿指示传输的开始。这使得SPI离开空闲状态并开始以数据的第一位驱动MISO引脚。一旦传输开始，新数据不允许由发送数据寄存器(SPDTR)送入到移位寄存器中。因此，从机必须在SCLK的第一个跳沿之前将发送数据装载入发送数据寄存器中。SCLK第一个跳沿之后写入的任何数据将存入发送数据寄存器中(SPDTR)，并在当前传输结束之后送入移位寄存器。

6. 传输初始响应期

当SPI配置为主机时(SPMSTR＝1)，向SPDTR写1可启动一个传输过程。CPHA对传输启动的延时没有影响，但它会影响SCLK信号的初始状态。当CPHA ＝ 0时，SCLK信号在第一个SCLK周期的前半个周期内保持不动作；当CPHA ＝ 1时，第一个SCLK周期在SCLK引脚从不动作电平变化到动作电平的边沿开始。SPI的时钟速率由SPR[2:0]选择，并影响从写入SPDTR到SPI传输开始之间的延时。主机中的初始SPI时钟是由一个自激的内部时钟派生的。为了节省能量，只有当SPE和SPMSTR均置位时才使能。由于SPI时钟是自激的，所以当写入SPDTR产生相应的慢SCLK时，SPI时钟不确定。这个不确定性使得初始延时是变化的，如图3-87所示。该延时比SPI信号的“位时间”短。因此，在DIV2时，最大的延时为2个总线周期；在DIV4时，为4个总线周期……；在DIV256时，为256个周期。图3-87所示为16位数据长度，MSB先移出。

3.12.6 传输数据

双缓冲的SPDTR支持数据的排序和传输。对于SPI主机，前一个数据发送结束后，队列中的后一个数据立即开始发送。SPI发送器空标志(SPTE)位指示数据发送缓冲器何时准备

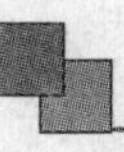

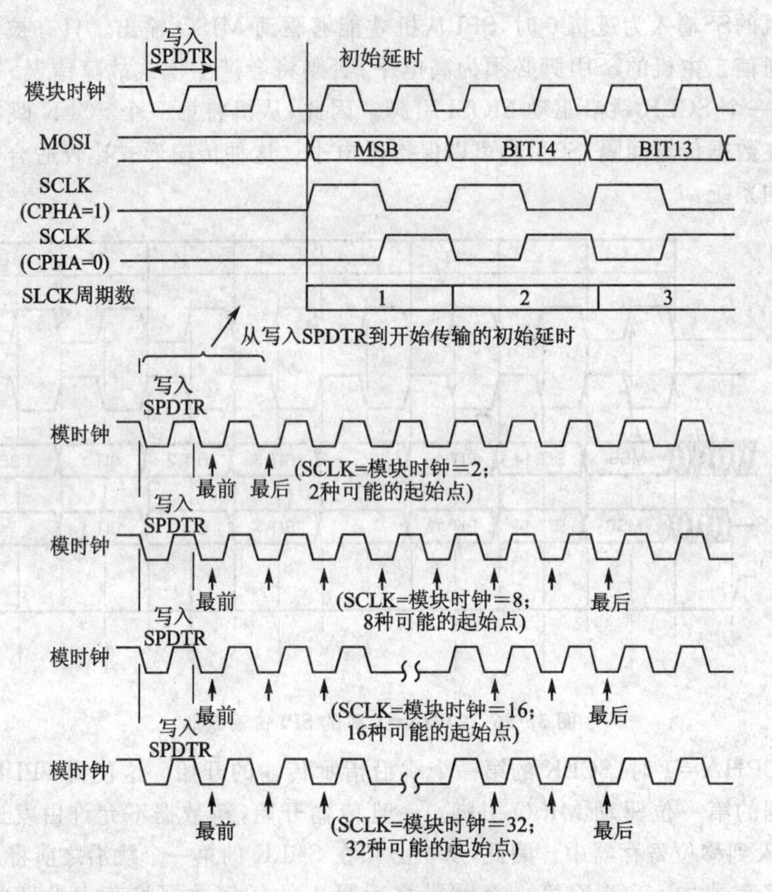

图 3-87 传输启动延时(主机)

接收新数据。只有当 SPTE 位为高时,才可以写入数据发送寄存器(SPDTR)。图 3-87 所示为当 SCLK 的 CPHA=1、CPHA=0 时,两个背靠背的 SPI 模块传输的时序图。这里假定传输的为 16 位数据,并且 MSB 首先移位输出。

在只有一个数据缓冲器的系统中,数据发送缓冲器允许两个背靠背的 SPI 模块传输,无须从机在两个数据传输间隔精确定时写入数据缓冲器。同样,如果没有新数据写入数据缓冲器,则移位寄存器中原先所存的数据将会被发送。

对于空闲的主机或者从机,没有数据载入发送缓冲器,发送缓冲器的数据全部移入移位寄存器后,SPTE 位将在两个总线周期内重新置位。这允许用户可以安排最多 32 位的数据队列等待发送。对于一个传输中的从机,直到这次传输结束后,移位寄存器才可以重载。这意味着,此时对于两个背靠背的 SPI 模块写入 SPI 发送数据寄存器(SPDTR)是不允许的。SPSCR 中的 SPTE 位指示了下一次写入何时能够发生。

3.12.7 错误产生条件

下列标志指示了 SPI 的错误状态:

◇ 溢出(OVRF):在下一个完整数据进入移位寄存器之前,如果没能将 SPI 数据接收寄存器(SPDR)中的数据读出,则溢出标志(OVRF)将置位。新数据将不会发送到 SPI

数据接收寄存器(SPDR),未读出的数据仍然可以读出。OVRF位在SPI状态及控制寄存器(SPSCR)中。

◇ 模式故障错误(MODF):MODF位说明了$\overline{SS}$位的电压与SPI的工作模式不一致。MODF位在SPI状态及控制寄存器(SPSCR)中。

1. 溢出错误

当下次传输的第一位数据被捕获时,如果数据接收寄存器中仍然有上次传送的未读数据,则溢出标志(OVRF)置位。当溢出错误发生时,所有溢出后及OVRF位清零前所接收的数据都不能送入数据接收寄存器(SPDRR)。在此之前,SPI接收满位(SPRF)已经置位。溢出前进入SPI数据接收寄存器的未读数据仍然可以被读出。因此,溢出错误发生意味着数据的丢失。通过读SPI状态及控制寄存器(SPSCR),再读出SPI数据接收寄存器(SPDRR),可以清除OVRF位。

如果错误中断使能位(ERRIE)置位,则OVRF将产生一个接收器/错误中断请求。单独将MODF或者OVRF置位,不能产生接收器/错误DSP中断请求。然而,将MODFEN清零,则可以防止MODF置位。

图3-88给出了DSP的SPRF中断使能,但OVRF中断没有使能的一种错过溢出错误的情况。图3-88的第一部分说明了怎样正常读取SPSCR和SPDRR寄存器,以清除SPRF位。然而,正如第二部分的传输所示,有可能在读出SPSCR与SPDRR之间OVRF置位。

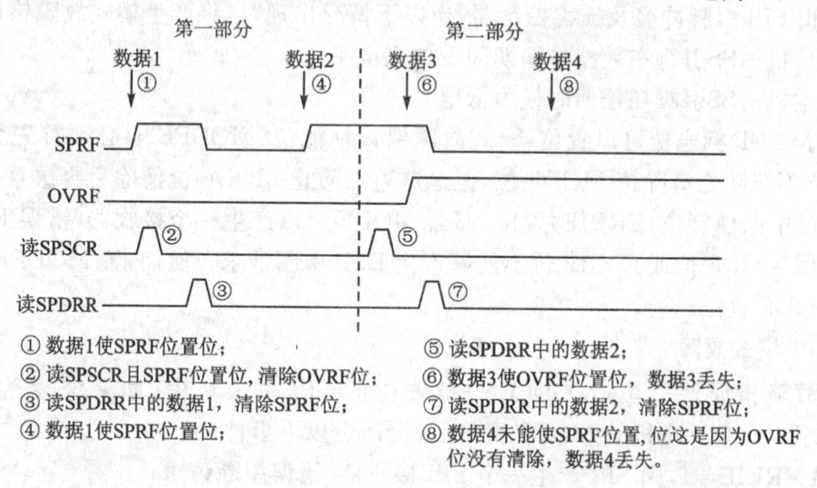

图3-88 读取丢失产生的溢出状态

在上述这种情况下,溢出很容易被错过。由于直到OVRF位清零后新的SPRF中断才可以产生,所以在数据发生丢失时,并没有标志加以显示。为了防止这种情况的发生,有两种方法:一为使能OVRF中断;二为在读取SPDRR后紧接着再次读取SPSCR。这就保证了在SPRF清除之前OVRF位不会被置位,并且后续的传输仍可以将SPRF置位。

图3-89表示出了上述过程。通过置位ERRIE使能OVRF产生DSP中断请求,可以不用再读SPSCR寄存器。

2. 模式故障错误

通过将SPSCR寄存器的SPI主机模式(SPMSTR)置位,可以选择主机模式,并且将

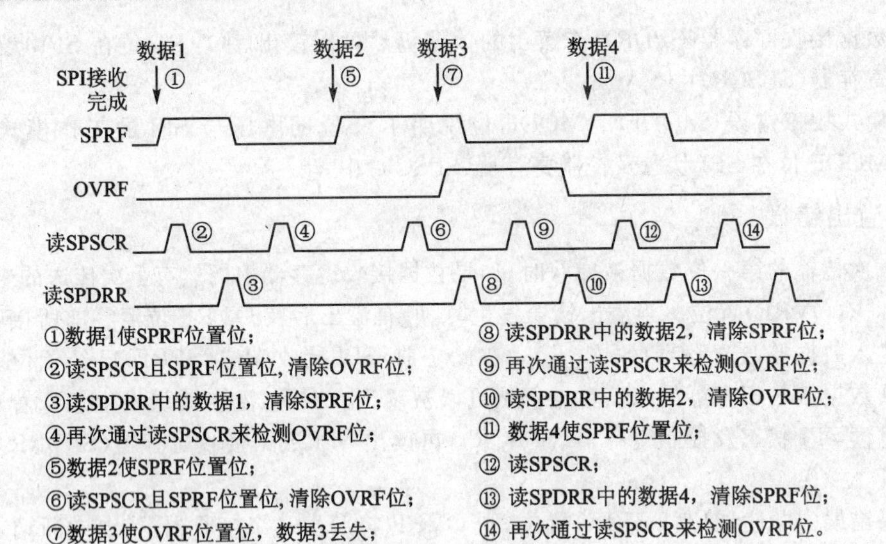

图 3-89　当溢出位中断被禁止时，清除 SPI 接收器满位

SCLK 和 MOSI 引脚配置为输出引脚，将 MISO 引脚配置为输入引脚。通过清除 SPMSTR 位可以选择从机模式，并且将 SCLK 和 MOSI 引脚配置为输入引脚，将 MISO 引脚配置为输出引脚。当$\overline{SS}$位的状态与 SPMSTR 所选择的工作模式不一致时，模式故障位(MODF)将会置位。为了防止 SPI 引脚冲突及损害控制器，当以下情况出现时，将产生模式故障错误：

◇ SPI 从机的$\overline{SS}$引脚在数据传输期间变成高电平；

◇ SPI 主机的$\overline{SS}$引脚在任何时候为低电平。

为了使 MODF 标志位可以置位，模式故障错误使能位(MODFEN)必须首先置位。清除 MODFEN 位不能随之清除掉 MODF 位，但是这可以防止 MODF 位清除后再次置位。

如果错误中断使能位(ERRIE)置位，那么 MODF 可以产生一个接收器/错误 DSP 中断请求。单独使用 MODF 位或 OVRF 位不能够产生 DSP 中断请求。然而，置 MODFEN 为低，则可以防止 MODF 置位。

1) 主 SPI 模式故障

在模式故障错误使能位(MODFEN)被置位的 SPI 主模块中，如果$\overline{SS}$变为逻辑 0，则 MODF 标志置位。SPI 主机的 MODF 置位后，会产生以下事件：

◇ 如果 ERRIE=1，则 SPI 产生一个 SPI 接收器/错误中断请求；

◇ SPE 位清零(SPI 禁止)；

◇ SPTE 位置位；

◇ SPI 状态计数器清零。

在主 SPI 中，直到$\overline{SS}$引脚处于逻辑 1 或者 SPI 被配置成从机时，MODF 标志才可以清除。当 CPHA = 0 时，如果 1 个从机被选中($\overline{SS}$引脚处于逻辑 0)并且稍后被取消，即使没有 SCLK 发送到这个从机，MODF 也会产生。这是由于，对于 CPHA=0，$\overline{SS}$引脚处于逻辑 0 表明启动了传输(MISO)驱动 MSB 的值输出。当 CPHA=1 时，从机能够被选中并且稍后被取消，不会产生传输。因此，MODF 不产生是因为没有传输过程开始。

2) 从 SPI 模式故障

在从 SPI 中(SPMSTR = 0)，如果 ERRIE 置位，则 MODF 位产生一个 SPI 接收器/错误

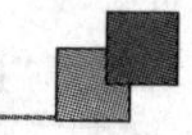

中断请求。在任何情况下，MODF位都不将SPE位清除或者将SPI复位。通过清除从机的SPE位，软件可以中止SPI传输。

在从SPI中，$\overline{SS}$引脚的逻辑1电平使MISO引脚处于高阻态。同样，从SPI忽略所有输入的SCLK时钟信号，即使它已经处于传输过程中。

当配置为从机时(SPMSTR=0)，如果在传输过程中$\overline{SS}$引脚变高，则MODF标志置位。当CPHA=0时，如果$\overline{SS}$引脚变低，则传输开始。一旦完成最后数据位的移位，输入SCLK返回待机电平，传输结束。当CPHA=1时，如果$\overline{SS}$引脚处于低电平，则SCLK离开其待机电平，传输开始。传输连续进行，直到完成最后数据位的移位，SCLK返回待机电平。

为了清除MODF标志，先读取SPSCR中的MODF位，然后再写入SPSCR。这个内部清除机制必须在没有MODF状态时进行；否则该标志不能清除。

在从SPI中，如果没有通过向MODF位写入1的方法将MODF标志清除，则使得模式故障一直存在。在这种情况下，MODF标志引起的中断可以通过禁止EERIE或MODFEN位，或者禁止SPI来清除。利用SPE位禁止SPI将引起SPI的部分复位，并且可能丢失当前正在接收或者发送的报文。

3.12.8 复　位

任何系统复位都可以自动、充分地复位SPI。在SPI使能位(SPE)为0时，SPI局部复位。SPI复位操作包括：

◇ 发送器空标志位(SPTE)置位；

◇ 任何从机模式下的当前传输都会停止；

◇ 任何主机模式下的当前传输仍然继续进行，直至该数据发送完毕；

◇ SPI状态计数器清零，并为一个新的传输完成做准备；

◇ 所有SPI端口逻辑被禁止。

以下仅由系统复位时才能进行复位：

◇ SPI数据发送寄存器(SPDTR)和SPI数据接收寄存器(SPDRR)；

◇ SPSCR寄存器中的所有控制位 (MODFEN、ERRIE和SPR[2:0])；

◇ 状态标志位SPRF、OVRF和MODF。

当SPE为低时，不将控制位复位。当SPE为了下次传输置高时，可以在传输过程之间将SPE清除，而不再次设置所有控制位。不将SPRF、OVRF和MODF标志复位，可以在SPI被禁止后处理中断。向SPE位写入0可以禁止SPI。在主SPI中，SPI也可以通过模式故障的发生来禁止SPI。

3.12.9 中　断

4个SPI状态标志位能够产生DSP中断请求，如表3-35所列。

SPI中断请求产生如图3-90所示。

表 3－35　SPI 中断

标　志	请　求	说　明
SPTE（发送空）	SPI 发送器混合控制器中断请求（SPTIE＝1，SPE＝1）	SPI 被使能（SPE＝1），SPI 发送器中断使能位（SPTIE）使能 SPTE 标志来产生发送中断请求。每当数据从 SPDTR 到移位寄存器时，SPTE 置位。写 SPI 发送数据寄存器（SPDTR），可以将 SPTE 标志位清除
SPRF（接收满）	SPI 接收器混合控制器中断请求（SPRIE＝1）	不管 SPE 位状态如何，SPI 接收中断使能位（SPRIE）都会将 SPRF 位使能，以此产生接收中断请求。每当数据从移位寄存器到 SPDRR 时，SPRF 都会置位。读取 SPI 接收数据寄存器（SPRDR），可以将 SPRF 标志位清除
OVRF（溢出）	SPI 接收器/错误中断请求（ERRIE＝1）	错误中断使能位（ERRIE）能够使 MODF 和 OVRF 标志位产生接收器/错误中断请求
MODF（模式错误）	SPI 接收器/错误中断请求（ERRIE＝1）	模式故障使能位（MODFEN）可以防止 MODF 置位，因此，这时只有通过 ERRIE 使能的 OVRF 位可以产生接收器/错误中断请求

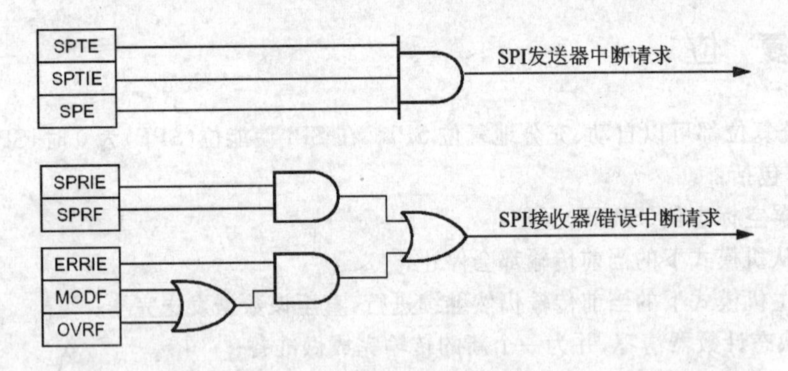

图 3－90　SPI 中断请求产生

3.13　温度传感器模块

温度传感器模块的功能如图 3－91 所示。

3.13.1　简　介

温度传感器模块可以与 ADC 结合起来使用。该模块由模拟模块和 IP 总线接口组成。读取温度值可以通过 ADC 来完成，ADC 可以进行连续监视或者在温度超限时发出中断，因此很容易对芯片进行过温报警。

3.13.2　特　点

◇ 工作温度范围：－40～150 ℃结温（T_j）。

◇ 即使工作在 150 ℃以上，也能保持连续线性关系（尽管芯片在－40～150℃才能可靠

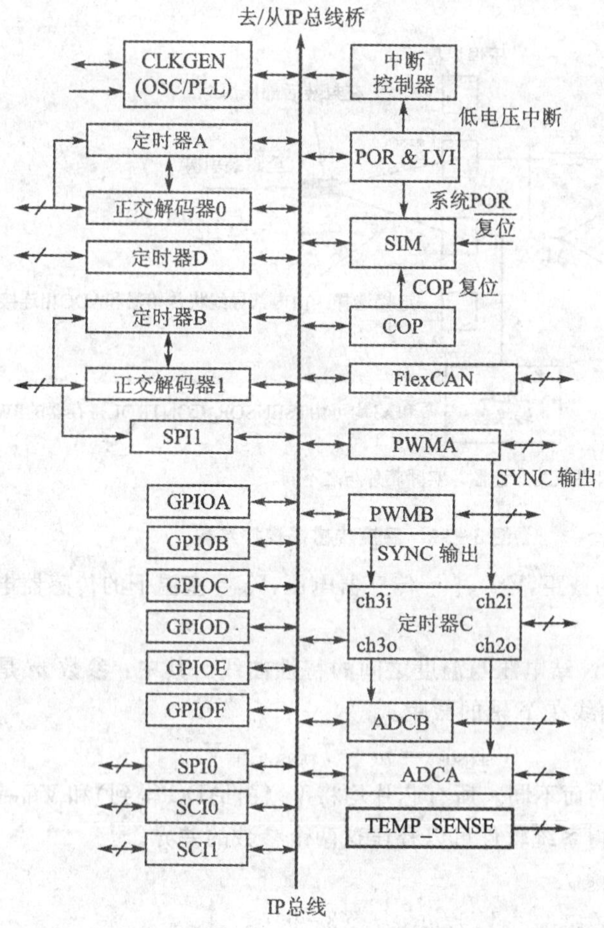

注：ADCA和ADCB与V_{REFH}、V_{REFP}、V_{REFMID}、V_{REFN}和V_{REFLO}引脚使用同一参考电压电路。

图3-91 温度传感器模块框图

运行。

◇ 供电电压：3.3 V±0.3 V。

◇ 根据封装和型号不同有多种与ADC的连接方法：

－ 在封装内部将传感器输出连接到ADC输入；

－ 将传感器电压引出，再通过输出引脚与ADC输入连接。

◇ 输出与温度具有单调性。

◇ 分辨率优于1℃/位，0～3.6 V传感器电压对应10位。

3.13.3 功能简介

温度传感器结构如图3-92所示。该模块利用1个电流源，通过1个或者多个PN结来产生一个与温度相关的电压。该电压通过一个放大器提供给标准的片内A/D转换器，并转换成数字量用于计算温度值。

假设：T_{SENSOR}=传感器温度，T_R=室内温度，T_{HOT}=用于测试热态环境温度，V_0=传感器

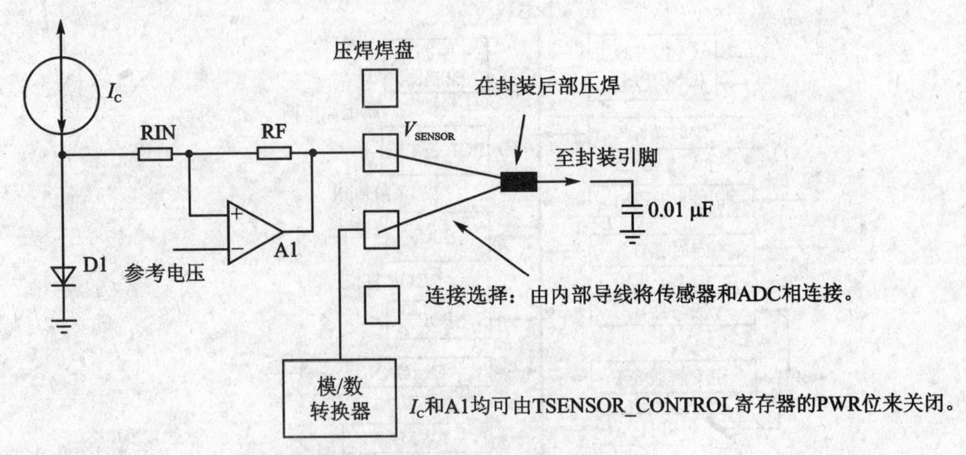

图 3－92　温度传感器模块结构

电压与温度曲线在 Y 轴的截距，V_{SENSOR}＝传感器电压，V_R＝室温下的传感器电压，V_{HOT}＝T_{HOT} 时的传感器电压。

图 3－93 是典型的 PN 结电压与温度之间的特性曲线。其中：参数 m 是该线的斜率；V_0 代表传感器电压与温度曲线在 Y 轴的截距。

$$V_{SENSOR} = m \times T_{SENSOR} + V_0 \qquad (3-8)$$

V_0 和 m 因芯片的不同而不同。所有芯片均将 V_R（由 ADC 得到）和 V_{HOT} 参数存于非易失存储器（NVM）中。这使得系统软件可以补偿这两个参数的差异。

由式（3－8）解出 T_{SENSOR}：

$$T_{SENSOR} = (V_{SENSOR} - V_0)/m \qquad (3-9)$$

由图 3－93 可以得到：

$$V_0 = V_R - m \times T_R \qquad (3-10)$$

$$T_{SENSOR} = (V_{SENSOR} - V_R)/m + T_R \qquad (3-11)$$

$$m = (V_{HOT} - V_R)/(T_{HOT} - T_R) \qquad (3-12)$$

通过内部 ADC 可以得到 V_{SENSOR}，利用式（3－11）和式（3－12）可以计算出芯片的实际温度。

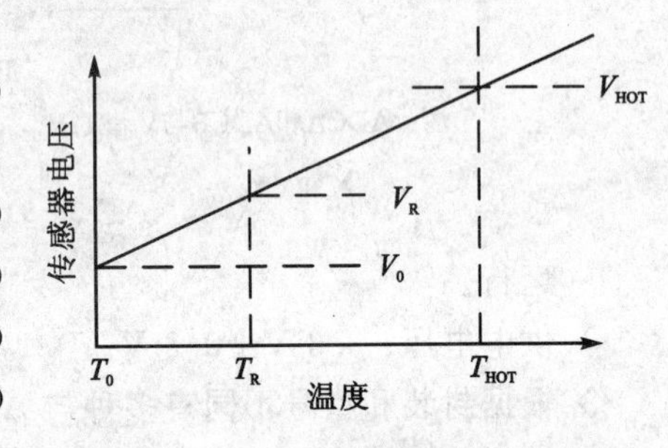

图 3－93　温度传感器输出特性曲线

3.13.4　工作模式

传感器可以在不使用时关闭，该状态是默认状态。这样，如果该模块不在内部与 ADC 相连，则很容易被取消。任何系统复位都会将该模块关闭。

3.14　正交定时器模块

正交定时器模块的功能如图 3－94 所示。

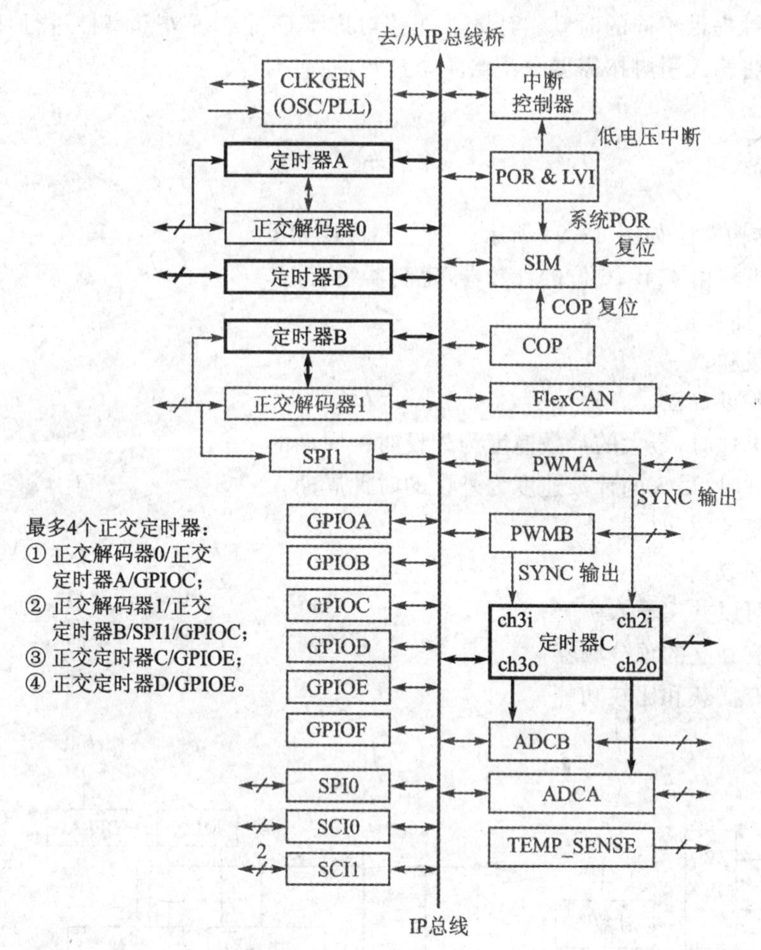

注：ADCA和ADCB与V_{REFH}、V_{REFP}、V_{REFMID}、V_{REFN}和V_{REFLO}引脚使用同一参考电压电路。

图 3-94　正交定时器模块

3.14.1 简　介

正交定时器(Quad Timer)简称为定时器(TMR)。该模块由 4 个同样的计数器/定时器组组成。每个 16 位计数器/定时器组包含 1 个预分频器、1 个计数器、1 个装载寄存器、1 个保持寄存器、1 个捕获寄存器、2 个比较寄存器、1 个状态与控制寄存器和 1 个控制寄存器。

所有的寄存器(除预分频器)均可读/写。根据具体任务的不同，本书将分别使用定时器或者计数器这两个术语，它们都是指正交定时器模块。

装载寄存器在计数器计数达到最终值时，提供初始值给计数器。当其他寄存器被读取时，保持寄存器保存了本计数器的当前值。这种特性支持两个计数器的级联，可以扩大计数器的计数范围。捕获寄存器在外部信号触发下保存计数器的当前值。TMRCMP1 和 TMRCMP2 比较寄存器提供了一个数值供计数器进行比较，如果出现相等的情况，则 OFLAG 信号就被置位、清零或翻转。在比较条件成立时，如果进行了使能，就会产生一个中断；并且新的比较值从 TMRCMPLD1 和 TMRCMPLD2 被装载到 TMRCMP1 和 TMRCMP2 寄存器。预分频器为计数器/定时器的时钟提供不同的时基。计数器能够对内部事件或者外部事件进行计数。在定时器模块中，可以将输入引脚按需要分配给 4 个计数器/定时器。

3.14.2 特 点

正交定时器的结构框图如图 3－95 所示。其主要特点如下：

◇ 每个定时器模块由 4 个 16 位的计数器/定时器组成；
◇ 可递增/递减计数；
◇ 计数器可以级联；
◇ 计数模可编程设置；
◇ 当计数外部事件时，最大的计数速度为外设时钟周期的 1/2；
◇ 当用内部时钟时，最大的计数速度为外设的时钟周期；
◇ 可单次或重复计数；
◇ 计数器可预加载；
◇ 各个计数器可以共用输入引脚；
◇ 每个寄存器有独立的预分频器；
◇ 每个计数器有捕获和比较功能。

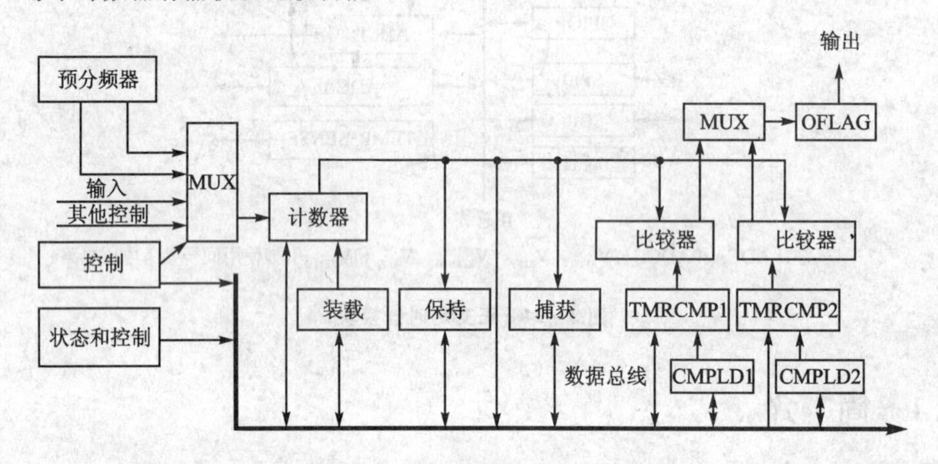

图 3－95 计数器/定时器方框图

3.14.3 功能简介

计数器/定时器有以下两个基本工作模式：

◇ 对内部或者外部事件计数；
◇ 在外部信号有效或外部事件发生时，对内部时钟源进行计数，因而可以记录外部输入信号的宽度，或者两个外部事件之间的时间。

计数器能够对所选中的输入引脚的上升沿、下降沿，或者两个跳沿进行计数。计数器可以对正交编码的信号进行解码和计数，可以对两个输入引脚信号按照方向的不同进行递增以及递减计数。计数器最终值(模)是可编程设置的。当计数器达到最终值后，一个新的可编程初

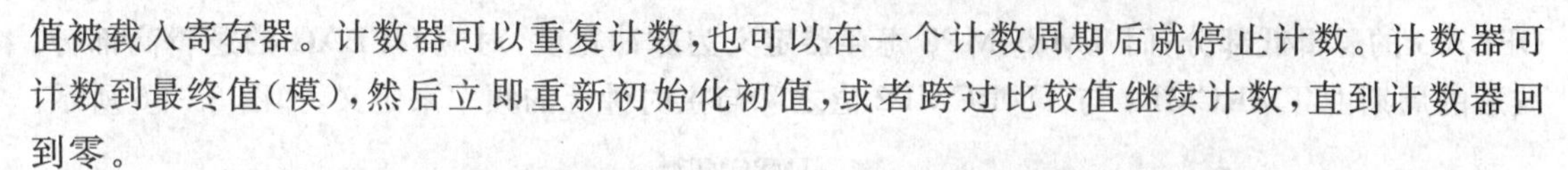

值被载入寄存器。计数器可以重复计数，也可以在一个计数周期后就停止计数。计数器可计数到最终值（模），然后立即重新初始化初值，或者跨过比较值继续计数，直到计数器回到零。

每个计数器/定时器的外部输入，都能与同一模块中的其他4个计数器/定时器共用。外部输入可以作为：计数命令；定时器命令；触发计数器捕获当前计数值；产生中断请求。

外部输入的极性是可选的。每个计数器/定时器的主要输出信号就是OFLAG。当计数器达到一个预设值时，OFLAG输出信号可以被置位、清零或翻转。OFLAG输出信号可以输出到一个输入复用引脚。OFLAG输出使每个计数器都能产生方波、PWM波，或者脉冲序列。OFLAG输出信号的极性可选择。

每个计数器/定时器可以作为主计数器。主计数器的比较信号可以发送给同一模块中的每个计数器/定时器。当主计数器比较事件产生时，其他计数器可以重新初始化计数器，或者同时使OFLAG信号输出，其输出时间宽度为原先设定值。

1. 比较寄存器的使用

双比较寄存器（TMRCMP1和TMRCMP2）提供了一个双向模计数能力。TMRCMP1寄存器是在计数器递增计数时使用，TMRCMP2寄存器是在计数器递减计数时使用，只有交替比较模式例外。

TMRCMP1寄存器应当设置为期望的最大计数值，或者＄FFFF，即最大的无符号数翻转。TMRCMP2寄存器应当设置为最小的计数值，或者＄0000，即最小的无符号数翻转。

如果输出模式设置为100，则利用交替比较寄存器可以使OFLAG翻转。在这种可变频率PWM模式下，TMRCMP2的值定义为期望的脉冲宽度的导通时间，TMRCMP1的值定义为关断时间。该可变频率PWM模式只能定义为正向计数。

当计数器工作时，更改TMRCMP1和TMRCMP2必须小心。如果计数器已经超过了新的值，则它将计数到＄FFFF或者＄0000并翻转，然后开始计数，直到新值。检测点是Count＝TMRCMPx，而不是Count＞TMRCMP1或者Count＜TMRCMP2。同时利用TMRCMPLD1和TMRCMPLD2寄存器来进行值的比较，可以帮助使这个问题的影响降至最低。

2. 比较重载寄存器

TMRCMPLD1、TMRCMPLD2和TMRCOMSCR为用户在不同的比较事件中将定义的值载入比较寄存器提供了相当的灵活性。为了确保正确地使用这些寄存器，建议采用下面推荐的方法。

比较预装载（Compare Preload）功能用来快速更新比较寄存器。在较早的DSP系列中，比较寄存器可以利用中断更新。然而，由于在中断事件产生到中断服务的执行之间存在间隔，所以有可能在比较寄存器利用中断服务程序进行更新时，计数器越过了新的比较值。这时计数器连续计数，直到翻转后达到新的比较值。

为了解决这个问题，比较寄存器利用硬件使用同样的方法更新，计数寄存器利用存于装载寄存器的值重新初始化。比较预装载功能允许对存于比较器预装载寄存器中的新比较值进行计算。当新的比较时间发生时，在比较器预装载寄存器中的新比较值被写入比较寄存器，而不必用软件实现这一过程。

比较预装载功能可以用于变频率PWM模式。TMRCMP1寄存器定义为脉冲宽度，对应

OFLAG 的逻辑低部分；而 TMRCMP2 寄存器定义为脉冲宽度，对应 OFLAG 的逻辑高部分。波形的周期由 TMRCMP1 与 TMRCMP2 值之和与主时钟源的频率来定义，如图 3-96 所示。

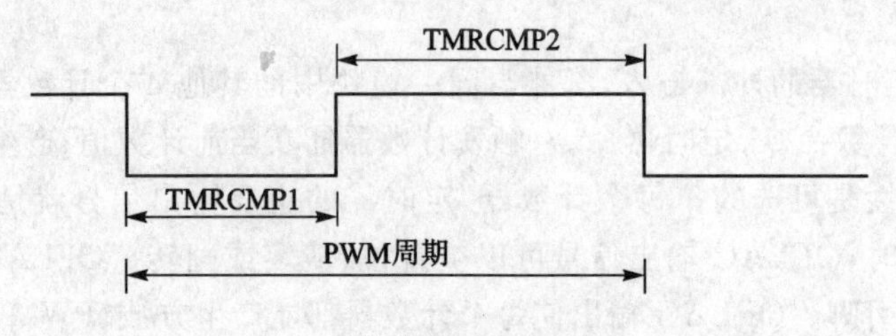

图 3-96　可变 PWM 波形

如果期望更新波形的占空比或者周期，则需要利用比较预装载功能更新 TMRCMP1 和 TMRCMP2 的值。

3. 捕获寄存器的使用

当检测到一个输入边沿(上升沿或下降沿)时，捕获寄存器存储一份计数器值的备份。一旦捕获事件发生，捕获寄存器就不会再更新，直到输入边沿标志(IEF)通过写入 0 而被清除为止。

3.14.4　工作模式

选中的外部计数信号在 TMR 模块的基本时钟频率下进行采样(8300 系列为 60 MHz，8100 系列为 40 MHz)，然后通过一个瞬态检测器运行。最大的计数速率是 TMR 模块基本时钟频率的 1/2。内部的时钟源可以用来产生基本时钟。这些信号采用相同的时钟频率。如果计数器设定计数到一个特定的值并停止，则 CTRL 中的计数模式在计数结束时被清除。

1. 停止模式

如果计数模式区设置为 000，则计数器不工作，不进行计数，但是中断仍然可能按照所选中输入引脚上的输入瞬态产生。

2. 计数模式

如果计数模式区设置为 001，则计数器对所选时钟源信号的上升沿计数。这种模式适合产生定时的周期性中断，或者用来对外部事件进行计数，诸如传送带上零件通过传感器的个数。如果用输入极性选择位(IPS)设置所选输入信号的极性为负，则在选定信号的下降沿计数。

例 3-1　从外部脉冲信号源计数。

```
// (参见 PE PulseAccumulator bean)
// 本例程使用 TMRA1 来记录脉冲信号(实际上是记录脉冲的上升沿)
// 从外部信号源计数(TA3).
//
void Pulse_Init(void)
{
    /* TMRA1_CTRL: CM = 0,PCS = 3,SCS = 0,ONCE = 0,LENGTH = 0,DIR = 0,Co_INIT = 0,OM = 0 */
```

```
    setReg(TMRA1_CTRL,0x0600);                              /* 设置模式 */
    /* TMRA1_SCR: TCF = 0,TCFIE = 0,TOF = 0,TOFIE = 0,IEF = 0,IEFIE = 0,IPS = 0,INPUT = 0,
    Capture_Mode = 0,MSTR = 0,EEOF = 0,VAL = 0,FORCE = 0,OPS = 0,OEN = 0 */
    setReg(TMRA1_SCR,0x00);
    setReg(TMRA1_CNTR,0x00);                                /* 计数寄存器复位 */
    setReg(TMRA1_LOAD,0x00);                                /* 装载寄存器复位 */
    setRegBitGroup(TMRA1_CTRL,CM,0x01);                     /* 启动计数器 */
}
```

例3-2　通过对内部时钟计数产生周期性中断。

```
// (参见 PE TimerInt bean)
// 本例程每 100 ms 产生一次中断
// 假设 DSP 工作频率为 60 MHz
//
// 内部计数时钟为 IP_bus_clk 除以 128
// 计数器计数到 46874 与 CMP1 值相匹配
// 这时产生一个中断,计数器重载,并且
// 下一个 CMP1 值从 CMPLD1 中载入
//
void TimerInt_Init(void)
{
  /* TMRA0_CTRL: CM = 0,PCS = 0,SCS = 0,ONCE = 0,LENGTH = 1,DIR = 0,Co_INIT = 0,OM = 0 */
  setReg(TMRA0_CTRL,0x20);                                  /* 停止所有定时器功能 */
  /* TMRA0_SCR: TCF = 0,TCFIE = 0,TOF = 0,TOFIE = 0,IEF = 0,IEFIE = 0,IPS = 0,INPUT = 0,
  Capture_Mode = 0,MSTR = 0,EEOF = 0,VAL = 0,FORCE = 0,OPS = 0,OEN = 0 */
  setReg(TMRA0_SCR,0x00);
  setReg(TMRA0_LOAD,0x00);                                  /* 装载寄存器复位 */
  setReg(TMRA0_CMP1,46874);                                 /* 设置比较寄存器 1 */
  setReg(TMRA0_CMPLD1,46874);                               /* 设置比较重载寄存器 */
  /* TMRA0_COMSCR: TCF2EN = 0,TCF1EN = 1,TCF2 = 0,TCF1 = 0,CL2 = 0,CL1 = 1 */
  setReg(TMRA0_COMSCR,0x41);                                /* 比较器 1 中断使能 */
                                                            /* 比较器 1 预装载 */
  setRegBitGroup(TMRA0_CTRL,PCS,0xF);                       /* 计数器时钟源设为 IP_bus_clk / 128 */
  setReg(TMRA0_CNTR,0x00);                                  /* 比较寄存器复位 */
  setRegBitGroup(TMRA0_CTRL,CM,0x01);                       /* 启动计数器 */
}
```

3. 边沿计数模式

如果计数模式区设置为010,则计数器会在所选外部时钟源的两个边沿计数。这种模式适合计数外部环境的变化,例如一个简单的码盘。

例3-3　对外部源信号的两个边沿计数。

```
// (参见 PE PulseAccumulator bean)
// 本例程使用 TMRA1 来记录脉冲信号(实际上是记录脉冲上的两个边沿)
// 从外部信号源计数(TA3).
```

```
//
void Pulse_Init(void)
{
  /* TMRA1_CTRL: CM = 0,PCS = 3,SCS = 0,ONCE = 0,LENGTH = 0,DIR = 0,Co_INIT = 0,OM = 0 */
  setReg(TMRA1_CTRL,0x0600);                          /* 设置模式 */
  /* TMRA1_SCR: TCF = 0,TCFIE = 0,TOF = 0,TOFIE = 0,IEF = 0,IEFIE = 0,IPS = 0,INPUT = 0,
  Capture_Mode = 0,MSTR = 0,EEOF = 0,VAL = 0,FORCE = 0,OPS = 0,OEN = 0 */
  setReg(TMRA1_SCR,0x00);
  setReg(TMRA1_CNTR,0x00);                            /* 计数寄存器复位 */
  setReg(TMRA1_LOAD,0x00);                            /* 装载寄存器复位 */
  setRegBitGroup(TMRA1_CTRL,CM,0x02);                 /* 启动计数器 */
}
```

4. 门控计数模式

如果计数模式区设置为 011,需要主、次两个输入信号,其中主信号为时钟源,次信号为计数门控信号。计数器会在选定的次输入信号为高电平时计数。这种模式用于测量外部事件的持续时间。如果通过将 IPS 置位,则输入极性相反,计数器会在选定的第二个输入信号为低时计数。

例 3-4 捕获外部脉冲持续时间。

```
//(参见 PE PulseAccumulator bean)
//本例程使用 TMRA1 设定外部脉冲的持续时间
//
//IP_bus 时钟用于主计数器. 如果外部脉冲的持续时间超过 0.001 s
//则可以使用另外一个 IP_bus 时钟分频器
//如果脉冲持续时间超过 0.128 s
//则可以利用外部时钟源作为主时钟源
//
void Pulse1_Init(void)
{
  /* TMRA1_CTRL: CM = 0,PCS = 8,SCS = 1,ONCE = 0,LENGTH = 0,DIR = 0,Co_INIT = 0,OM = 0 */
  setReg(TMRA1_CTRL,0x1080);                          /* 设置模式 */
  /* TMRA1_SCR: TCF = 0,TCFIE = 0,TOF = 0,TOFIE = 0,IEF = 0,IEFIE = 0,IPS = 0,INPUT = 0,
  Capture_Mode = 0,MSTR = 0,EEOF = 0,VAL = 0,FORCE = 0,OPS = 0,OEN = 0 */
  setReg(TMRA1_SCR,0x00);
  setReg(TMRA1_CNTR,0x00);                            /* 计数器寄存器复位 */
  setReg(TMRA1_LOAD,0x00);                            /* 装载寄存器复位 */
  setRegBitGroup(TMRA1_CTRL,CM,0x03);                 /* 启动计数器 */
}
```

5. 正交计数模式

如果计数模式区设置为 100,则计数器将对主、次两个外部输入的正交编码信号进行解码。正交信号通常是由电机轴或机械装置上的旋转或直线传感器产生的。两路正交信号为方波信号,相位相差 90°。通过对正交信号的解码,可以得到计数信息和转向信息。图 3-97 所

示为正交位置增量式编码器的基本操作时序。

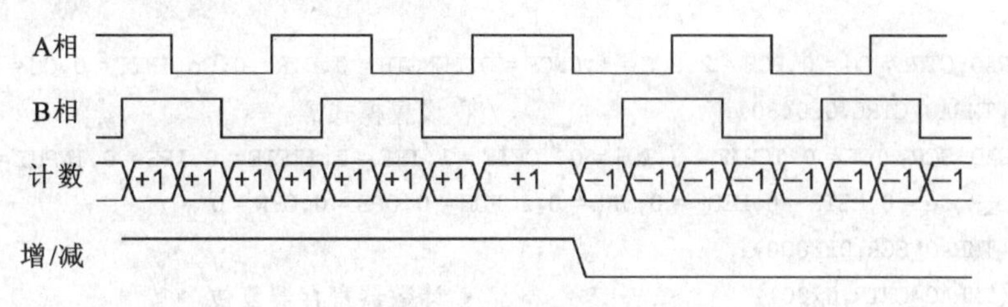

图 3-97 时序图

例 3-5 正交计数模式。

```
//(参见 PE PulseAccumulator bean)
// 本例程使用 TMRA0 对正交位置编码器状态计数
//
// 定时器输入 0 用于主计数源 (PHASEA)
// 定时器输入 1 用于次计数源 (PHASEB)
//
void Pulse_Init(void)
{
  /* TMRA0_CTRL: CM = 0,PCS = 0,SCS = 1,ONCE = 0,LENGTH = 0,DIR = 0,Co_INIT = 0,OM = 0 */
  setReg(TMRC0_CTRL,0x80);                    /* 设置模式 */
  /* TMRA0_SCR: TCF = 0,TCFIE = 0,TOF = 0,TOFIE = 0,IEF = 0,IEFIE = 0,IPS = 0,INPUT = 0,
  Capture_Mode = 0,MSTR = 0,EEOF = 0,VAL = 0,FORCE = 0,OPS = 0,OEN = 0 */
  setReg(TMRA0_SCR,0x00);
  setReg(TMRA0_CNTR,0x00);                    /* 计数器寄存器复位 */
  setReg(TMRA0_LOAD,0x00);                    /* 装载寄存器复位 */
  setReg(TMRA0_CMP1,0xFFFF);                  /* 设置比较寄存器 1 */
  setReg(TMRA0_CMP2,0x00);                    /* 设置比较寄存器 2 */
  /* TMRA0_COMSCR: TCF2EN = 0,TCF1EN = 0,TCF2 = 0,TCF1 = 0,CL2 = 0,CL1 = 0 */
  setReg(TMRA0_COMSCR,0x00);
  setRegBitGroup(TMRA0_CTRL,CM,0x04);         /* 启动计数器 */
}
```

6. 可控增/减计数模式

如果计数模式区设置为 101,则需要主、次两个输入信号,计数器对主信号(时钟源)进行计数,选定的次信号决定计数方向(递增或递减)。如果次信号输入是高电平,则计数器按递减方向计数;反之,计数器按递增方向计数。

例 3-6 可控增/减计数模式。

```
//(参见 PE PulseAccumulator bean)
// 本例程使用 TMRA0 进行增/减模式计数
//
// 定时器输入 2 用于主计数源
// 定时器输入 1 用于确定计数方向
//
```

```
void Pulse_Init(void)
{
  /* TMRA0_CTRL: CM = 0,PCS = 2,SCS = 1,ONCE = 0,LENGTH = 0,DIR = 0,Co_INIT = 0,OM = 0 */
  setReg(TMRA0_CTRL,0x0480);                  /* 设置模式 */
  /* TMRA0_SCR: TCF = 0,TCFIE = 0,TOF = 0,TOFIE = 1,IEF = 0,IEFIE = 0,IPS = 0,INPUT = 0,
  Capture_Mode = 0,MSTR = 0,EEOF = 0,VAL = 0,FORCE = 0,OPS = 0,OEN = 0 */
  setReg(TMRA0_SCR,0x1000);
  setReg(TMRA0_CNTR,0x00);                    /* 计数器寄存器复位 */
  setReg(TMRA0_LOAD,0x00);                    /* 装载寄存器复位 */
  setRegBitGroup(TMRA0_CTRL,CM,0x05);         /* 启动计数器 */
}
```

7. 触发计数模式

如果计数模式区设置为 110,则需要主、次两个输入信号,在次信号发生正跳变后,计数器对主时钟源的上升沿计数。如果 IPS=1,则在次信号发生负跳变后开始计数,计数将一直持续到发生比较事件或检测到次信号新的有效跳变时。如果在计数达到中止值之前,次信号输入发生跳变,则计数将停止。然后次信号输入的跳变将使计数重新启动,直到比较匹配事件发生为止。其中,在次信号的奇数边沿重新计数;在次信号的偶数边沿或者发生比较事件时,停止计数。

例 3-7 触发计数模式。

```
//(参见 PE PulseAccumulator bean)
// 本例程使用 TMRA1 进行触发模式计数
//
// 定时器输入 3 用于主计数源
// 定时器 2 用于触发输入信号
//
void Pulse_Init(void)
{
  /* TMRA1_CTRL: CM = 0,PCS = 3,SCS = 2,ONCE = 0,LENGTH = 0,DIR = 0,Co_INIT = 0,OM = 0 */
  setReg(TMRA1_CTRL,0x0700);                  /* 设置模式 */
  /* TMRA1_SCR: TCF = 0,TCFIE = 0,TOF = 0,TOFIE = 1,IEF = 0,IEFIE = 0,IPS = 0,INPUT = 0,
  Capture_Mode = 0,MSTR = 0,EEOF = 0,VAL = 0,FORCE = 0,OPS = 0,OEN = 0 */
  setReg(TMRA1_SCR,0x1000);
  setReg(TMRA1_CNTR,0x00);                    /* 计数器寄存器复位 */
  setReg(TMRA1_LOAD,0x00);                    /* 装载寄存器复位 */
  setReg(TMRA1_CMP1,0x0012);                  /* 设置比较寄存器 1 */
  /* TMRA1_COMSCR: TCF2EN = 0,TCF1EN = 0,TCF2 = 0,TCF1 = 0,CL2 = 0,CL1 = 0 */
  setReg(TMRA1_COMSCR,0x00);
  setRegBitGroup(TMRA1_CTRL,CM,0x06);         /*启动计数器*/
}
```

8. 单次触发模式

单次触发模式是触发计数模式的一个子模式。当计数模式区设置为 110 时,计数器采用

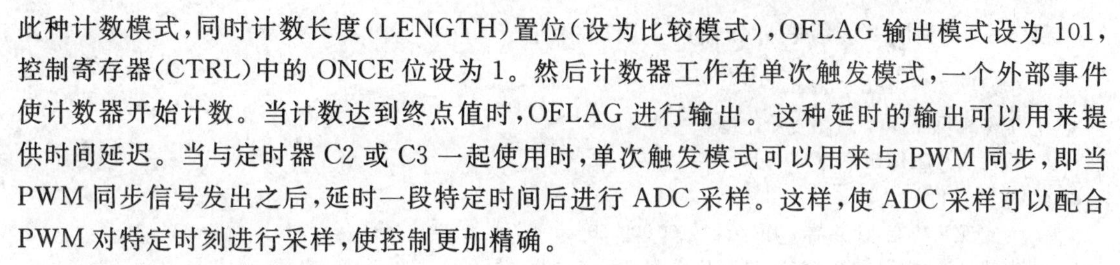
此种计数模式，同时计数长度(LENGTH)置位(设为比较模式)，OFLAG输出模式设为101，控制寄存器(CTRL)中的ONCE位设为1。然后计数器工作在单次触发模式，一个外部事件使计数器开始计数。当计数达到终点值时，OFLAG进行输出。这种延时的输出可以用来提供时间延迟。当与定时器C2或C3一起使用时，单次触发模式可以用来与PWM同步，即当PWM同步信号发出之后，延时一段特定时间后进行ADC采样。这样，使ADC采样可以配合PWM对特定时刻进行采样，使控制更加精确。

例3-8　单次触发模式。

```
//(参见 PE PulseAccumulator bean)
//本例程使用 TMRA1 进行单次触发模式计数
//
//定时器输入3用于主计数源
//定时器输入2用于触发输入信号
//
void Pulse_Init(void)
{
  /* TMRA1_CTRL: CM = 0,PCS = 3,SCS = 2,ONCE = 0,LENGTH = 0,DIR = 0,Co_INIT = 0,OM = 5 */
  setReg(TMRA1_CTRL,0x0725);                    /* 设置模式 */
  /* TMRA1_SCR: TCF = 0,TCFIE = 0,TOF = 0,TOFIE = 1,IEF = 0,IEFIE = 0,IPS = 0,INPUT = 0,
  Capture_Mode = 0,MSTR = 0,EEOF = 0,VAL = 0,FORCE = 0,OPS = 0,OEN = 0 */
  setReg(TMRA1_SCR,0x1000);
  setReg(TMRA1_CNTR,0x00);                      /* 计数器寄存器复位 */
  setReg(TMRA1_LOAD,0x00);                      /* 装载寄存器复位 */
  setReg(TMRA1_CMP1,0x0004);                    /* 设置比较寄存器1 */
  /* TMRA1_COMSCR: TCF2EN = 0,TCF1EN = 0,TCF2 = 0,TCF1 = 0,CL2 = 0,CL1 = 0 */
  setReg(TMRA1_COMSCR,0x00);
  setRegBitGroup(TMRA1_CTRL,CM,0x06);           /* 启动计数器 */
}
```

9. 级联计数模式

如果计数模式区设置为111，则需要主、源两个计数器。源计数器的输出作为主计数器的输入。主计数器对源计数器发生的比较事件进行递增或递减计数。这种级联模式，也称为菊花链(Daisy-Chain)模式，可以将多个计数器级联起来，能够得到更长的计数长度。这种级联计数模式使用专门的高速信号通道，而不用理会OFLAG信号的状态。如果选定的源计数器在正向计数模式下产生比较事件，则主计数器递增；如果选定的源计数器在负向计数模式下产生比较事件，则主计数器递减。最多允许4个计数器进行级联，形成一个64位同步计数器。计数器模块中的任何一个计数器被读取时，模块中所有计数器的值均被捕获至各自的保持寄存器中。这个功能用来支持级联计数器链。首先，读取级联计数器链中的任意一个计数器，然后读取其他计数器链中其他计数器保持寄存器的值。级联计数器模式是同步的。

用其他计数器的输出作为时钟源时，如果不采用级联模式，则计数器工作在异步(Ripple)模式下，上一级计数器转换的时钟信号要比下一级计数器有所滞后。而同步的级联模式则没有。这是因为读取上一级计数器的值之后，再读取下一级计数器的值有一定的时延。

例 3-9 利用 2 级级联计数器产生周期中断。

```
// (参见 PE TimerInt bean)
// 本例程每隔 30 s 产生一个中断
// 假设芯片工作频率为 60 MHz
//
// 为实现该功能,计数器 2 用于计数 60000 IP_bus 时钟
// 也就是说,它每隔 0.001 s 进行比较和重载
// 计数器 3 是级联的,用来计数 0.001 s 时钟
// 并产生期望的中断周期
//
void TimerInt_Init(void)
{
  // 设置计数器 2 计数 IP_bus 时钟
  /* TMRA2_CTRL: CM = 0,PCS = 8,SCS = 0,ONCE = 0,LENGTH = 1,DIR = 0,Co_INIT = 0,OM = 0 */
  setReg(TMRA2_CTRL,0x1020);                          /* 停止所有定时器功能 */
  // 设置计数器 3 为级联的,并计数计数器 2 的输出
  /* TMRA3_CTRL: CM = 7,PCS = 6,SCS = 0,ONCE = 0,LENGTH = 1,DIR = 0,Co_INIT = 0,OM = 0 */
  setReg(TMRA3_CTRL,0xEC20);                          /* 设置级联计数器模式 */
  /* TMRA3_SCR: TCF = 0,TCFIE = 0,TOF = 0,TOFIE = 0,IEF = 0,IEFIE = 0,IPS = 0,INPUT = 0,
  Capture_Mode = 0,MSTR = 0,EEOF = 0,VAL = 0,FORCE = 0,OPS = 0,OEN = 0 */
  setReg(TMRA3_SCR,0x00);
  /* TMRA2_SCR: TCF = 0,TCFIE = 0,TOF = 0,TOFIE = 0,IEF = 0,IEFIE = 0,IPS = 0,INPUT = 0,
  Capture_Mode = 0,MSTR = 0,EEOF = 0,VAL = 0,FORCE = 0,OPS = 0,OEN = 0 */
  setReg(TMRA2_SCR,0x00);
  setReg(TMRA3_CNTR,0x00);                            /* 计数器寄存器复位 */
  setReg(TMRA2_CNTR,0x00);
  setReg(TMRA3_LOAD,0x00);                            /* 装载寄存器复位 */
  setReg(TMRA2_LOAD,0x00);
  setReg(TMRA3_CMP1, 30000);                          /* 30000 ms */
  setReg(TMRA3_CMPLD1,30000);
  setReg(TMRA2_CMP1, 60000);                          /* 设置周期毫秒数 */
  setReg(TMRA2_CMPLD1,60000);
  /* TMRA3_COMSCR: TCF2EN = 0,TCF1EN = 1,TCF2 = 0,TCF1 = 0,CL2 = 0,CL1 = 1 */
  setReg(TMRA3_COMSCR,0x41);                          /* 比较器 1 中断使能 */
                                                      /* 比较器 1 预装载 */
  /* TMRA2_COMSCR: TCF2EN = 0,TCF1EN = 0,TCF2 = 0,TCF1 = 0,CL2 = 0,CL1 = 1 */
  setReg(TMRA2_COMSCR,0x01);                          /* 比较器 1 预装载使能 */
  setRegBitGroup(TMRA2_CTRL,CM,0x01);                 /* 启动计数器 */
}
```

10. 脉冲输出模式

如果计数模式区设置为 001(MODE = 001),OFLAG 输出模式设为 111(门控时钟输出),Count Once 位置 1,则计数器输出是与所选定的时钟源同频率的脉冲序列(时钟源不允许为 IPBus 时钟除以 1),输出的脉冲数为比较值与初始值之差。也就是说,可以输出的脉冲个

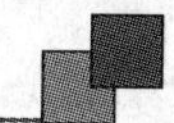

数和脉冲频率均可以设定。这种模式适于控制步进电机系统。主计数源必须设置为一个计数器的输出，而该计数器应当是门控时钟输出模式。

例 3-10 利用两个计数器的脉冲输出。

```
//(参见 PE PulseStream bean)
// 本例程从 TA1 输出端产生 6 个 10 ms 脉冲
// 假设芯片工作在 60 MHz
//
// 为了实现该功能，定时器 3 用于产生一个周期 10 ms 的时钟
// 定时器 1 用于门控这些时钟，并计数产生的脉冲个数
//
void PulseStream_Init(void)
{
  // 选择 IP_bus_clk/16 作为定时器 A3 的时钟源
  /* TMRA3_CTRL: CM = 0,PCS = 0x0C,SCS = 0,ONCE = 0,LENGTH = 1,DIR = 0,Co_INIT = 0,OM = 3 */
  setReg(TMRA3_CTRL,0x1823);                          /* 设置模式 */
  /* TMRA3_SCR: TCF = 0,TCFIE = 0,TOF = 0,TOFIE = 0,IEF = 0,IEFIE = 0,IPS = 0,INPUT = 0,
  Capture_Mode = 0,MSTR = 0,EEOF = 0,VAL = 0,FORCE = 0,OPS = 0,OEN = 0 */
  setReg(TMRA3_SCR,0x00);
  setReg(TMRA3_LOAD,0x00);                            /* 装载寄存器复位 */
  setReg(TMRA3_CMP1,37500); /* (16 * 37500 ) / 60e6 = 0.01 sec */
  /* TMRA3_COMSCR: TCF2EN = 0,TCF1EN = 0,TCF2 = 0,TCF1 = 0,CL2 = 0,CL1 = 0 */
  setReg(TMRA3_COMSCR,0x00);                          /* 设置比较器控制寄存器 */

  // 定时器 3 的输出作为该定时器的时钟源
  /* TMRA1_CTRL: CM = 0,PCS = 7,SCS = 0,ONCE = 1,LENGTH = 1,DIR = 0,Co_INIT = 0,OM = 7 */
  setReg(TMRA1_CTRL,0x0E67);                          /* 设置模式 */
  /* TMRA1_SCR: TCF = 0,TCFIE = 0,TOF = 0,TOFIE = 0,IEF = 0,IEFIE = 0,IPS = 0,INPUT = 0,
  Capture_Mode = 0,MSTR = 0,EEOF = 0,VAL = 0,FORCE = 0,OPS = 0,OEN = 1 */
  setReg(TMRA1_SCR,0x01);
  setReg(TMRA1_CNTR,0x00);                            /* 计数器寄存器复位 */
  setReg(TMRA1_LOAD,0x00);                            /* 装载寄存器复位 */
  setReg(TMRA1_CMP1,0x04);                            /* 设置比较寄存器 1 */
  // 设置在最后一个脉冲后产生中断
  /* TMRA1_COMSCR: TCF2EN = 0,TCF1EN = 1,TCF2 = 0,TCF1 = 0,CL2 = 0,CL1 = 0 */
  setReg(TMRA1_COMSCR,0x40);                          /* 设置比较器控制寄存器 */
  // 最后，启动计数器
  setReg(TMRA3_CNTR,0);                               /* 计数器复位 */
  setRegBitGroup(TMRA3_CTRL,CM,0x01);                 /* 启动时钟源计数器 */
  setRegBitGroup(TMRA1_CTRL,CM,0x01);                 /* 启动计数器 */
}
```

11. 固定频率 PWM 模式

固定频率 PWM 模式是计数模式中的低级模式。如果计数模式区设置为 001(Mode=001)，循环计数(Count Length=0)，连续计数(Count Once=0)，OFLAG 输出模式设置为 110

(设置比较,在计数器翻转时清零),则计数器输出就形成了 PWM 信号,其频率为计数时钟频率除以 65536,占空比为比较值除以 65536。这种模式主要用于驱动 PWM 放大器、电机控制和逆变器,或用作低成本的 DAC。

例 3-11 固定频率 PWM 模式。

```
//(参见 PE PWM bean)
//本例程使用 TMRA0 产生固定频率
//
//定时器将对 IP_bus 时钟进行连续计数,直至其翻转
//这样就产生了一个周期为 65536/60e6 = 1092.267 μs 的 PWM
//
//最初,产生一个脉宽为 25 μs 的脉冲(1500/60e6)
//产生的 PWM 占空比为 1500/65536 = 2.289%
//该脉宽可以通过改变 CMP1 寄存器的值来进行调整(使用 CMPLD1)
//
void PWM1_Init(void)
{
  setReg(TMRA0_CNTR,0);                         /* 计数器复位 */
  /* TMRA0_SCR: TCF = 0,TCFIE = 0,TOF = 0,TOFIE = 0,IEF = 0,IEFIE = 0,IPS = 0,INPUT = 0,
  Capture_Mode = 0,MSTR = 0,EEOF = 0,VAL = 0,FORCE = 1,OPS = 0,OEN = 1 */
  setReg(TMRA0_SCR,0x05);                       /* 输出使能 */
  setReg(TMRA0_CMP1,1500);                      /* 将最初值存入占空比-比较寄存器 */
  /* TMRA0_CTRL: CM = 1,PCS = 8,SCS = 0,ONCE = 0,LENGTH = 0,DIR = 0,Co_INIT = 0,OM = 6 */
  setReg(TMRA0_CTRL,0x3006);                    /* 启动计数器 */
}
```

12. 变频 PWM 模式

如果设置连续计数(Count Once = 0),COUNT 模式(mode = 001)下计数至比较值(Count Length = 1),OFLAG 输出模式为 100(翻转 OFLAG 和交替比较寄存器),则计数器输出产生一个脉宽调制(PWM)信号,其频率和脉宽由 TMRCMP1 和 TMRCMP2 寄存器设定的值以及输入时钟频率确定。这种产生 PWM 方法的优点是几乎可以产生任何希望的 PWM 频率和(或)固定的导通/关断周期。这种工作模式经常用于驱动 PWM 放大器控制电机或者逆变器。TMRCMPLD1 和 TMRCMPLD2 寄存器在该模式中的作用尤其重要。这是因为它们允许在发送本周期的 PWM 时,为下一个 PWM 周期计算控制量。

为了使定时器工作在变频 PWM 模式,并且利用比较预装载,需要进行以下设置:在进行设置过程中,建议 CTLR 在最后更新。这是因为如果计数模式改变到任何一个除了 000 以外的值时,计数器将启动计数(假设主计数源已经有效)。

例 3-12 详细介绍了定时器的设置,使其工作在变频 PWM 模式。

例 3-12 变频 PWM 模式。

```
//(参见 PE PPG [可编程脉冲发生器] bean)
//本例程启动了一个 11/31 ms PWM
//假设芯片工作在 60 MHz,定时器使用 IP_bus_clk/32 作为时钟源
//
```

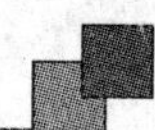

```
// 初始脉冲周期：60e6/32 时钟/s * 31 ms = 58125(每周期的总时钟数)
// 初始脉宽：60e6/32 时钟/s * 11 ms = 20625(脉宽时钟数)
//
// 一旦 CMP1/CMPLD1 和 CMP2/CMPLD2 的初始值被设定
// 脉宽可以通过在每次比较中断时装载新的 CMPLD1 和 CMPLD2 值来改变
//
void PPG1_Init(void)
{
  setReg(TMRA0_LOAD,0);                    /* 清除装载寄存器 */
  setReg(TMRA0_CNTR,0);                    /* 清除计数器 */
  /* TMRA0_SCR：TCF = 0,TCFIE = 0,TOF = 0,TOFIE = 0,IEF = 0,IEFIE = 0,IPS = 0,INPUT = 0,
  Capture_Mode = 0,MSTR = 0,EEOF = 0,VAL = 0,FORCE = 1,OPS = 0,OEN = 1 */
  setReg(TMRA0_SCR,5);                     /* 设置状态和控制寄存器 */
  // 设置比较预装载操作,并使能 compare2 事件中断
  /* TMRA0_COMSCR：TCF2EN = 1,TCF1EN = 0,TCF2 = 0,TCF1 = 0,CL21 = 0,CL20 = 1,CL11 = 1,CL10 = 0 */
  setReg(TMRA0_COMSCR,0x86);               /* 设置比较器状态和控制寄存器 */
  setReg(TMRA0_CMP1,20625);                /* 设置脉宽关断时间 */
  setReg(TMRA0_CMPLD1,20625);              /* 设置脉宽关断时间 */
  setReg(TMRA0_CMP2,58125 - 20625);        /* 设置脉宽导通时间 */
  setReg(TMRA0_CMPLD2,58125 - 20625);      /* 设置脉宽导通时间 */
  /* TMRA0_CTRL：CM = 1,PCS = 0xD,SCS = 0,ONCE = 0,LENGTH = 1,DIR = 0,Co_INIT = 0,OM = 4 */
  setRegBits(TMRA0_CTRL,0x3A24);           /* 设置变频 PWM 模式并启动计数器 */
}
```

3.14.5 中　断

定时器模块中的 4 个定时器均可产生中断,并由中断向量表中指定的中断服务程序(ISR)进行处理。ISR 将去检测定时器状态和控制寄存器(TMRSCR)和定时器比较器状态/控制寄存器(TMRCOMSCR)中找出 5 个中断标志位中哪个标志位是高。表 3-36 所列为定时器中断标志位。ISR 应该通过向标志位写 0 来将每个标志位复位。

表 3-36　定时器中断标志位

缩　写	名　称	所在位置	
		TMRSCR	TMRCOMSCR
TCF	定时器比较标志	×	—
TOF	定时器溢出标志	×	—
IEF	输入沿标志	×	—
TCF1	定时器比较标志 1	—	×
TCF2	定时器比较标志 2	—	×

3.15 电压调节器

3.15.1 简 介

电压调节模块为芯片提供一个电压调节机制，用于将外部的3.3 V供电电压降至2.5 V，以适应内核的逻辑电平。片内的电压调节器能够稳定运行，并有足够的容量使芯片在各种不同的负载、频率、电压、温度及程序条件下正常工作。

3.15.2 特 点

该线性电压调节器有以下特点：

◇ 提供2.5 V(允许误差为±10%)的电压；

◇ 提供至少250 mA的平均电流给大调节器；

◇ 提供至少1 mA的平均电流给小调节器。

3.15.3 功能简介

电压调节模块的结构如图3-98所示。内部的调节器(通常，1用于逻辑电路，2用于模拟电路)将外部的3.3 V供电电压降至2.5 V。

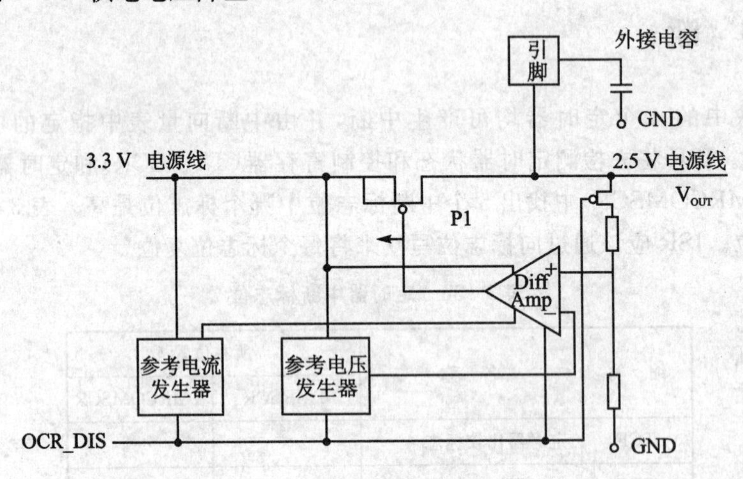

图3-98 电压调节器框图

调节器是一个线性串联低压降调节器。使用1个较大的P沟道MOSFET作为导通器件，并且作为过载保护器件。在最大输出电流250 mA的情况下，该模块可以将输入3.3 V(允许误差为±10%)的电压调整为2.5 V。在有4个V_{CAP}引脚和OCR_DIS引脚的芯片中，该模块还有一个电源关闭功能，便于外部调节器的使用。当内部调节器通过OCR_DIS被禁止时，V_{CAP}引脚将被用来提供2.5 V V_{DD_CORE}内核电压。当芯片有两个V_{CAP}引脚但没有OCR_

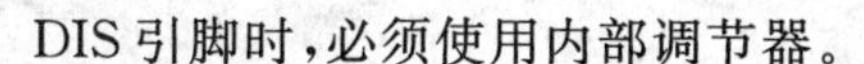

DIS引脚时，必须使用内部调节器。

调节器需要将2.2 μF的电容连接在V_{CAP}引脚，用来帮助稳定电压。为了优化动态特性，2.2 μF滤波电容必须是低等效串联电阻(ESR)的多层瓷片电容(MLCC)，而且应该安装在尽可能靠近V_{CAP}引脚的位置。不建议使用电解电容，这主要是因为电解电容有较高的ESR，会使负载调节的动态特性变差。滤波电容的值可以大于2.2 μF，以提高负载动态调节特性。但是，该电容不能小于2.2 μF。

3.15.4 工作模式

电压调节器属于模拟部分，是通过输入电压进行激励的。其工作模式只有ON。在有些芯片中，用于数字逻辑的大调节器可以被禁止，或者关闭。若外部调节器提供2.5 V电压时，这个功能比较有用。当片内调节器被禁止时，V_{CAP}引脚用于向内核逻辑提供2.5 V(V_{DD_CORE})。

3.15.5 引脚说明

电压调节器引脚说明如表3-37所列。

表3-37 引脚说明

名 称	I/O类型	功 能	复位状态	备 注
V_{OUT}	直流输出	输出电压	N/A	—
V_{IN}	直流源	输入电压	N/A	—
V_{CAP1}	—	电容	N/A	小调节器没有
V_{CAP2}	—	电容	N/A	小调节器没有
V_{CAP3}	—	电容	N/A	小调节器没有
V_{CAP4}	—	电容	N/A	小调节器没有
OCR_DIS	输入	片内调节器禁止	N/A	连接到V_{SS}或V_{DD}

◇ V_{OUT}(输出电压)：提供给内核逻辑、振荡器PLL的2.5 V电压。

◇ V_{IN}(输入电压)：输入的3.3 V典型电压。

◇ V_{CAP1}、V_{CAP2}、V_{CAP3}和V_{CAP4}(电容引脚)：2.2 μF电容引脚用于大调节器正常工作。

◇ OCR_DIS：片内调节器禁止。

OCR_DIS在有4个V_{CAP}引脚的芯片中可用。该引脚在上电时应该连接到V_{SS}或者V_{DD}上。

◇ 该引脚与V_{SS}相连，使能片内调节器；

◇ 该引脚与V_{DD}相连，禁止片内调节器。

该引脚在芯片工作过程中必须保持电平不变，不能通过将该引脚的电平翻转来节电。

第 4 章

DSP 软件开发平台

飞思卡尔公司为 56800E 系列 DSP 的开发提供了一套完整的、非常便利的软件开发平台——CodeWarrior IDE。该软件平台为用户提供了丰富的软件开发工具。通过该开发平台，使用户能够在最短的时间内开发出高质量的应用程序。

4.1 软件开发平台(IDE)简介

4.1.1 CodeWarrior IDE 的组成

用户可以利用 CodeWarrior IDE 进行应用软件的开发工作。CodeWarrior IDE 由工程管理器、源代码编辑器、分级浏览器、编译器、链接器和调试器等组成。

用户利用工程管理器可以对所有相关的文件和设置进行组织，并快速寻找相关的源代码文件。CodeWarrior IDE 自动对建好的、必需的设置文件进行管理。

一个工程(Project)可能有多个构建目标项目(Build Target)。每个目标都有单独的项目，每个项目都有属于自己的设置，需要用到部分或者所有工程中的文件。例如，用户的软件可以在一个工程中有 2 个调试版本和 1 个发布版本，都有单独的目标项目。

CodeWarrior IDE 有一个可扩展结构使用插入式(plug-in)编译器和链接器，用于针对不同的操作系统和处理器。标准 CodeWarrior 包括 DSP56800E 系列的 C 编译器。其他软件包包括 C、C++和 Java 编译器，可用于 Windows、Mac OS、Linux 和其他软件与硬件的组合。

IDE 包括：

◇ 用于 DSP56800E 的 CodeWarrior 编译器。ANSI 兼容的 C 编译器，基于所有相同的 CodeWarrior C 编译器结构。利用该编译器结合 DSP56800E 的 CodeWarrior 链接器，可以生成 DSP56800E 的应用软件和库文件。

注意： DSP56800E 的 CodeWarrior 编译器不支持 C++。

◇ 用于 DSP56800E 的 CodeWarrior 汇编器。该汇编器使用易用的语法结构。利用汇编器建立的工程文件以.asm 作为扩展名。

◇ 用于 DSP56800E 的 CodeWarrior 链接器。该链接器使用户可以将应用软件生成可执

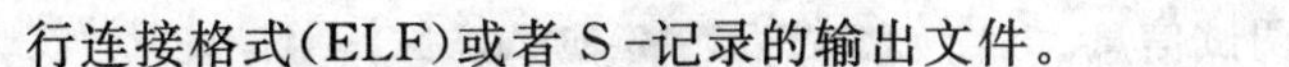

行连接格式(ELF)或者 S-记录的输出文件。

◇ 用于 DSP56800E 的 CodeWarrior 调试器。该调试器控制用户程序的执行,使用户可以看到程序运行时内部所发生的一切。通过调试器可以找出用户程序中的问题。调试器能够单步执行用户的程序,或者到某个特殊的点挂起。当调试器将程序停止执行时,用户可以观察函数的调用情况,检查变量值的变化,观察 DSP 内的寄存器值,并可以查看存储器中的值。

◇ Metrowerks 标准库 (MSL)。1 组 ANSI 兼容的标准 C 库,可以用来开发 DSP56800E 应用程序。在用户工程中,可以调用这些库函数。

4.1.2　利用 CodeWarrior IDE 的开发流程

CodeWarrior IDE 可以帮助用户比以往的传统平台更加有效地管理开发工作。图 4-1 为利用 IDE 进行应用软件开发的流程。

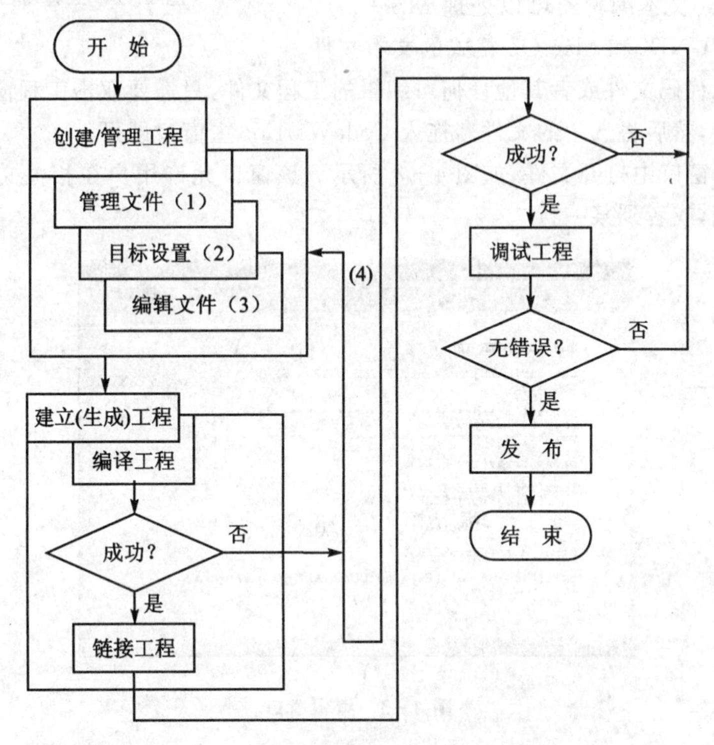

说明:

(1) 使用任意组合:固定(模板)文件、库文件或用户的源文件。
(2) 编译器、链接器和调试器设置:目标定义;优化设置。
(3) 编辑源文件和自带资源文件。
(4) 可能的修改:添加文件,改变设置或编辑文件。

图 4-1　CodeWarrior IDE 应用开发流程

1. 工程文件

CodeWarrior 工程文件包括源代码、库文件和其他文件。其工程窗口如图 4-2 所示。图中列出了一个工程的所有文件,并允许用户添加文件,删除文件,指定链接顺序,分配目标项目的文件和指示 IDE 为文件生成调试信息。

CodeWarrior IDE 自动处理工程文件中必须的配置，并且为每个目标项目存储编译和链接器的设置。IDE 自动寻找自从用户前次项目所产生的修改，只重新编译用户下一次项目的文件。

CodeWarrior 工程类似于生成文件的集合，这是因为同样的工程可以包括多个项目。例如，在同一个工程中，可以有调试版和发布版不同的代码。如前所述，目标项目是在一个工程下的不同的项目。

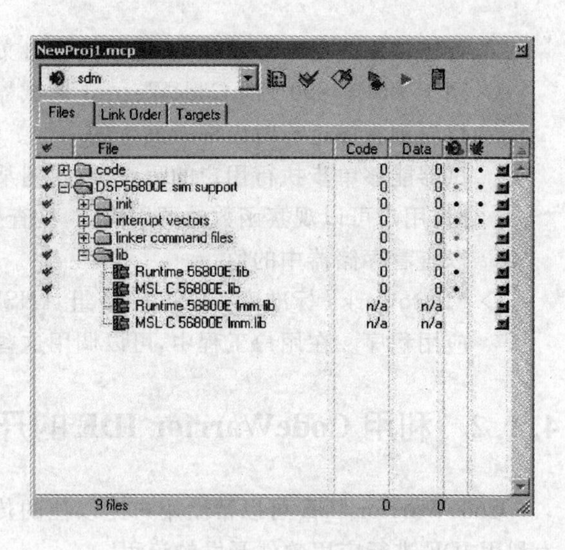

图 4-2　工程窗口

2. 编辑代码

CodeWarrior 文本编辑器可以处理 MS-DOS、Windows、UNIX 和 Mac OS 格式的文本文件。

为了编辑源代码文件或者其他任何可编辑的工程文件，只需要双击工程窗口中的文件名；或者选择文件名，然后将选中的文件名拖入 CodeWarrior 主窗口即可。

IDE 在编辑窗口中打开文件，如图 4-3 所示。该窗口允许用户在相关文件之间切换，在文件内进行标记，或者到某一行。

```
{
    #define SIZE 10

    int arr[SIZE] = {4,6,7,1,2,3,4,12,4,5};
    int i,j;

    printf("==================================\n");
    printf("Are you ready to be a DSP Warrior?\n");
    printf("==================================\n\n");

    print_array(arr,SIZE);

    for (i=0;i<SIZE-1;i++)
        for (j=i; j<SIZE; j++)
            if (arr[i]>arr[j])
                swap(&arr[i],&arr[j]);

    print_array(arr,SIZE);

    exit(0);  /* Call Exit to flush all IO buffers */

}
```

图 4-3　编辑窗口

3. 项目：编译和链接

对 CodeWarrior IDE 来说，项目包括编译和链接两部分。要启动项目，用户可以在 IDE 主窗口菜单中选择 Project>Make。IDE 编译器的功能如下：

◇ 从目标项目的源代码文件，生成一个目标代码文件；

◇ 适当更新目标项目的其他文件；

◇ 在出现错误情况时，给出适当的错误信息并停止编译。

CodeWarrior IDE 的核心编译器构架可以处理多种语言和平台目标。前端语言（Front-end Language）编译器依据语法对当前源代码生成一个中间表达（IR）。该 IR 是依赖存储器地址并与语言无关的。如图 4-4 所示，CodeWarrior IDE 管理整个处理过程。

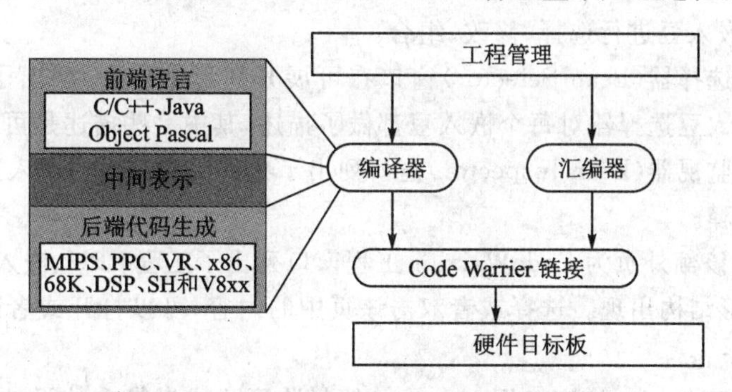

图 4-4　CodeWarrior IDE 管理系统

该构架是指 CodeWarrior IDE 使用同样的前端编译器来支持多种后端平台目标。在某些情况下，同样的后端编译器能够生成不同语言的代码。用户利用该构架具有以下优势：

◇ C/C++前端编译器的提升意味着所有代码生成的立即提升；

◇ IR 中的优化意味着新代码生成器是高度优化的；

◇ 对新处理器进行目标项目生成，不需要在源代码中进行与编译器相关的修改。

当编译成功时，由项目转移到链接。IDE 链接器的功能如下：

◇ 将目标文件(Object Files)链接成一个可执行文件；

◇ 如果出现错误，则给出适当的错误信息并停止链接。

由于 IDE 使用链接器命令文件对链接器进行控制，所以用户不必列出目标文件。工程管理器自动搜索目标文件，使用户可以指定链接顺序。当链接成功时，为用户做好了准备，使用户可以对应用程序进行测试和调试。

4. 调　试

用户调试应用程序，可在主窗口菜单中选择 Project>Debug。这时，调试器窗口被打开，并显示用户的程序代码。

在调试器中运行应用程序，并观察结果。调试器允许用户设置断点，并且可以查看寄存器、参数和代码执行过程中特殊点的其他值。

如果检测程序执行正确，用户就可将应用程序交给测试人员测试，或对应用程序进行发布。

4.2　处理器专家接口(PEI)简介

处理器专家接口 PEI(Processor Expert Interface)是用于 DSP56800/E 嵌入式微处理器的集成开发环境。它减少了应用开发的时间并降低了成本。其生成的代码对 DSP 和外设的使用非常高效。不仅如此，它还可以使所开发的代码有较高的可移植性。

4.2.1　PE 特点

PE(Processor Expert)主要有以下特点：

◇ 嵌入豆(Embedded Beans™)模块——每个嵌入豆中包含了一个嵌入式系统的基本功

能，诸如 CPU 内核、CPU 片内外设，以及虚拟器件等。为了建立应用程序，用户可以对适当的嵌入豆进行选择、修改、组合。

— 嵌入豆选择器(Bean Selector)窗口在可展开树形结构中，列出了所有有效的嵌入豆。嵌入豆选择器对每个嵌入豆都做了描述，其中一些描述是可展开的。

— 嵌入豆监视器(Bean Inspector)窗口列出了允许用户修改的嵌入豆的特性、方法、事件和注释。

◇ PE 页——该额外页为 CodeWarrior 工程窗口列出了工程 CPU、嵌入豆和模块，所有这些均以树形结构出现。选择或者双击该页中的内容，可以打开或者改变相关的 PE 窗口的内容。

◇ 目标 CPU 窗口——该窗口用一个简单的封装形式或者带有外设的封装形式，描述了目标微处理器。当用户移动光标到某个引脚时，该窗口会显示该引脚的标号和相关信号。另外，用户可以使该窗口显示微处理器的卷形框图。

◇ CPU 结构窗口——该窗口用可扩展树形结构表示相关的目标微处理器的所有单元。

◇ CPU 类型概览——该参考窗口列出了用户的 PE 版本所支持的所有 CPU 型号。

◇ 存储器映射——该窗口显示了 CPU 地址空间及内部和外部存储器的映射。

◇ 资源指示器——该窗口显示了目标微处理器的资源配置。

◇ 外设使用监视器——该窗口显示了每个片内外设的相关嵌入豆。

◇ 已安装的嵌入豆概览——该参考窗口提供了所有在用户 PE 中已经安装的嵌入豆的信息。

◇ 驱动程序生成——PEI 为嵌入式系统的硬件、外设和算法，提供、关联并生成驱动器代码。

◇ 自顶向下设计——开发人员通过定义具体应用来启动设计过程，而不是花更多的时间让 CPU 跑起来。

◇ 可扩展嵌入豆库——该库支持多种 CPU、外设和虚拟器件。

◇ 嵌入豆向导——该外部工具可以帮助开发人员建立自己的嵌入豆。

◇ 扩展的帮助信息——用户可以通过在 PE 菜单中选择帮助来访问该信息，或者通过单击任何 PE 窗口或对话框的帮助按钮来访问该信息。

4.2.2 PE 代码生成

PEI 对 CPU 和其他硬件资源进行管理，以便用户可以集中精力进行算法和设计方面的工作。其主要开发步骤如下：

① 建立 CodeWarrior 工程，指定适合用户目标处理器的 PE 模块；

② 对 CPU 的嵌入豆进行配置；

③ 选择和配置适当的功能嵌入豆；

④ 启动代码设计。

当用户生成工程时，工程窗口在 IDE 主窗口中被打开。该工程窗口有一个 PE 选项卡，如图 4-5 所示。PE 目标 CPU 窗口同时出现。PE 嵌入豆选择窗口也会出现，尽管该窗口在目标 CPU 窗口之后。

当用户启动代码设计时，PEI会从嵌入豆的设置中自动生成推荐代码。这些代码的生成具有PE的CPU知识系统和解决方案所带来的优点，所有这些代码都经过了充分测试，并且经过了效率优化。

为了加入新的功能，用户选择并配置另外的嵌入豆，然后重新启动代码设计。另外，也可以直接将利用其他开发工具所编写的代码与PEI代码相结合。

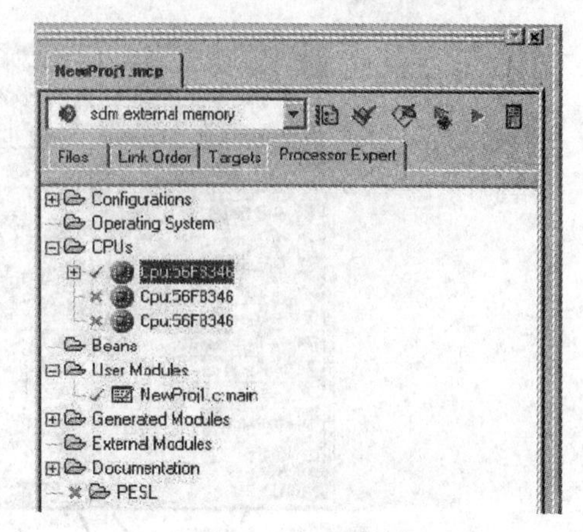

图4-5 工程窗口：处理器专家选项卡

4.2.3 PE嵌入豆

嵌入豆集成了嵌入式应用中最常用的一些功能，例如端口的位操作、中断、通信定时器和A/D转换器等。

嵌入豆选择器(Bean Selector)(见图4-6)可以帮助用户通过分类找到合适的嵌入豆。这些类别包括：处理器、MCU外部器件、MCU内部外设，或者片内外设。

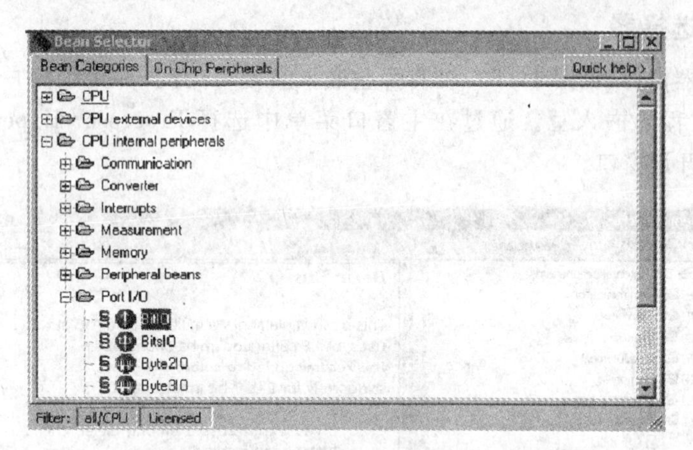

图4-6 嵌入豆选择器

通过在主窗口菜单中选择Processor Expert＞View＞Bean Selector，可以打开嵌入豆选择器。

嵌入豆选择器的树形结构列出了所有有效的嵌入豆。双击嵌入豆的名字可以将嵌入豆加入到用户的工程中。单击Quick Help(快速帮助)按钮可以打开或者关闭说明框，解释选中的嵌入豆。

一旦用户确定了适当的嵌入豆，用户可以通过嵌入豆监视器(Bean Inspector)(见图4-7)来对每个嵌入豆进行细调，使之更加适合用户的应用。

使用嵌入豆监视器设置嵌入豆的初始化特性，可以自动地将嵌入豆初始化代码加入至CPU的初始化代码中。用户使用嵌入豆监视器调整嵌入豆的特性，以便生成的代码更适合于用户的应用。

嵌入豆对片内外设的管理极为便利，当用户从嵌入豆中选择一个外设时，PEI可提供所有

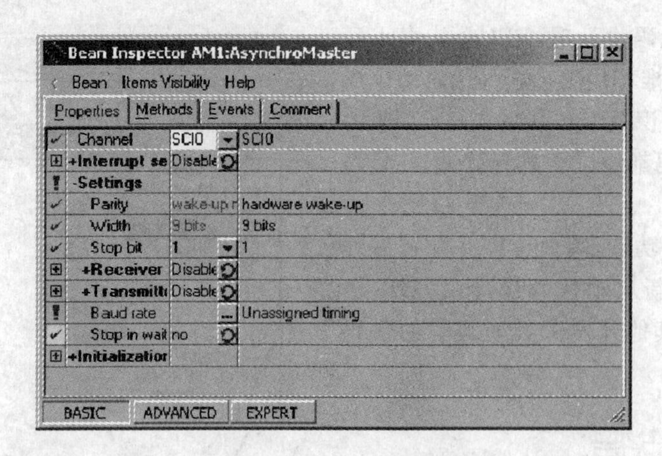

图 4-7　嵌入豆监视器

可能的选项。但是，PEI 会说明哪些选项是已经可用的，哪些是当前嵌入豆设置所不兼容的。

4.2.4　处理器专家窗口

1. 嵌入豆选择器

嵌入豆选择器窗口(见图 4-8)，表明哪些嵌入豆是可用的，并帮助用户确定哪些是最适合于用户应用工程的嵌入豆。通过在主窗口菜单中选择 Processor Expert>View>Bean Selector，可以打开该窗口。

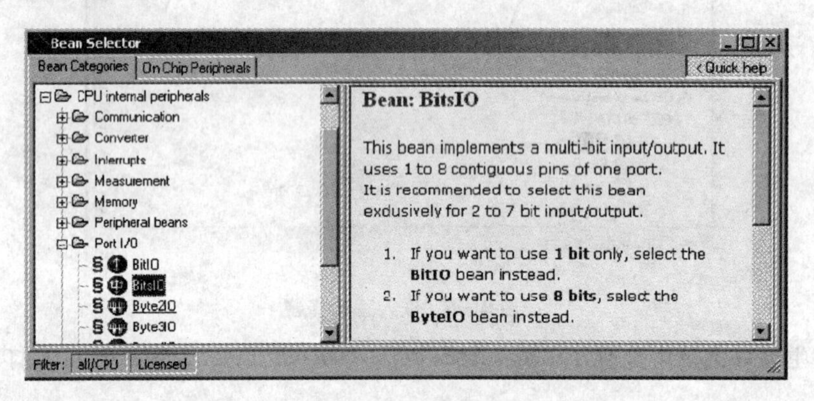

图 4-8　嵌入豆选择器窗口

在该窗口的左边，有一个嵌入豆分类页(Bean Categories)，按照分类顺序，以可扩展的树形结构列出了可使用的嵌入豆。绿色的豆子形符号表明嵌入豆是可用的，灰色的豆子形符号表明嵌入豆不可使用。

在该窗口的片内外设页(On-Chip Peripherals)中，也以可扩展的树形结构列出了有关特殊外设的可用嵌入豆。黄色的文件夹符号表明全部可使用的外设，浅蓝色的文件夹符号表明部分在使用的外设，深蓝色的文件夹符号表明全部在使用的外设。

嵌入豆的名字是黑色的，嵌入豆的模板名字是蓝色的。双击嵌入豆的名字可以将其加入到用户的工程中。

单击 Quick Help(快速帮助)按钮,可以将展开的面板加入窗口的右侧,如图 4-8 所示。这个面板对选择的嵌入豆(高亮显示)进行了描述。使用滚动条可以阅读较长的描述内容。

单击窗口底部的两个按钮,可以使过滤器有效或者无效。如果 all/CPU 过滤器有效,则窗口只列出目标 CPU 的嵌入豆。如果 license 过滤器有效,则窗口只列出该软件平台许可证有效的嵌入豆。

2. 嵌入豆监视器

嵌入豆监视器窗口(Bean Inspector)(见图 4-9)可供用户修改嵌入豆的特性和其他设置。通过在主窗口菜单中选择 Processor Expert＞View＞Bean Inspector,可以打开该窗口。

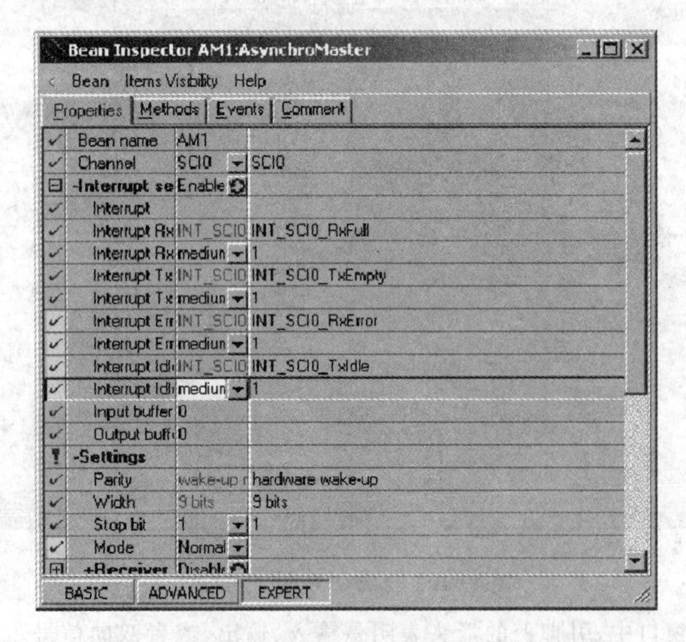

图 4-9　嵌入豆监视器窗口

该窗口显示了关于当前选择的嵌入豆的信息,即在工程窗口中的 PE 页里名字为高亮显示的嵌入豆。在嵌入豆监视器窗口的标题中含有嵌入豆的名字。

嵌入豆监视器包括特性(Properties)、方法(Methods)、事件(Events)和注释(Comment)页等。前 3 个页有以下栏:

◇ 项目名称——被设置的项目。双击组名可以展开或者折叠该表。对于方法和事件页,双击项目名可以在相应的代码区中打开文件编辑器。

◇ 选择的设置——用于用户应用程序中可能的设置。单击环形箭头按钮可以改变任何 ON/OFF 类设置。在多个可能值设置中有倒三角符号:单击这个倒三角可以打开一个菜单,然后选择适当的值。时间设置有省略号按钮(...):单击这个按钮可打开一个设置的对话框。

◇ 设置状态——当前设置的或错误状态。

使用注释页可以编写任何用户认为需要的注释或者说明。选择窗口底部的 Basic(基本)、Advanced(高级)和 Expert(专家)按钮,允许用户改变嵌入豆监视器信息的详细程度。嵌入豆监视器窗口有自己的菜单,选项包括恢复默认设置,保存已选嵌入豆作为模板,改变嵌入豆图标，从 CPU 断开，以及多种帮助信息。

3. 目标 CPU 窗口

目标 CPU 窗口(Target CPU)如图 4－10 所示。该窗口将目标处理器以真实 CPU 封装形式、带有外设的 CPU 封装形式或者框图形式显示出来。在主窗口菜单栏中选择 Processor Expert ＞ View ＞ Target CPU Package，可以打开该窗口。

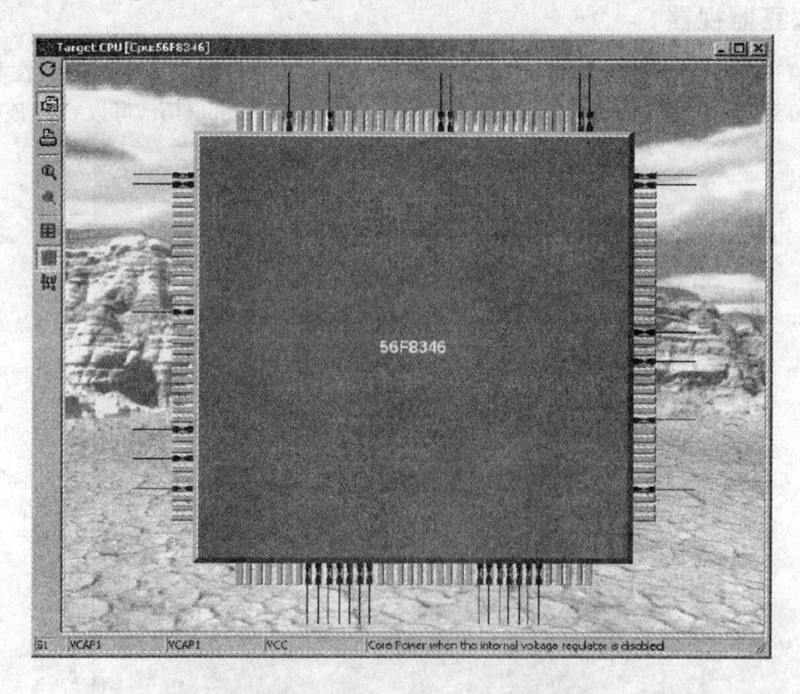

图 4－10 目标 CPU 窗口：封装

在目标 CPU 窗口中，引脚上的箭头表明是输入、输出，或者双向信号。当用户移动光标到处理器引脚时，窗口底部的文本框会显示引脚的编号和信号名称。利用左边的控制按钮可以修改这个处理器的显示，如图 4－11 所示。然而，该窗口有可能没有显示最新的处理器的内部外设。在这种情况下，用户可以单击 Always show internal peripheral devices 控制按钮。图 4－12 显示了根据需要展开图片的尺寸，使得外设重新显示。该图中的页包含了与相应处理器引脚相连的嵌入豆的图标(蓝色球形)。使用滚动条可以观察处理器图片的其他部分。

单击窗口左侧最下面按钮(Show CPU Block Diagram)，将显示处理器框图，如图 4－13 所示。使用滚动条可以观察图片的其他部分。也可以通过主窗口菜单栏选择 Processor Expert＞View＞Target CPU Block Diagram 来打开该窗口。

该窗口左侧的其他控制按钮的作用如下：

◇ 最下面按钮显示处理器引脚相关嵌入豆的图标；

◇ 第一个按钮将 CPU 图片旋转 90°；

◇ 第二个按钮显示默认的或者用户定义的外设和引脚名称；

◇ 第三个按钮打印 CPU 图片。

另外，目标 CPU 窗口还有一些其他的鼠标控制功能：

◇ 单击一个嵌入豆的图标，将该嵌入豆选入工程窗口的 PE 页。

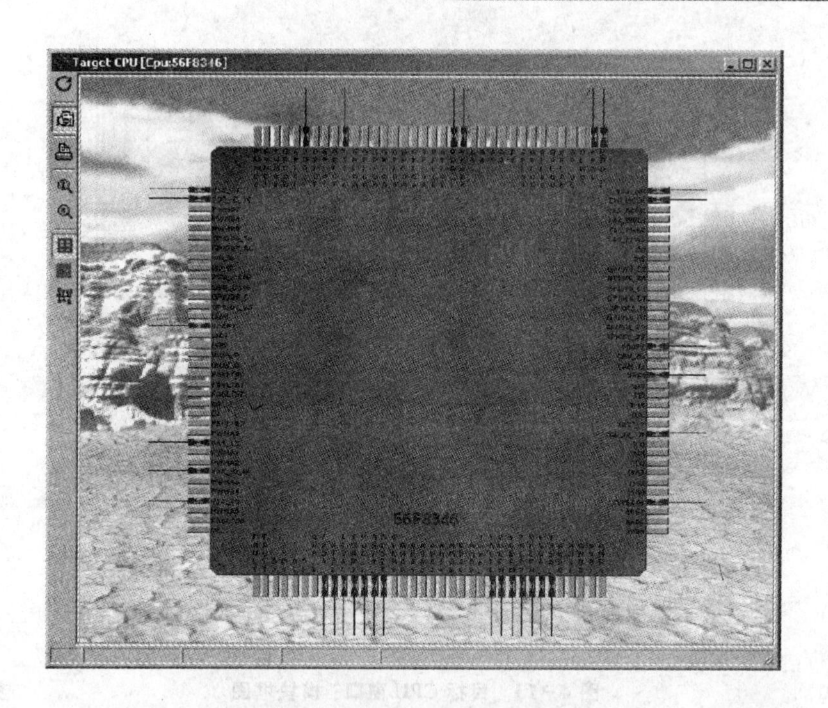

图 4－11　目标 CPU 窗口：封装与外设

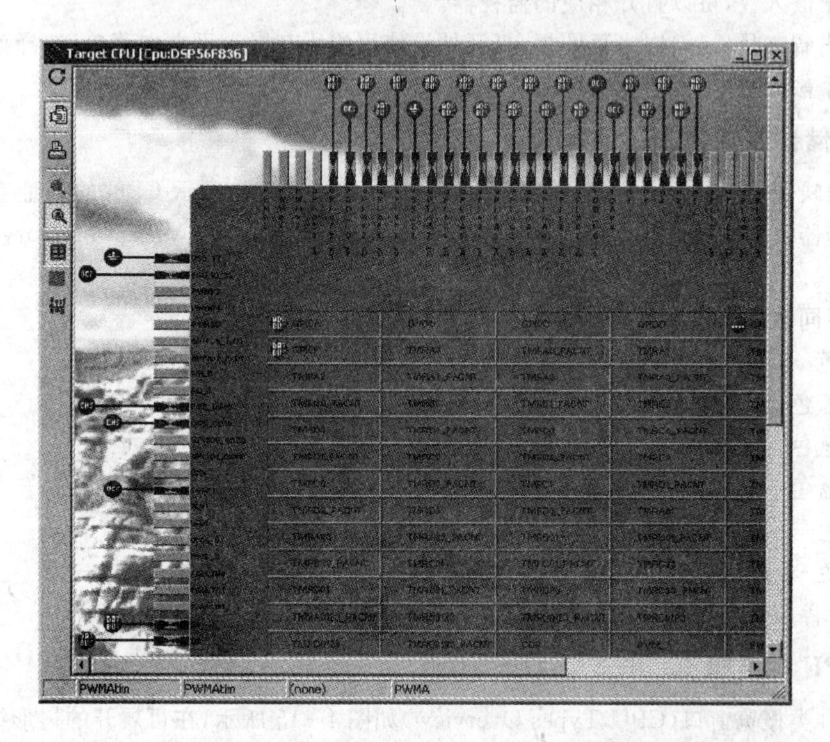

图 4－12　目标 CPU 窗口：外设与嵌入豆

◇ 双击一个嵌入豆的图标，打开该嵌入豆的监视器，显示该嵌入豆的信息。

◇ 在嵌入豆、引脚或者外设图标上右击，打开相应的文本菜单。

◇ 双击省略号(...)嵌入豆图标，打开外设使用的所有嵌入豆文本菜单；选择该菜单中的

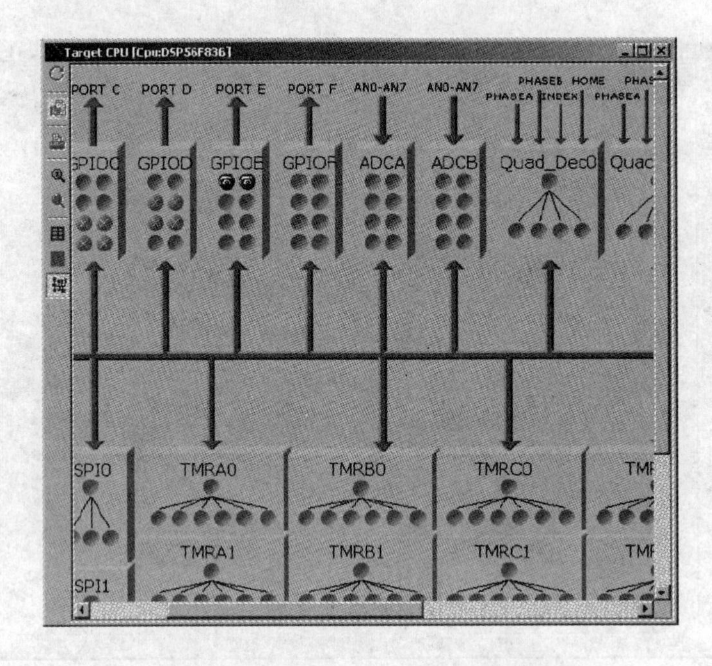

图 4-13　目标 CPU 窗口：模块框图

一个嵌入豆,可以打开相应的监视器。

◇ 右击省略号(...)嵌入豆图标,打开外设使用的所有嵌入豆文本菜单;选择该菜单中的一个嵌入豆,可以打开相应的文本菜单。

4. 存储器映像窗口

存储器映像窗口(Memory Map)如图 4-14 所示。该窗口显示 CPU 的地址空间和内部及外部存储器映像。通过在主窗口菜单中选择 Processor Expert>View>Memory Map,可以打开该窗口。

图中不同颜色的存储器块表示的含义如下:

◇ 白色——不可使用空间;

◇ 深蓝色——I/O 空间;

◇ 暗蓝色——RAM;

◇ 浅蓝色——ROM;

◇ 青色——Flash 或者 EEPROM;

◇ 黑色——外部存储器。

将光标停留在不同的块中,可以得到该块的简要描述。

5. CPU 种类概览

CPU 种类概览窗口(CPU Types Overview)如图 4-15 所示,在可展开的树形结构中列出了所有支持的处理器。通过在主窗口菜单中选择 Processor Expert>View>CPU Types Overview,可以打开该窗口。

在窗口中右击可以打开一个文本菜单,使用户可以选择 CPU 加入用户的工程中,展开树形结构,折叠树形结构,或者获取帮助信息。

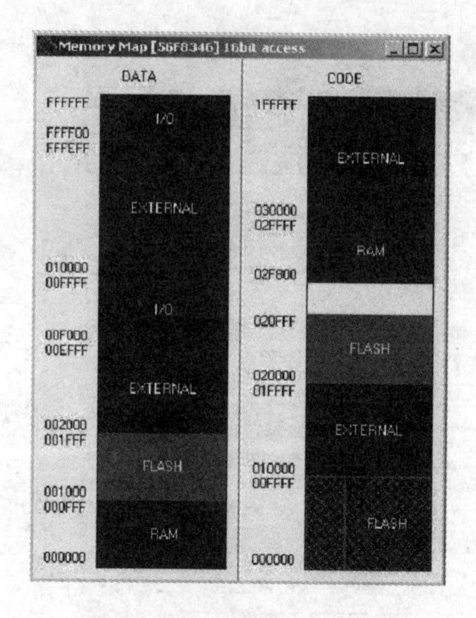

图4-14 存储器映像窗口

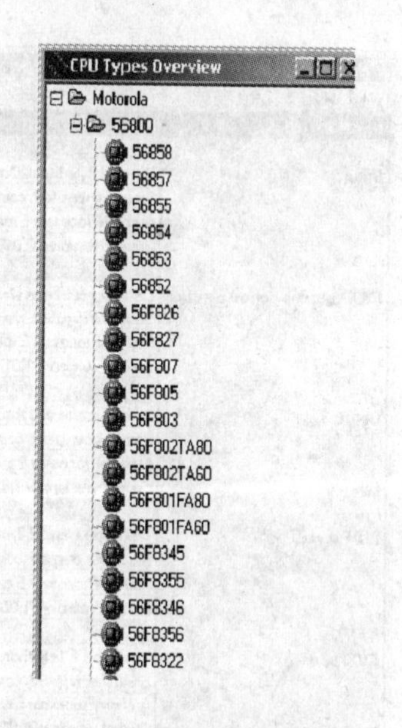

图4-15 CPU种类概览窗口

6. 资源指示器

资源指示器窗口(Resource Meter)如图4-16所示。该窗口显示了处理器资源的使用和有效情况。通过在主窗口菜单中选择Processor Expert>View>Resource Meter,可以打开该窗口。

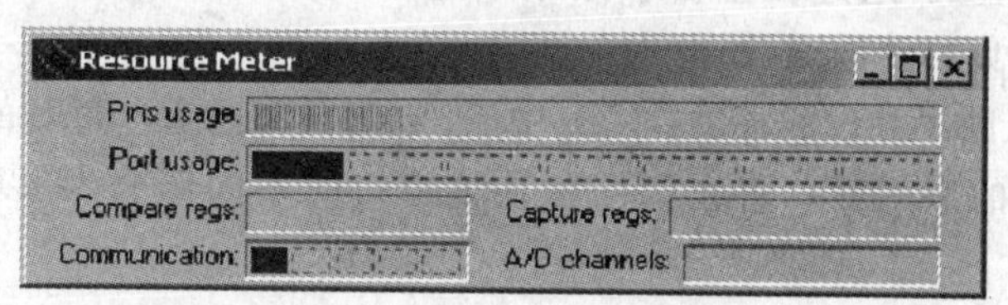

图4-16 资源指示器窗口

该窗口中各栏的含义分别是:

◇ 使用引脚的数目;

◇ 使用端口数目;

◇ 定时器比较寄存器分配;

◇ 使用的定时器捕获寄存器数目;

◇ 串行通信通道分配;

◇ A/D转换器通道分配。

将光标停留在该窗口的任何区域,可以得到详细的资源信息。

7. 已安装嵌入豆概览

已安装嵌入豆概览窗口(Installed Beans Overview)如图4-17所示。该窗口显示了已安装嵌入豆参考信息。通过在主窗口菜单中选择Processor Expert>View>Installed Beans Overview,可以打开该窗口。该窗口的观察菜单使用户可以改变显示内容,例如显示驱动器状态和信息等。

8. 外设使用监视器

外设使用监视器窗口(PeripheralsUsage Inspector)如图4-18所示。该窗口显示了每个

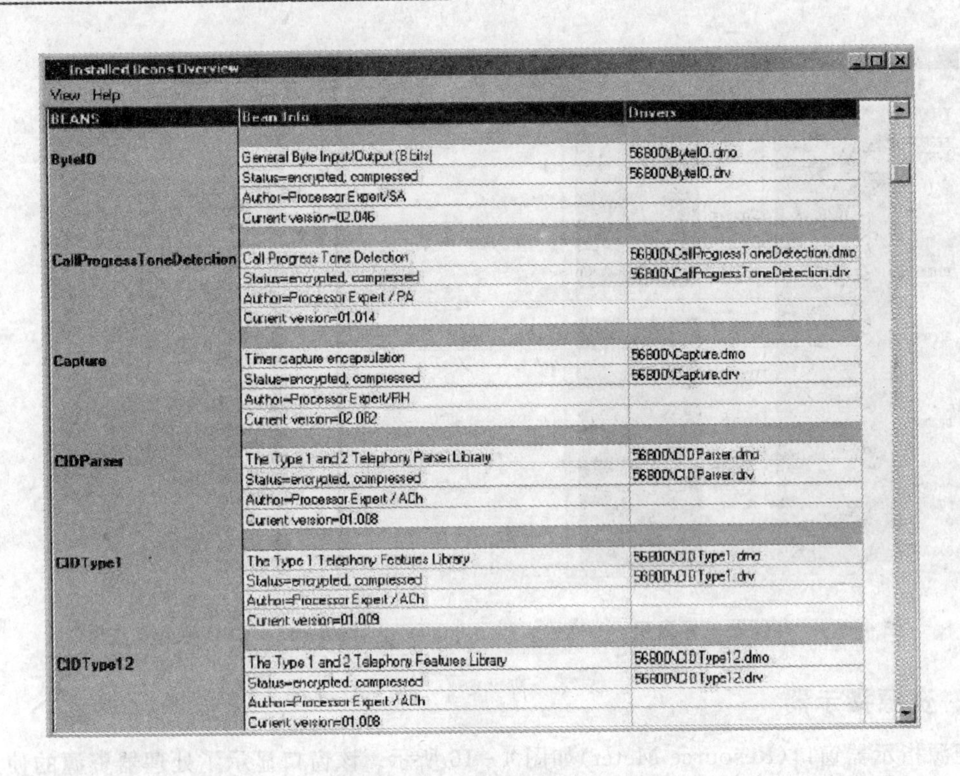

Installed Beans Overview

View Help

BEANS	Bean Info	Drivers
ByteIO	General Byte Input/Output (8 bits)	56800\ByteIO.dmo
	Status=encrypted, compressed	56800\ByteIO.drv
	Author=Processor Expert/SA	
	Current version=02.046	
CallProgressToneDetection	Call Progress Tone Detection	56800\CallProgressToneDetection.dmo
	Status=encrypted, compressed	56800\CallProgressToneDetection.drv
	Author=Processor Expert / PA	
	Current version=01.014	
Capture	Timer capture encapsulation	56800\Capture.dmo
	Status=encrypted, compressed	56800\Capture.drv
	Author=Processor Expert/RH	
	Current version=02.062	
CIDParser	The Type 1 and 2 Telephony Parser Library	56800\CIDParser.dmo
	Status=encrypted, compressed	56800\CIDParser.drv
	Author=Processor Expert / ACh	
	Current version=01.008	
CIDType1	The Type 1 Telephony Features Library	56800\CIDType1.dmo
	Status=encrypted, compressed	56800\CIDType1.drv
	Author=Processor Expert / ACh	
	Current version=01.009	
CIDType12	The Type 1 and 2 Telephony Features Library	56800\CIDType12.dmo
	Status=encrypted, compressed	56800\CIDType12.drv
	Author=Processor Expert / ACh	
	Current version=01.008	

图 4-17　已安装嵌入豆概览窗口

外设分配了哪些嵌入豆。通过在主窗口菜单中选择 Processor Expert＞View＞PeripheralsUsage Inspector，可以打开该窗口。

该窗口中的页反映了外设的种类：I/O、中断、定时器和通道。每页的栏列出了外设的引脚、信号名称和分配的嵌入豆。将光标停留在该窗口的不同部分，可以得到该部分的简要描述。

Peripheral Usage

View Help

I/O | Interrupts | Timers | Channels

-Port	GPIOD	
Pin 0	GPIOD0_CS2B	
Pin 1	GPIOD1_CS3B	
Pin 2	GPIOD6_TxD1	
Pin 3	GPIOD7_RxD1	
-Port	GPIOE	Used by more beans
-Pin 0	GPIOE0_TxD0	Used by bean "AM1:Asynchro
Always_OutputDir	Output	Output
-Pin 1	GPIOE1_RxD0	Used by bean "AM1:Asynchro
Always_InputDir	Input	Input
Pin 2	GPIOE2_A6	
Pin 3	GPIOE3_A7	
Pin 4	GPIOE4_SCLK0	
Pin 5	GPIOE5_MOSI0	
Pin 6	GPIOE6_MISO0	
Pin 7	GPIOE7_SS0B	
-Port	GPIOF	
Pin 0	GPIOF0_D7	
Pin 1	GPIOF1_D8	
Pin 2	GPIOF2_D9	
Pin 3	GPIOF3_D10	

图 4-18　外设使用监视器窗口

第5章

数据观察

数据观察使得用户能够画出变量、寄存器、存储器区和高速同步传输 HSST(High-Speed Simultaneous Transfer)数据流随时间变化的图形。数据观察工具可以画出存储器数据、寄存器数据、全局变量数据和 HSST 数据。

5.1 启动数据观察

通过以下步骤启动数据观察工具：

① 启动一个调试进程。

② 选择 Data Visualization>Configurator，弹出如图 5-1 所示数据类型窗口；选择数据目标类型，并单击 Next 按钮。

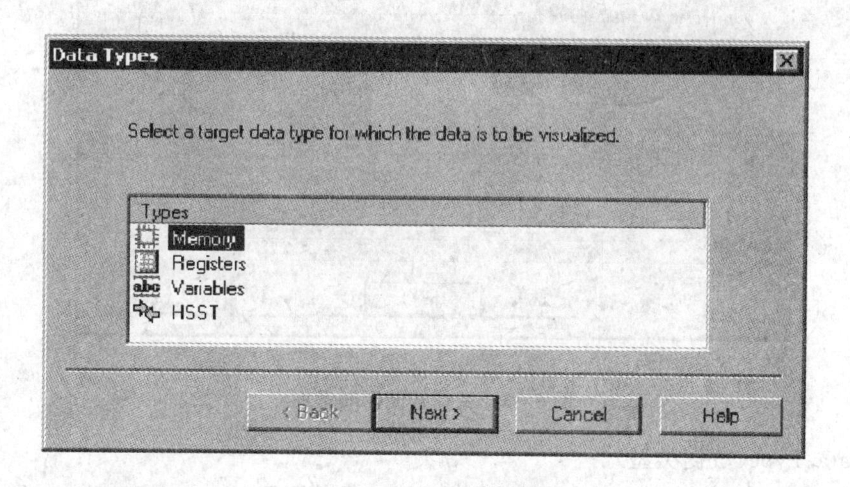

图 5-1 数据类型窗口

③ 配置数据目标对话框和过滤器对话框。

④ 运行用户的程序并显示数据，如图 5-2 所示。

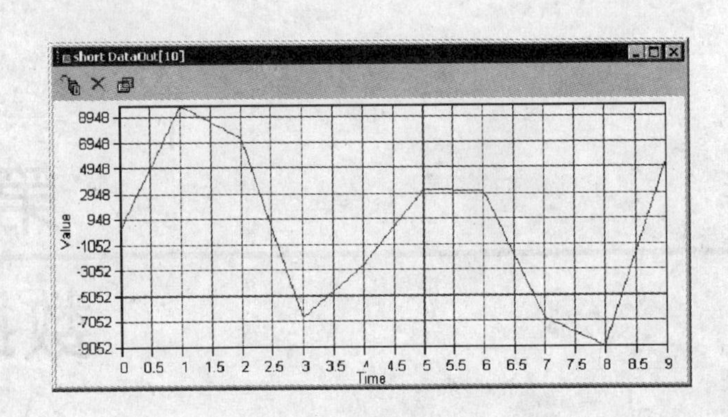

图 5-2　图形窗口

5.2　数据目标对话框

5.2.1　存储器

目标存储器对话框使用户实时地画出存储器内容变化的图形，如图 5-3 所示。

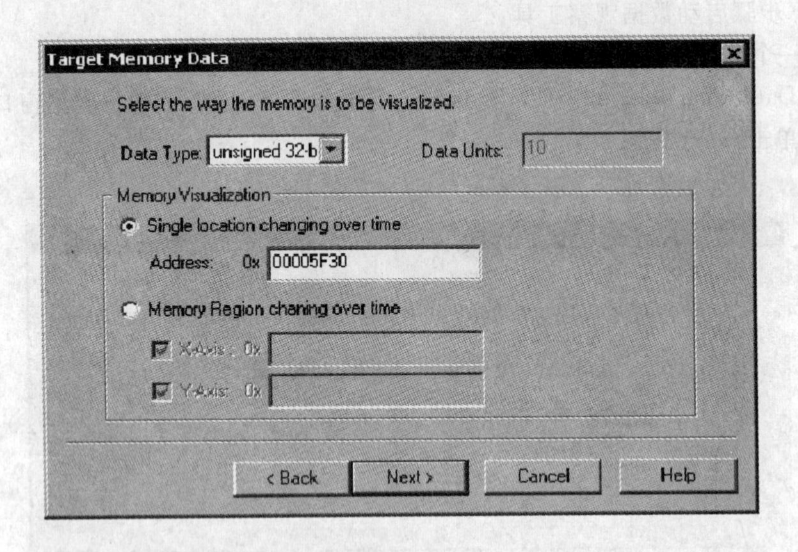

图 5-3　目标存储器对话框

(1) Data Type(数据类型)

数据类型列表框让用户选择数据的类型，以便显示其图形。

(2) Data Unit(数据个数)

数据个数栏让用户键入需要显示的数据个数。该选项只在选择存储器区随时间变化时有效。

(3) Single Location Changing Over Time(单个存储器随时间变化)

单个存储器随时间变化选项让用户画出单个存储器地址中数值的变化曲线。在地址栏输入该存储器地址。

(4) Memory Region Changing Over Time(存储器区随时间变化)

存储器区随时间变化选项让用户画出一个存储器区数据变化曲线。在 X－Axis 和 Y－Axis 栏输入存储器区地址。

5.2.2 寄存器

目标寄存器对话框使用户实时地画出寄存器内容变化的图形，如图 5－4 所示。在左侧的栏中选择寄存器并单击"→"按钮，将选中的寄存器加到待画曲线列表中。

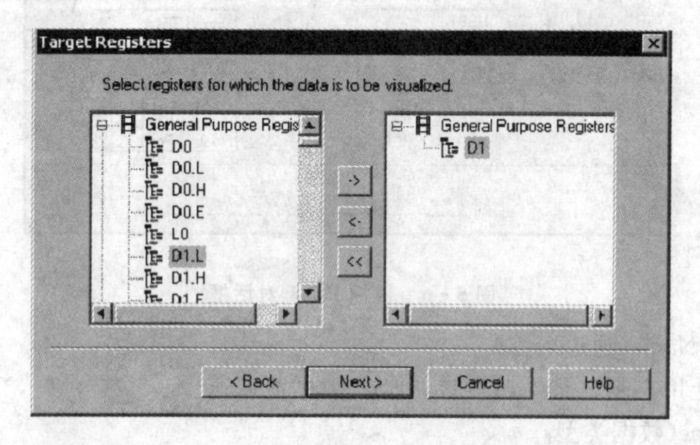

图 5－4 目标寄存器对话框

5.2.3 变 量

目标全局变量对话框使用户实时地画出全局变量内容变化的图形，如图 5－5 所示。在左侧的栏中选择全局变量并单击"→"按钮，将选中的全局变量加到待画曲线列表中。

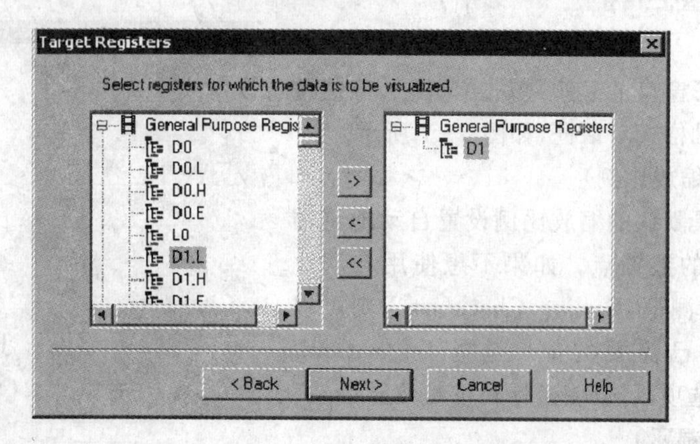

图 5－5 目标全局变量对话框

5.2.4　HSST

目标 HSST 对话框使用户实时地画出 HSST 数据流变化的图形，如图 5－6 所示。为了画 HSST 数据曲线，数据观察工具需要一个属于该工具自己的 HSST 通道。用户必须专门为数据观察窗口打开一个独立的通道，以避免影响其他通道的数据传输。

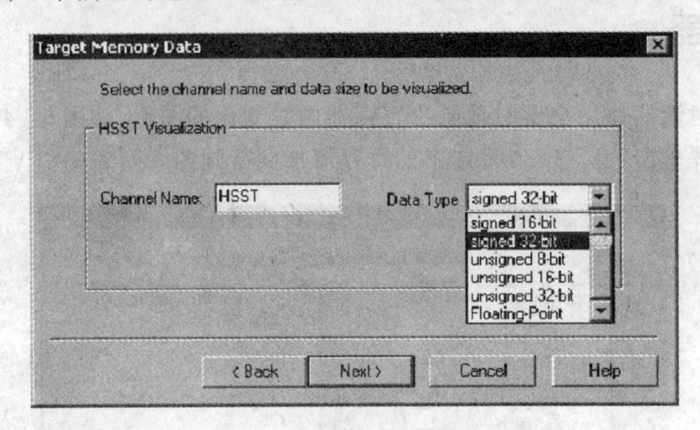

图 5－6　目标 HSST 对话框

(1) Channel Name(通道名称)

通道名称栏让用户制定需要观察的 HSST 数据流通道。

(2) Data Type(数据类型)

数据类型栏让用户选择需要显示的数据类型。

关于 HSST 数据观察的使用，可参见软件开发平台的例程：

```
{CodeWarrior path}(CodeWarrior_Examples)\
hsst_Data_Visualization
```

5.2.5　图形窗口特性

为了改变图形窗口的外观，单击图形特性按钮可以打开坐标轴格式对话框，如图 5－7 所示。

(1) Scaling(缩放比例)

数据观察工具默认的缩放比例设置自动地将图形窗口适应显示的数据点。如果不想使用自动比例，不选择比例检测框(Scaling Checkbox)，则可以允许用户输入自己需要的值。选择 Logarithmic scale(对数比例)选项，可以使坐标轴按对数显示。

(2) Display(显示)

显示设置让用户改变在显示窗口中能够显示的最大数据点的数目。

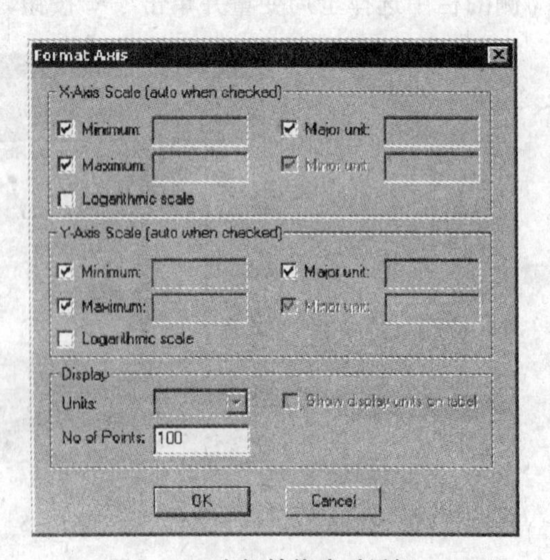

图 5－7　坐标轴格式对话框

第6章 标么值系统与定点数运算

56800E 系列是定点 DSP，其运算和控制算法与浮点 DSP 相比有显著的不同。针对定点 DSP 的特点，本章将着重介绍标么值系统，以及给予标么值系统定点数运算的方法，特别是该算法在电机控制系统中应用的具体例程。通过标么值系统和在此基础上建立的定点运算规则，将定点 DSP 的性能发挥到了最大限度，同时为定点 DSP 应用系统的开发带来了极大的便利。

6.1 整数运算——运算符与表达式

软件开发平台支持丰富的运算符，如算术运算符、关系运算符和逻辑运算符等。有的运算符需要两个操作数，称为二元运算符（或双目运算符）。另外一些运算符只需要一个操作数，称为一元运算符（或单目运算符）。

(1) 一元运算符

◇ 正号：+；

◇ 负号：-；

◇ 取补：~；

◇ 逻辑反：!。

(2) 移位运算符

◇ 左移：<<；

◇ 右移：>>；

(3) 位逻辑运算符

◇ "与"(AND)：&；

◇ "或"(OR)：|；

◇ "异或"(XOR)：^。

(4) 算术运算符

◇ 乘法：*；

◇ 除法：/；

◇ 取模：%；

◇ 加法：＋；

◇ 减法：－。

(5) 关系运算符

◇ 小于：＜；

◇ 小于或等于：＜＝；

◇ 大于：＞；

◇ 大于或等于：＞＝；

◇ 等于：＝；

◇ 不等于：!＝。

(6) 逻辑运算符

◇ 逻辑“与”：&&；

◇ 逻辑“或”：‖。

运算符的优先级如下：

(1) 括号内的表达式；

(2) 一元运算 ＋(正号)，－(负号)，～，!；

(3) ＜＜，＞＞；

(4) &,|,^；

(5) *,/,%；

(6) ＋(加),－(减)；

(7) ＜,＜＝,＞,＞＝,＝＝,!＝；

(8) &&,||。

其中：(1)为最高优先级；(8)为最低优先级。当运算符的优先级相同时，按从左至右的运算顺序进行运算。

6.2 小数运算——定点 DSP 的数字定标与定点小数运算原理

6.2.1 数字定标的基本概念

在定点 DSP 中，采用定点数进行数值运算，其操作数一般采用整型数表示，而且是以二进制补码形式表示的。以 16 位定点 DSP 为例：无符号数的表示范围是 0～65 535；有符号数的表示范围是－32768～＋32767。

对于定点 DSP 而言，内部运算的操作数均为 16 位整型数，但是在实际控制系统中许多变量均为小数，如果要用整型数来表示一个小数，就需要确定变量的小数点在 16 位整型数中的位置。这一过程就是数字定标。通过设定小数点在 16 位数中的不同位置，就可以表示不同范围和不同精度的数。定标的表示方法通常有两种：Q 表示法和 S 表示法。Q 表示法仅仅列出小数的位数，而 S 表示法则要列出整数位数、小数点和小数位数。

例如：某变量采用 4 位整数 12 位小数的定标方式，表示为 Q12 或者 S4.12。这种定标可表示的小数的分辨率为

$$\frac{1}{2^{12}}=0.000244140625$$

在符号扩展模式下(即有符号数),Q12的数值范围以及对应值如图6-1所示。

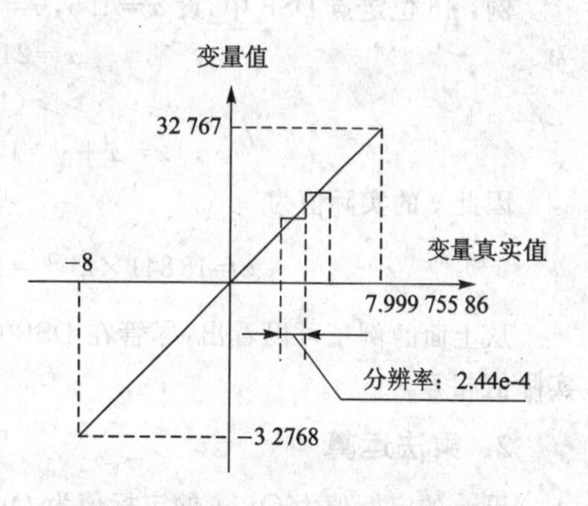

图6-1 定标Q12所表示的数值范围

例:某数实际值为2.56,按Q12进行定标。

$$x=2.56\times 2^{12}=\$28F5=10485$$

同样,一个经过Q12定标的数 $x=10485$,其实际值为

$$x'=10485/2^{12}=2.559814453125$$

之所以 $x'\neq x$,而是有一个比较小的误差,是在定标过程中由于16位定点数的表示精度所限制而产生的。

表6-1列出了一个16位数所能表示的16种Q表示法、S表示法以及所表示的实际数值的范围。从表中可以看出,不同的Q值所表示的数的范围不同,而且分辨率也不同。Q值越大,小数点位置越靠近左侧,所表示的数值范围越小,但是分辨率越高;相反,Q值越小,小数点位置越靠近右侧,所表示的数值范围越大,但是分辨率越低。在实际定点运算过程中,必须充分考虑到定标问题,既要防止计算过程中溢出(也就是超出表示范围),又要防止计算过程中降低分辨率,损失重要信息。

表6-1 Q表示法、S表示法以及16位有符号数的表示范围

Q表示法	S表示法	十进制数表示范围	Q表示法	S表示法	十进制数表示范围
Q15	S0.15	$-1\leqslant x\leqslant 0.9999695$	Q7	S8.7	$-256\leqslant x\leqslant 255.9921875$
Q14	S1.14	$-2\leqslant x\leqslant 1.9999390$	Q6	S9.6	$-512\leqslant x\leqslant 511.9804375$
Q13	S2.13	$-4\leqslant x\leqslant 3.9998779$	Q5	S10.5	$-1024\leqslant x\leqslant 1023.96875$
Q12	S3.12	$-8\leqslant x\leqslant 7.9997559$	Q4	S11.4	$-2048\leqslant x\leqslant 2047.9375$
Q11	S4.11	$-16\leqslant x\leqslant 15.9995117$	Q3	S12.3	$-4096\leqslant x\leqslant 4095.875$
Q10	S5.10	$-32\leqslant x\leqslant 31.9990234$	Q2	S13.2	$-8192\leqslant x\leqslant 8191.75$
Q9	S6.9	$-64\leqslant x\leqslant 63.9980469$	Q1	S14.1	$-16384\leqslant x\leqslant 16383.5$
Q8	S7.8	$-128\leqslant x\leqslant 127.9960938$	Q0	S15.0	$-32768\leqslant x\leqslant 32767$

6.2.2 定点运算的数字定标

1. 加法/减法运算

设 x 的定标值为Qx,y 的定标值为Qy,且Qx>Qy,加/减法结果 z 的定标值为Qz,则有:当Qz=Qx时,$y<<(Qx-Qy)$,$z=x\pm y$;当Qz=Qy时,$x>>(Qx-Qy)$,$z=x\pm y$。

其中,$x>>n$ 表示二进制数 x 右移 n 位,$x<<n$ 表示二进制数 x 左移 n 位,重新定标。如果Qz既不等于Qx,也不等于Qy时,则需将 x、y 重新定标再作运算。这一过程就相当于进

行小数加减运算时，将小数点对齐的过程。

例：16 位定点 DSP 中，设 $x=1.5$，$y=0.8$，Qx=14，Qy=13，Qz=13，则有

$$x=24576, y=6553$$

$$x>>(14-13)=12288$$

$$z=x+y=12288+6553=18841$$

因此 z 的实际值为

$$z=18841\times 2^{-Qz}=18841\times 2^{-13}=\frac{18841}{8192}\approx 2.3$$

从上面的例子可以看出，尽管在 DSP 中进行的是定点数运算，但是经过定标后的结果与实际值相等。

2. 乘法运算

设 x 的定标值为 Qx，y 的定标值为 Qy，乘法结果 z 的定标值为 Qz。假设乘积数值没有超过 16 位数的表示范围，则由于乘积是 32 位数 $Qz'=Qx+Qy$，因此，如果 Qz=Qx，$z>>Qy$，则取低 16 位作为乘积值；如果 Qz=Qy，$z>>Qx$，则取低 16 位作为乘积值，如图 6－2 所示。

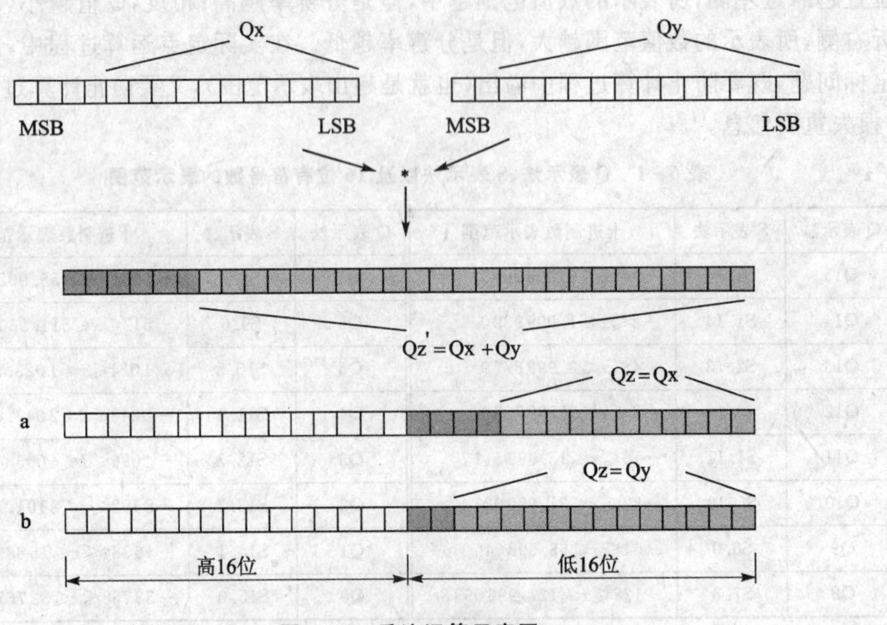

图 6－2　乘法运算示意图

例：16 位定点 DSP 中，设 $x=1.5$，$y=0.8$，Qx=14，Qy=13，Qz=13，则有

$$x=24576, y=6553$$

$$z=xy=24576\times 6553=161046528=\$9996000$$

将 32 位的乘积值 $z=\$9996000$ 右移 Qx=14 位，得到乘积的 16 位数结果为

$$z=(\$9996000)>>14=\$2665=9829$$

因此乘积的实际值为

$$z=9829\times 2^{-Qz}=9829\times 2^{-13}=\frac{9829}{8192}=1.1998291015625\approx 1.2$$

3. 除法运算

设 x 的定标值为 Qx，y 的定标值为 Qy，且 Qx＞Qy，商为 z，定标值为 Qz。

若 $z=x/y$，商的定标值为 $Qz'=Qx-Qy$。

当 $Qz\neq Qz'$ 时，如果 $Qz>Qz'$，商需要左移 $(Qz-Qz')$ 位；如果 $Qz<Qz'$，商需要右移 $(Qz'-Qz)$ 位。

例：6 位定点 DSP 中，设 $x=1.25$，$y=0.8$，$Qx=12$，$Qy=10$，$Qz=10$，则有

$$x = 5120,\ y = 819$$

$$z = x/y = 5120/819 = 6$$

将商 $z=\$0006$ 左移 $(Qz-Qz')=10-(12-10)=8$ 位，得到商的 16 位数结果为

$$z=(\$6)<<8=\$600=1536$$

因此乘积的实际值为

$$z=1536\times 2^{-Qz}=1536\times 2^{-10}=\frac{1536}{1024}\approx 1.5$$

由上面的例子可以看出，1.25 除以 0.8 的实际值为 1.5625，而经过定标后的定点运算的结果为 1.5，它们之间有较大的误差。其主要原因是，在计算过程中，由于作除法运算时商的定标值等于被除数与除数定标值之差，因此商的精度大大降低，从而产生较大的误差。为了防止这种现象发生，可以在作除法运算前，首先将被除数的定标值提高，使之等于除数定标值与商的定标值之和，然后再作除法运算，就可以保证商的精度。还是看上面的例子：

首先，将被除数 x 重新定标为 $(Qy+Qz)=20$，则有

$$x = 1310720\ ,\ y = 819$$

$$z = x/y = 1310720/819 = \$640 = 1600$$

由于 $(Qz'=Qz)$，所以乘积的实际值为

$$z=1600\times 2^{-Qz}=1600\times 2^{-10}=\frac{1600}{1024}\approx 1.5625$$

由此可以看出，经过上述处理的除法运算的精度得到了大幅度提高。

4. 运算结果的后处理

为了表示小数，在定点 DSP 中引入了定标的概念。在计算过程中，程序员必须保证运算结果有足够的精度和正确性。因此，经过数字定标的变量在参与运算时需要考虑以下几个问题。

(1) 溢　出

由于定点数的表示范围是一定的，因此在进行定点数的运算时，其结果就有可能出现超出数值表示范围的情况，这种现象称为“溢出”。如果运算结果大于表示范围的最大值，则称为上溢；如果运算结果小于表示范围的最小值，则称为下溢。不论是哪种溢出，都会产生意想不到的结果。例如，两个 16 位有符号数相加，定标值均为 Q0，其表示范围如表 6-1 所列。

$$x = 32766 = 0111111111111110B$$

$$y = 3 = 0000000000000011B$$

$$z = x+y = 1000000000000001B = -32767$$

x 加 y 的结果 z 应该为 32769,但是由于超出了表示范围的最大值 32767,在不采取溢出保护的情况下,其实际结果变成了 −32767。这在某些控制系统中将会造成灾难性的后果,为此必须采取一定的溢出保护措施。

通常的保护措施有以下 3 种:

第一种措施为检测到运算结果可能溢出后,自动增加字长;也就是说,当 16 位数运算结果可能溢出后,自动用 32 位数来存放数据结果。这种措施实际上是在不改变分辨率的前提下,扩大了变量的表示范围。

第二种措施为检测到运算结果可能溢出后,将定标值减 1。这样,虽然字长保持不变,但是由于定标值减小而增加了表示范围。当然,这种扩大表示范围的方法是以牺牲运算分辨率为代价的。

第三种措施,也是最为常用的一种措施,称为“饱和(saturation)”处理;也就是说,在保持表示范围和分辨率都不变的条件下,对运算结果进行饱和处理,使之满足系统要求。具体做法是一些定点 DSP 芯片具有溢出保护功能,在设置了溢出保护功能后,当发生溢出时,DSP 芯片自动将结果设置为最大值或最小值,即发生上溢时,结果溢出保护为最大值;发生下溢时,结果溢出保护为最小值。同样,饱和处理也可以通过软件来实现。

(2) 舍入(rounding)及截尾(truncation)

对于某个数的取整处理有舍入法和截尾法两种。舍入法也就是通常所说的四舍五入。这种处理方法也称为上取整;也就是将某个数加上 0.5,之后再将小数部分舍去得到整数。截尾法就是直接将小数部分舍去。这种处理方法也称为下取整。

在定点 DSP 中,由于实际操作数都是整型数,所以运算结果通常是采用截尾法取整。为了提高运算精度,对于定点 DSP 运算,由于参与运算的数都是经过定标之后的数,所以通过取整处理可以得到不同有效值的小数。

例:某数 x 为 0.18,定标值为 Q12,则有

$$x=0.18\times 2^{12}=\$2E1=737$$

如果需要将定标值调整为 Q6,则可以采用两种取整方法得到相应的值。首先看截尾方法:

$$x=(\$2E1)>>(12-6)=737/2^{6}=\$000B=11$$

则此时的实际值为

$$x=11\times 2^{-6}=\frac{11}{64}=0.171875$$

如果用舍入法处理,则

$$x'=737/2^{6}+0.5=(737+2^{5})/2^{6}=(769)/2^{6}=(\$301)>>6=12$$

经过舍入处理的实际值为

$$x'=12\times 2^{-6}=\frac{12}{64}=0.1875$$

下面来分析一下两种处理后的误差:

截尾误差为

$$e=0.171875-0.18=-0.008125$$

舍入误差为

$$e' = 0.1875 - 0.18 = 0.0075$$

显然，舍入误差的绝对值小于截尾误差的绝对值。

6.3　采用固定 Q15 定标的运算规则

6.3.1　运算规则

采用固定定标值的运算避免了在计算过程中反复进行移位的麻烦，也简化了算法，提高了算法的可移植性。同时，采用 Q15 的固定定标值运算可以保证较高的运算精度。

1. 加/减法运算

对于采用 Q15 的固定定标值的加/减运算只需要考虑饱和处理即可，不需要在计算过程中进行移位处理。这是因为所有变量均按 Q15 定标；也就是说，参与加/减运算的变量小数点的位置都相同。

例：若 $I_A = 20\,446(0.624)$ $I_B = 3\,276(0.1)$，则

$$I_C = I_A + I_B = 20\,446 + 3\,276 = 23\,722(0.724)$$

2. 乘法运算

乘法运算也相对简便许多。两个以 Q15 定标的 16 位定点数相乘得到 32 位结果，由于乘积也需要用 16 位按 Q15 定点数表示，因此只需要将 32 位乘积左移 1 位后，取高 16 位作为最终乘积即可。而这项操作在定点 DSP 中非常容易做到，如图 6－3 所示。

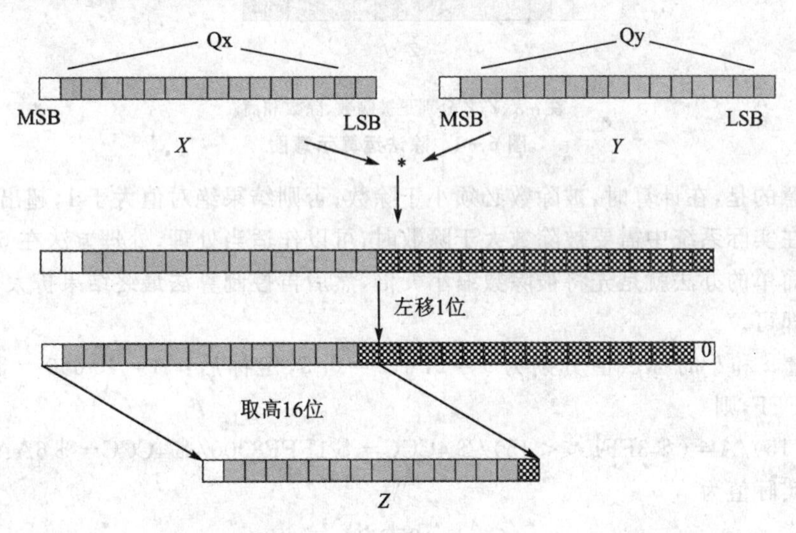

注：X、Y 和 Z 分别是被乘数、乘数和积。

图 6－3　乘法运算示意图

例：变量 a 和 b 的标么值分别为 $a=0.6$ 和 $b=0.5$，定标后：$A=19\,660$，$B=16\,383$，则

$$A \cdot B = 19\,660 \times 16\,383 = 322\,089\,780 = \$1332B334$$

结果左移 1 位(相当于乘以 2),然后取高 16 位,即

$$(\$1332B334) << 1 = \$26656668$$

$$C = \$2665 = 9829$$

而乘积的实际值为

$$c = \frac{C}{32767} = \frac{8928}{32767} \approx 0.29996$$

3. 除法运算

两个以 Q15 定标的 16 位定点数相除,先将被除数左移 15 位,也就是说用 32 位数表示被除数(这个过程是与乘法相对偶的),然后除以除数,得到商。在定点 DSP 中,上述过程也是非常容易实现的,如图 6-4 所示。

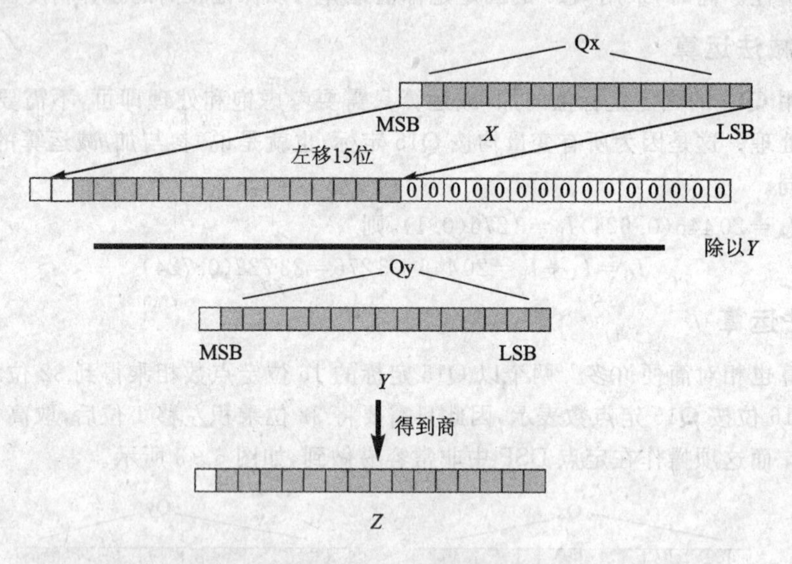

注:X、Y、Z 分别是被除数、除数和商。

图 6-4 除法运算示意图

需要注意的是,在计算时,被除数必须小于除数;否则结果绝对值大于 1,超出了 Q15 的表示范围。若在实际系统中需要被除数大于除数时,可以作适当处理,处理方法在 6.4 节中会详细介绍。最简单的办法就是先将被除数缩小 n 倍,然后再控制算法最终结果扩大 n 倍,保证输出结果不变即可。

例:变量 a 和 b 的标么值分别为 $a=0.6$,$b=0.5$,定标后:$A=19660=\$4CCC$,$B=16383=\$3FFF$,则

$$C=(B<<15)/A=(\$3FFF<<15)/\$4CCC=\$1FFF8000/\$4CCC=\$6AAA=27306$$

而商的实际值为

$$c = \frac{C}{32767} = \frac{27306}{32767} \approx 0.83333$$

从以上这些例子可以看出,采用 Q15 定标的运算非常简便。它充分利用了定点 DSP 的本身性能,并得到了较高的运算精度。

6.3.2 软件实现

通过CodeWarrior IDE软件开发平台，可以非常简便地实现以Q15作为固定定标值的小数运算。在嵌入豆选择器窗口单击嵌入豆DSP Func MFR，在用户的工程中添加基本小数算术库的嵌入豆，如图6-5所示。在该库中包含有各种以Q15定标的16位小数运算的嵌入豆。其中加、减、乘、除运算的嵌入豆调用格式分别如下：

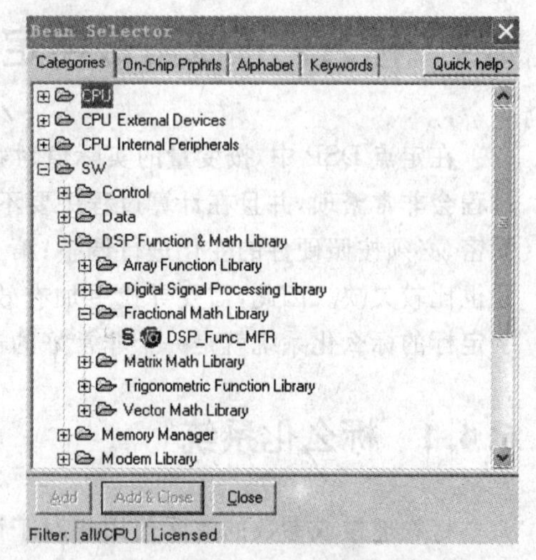

图6-5 选择基本小数算术库(DSP Func MFR)

加：Frac16 add (Frac16 x， Frac16 y)

减：Frac16 sub (Frac16 x， Frac16 y)

乘：Frac16 mult_r (Frac16 x， Frac16 y)

除：Frac16 div_s (Frac16 x， Frac16 y)

其中：Frac16为CodeWarrior IDE软件开发平台自定义的数据格式，表示16位Q15定标的有符号小数；函数里的变量x、y的数据类型都是Frac16，结果的数据类型也是Frac16，表示的数据范围是[-32768,+32767]。

例6-1 小数加、减、乘、除运算。

```
Frac16      X;
Frac16      Y;
Frac16      Z1, Z2, Z3, Z4;
X = 25000;                  //实际值 X≈0.7630
Y = 10000;                  //实际值 Y≈0.3052
Z1 = add(X, Y);             //Z1 = 32767,即实际值 Z1≈1.0000
Z2 = sub(X, Y);             //Z2 = 15000,即实际值 Z2≈0.4578
Z3 = mult_r(X, Y);          //Z3 = 7629,即实际值 Z3 = 0.7630×0.3052≈0.2328
Z4 = div(Y, X);             //Z4 = 13106,即实际值 Z4 = 0.3052÷0.7630≈0.4000
```

在例6-1中的加法运算，由于和大于Q15定标的16位数的表示范围，所以进行了饱和处理，其输出值为最大值。如果同样的运算按整数运算，则结果明显不同，参见例6-2。

例6-2 整数加、减、乘、除运算。

```
Frac16      X;
Frac16      Y;
Frac16      Z1, Z2, Z3, Z4;
X = 25000;                  //实际值 X≈0.7630
Y = 10000;                  //实际值 Y≈0.3052
Z1 = X + Y;                 //Z1 = $88B8 = -2232,即实际值 Z1≈- 0.0681
Z2 = X - Y;                 //Z2 = 15000,即实际值 Z2≈0.4578
Z3 = X * Y;                 //Z3 = $B280 = -12928,即实际值 Z3≈-0.3945
Z4 = Y / X;                 //Z4 = 0
```

比较例 6-1 和例 6-2 可以看出，利用整数加、减、乘、除算法对小数进行运算，如果不作相应处理，就会因为超出表示范围而产生错误。还可以看出，在例 6-2 中，仅有减法运算的结果是正确的。因此，在实际应用软件开发过程中，必须对此引起足够的重视。

6.4 标么化系统与数字定标

在定点 DSP 中，按变量的实际值对物理量进行表示和计算会存在很多问题：第一，定标过程会非常繁琐，并且在计算过程中要不断调整变量的定标值；第二，定标值与硬件结合非常紧密，必须按照硬件的变化进行调整；第三，计算过程比较复杂；第四，不便于算法的移植，可读性也比较欠缺。因此，需要寻找更加有效的方法来处理定点 DSP 的运算问题。其中，经过数字定标的标么化系统就是一个非常好的选择。

6.4.1 标么化系统

将物理量或参数的实际值用相对于该量的基准值来表示的单位制，称为相对单位制。相对单位制表达的量也称为标么值，定义为

$$\text{标么值}=\frac{\text{实际值}}{\text{基准值}}$$

在电机的理论分析和设计计算中，经常采用标么值来表示电机中各物理量的大小；也就是将电机的状态量如电压、电流、功率或容量、转矩、转速、时间或频率、磁链和反电势，以及参数中的电阻、电感等都用相对值表示。

1944 年，前厦门大学校长萨本栋先生首先提出了用标么值系统来分析交流电机，引起工程学界的强烈反响。电机的标么值数学模型就是将电机的实际值模型转换成标么值形式。采用标么值有很多优点：从电机角度来说，对于不同容量的电机其参数和性能的实际值差别很大，但是它们的标么值却在一定范围内变化，具有可比性；从计算的角度来说，原来不同的物理量在数值上差别很大，可能达到几个数量级，但是采用标么值以后，可以使不同的物理量在数值上等同起来，从而简化了计算。

利用这一方法便于将不同额定值的电机进行比较，为控制器的设计带来了便利。在定点 DSP 的数据处理过程中，也可以将标么值系统引入定点运算。利用标么值系统不仅可简化软件算法，提高运算精度，而且为控制软件的通用性和模块化带来了方便，尤其是可以将不同容量电机参数的定标加以统一。

本节以电机控制系统为例介绍标么化控制系统。在电机控制系统中，常常需要对电机的电压、电流进行控制。在闭环控制系统中，对电流环的控制原理框图如图 6-6 所示。在控制过程中，需要对电流以及其他相关变量进行计算。由于采用定点 DSP 进行控制，所以需要对电流等变量进行数字定标，以便保证控制精度。因此，程序员在编程过程中应充分注意数字定标后的表示范围，控制系统所需要的精度，运算过程中是否溢出，运算是否会使精度降低等问题；在计算过程中应不断调整参数和运算结果的定标值。这样使控制算法程序非常复杂，容易产生错误，同时也不容易控制运算的精度。

如果采用标么值系统，就会使控制程序大为简化，同时使整个系统保持比较高的精度。采

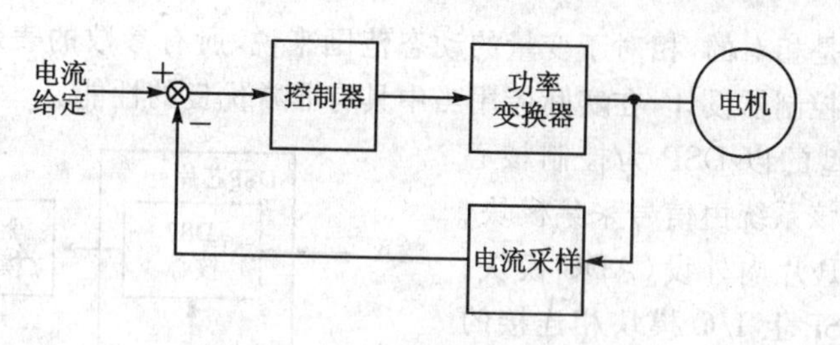

图 6-6 电流环的控制原理框图

用标么值系统，首先要确定基值。应选取系统中该变量绝对值的最大值作为基值。这样，经过标么化以后的变量，其范围为−1～+1之间。从表 6-1 中可以看出，这个范围的变量刚好可以用定标值为 Q15 的定点数来表示。

例 6-3 在图 6-6 所示的系统中，电流的最大值为 50 A，则取电流基值为 $I_{base}=50$ A。如果电流 $i_a=31.2$ A，则其标么值可以表示为

$$I_a=\frac{i_a}{I_{base}}=\frac{31.2}{50}=0.624$$

实际值与标么值之间的关系可以简单地从图 6-7 中看出。其中，三角所表示的点就是 31.2 A。

经过标么化的电流值按 Q15 进行定标可以得到：

$$I_A=I_a\times(2^{15}-1)=0.624\times32\,767=\$4FDE=20\,446$$

之所以要乘以$(2^{15}-1)$，是因为 16 位有符号数的最大值是 \$7FFF，即$(2^{15}-1)=32\,767$，而标么值的最大值是+1，所以标么值的 1 与定标值的 32767 相对应。标么值与定标值的关系同样可以从图 6-8 中看出。其中，三角所表示的点就是 31.2 A。

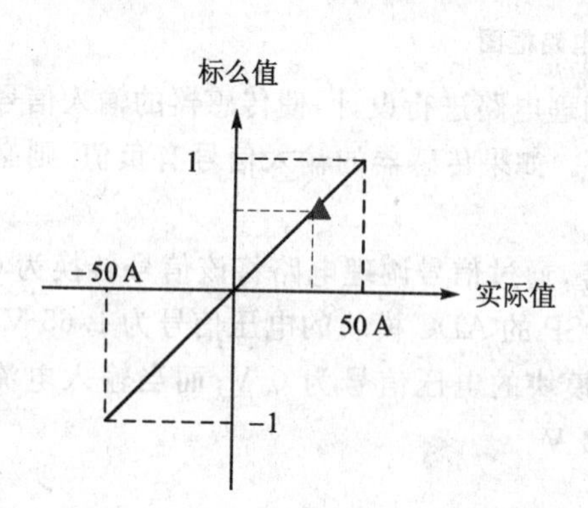

图 6-7 实际值与标么值的关系

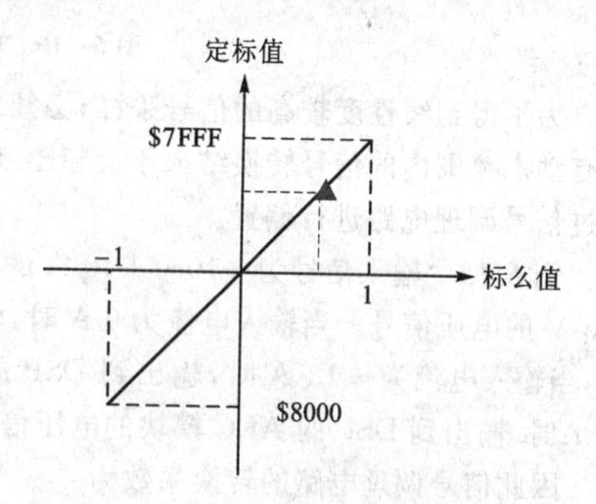

图 6-8 标么值与定标值的关系

6.4.2 基于标么化系统的控制器设计

在电机控制系统中，经常会对不同的参数进行运算，而各种参数的范围又各不相同。为了使变量的表示范围既能涵盖参数的动态变化，又能满足足够的精度要求，同时还必须使所有参数的定标一致，通常可以引入基于标么值系统的 Q15 固定定标值运算。通过前面的介绍可以看出，采用 Q15 固定定标值，其表示范围是$-1\leqslant X\leqslant0.999\,969\,5$，恰好符合标么值系统的表示

范围。其表示精度是相对的，相对于变量的动态范围来说，所有参数的表示精度相同。因此，采用标么值系统的控制器设计，在实际应用当中具有非常优良的性能。

图 6－9 为典型的以 DSP 为控制核心的控制系统框图。该系统由信号采集模块、DSP 控制核心、DSP 片内外设(ADC 模块、I/O 模块等)、与 DSP 上 I/O 模块相连接的驱动模块及控制对象等组成了一个闭环工作系统。下面，同样以电流采样控制系统为例，介绍如何设计采用标么值系统的控制器。

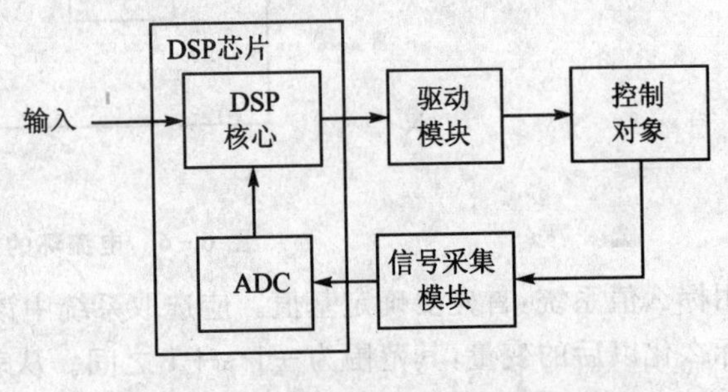

图 6－9　以 DSP 为控制核心的控制系统

图 6－10 为 56F800E 系列 DSP 进行电流采样控制的原理框图。首先，导线中的电流经过霍尔电流传感器变换成为电压信号；其次，电压信号经过信号调理电路转换为 0～3.3 V 的电压信号，以供 DSP 片内的 ADC 进行模/数转换；最后，将转换好的信号传送给 DSP 内核进行运算。

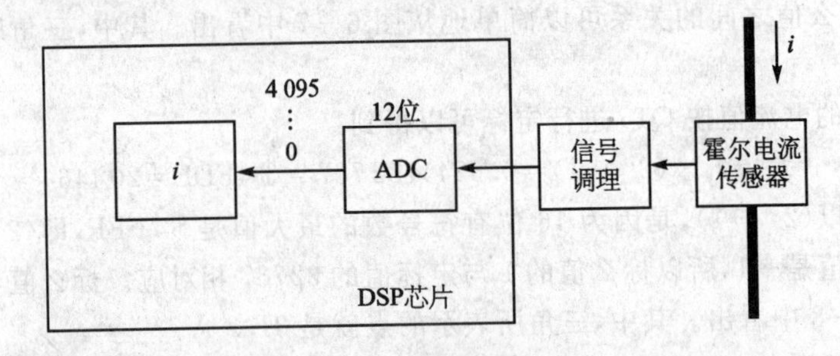

图 6－10　电流采样电路框图

为了得到线性度较高的信号采样，必须对信号调理电路进行设计，使传感器的输入信号在所有动态范围内的信号转换结果不会超出 0～3.3 V。如果传感器的输入信号有负值，则必须通过信号调理电路进行偏置。

例 6－4　输入信号为－10～＋10 A 的交流信号，通过信号调理电路将该信号转换为 0～3.3 V 的电压信号。当输入电流为 0 A 时，输出到 DSP 的 ADC 模块的电压信号为 1.65 V；同样，当输入电流为－10 A 时，输出到 DSP 的 ADC 模块的电压信号为 0 V；而当输入电流为 10 A时，输出到 DSP 的 ADC 模块的电压信号为 3.3 V。

因此信号调理电路的转换系数为

$$k = 0.165$$

在这个例子当中，可以选择电流基值：

$$I_{\text{base}} = 10\ \text{A}$$

经过标么化处理后的电流范围是 $-1 \leqslant X \leqslant 0.9999695$。如果某一时刻采样得到的电流是 1.5 A，则实际转换值为

$$I_{\text{in}} = \frac{1.5}{I_{\text{base}}} \times (2^{12} - 1) = \frac{1.5}{10} \times 4095 = 614$$

将 I_{in}左移 3 位，得到最终的 Q15 定标的标么化电流值为

$$I'_{\text{in}} = I_{\text{in}} \ll 3 = 4912$$

则转换后的实际电流值为

$$i_{in} = I'_{in} \cdot I_{base}/(2^{15}-1) = \frac{4912 \times 10}{32767} \approx 1.4991 \text{ A}$$

误差为0.06%。

例6-5 异步电机VVVF控制中需要产生V/F曲线。V/F曲线生成示意图如图6-11所示。已知额定频率为50 Hz,额定频率时给定电压为540 V,初始电压给定值为50 V,电机最高运行频率60 Hz,要求计算出10.5 Hz时电压的给定值。

假设电压检测最高为850 V,选取电压基值U_{base}=850 V,f_{base}=60 Hz,如图6-12所示,则给定频率和初始电压(定标后的标么值)分别为

$$f_{ref} = \frac{10.5}{f_{base}} \times (2^{15}-1) = \frac{10.5}{60} \times 32767 = 5734$$

$$U_0 = \frac{50}{U_{base}} \times (2^{15}-1) = \frac{50}{850} \times 32767 = 1927$$

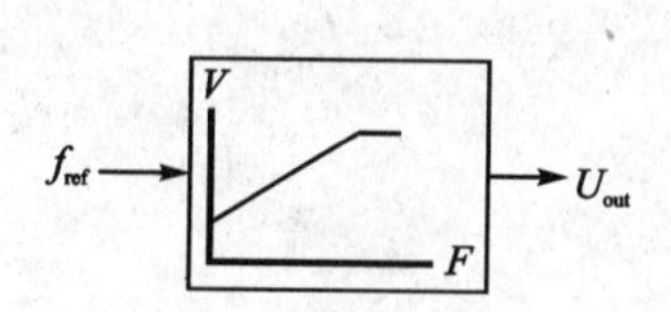

图6-11 V/F曲线生成示意图

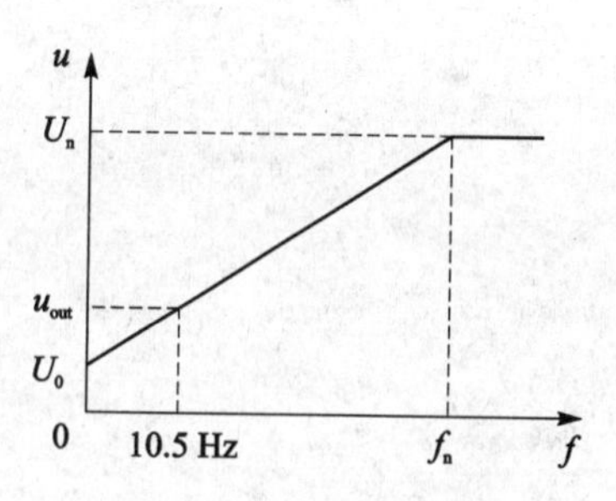

图6-12 V/F曲线

电机的额定频率和额定频率时的给定电压(定标后的标幺值)分别为

$$f_n = \frac{50}{f_{base}} \times (2^{15}-1) = \frac{50}{60} \times 32767 = 27305$$

$$U_n = \frac{540}{U_{base}} \times (2^{15}-1) = \frac{540}{850} \times 32767 = 20816$$

V/F曲线的斜率为

$$K = \frac{(U_n - U_0) \ll 15}{f_n} = \frac{(20816-1927) \times 32767}{27305} = 22667$$

则当电机定子电压频率为10.5 Hz时的给定电压为

$$u_{out} = U_0 + (Kf_{ref}) \gg 15 = 1927 + 22667 \times 5734/32767 = 5886$$

验证一下实际值:

$$u'_{out} = \frac{u_{out} U_{base}}{2^{15}-1} = \frac{5886 \times 850}{32767} \approx 152.6872 \text{ V}$$

而实际应输出电压参考值为

$$u_{10.5} = 50 + 10.5 \times \frac{540-50}{50} = 152.9 \text{ V}$$

误差为-0.14%。

利用CodeWarrior IDE软件开发平台的嵌入豆DSP Func MFR,可以用很少的几行代码实现例6-5中的计算过程:

```
Frac16    U0 = 1927;
Frac16    K = 22667;
Frac16    F_Ref = 5734;
Frac16    U_Out;
U_Out = add(U0 , mult_r(F_Ref , K));
```

由此可以看出，标么值系统仅需要对－1～＋0.999 969 5 之间的数进行处理，就能够保持比较高的相对精度。采用 Q15 固定定标值的有符号数计算，使 16 位定点 DSP 处理器能够较好地实现标么化控制系统的设计。利用该设计策略，不必考虑传统定点 DSP 计算时的溢出，也不必过分关心定标后数据的表示精度，使软件设计更加简洁、高效、准确。标么值系统的另外一个特点就是系统的可移植性，控制器的标么化设计能够使控制器适应不同容量的电机。这是因为尽管电机的容量不同，其标么值参数大体相当。除此而外，采用该设计方法使软件能够更好地适应不同的硬件，便于软件的移植。

下篇

应用篇

第 7 章 DSP 控制系统设计

全数字化控制电机系统，大体上可以分为控制电路和功率电路两大部分。

控制电路部分结合 DSP56F800E 片内外设包括以下电路：

◇ 信号检测与 A/D 转换电路，以及相关的信号调理电路，用来检测电机控制系统的电流、电压和温度信号等模拟输入。

◇ 码盘接口电路，主要用于检测电机的转速或者位置信号。

◇ GPIO 接口（端子信号）电路，主要用来检测外部开关控制信号。

◇ 通信接口电路，主要用于与上位机或者其他数字化监控设备的信息交互。

◇ PWM 驱动电路，用于驱动功率电路部分，对电机进行控制。

◇ 故障检测与保护电路，用来对电机控制的主电路进行状态检测，一旦出现故障，立即封锁 PWM 信号，将主电路中的功率器件关闭。

◇ 辅助电源，分别对 DSP 控制核心以及外围模拟或者数字电路进行供电。

◇ 其他辅助电路，视应用需求而定。

主电路部分，即功率电路主要有以下几种形式：

◇ H 桥形主电路，主要用于直流电机控制。

◇ 三相桥形主电路，主要用于异步电机、同步电机、无刷直流电机和永磁同步电机等的驱动和控制。

◇ 不对称半桥形主电路，主要用于开关磁阻电机控制。

◇ 其他特殊结构的主电路。

以 DSP56F800E 为控制核心，以智能功率模块（IPM）为功率器件的电机控制系统解决方案如图 7－1 所示。

7.1 控制电路

控制电路的设计应当充分考虑到 DSP 的资源和功能特点，使系统具有更加广泛的通用性。因此控制电路除了能完成电机控制的核心算法外，还应当具有一个调速系统所必须的其他功能。控制电路的设计主要包括最小系统、信号接口、通信接口和 DSP 基本外围电路等几部分。

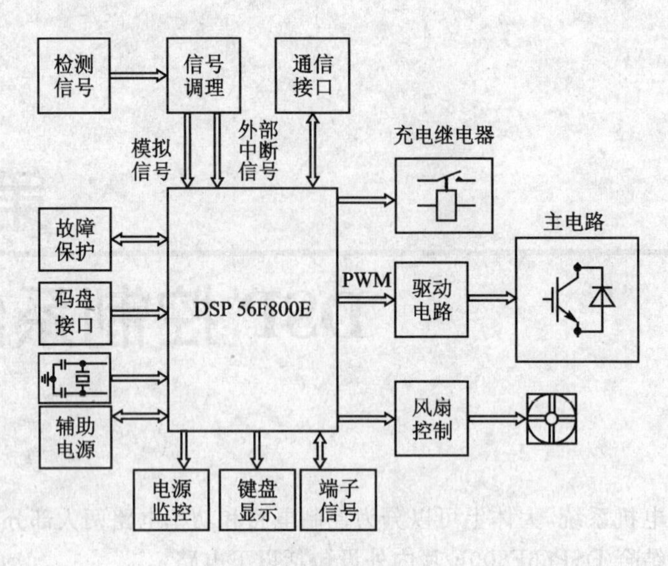

图 7-1　以 DSP56F800E 为核心的电机控制系统

7.1.1　DSP 最小系统

DSP 应用的最小系统是指能够使 DSP 工作的最简单电路;也就是说,是使 DSP 能够工作的最小组成。56F800E 系列 DSP 的最小系统一般包括电源、上电复位电路、时钟电路和 JTAG 接口等。

1. 电　源

外部供电电压通常为 5 V(DC),通过电源模块转换为 3.3 V 电压给最小系统供电,如图 7-2 所示。当系统电源接通时,LED 指示灯发光表明供电模块正常。从 3.3 V 转换模块通过小磁珠分出数字电源 3.3 V 和模拟电源 3.3 V(A)。数字电源地和模拟电源地也用小磁珠单点相连。在设计电路板时,要尽量加宽电源线,同时将电源部分远离信号部分,以免产生干扰信号。

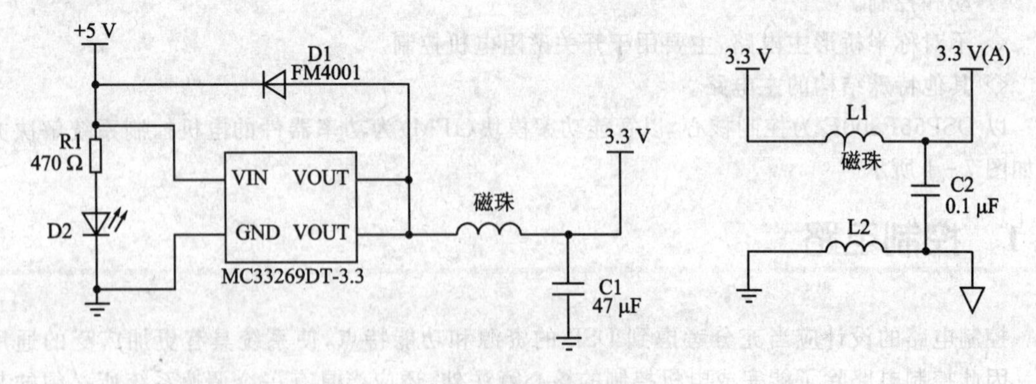

图 7-2　电源模块

2. 复位电路

复位电路有上电复位电路，如图 7－3 所示。JTAG 接口也会提供一个复位信号。如果在系统调试和应用过程中需要手动复位，则还需要一个手动复位按键。

由于现代科技领域对电子产品的要求越来越高，故 DSP 系统的稳定性和抗干扰能力是一个重要的研究课题。利用 RC 阻容元件所组成的复位电路逐渐被摒弃，取而代之的是集成度较高的电源监控芯片。

为确保系统正常工作，DSP 在上电和掉电过程中以及进入或退出低功耗或睡眠模式时都要求监控。监控器可能不仅提供上电或掉电复位，也可能提供其他功能，如后备电池管理，存储器写保护，低电压早期告警或看门狗等。在这些功能中，上电或掉电复位对微处理器和微控制器是最基本、也是必不可少的功能。在系统电源建立过程中，复位电路为 DSP 和某些接口电路提供了一个几十毫秒至数百毫秒的复位脉冲，利用这段时间，系统振荡器启动并稳定下来，DSP 复位内部的寄存器和程序指针，为执行程序做好准备。另外，复位期间 DSP 总线处于高阻状态，所有控制信号处于无效状态，以免出现误操作。对系统中某些需要复位的接口电路，复位使它们内部的控制寄存器和状态寄存器处于某种确定的初始状态。

3. 时钟电路

时钟电路如图 7－4 所示，晶体振荡器使用 8 MHz 的晶体。时钟电路产生 CPU 的工作时序脉冲，是 CPU 正常工作的关键单元。时钟信号不仅是受噪声干扰最敏感的部位，同时也是 CPU 对外发射辐射干扰和引起对内部干扰的主要噪声源之一。为了避免时钟信号被干扰，可以采取以下措施：

◇ 时钟脉冲电路设计时应注意尽量靠近 CPU，电路板上的时钟电路引线要短而粗；

◇ 在可能的情况下，应用地线包围振荡电路，并使晶体的外壳接地；

◇ 若时钟电路还作为其他芯片的脉冲源，要注意隔离和驱动措施；

◇ 与晶体并联的电阻要选用质量较好的金属膜电阻；

◇ 印制板上的大电流信号线要远离时钟电路。

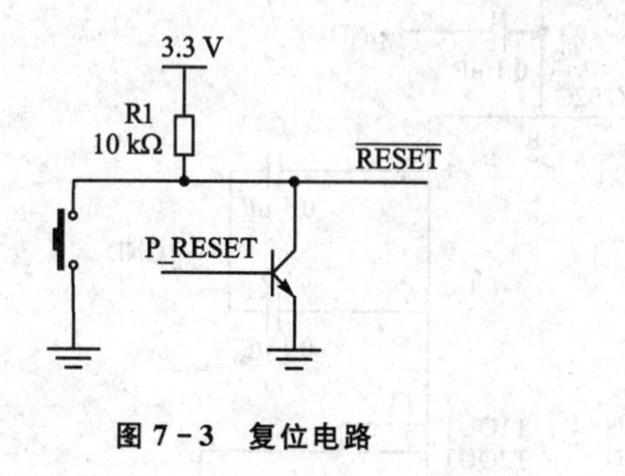

图 7－3 复位电路

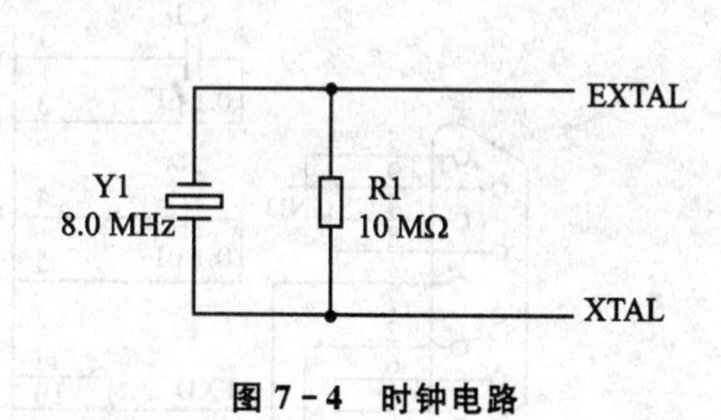

图 7－4 时钟电路

4. JTAG 接口

JTAG 接口用于上位机与目标板之间相互传输数据和信息，通过 JTAG 接口可以将程序下载到 DSP 的程序存储器中，如图 7－5 所示。表 7－1 所列为 JTAG 接口定义。值得注意的是，通常 JTAG 接口都没有进行电气隔离，因此应当避免在控制电路中引入高电压。特别是在电力电子与电力传动应用领域，要注意将不同电位的系统进行隔离，以免在调试过程中烧毁上位机的主板。

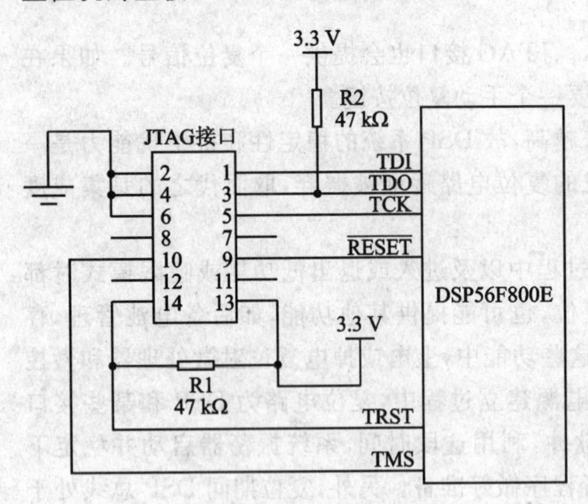

图 7-5　JTAG 接口

表 7-1　JTAG 接口定义

J3			
引脚号	信　号	引脚号	信　号
1	TDI	8	KEY
2、4、6	地	9	RESET
3	TDO	10	TMS
5	TCK	11	+3.3 V
7、12、13	NC	14	TRST

7.1.2　DSP 基本外围电路

1. 串行通信接口

在工业控制的应用中，电机调速系统一般要作为执行机构，由上位机发出指令，并且对调速系统的工作状态进行实时监控，因此通信接口是必须的。在 DSP56F800E 中，设有串行通信接口(SCI)模块和串行外设接口(SPI)模块。

利用 MAX 公司的串行接口芯片 MAX232C 可将 SCI 接口进行电平转换成为标准 RS-232 总线接口，如图 7-6 所示。

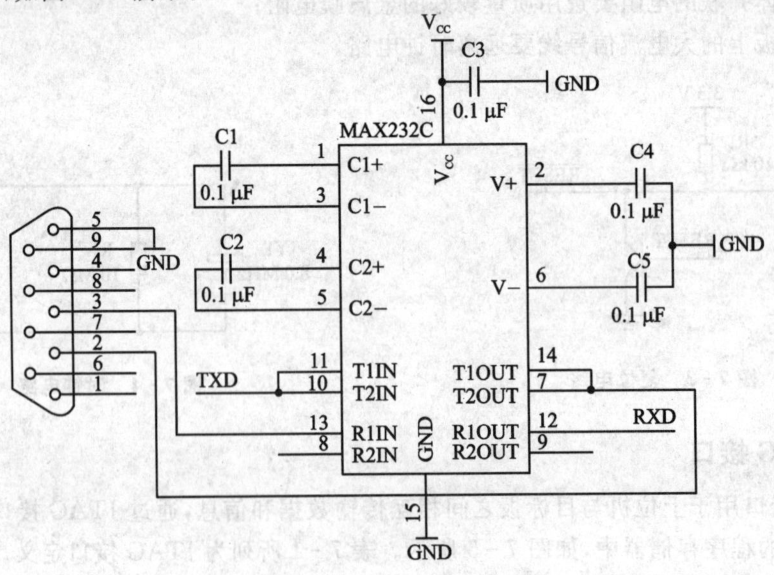

图 7-6　RS-232 总线接口

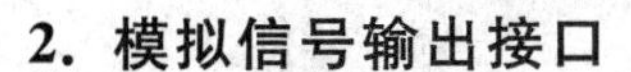

2. 模拟信号输出接口

模拟信号的输出采用PWM形式。首先将需要输出的数字量转换为输出PWM信号的占空比，然后对输出的占空比可调的PWM信号进行低通滤波得到模拟的电平信号，如图7-7所示。

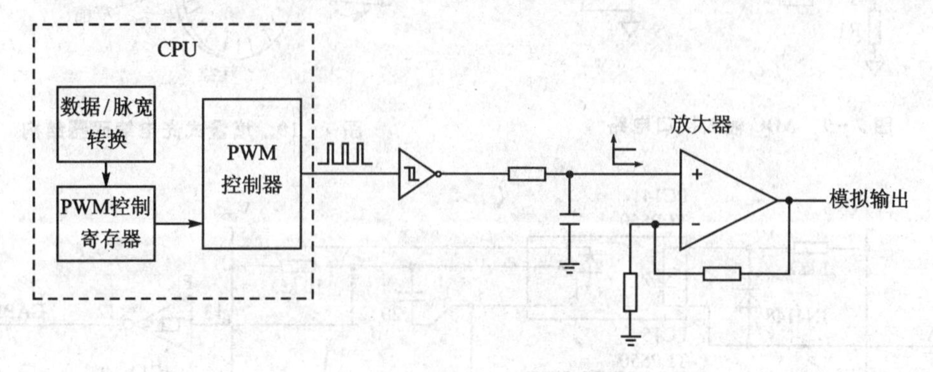

图7-7 模拟输出接口电路

3. A/D转换接口

DSP的ADC模块可以对输入的各种模拟信号进行A/D转换。为了更好地设计A/D转换接口电路，首先要了解DSP56F800E内部ADC的模拟电路部分。图7-8为ADC的等效电路。其中：

C1为由封装产生的寄生电容，主要是指引脚之间、引脚与封装基片之间的寄生电容，容量为1.8 pF。

C2为由芯片引线点、ESD保护器件和信号路径产生的寄生电容，容量为2.04 pF。

R1为ESD绝缘电阻加上通道选择器的等效电阻，阻值为500 Ω。

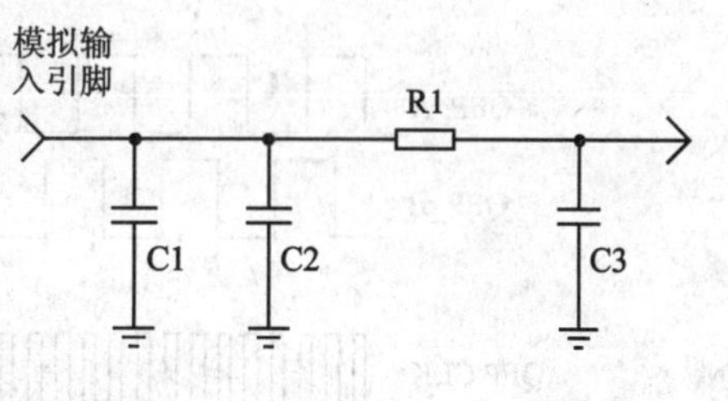

图7-8 模拟输入等效电路

C3为采样保持电路的采样电容，容量为1 pF。

为了保证输入模拟信号采样的精度，必须使外围ADC输入调理电路的输出阻抗远远小于ADC内部的阻抗；为了避免对被采集的模拟信号产生干扰，调理电路的输入阻抗又需要非常大，因此可以采用如图7-9所示的电路接口。其中，R4和C1组成RC滤波器，用于滤除高频毛刺干扰；二极管起钳位作用，是为了防止模拟信号超出0～3.3 V范围。

4. 正交编码器输入接口

在转速检测中，价格适中又较为常用的是增量式光电编码器，如图7-10所示。转盘上的窄槽（光栅）与固定盘上的光栅相重合时，位于固定盘后面的光敏元件可接收到来自发光管的光线。当与电机轴相连的转盘转动时，转盘上的窄槽（光栅）不断遮挡发光管发出的光线，在光敏元件端分别产生相位相差90°的脉冲信号。这两路脉冲信号经过隔离整型后，传递给DSP中的正交解码电路，组成转速检测电路，如图7-11所示。通过检测光电编码器发出的正交脉冲信号，不仅可以得到电机转速，还可以得到电机的转动方向，如图7-12所示。

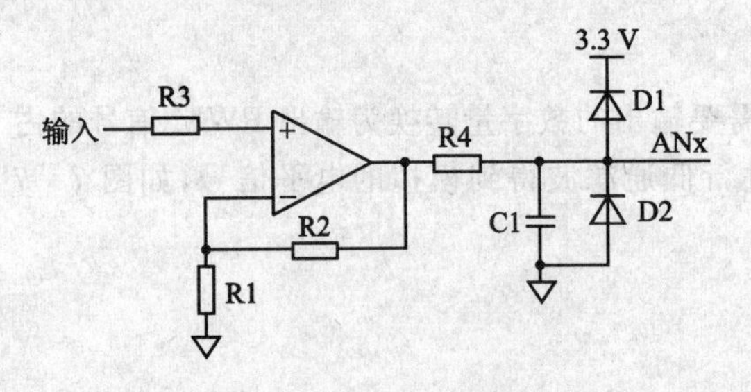

图 7-9　ADC 输入接口电路

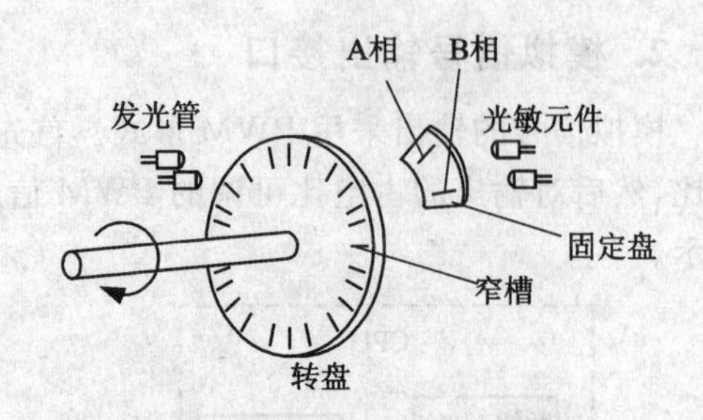

图 7-10　增量式光电编码器结构

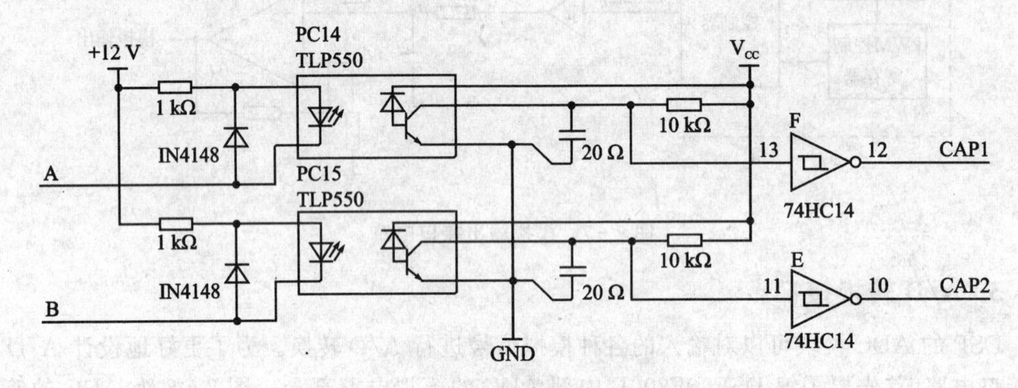

图 7-11　光电编码器信号隔离整型电路

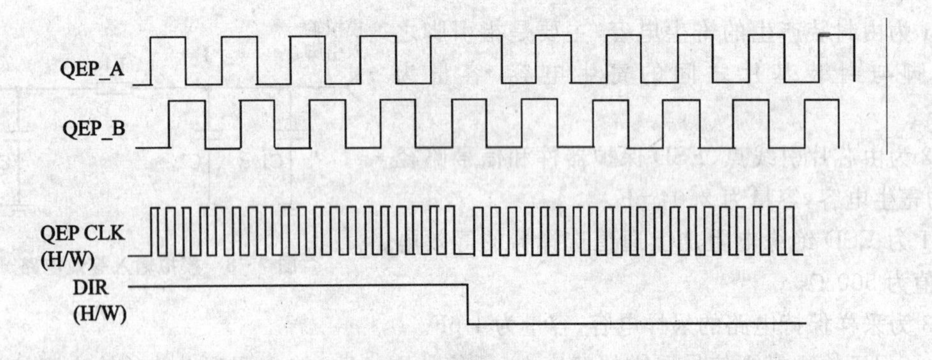

图 7-12　正交编码脉冲和解码的定时器脉冲以及计数方向

不带隔离的正交编码器输入接口如图 7-13 所示。该接口适用于＋3.0～＋5.0 V 的光电编码器或者霍尔传感器。为了提高系统抗干扰能力，在输入通道增加了滤波电路。

在使用光电编码器时，将编码器输出的 A、B 和 Z 信号分别接到 PHASEA、PHASEB 和 INDEX 输入引脚，HOME 输入引脚用于限位信号的输入。当使用霍尔位置传感器时，将 A、B 和 C 三相信号分别与 PHASEA、PHASEB 和 INDEX 引脚相连接即可。

5. 保护逻辑功能

保护功能在控制系统中是非常重要的一部分。特别是电力电子及电气传动应用领域，由于需要作高压、大电流的功率变换，所以需要对功率器件的工作状态进行实时监测和保护。DSP56F800E 的 PWM 模块提供了专门的故障保护接口，需要结合适当的输入逻辑电路，完成对控制器的保护。其中，电流保护尤为重要。

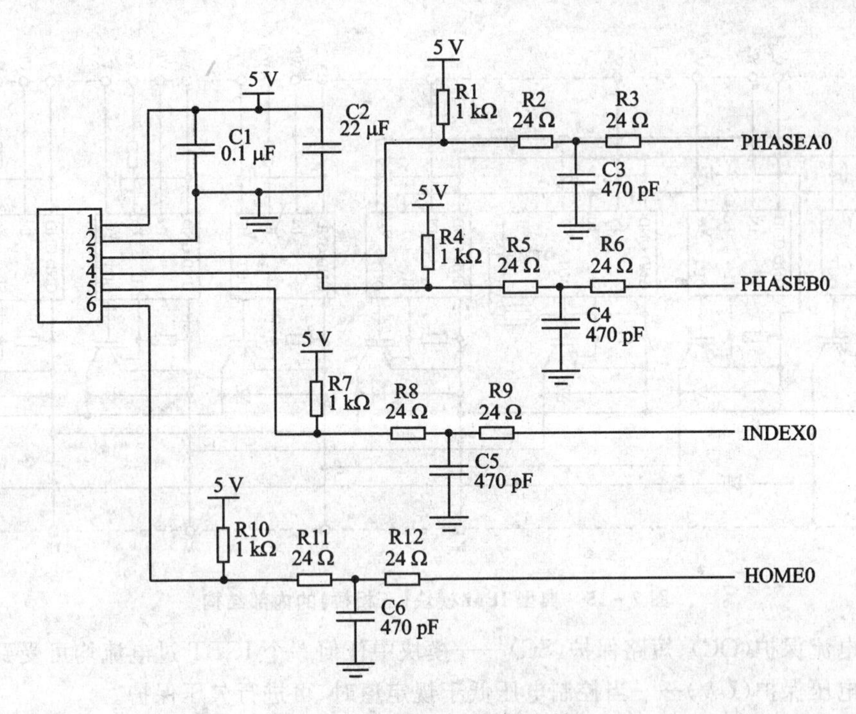

图 7-13 正交编码器输入接口

图 7-14 所示为过流保护电路，输入信号为电流传感器获得的电流信号，经过 RC 滤波以后送入比较器，与预先设定的过流门限进行比较。电流的门限是由电位器设定的，可以根据实际应用进行调整。当系统过流时，会产生一个高电平信号传递给 PWM 模块的故障保护输入端口，通过 DSP 内部软件服务程序实现保护功能。也可以设置为 DSP 直接硬件保护，用于封锁 PWM 控制信号的输出。

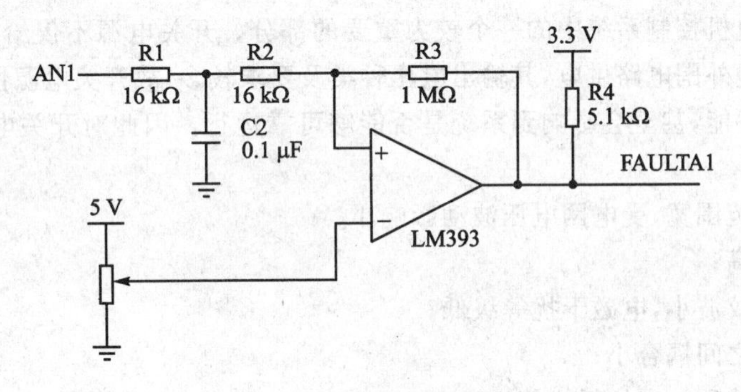

图 7-14 过流保护电路

除此之外，还必须利用硬件电路对功率器件进行直接的故障保护。单靠 DSP 的软件对 PWM 信号进行封锁，其保护的可靠性是不能满足实际应用要求的。因此，在设计具体的功率驱动电路时，必须对保护电路加以重视。值得注意的是，智能功率模块 IPM(Intelligent Power Module)(见图 7-15)内置了保护电路，对提高系统的可靠性具有较大的帮助。

智能功率模块与常规的 IGBT 模块相比，有许多不同的特点：

◇ 驱动电路——驱动电路与 IGBT 间距离很短，抗干扰性能较好。共需 4 组控制电源，上桥臂 3 组，互相独立；下桥臂 3 个驱动器共用一组电源。

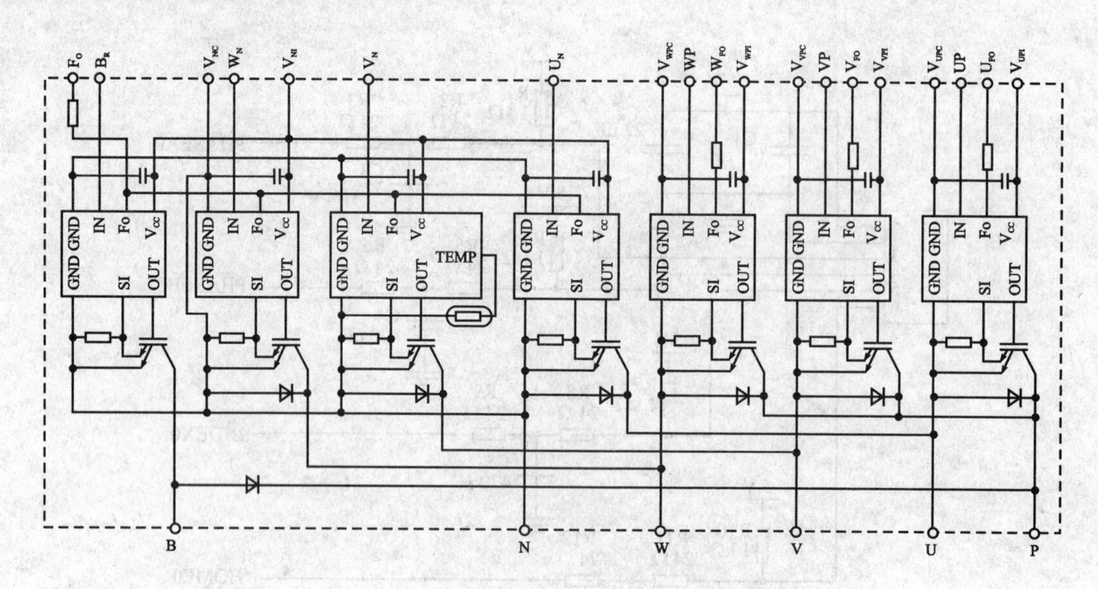

图 7-15　典型 IPM 模块(三相桥)的内部结构

◇ 过电流保护(OC)、短路保护(SC)——模块中任何一个 IGBT 过电流均可受到保护。

◇ 欠电压保护(UV)——当控制电压低于规定值时,可进行欠压保护。

◇ 过热保护(OT)——监测 IPM 基板的温度,当温度超过规定值时,可进行过热保护。

◇ 误动作输出报警输出信号(Fo)——当 OC、SC、OT 和 UV 各种故障动作时间持续一定时间时,IPM 即向外部发出误动作报警信号 Fo。

7.2　开关电源

开关电源是电机控制系统中的一个较为重要的部分。开关电源不仅给主电路供电,还要给控制板以及其他外围电路供电,其输出电压种类及要求较多,故开关电源性能的高低不仅影响到整个系统的性能,甚至会影响到系统是否能够可靠运行。因此对开关电源的设计有较高的要求:

◇ 输入电压范围宽,受电网电压波动影响小;

◇ 自身效率高;

◇ 输出电压纹波小,电磁干扰等级低;

◇ 各路输出之间耦合小;

◇ 有电源滤波和一定抗干扰能力;

◇ 音频电磁噪声小;

◇ 保护电路设置完备;

◇ 体积小,成本低。

开关电源的发展逐步趋于集成化、单片化。控制芯片集成了 PWM 控制器、保护电路和误差放大器等,甚至小功率的驱动电路以及功率开关器件都集成到了一个芯片中。这样,再加上少量的外围电路,就可以组成高品质的开关电源。图 7-16 所示电路为以 PWM 控制芯片 UC3842 为控制核心的开关电源。

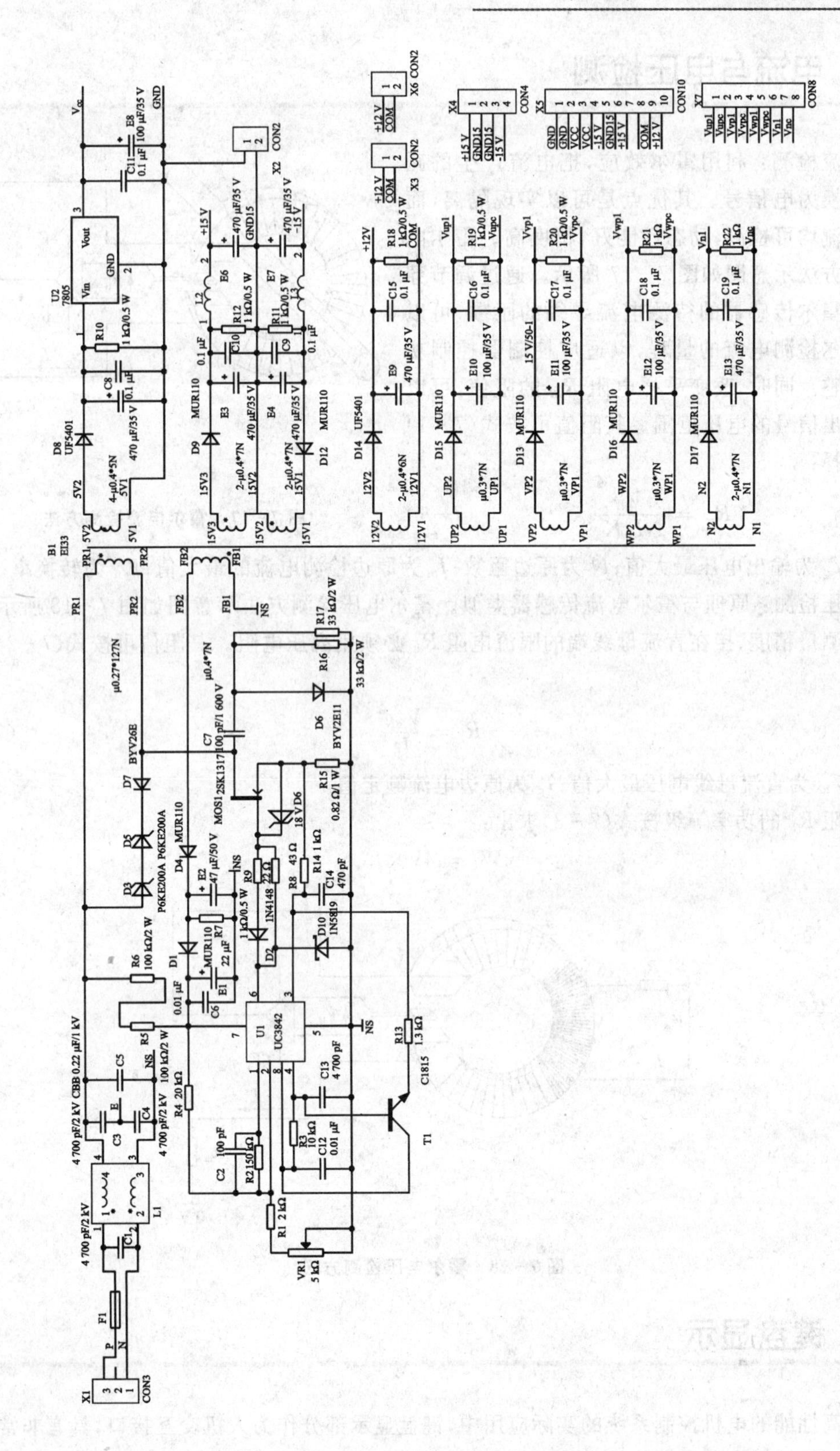

图7-16 以UC3842为核心的开关电源

7.3 电流与电压检测

电流检测：利用霍尔效应，把电流产生的磁信号转换为电信号。其优点是可以实现隔离，而且交直流均可检测，动态性能好，精度高。霍尔电流检测方法示意图如图 7-17 所示。通过调节穿过电流霍尔传感器的待测电流导线的匝数，可以调节霍尔检测电流的量程，以适应控制器控制功率的调整。同时，改变采样电阻 R_m 的阻值，可以调节输出信号的电压范围。其阻值可按式(7-1)进行选择：

$$R_m = \frac{V_o}{NI_pK_n} \tag{7-1}$$

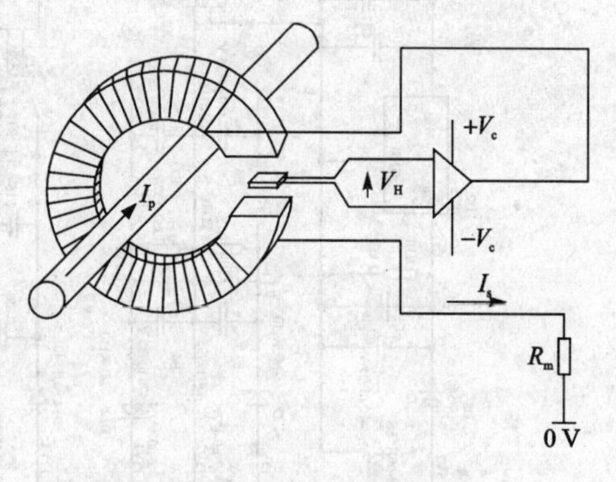

图 7-17 霍尔电流检测方法

式中：V_o 为输出电压最大值；N 为原边匝数；I_p 为原边检测电流的最大值；K_n 为转换率。

电压检测：原理与霍尔电流传感器类似。霍尔电压检测方法示意图如图 7-18 所示。为了保证测量精度，接在直流母线端的限流电阻 R_1 必须用高压电阻。其阻值可按式(7-2)进行选择：

$$R_1 = \frac{V_{PN}}{I_p} \tag{7-2}$$

式中：V_{PN}为直流母线电压最大值；I_p 为原边电流额定值。

电阻 R_1 的功率等级按式(7-3)求出：

$$W_1 = 4V_{PN}I_p \tag{7-3}$$

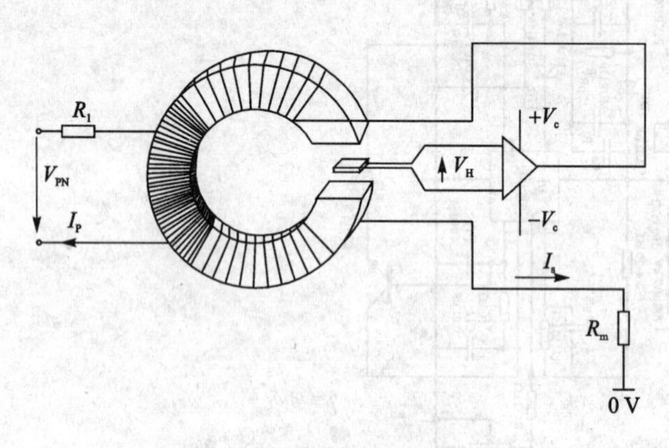

图 7-18 霍尔电压检测方法

7.4 键盘显示

在高性能的电机控制系统的实际应用中，键盘显示部分作为人机交互接口，具有非常重要的地位。好的键盘显示器能够充分发挥控制系统的功能，提高使用效率。通常键盘显示器按功能可以分为3种：功能设置与操作单元(PMU)、手持式编程单元(OP1S)和计算机编程单元。但是随着微型计算机技术的不断发展，单片机的功能越来越强大，同时价格越来越低，因此上述3种键盘显示器有不断融合的趋势，特别是在大容量、高性能电机控制系统中，键盘显示器的功能越来越强大。

键盘显示器的主要功能如下：

◇ 变频器功能设定；

◇ 控制系统设定；

◇ 故障报警和存储；

◇ 过程数据(控制命令、设定值)的操作；

◇ 数据统计和报表输出；

◇ 离线和在线操作。

图7-19为键盘显示器框图。为了减少对主控芯片的资源占用，可采用双CPU方案，即在键盘显示器采用一块Atmel89C52单片机作为控制芯片。键盘显示器与主控板之间利用串行口进行数据交换。显示模块分为两部分：4位数码管显示和双行中文液晶显示。其中液晶显示器的典型电路如图7-20所示。

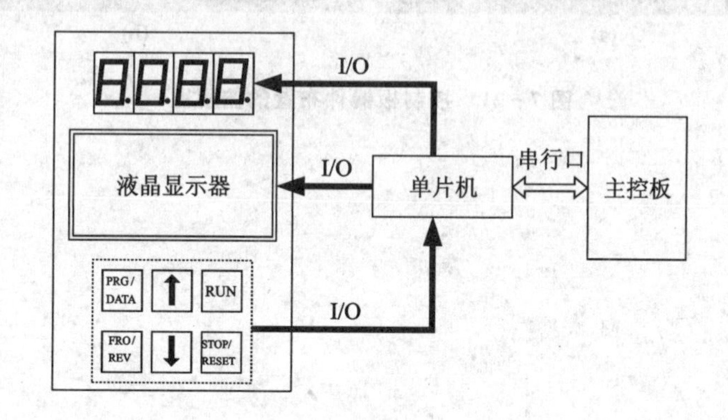

图7-19 键盘显示器框图

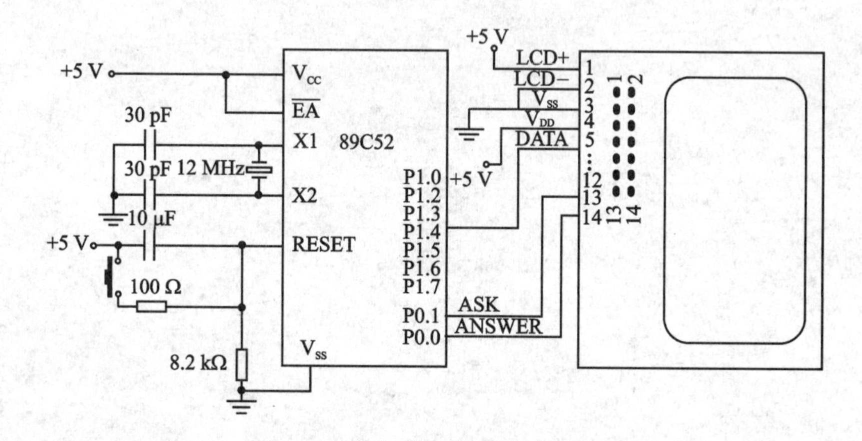

图7-20 中文液晶模块典型应用电路

7.5 控制板的配置与结构

控制板器件布置的俯视图如图 7-21 所示。其中图 7-21(a)为最小系统，图 7-21(b)为将最小系统与扩展的外围控制电路相连接的整个控制板。本书中后面章节的实验例程均是在该控制板和一些辅助电路中实现的。之所以采取该结构，是为了方便测试各种不同的 DSP，不仅可以与 DSP56F800E 系列 DSP 芯片的最小系统兼容，也可以与 DSP56F800 系列 DSP 芯片的最小系统兼容，甚至还可以与其他公司的 DSP 或者 MCU 最小系统相互兼容。

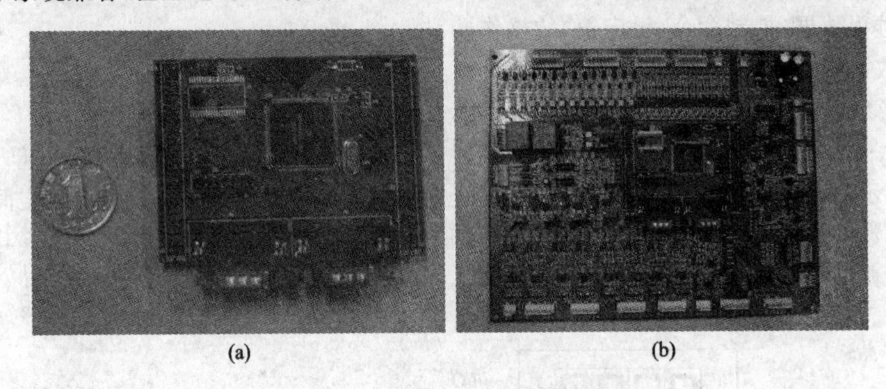

(a) (b)

图 7-21 控制板器件布置的俯视图

第 8 章

电机控制常用驱动模块实现

DSP 控制系统的硬件功能设计完成后，软件设计不仅要充分利用硬件资源，同时要以高质量的软件来支持硬件的最佳运行。CodeWarrior IDE 软件开发平台提供的 PE 工具，为软件设计提供了极大的便利，但是嵌入豆只是“砖瓦”，要想建造控制系统的“大厦”，还需要对其进行加工，使之变成“预制件”，才能真正为控制系统所用。

8.1 利用 PE 快速建立一个工程

要利用 PE 快速建立一个工程，首先启动 CodeWarrior，然后打开 File 菜单，再选择 New 选项，即出现 New 窗口，如图 8－1 所示。

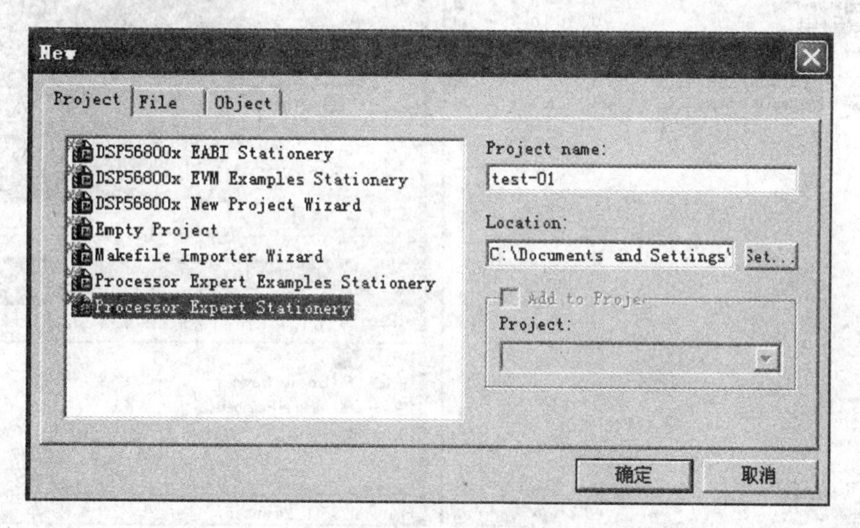

图 8－1 利用 PE 快速创建一个工程

在 Project 选项卡中有不同的工程模板，用户可以选择一个合适的模板来建立属于自己的新工程。其中，DSP56800x EABI Stationery 与 DSP56800x New Project Wizard 功能类似，可以通过这两个模板快速建立一个新的工程；在 DSP56800x Examples Stationery 模板中有针对不同 CPU 的 isr_led 例程，用户可以利用该例程进行适当修改，快速建立一个适用的应用软件框架，并在此框架的基础上进行系统设计；Empty Project 模板为空模板，用户可以自由进行应用系统开发；Makefile Importer Wizard 模板用于将已有其他工程导入新建工程中，方便用户进行应用系统移植。

选用 Processor Expert Stationery 模板，在窗口右侧键入新建工程名，并选择存储目录后单击“确定”，弹出 New project 窗口。在此窗口中可以选择相应的 CPU，如图 8-2 所示。单击“确定”后，即可快速建立一个新的工程，如图 8-3 所示。

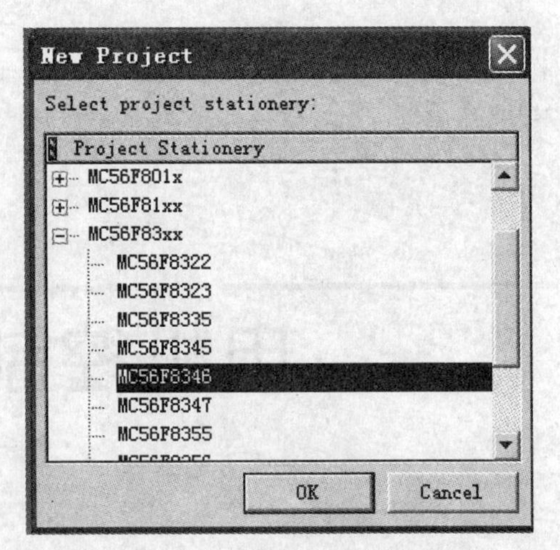

图 8-2　New Project 窗口

在图 8-3 中，左边一栏为工程内容，有系统和用户文件、编译连接指令、程序下载目标及 PE 等；右边一栏中有 Target CPU 窗口，向用户直观地展示了目标 CPU 的结构，便于用户随时了解 CPU 的结构，以及相关引脚的排列和相互之间的关系，如图 8-4(a)所示。在该窗口中，还可以显示 CPU 内部的结构框图，如图 8-4(b)所示。在用户对 CPU 内部详细结构了解较少的情况下，通过该系统结合相关帮助文件就可以快速进行应用系统设计，大大加快了系统的开发进度，使用户快速熟悉一款新的 CPU。

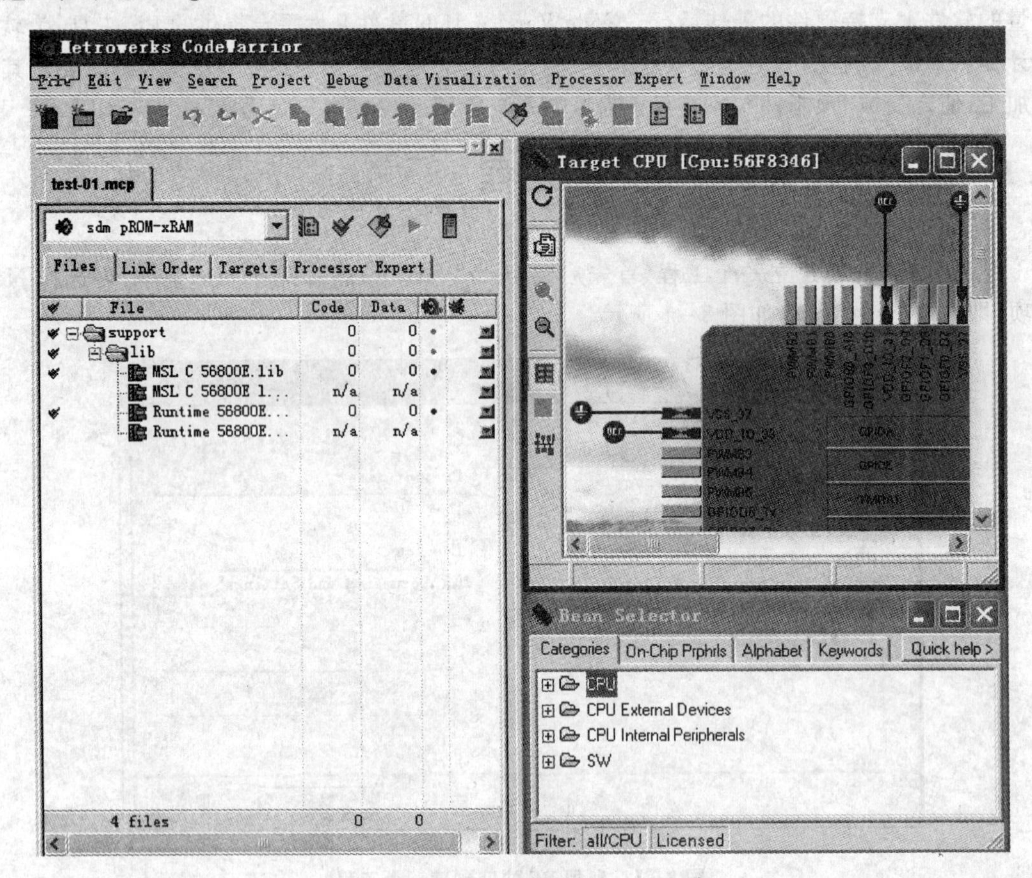

图 8-3　新建的工程

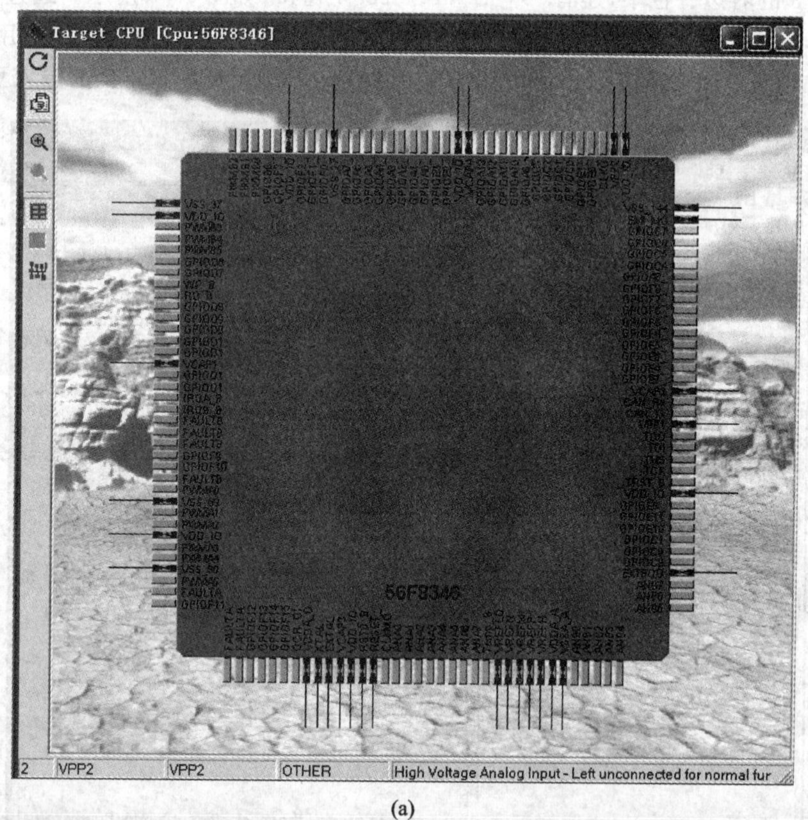

(a)

(b)

图 8-4　CPU 模块图

在图 8－3 的右边一栏中，还有一个 Bean Selector 窗口，如图 8－5 所示。通过该窗口和快速帮助功能，可以立即了解所有相关嵌入豆的详细信息。以模/数转换模块的应用为例，单击 ADC，并单击右上角的 Quick help，即可出现有关 ADC 的所有配置和驱动的嵌入豆的信息。

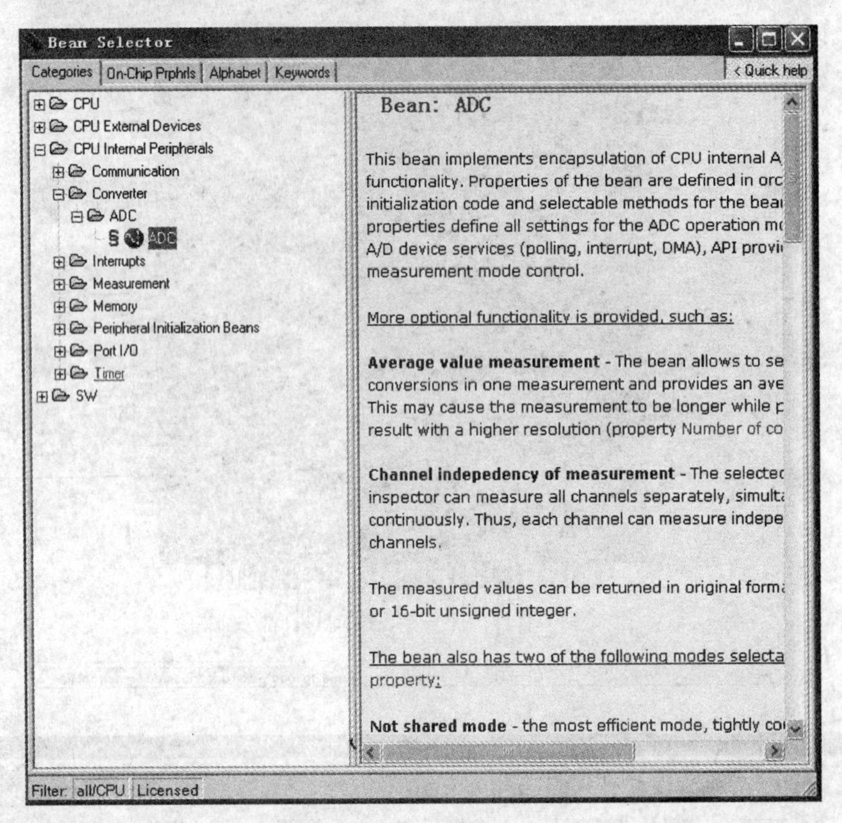

图 8－5　Bean Selector 窗口

在 Bean Selector 窗口中，双击 ADC 图标，将弹出一个嵌入豆监视器窗口 Bean Inspector，如图 8－6 所示。在这里，可以对 ADC_A 模块进行应用配置，并且根据需要选择由 PE 生成的嵌入豆子程序。这些嵌入豆子程序包括 ADC_A 模块的特殊功能寄存器的配置、ADC_A 模块的驱动和中断服务子程序等。

在嵌入豆监视器 Bean Inspector 窗口设置好后，单击 Project 菜单下的 Make 选项。该选项将由 PE 自动生成工程所需的各种基本文件，包括库函数选择、头文件添加和 CPU 初始化等。用户所需完成的工作只是根据自己的要求编写主程序，以及在中断服务程序框架中添加自己需要执行的程序，如图 8－7 所示。而主程序和中断服务程序可能用到的所有函数也由 PE 自动生成，用户开发应用程序时只要选择工程界面上 PE 栏中的相应嵌入豆，并单击鼠标的左键，将该嵌入豆拖至编写的程序中即可。这时，在程序的相应位置就会出现一个该嵌入豆的子程序。

注意：在使用嵌入豆子函数时，要仔细阅读其注释内容，并为其添加正确的参数。

程序编好后，即可单击工程界面上部的 debug 图标。单击此图标可以完成编译链接功能。如果程序编写无误，则编译链接后程序便下载到目标板上指定的存储器上。本例中选用的是外部存储器，随即出现调试窗口，如图 8－8 所示。

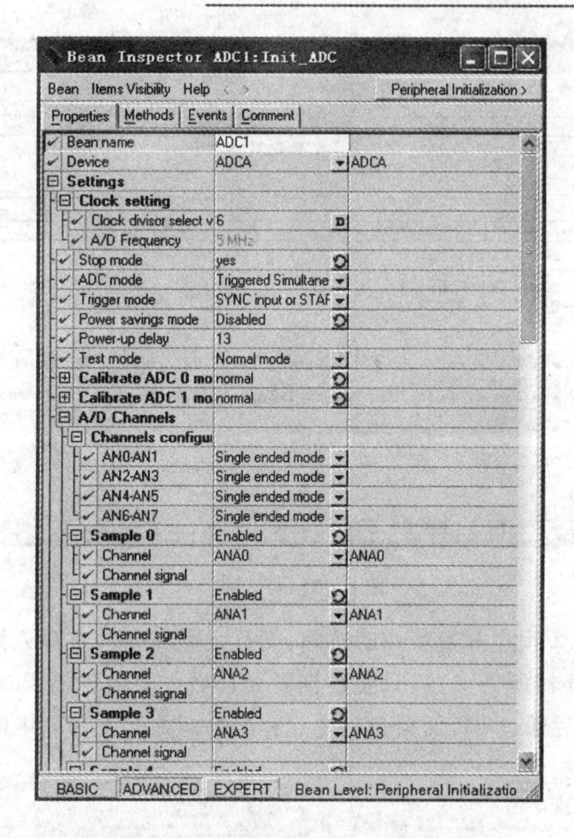

图 8-6　嵌入豆监视器 Bean Inspector 窗口

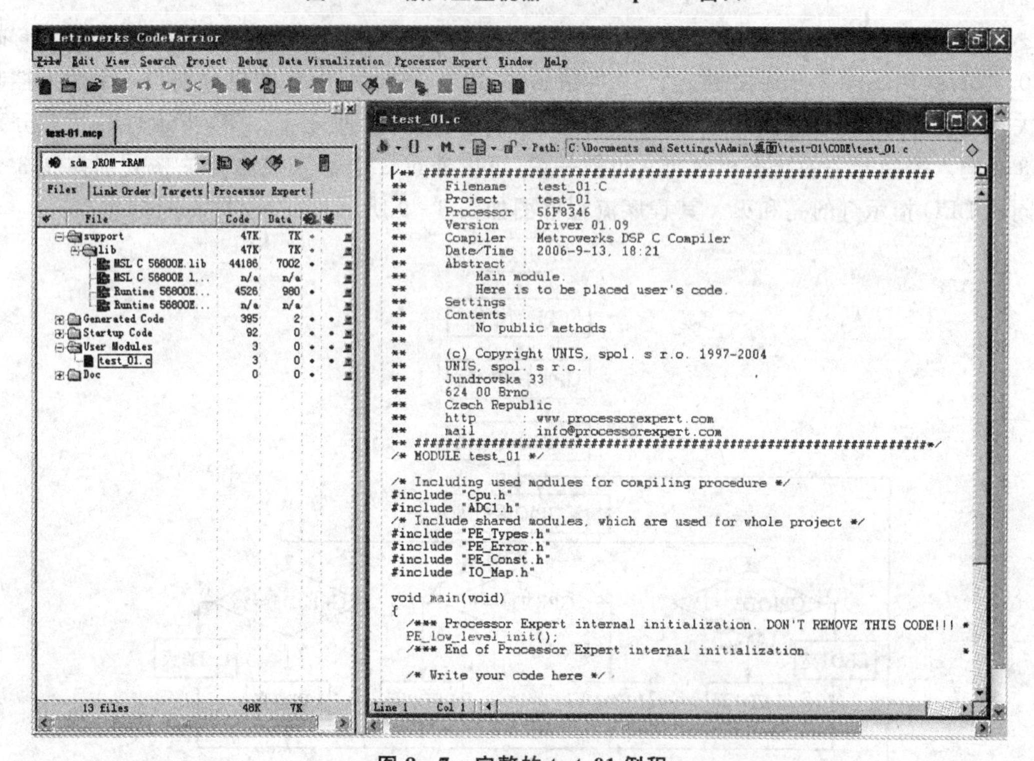

图 8-7　完整的 test_01 例程

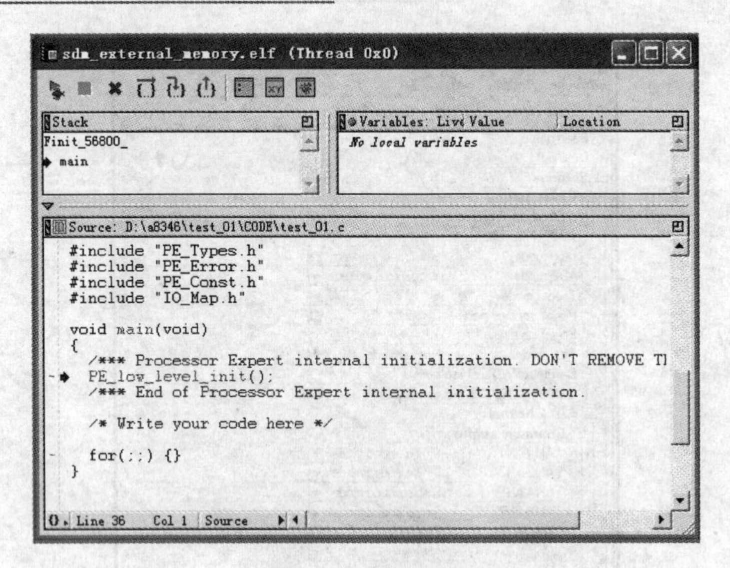

图 8-8　调试窗口

利用 PE 可大大缩短程序开发所用的时间，而且无须对硬件有深入地了解，更不必花费大量时间来配置控制寄存器所需参数，只要根据需要在嵌入豆监视器 Bean Inspector 窗口中选择相应的参数即可，然后通过 PE 便可自动生成相应的初始化文件和中断服务子程序框架等。

8.2　GPIO 口应用

本应用例程是利用 GPIO 口驱动 LED 指示灯和输入控制开关。其中，利用 56F8346 的 PB0、PB1 和 PB2 端口分别控制 3 个 LED 指示灯；PD3、PD4 和 PD5 端口分别与 3 个输入控制开关相连接。本例程通过对 GPIO 口的输入、输出进行控制，使 3 个 LED 指示灯的状态分别与 3 个输入控制开关的状态相对应。也就是说，可以通过 3 个输入控制开关来分别控制 3 个不同的 LED 指示灯的亮和灭。其程序流程框图如图 8-9 所示。

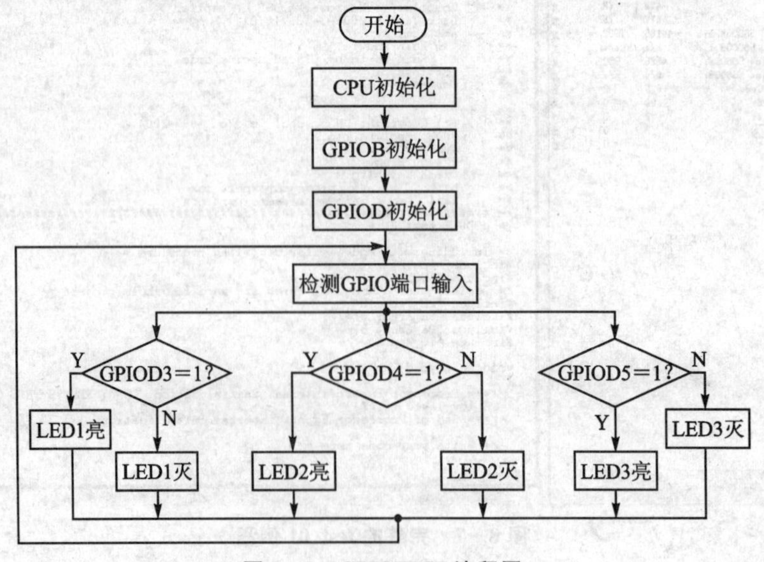

图 8-9　GPIOTEST 流程图

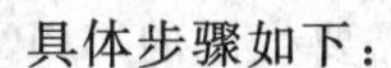

具体步骤如下：

(1) 如 8.1 节所述，利用 PE 新建 GPIOTEST 工程，添加 GPIO_B 和 GPIO_D 模块。

(2) 在嵌入豆监视器 Bean Inspector 窗口中，对 GPIO_B 模块进行配置。选择 GPIOB 作为输出通道；在 GPIOB 模块中选择 GPIOB0、GPIOB1 和 GPIOB2 三个引脚；选择 GPIOB0、GPIOB1 和 GPIOB2 引脚作为输出引脚；选择内部上拉；初始值设定为 0，如图 8－10(a)所示。

(3) 在嵌入豆监视器 Bean Inspector 窗口中，对 GPIO_D 模块进行配置。选择 GPIOD 作为输入通道；在 GPIOD 模块中选择 GPIOD3、GPIOD4 和 GPIOD5 三个引脚；选择 GPIOD3、GPIOD4 和 GPIOD5 引脚为输入引脚；选择内部上拉，如图 8－10(b)所示。

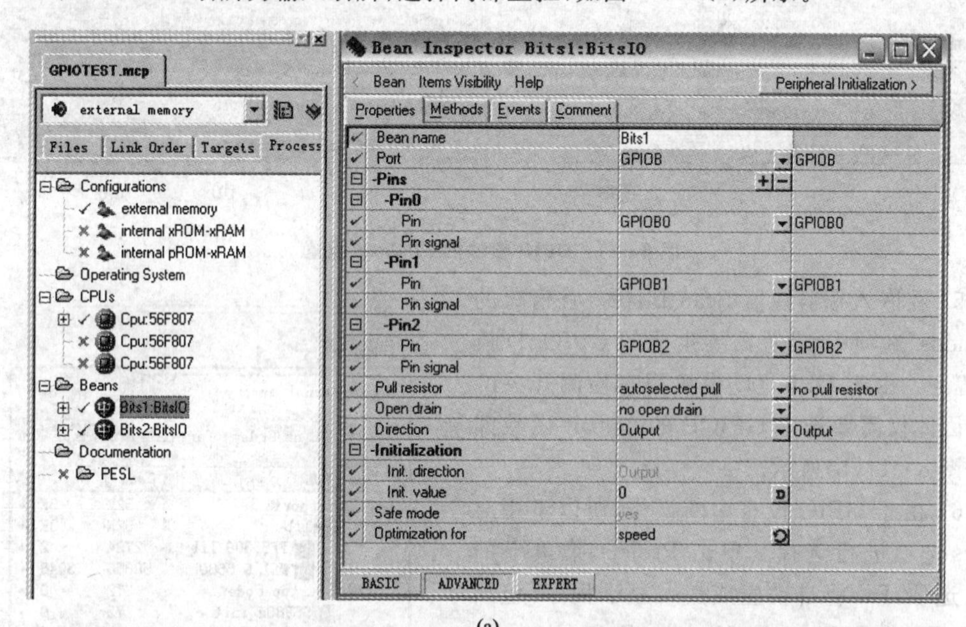

(a)

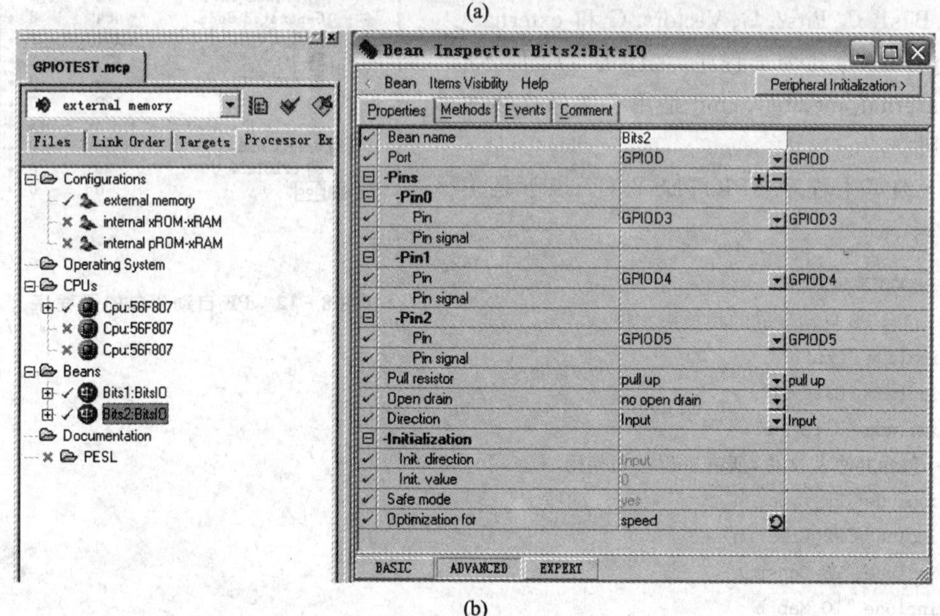

(b)

图 8－10　GPIOTEST 例程中的 GPIO 模块参数设置

(4) 在嵌入豆监视器 Bean Inspector 窗口的 Methods 选项中,设置需要生成的 GPIO_B 模块子程序。由于 GPIO_B 模块仅采用输出高低电平来控制 LED 指示灯,因此仅需要选中 GPIOB 的 PutBit 函数即可,如图 8-11(a)所示。

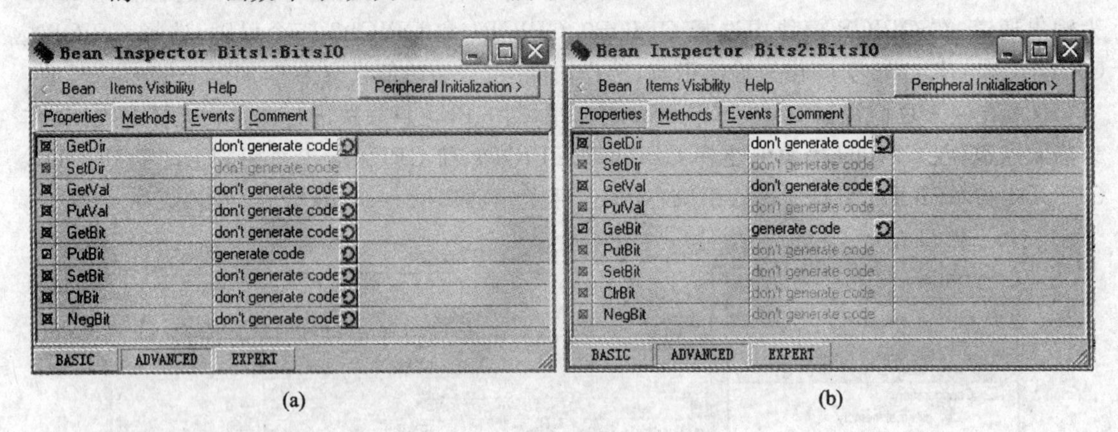

图 8-11 GPIO 模块的 Methods 设置

(5) 在嵌入豆监视器 Bean Inspector 窗口的"Methods"选项中,设置需要生成的 GPIO_D 模块子程序。由于 GPIO_D 模块用来检测开关的状态,因此仅需要选中 GPIOD 的 GetBit 函数即可,如图 8-11(b)所示。

(6) 由于 GPIO 没有中断操作,所以不用对 Events 选项进行选择。单击 Project 菜单下的 Make 选项,PE 将自动生成嵌入豆子程序,包括 Cpu. C、Bits1. C、Bits2. C、Vectors. C 和 external_memory. cmd 等几个子程序,如图 8-12 所示。其中,external_memory. cmd 是用于编译连接的命令文件。

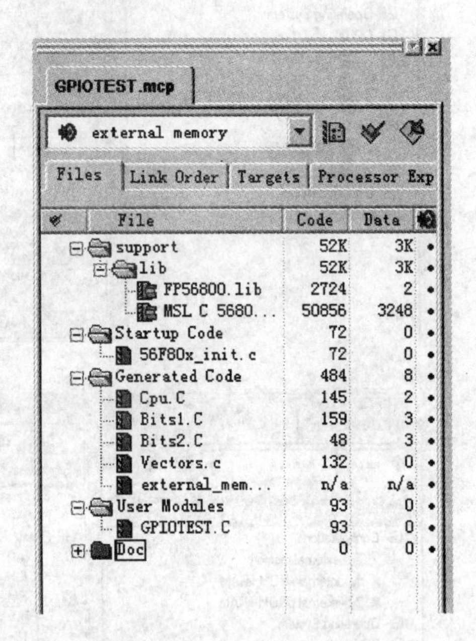

图 8-12 PE 自动生成的子程序

(7) 编写主程序 GPIOTEST. C。以下是主程序代码:

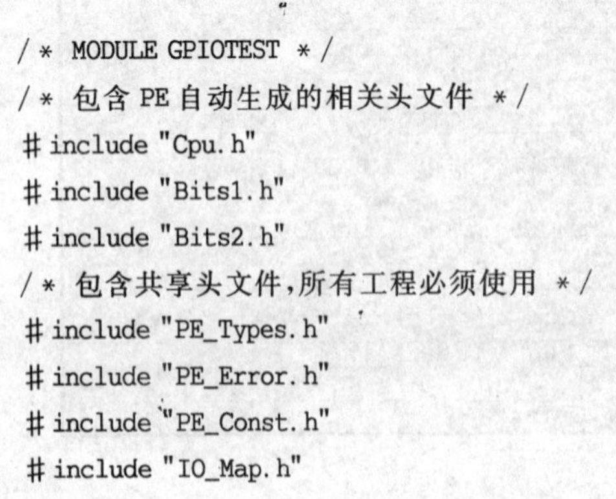

```
/* MODULE GPIOTEST */
/* 包含 PE 自动生成的相关头文件 */
#include "Cpu.h"
#include "Bits1.h"
#include "Bits2.h"
/* 包含共享头文件,所有工程必须使用 */
#include "PE_Types.h"
#include "PE_Error.h"
#include "PE_Const.h"
#include "IO_Map.h"

void main(void)
```

```
{
  /*** PE内部初始化,不允许删除该语句!!! ***/
  PE_low_level_init();
  /*** PE内部初始化结束 ***/

  /* 用户编写代码区 */
   while(1)
   {
   int  switch_1, switch_2, switch_3;

   switch(Bits2_GetBit(0))                //检测第一个开关状态
   {
   case 1: switch_1 = 1;
   break;
   case 0: switch_1 = 0;
   break;
   default: break;
   }

   switch(Bits2_GetBit(1))                //检测第二个开关状态
   {
   case 1: switch_2 = 1;
   break;
   case 0: switch_2 = 0;
   break;
   default: break;
   }

   switch(Bits2_GetBit(2))                //检测第三个开关状态
   {
   case 1: switch_3 = 1;
   break;
   case 0: switch_3 = 0;
   break;
   default: break;
   }

   switch(switch_1)                       //根据第一个开关状态,控制第一个指示灯的亮/灭
   {
   case 1: Bits1_PutBit(0,FALSE);
   break;
   case 0: Bits1_PutBit(0,TRUE);
   break;
   default: break;
   }
```

```
switch(switch_2)                    //根据第二个开关状态,控制第二个指示灯的亮/灭
{
case 1: Bits1_PutBit(1,FALSE);
break;
case 0: Bits1_PutBit(1,TRUE);
break;
default: break;
}

switch(switch_3)                    //根据第三个开关状态,控制第三个指示灯的亮/灭
{
case 1: Bits1_PutBit(2,FALSE);
break;
case 0: Bits1_PutBit(2,TRUE);
break;
default: break;
}

} /* 主循环结束 */
} /* END GPIOTEST */
```

(8) 编译链接后将程序下载到目标板上,单击运行图标,程序开始运行。这时,改变开关的状态,相应指示灯就会随着开关状态的改变而点亮或者熄灭。

8.3 模/数转换器应用

在电机控制系统中,由于被控对象的状态参数大多是模拟量,因此 ADC 模块在电机控制系统中具有非常重要的地位。通过 ADC 可以对控制对象的参数、运行状态等信息进行检测、控制。ADC 模块的灵活应用可以有效地提高对电机的检测和控制性能。56F800E 系列 DSP 的 ADC 模块针对电机控制应用设计了一些独特的功能。下面给出一些应用例程,作为 ADC 使用的一个参考。

8.3.1 顺序采样

ADC 的顺序采样是依次对各个 ADC 通道的输入信号进行采样和转换。本例程利用顺序采样模式对两路输入信号依次进行转换,其转换结果按 Q12 定标表示,表示范围为 0~7.998。该结果可以由 3 位二进制数表示。也就是说,转换结果用整数表示 0~8 对应的输入模拟信号的 0~3.3 V。该例程的输出由指示灯作为二进制数表示,即每个通道 ADC 转换值为 0~8 (Q12 定标),由 3 个 LED 指示灯表示。LED 指示灯的控制由 GPIO 口完成,当 LED 指示灯亮时,该位二进制数为 1;否则为 0。输入信号由两个电位器对电源进行分压得到。调节电位器旋钮,就可以改变两个 ADC 输入通道的电压,从而改变各自通道的二进制码输出。其程序流

程框图和硬件配置分别如图 8－13 和图 8－14 所示。

具体步骤如下：

(1) 如 8.1 节所述，利用 PE 新建 ADC_SEQ_TEST 工程，添加 GPIO_A 和 ADC 模块。添加 2 个 BitsIO 和 1 个 ADC 模块，出现如图 8－15 所示嵌入豆选择窗口。

(2) 在嵌入豆监视器窗口中对 Bits1 和 Bits2 进行设置，选择 GPIOA 端口，Bits1 的 3 个引脚选择为 GPIOA0_PWM0～GPIOA2_PWM2，Bits2 的 3 个引脚选择为 GPIOA3_PWM3、GPIOA4_PWM4_FAULT 和 GPIOA5_PWM5_FAULT，引脚均为输出，初始值设定为 0，如图 8－16 所示。

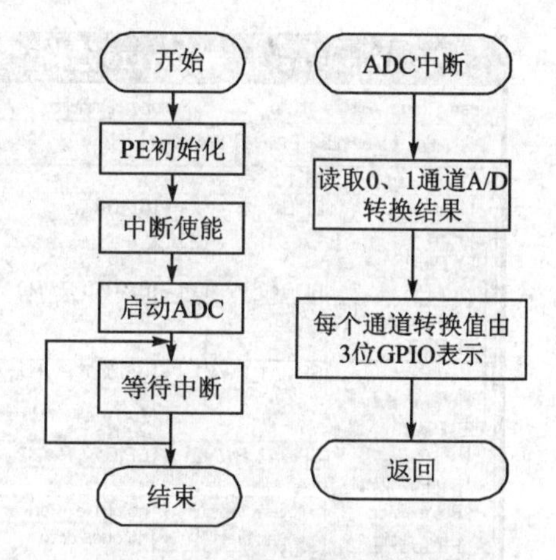

图 8－13　ADC 顺序采样流程图

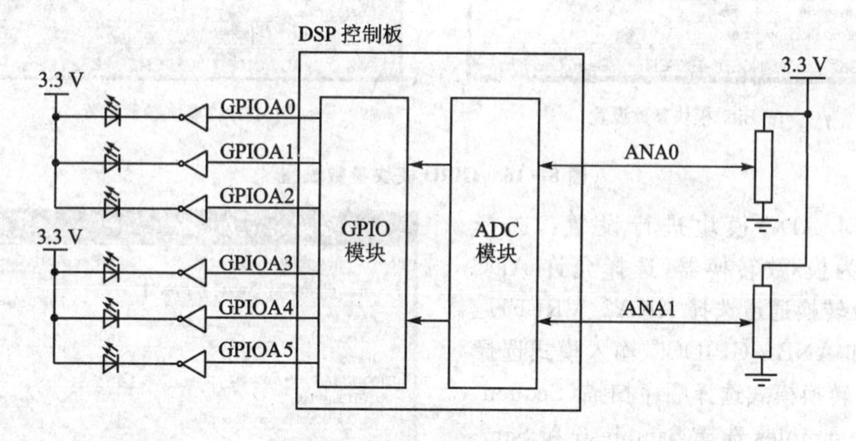

图 8－14　硬件配置

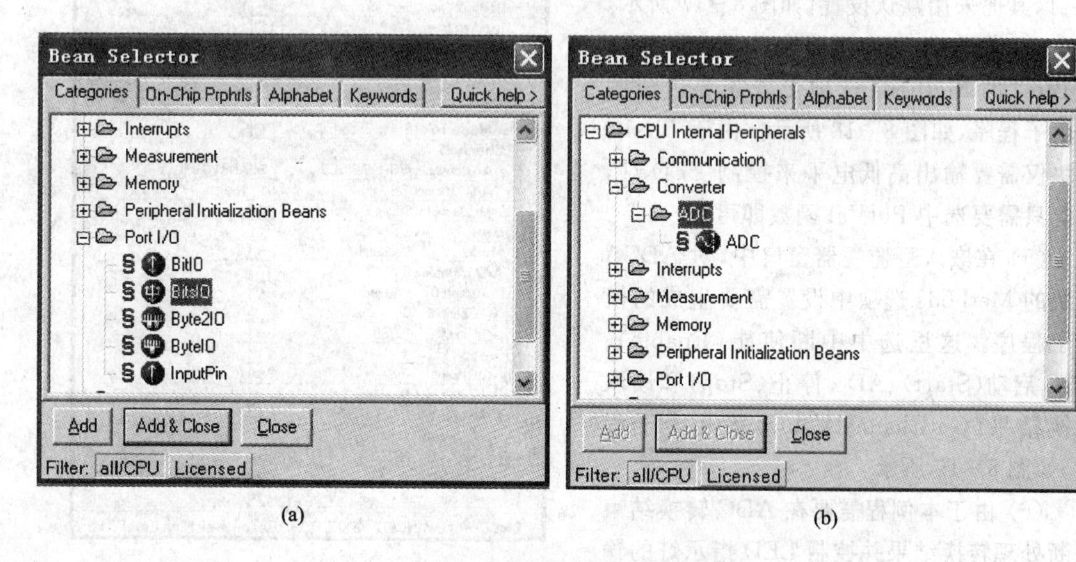

图 8－15　嵌入豆模块的选择

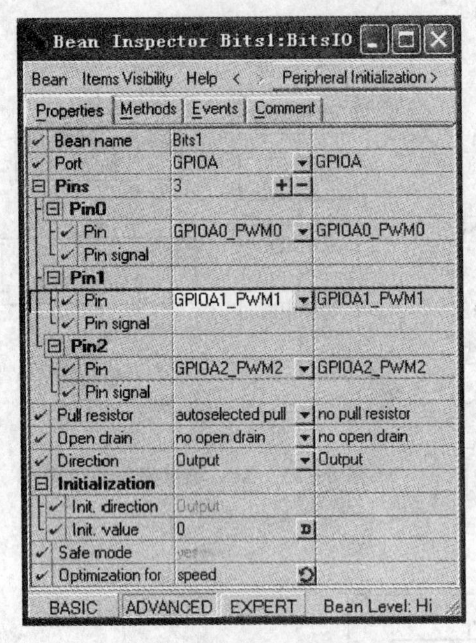

(a) Bits1模块参数设置

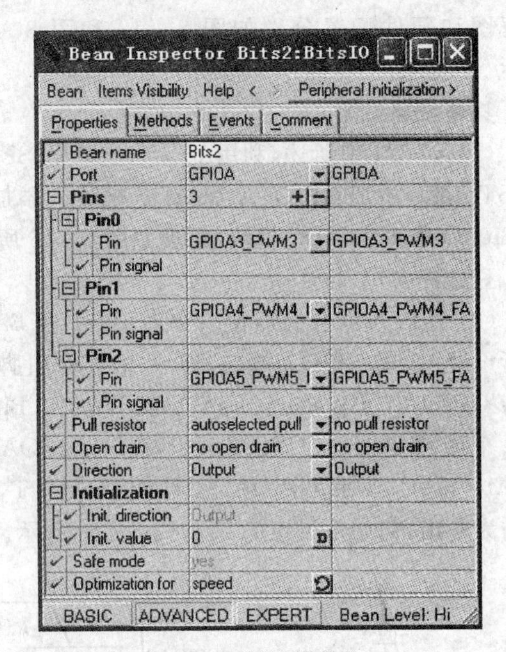

(b) Bits2模块参数设置

图 8-16　GPIO 模块参数设置

(3) 对 ADC 模块进行设置：选择 ADCA 作为模/数转换器，选择允许 ADC 中断，A/D 转换通道选择 ANA2_VREFH_GPIOC2 和 ANB1_GPIOC5，输入模式选择单端输入，转换模式选择顺序扫描(Sequential)，A/D samples 选择 Samples0 和 Samples1，其他采用默认设置，如图 8-17 所示。

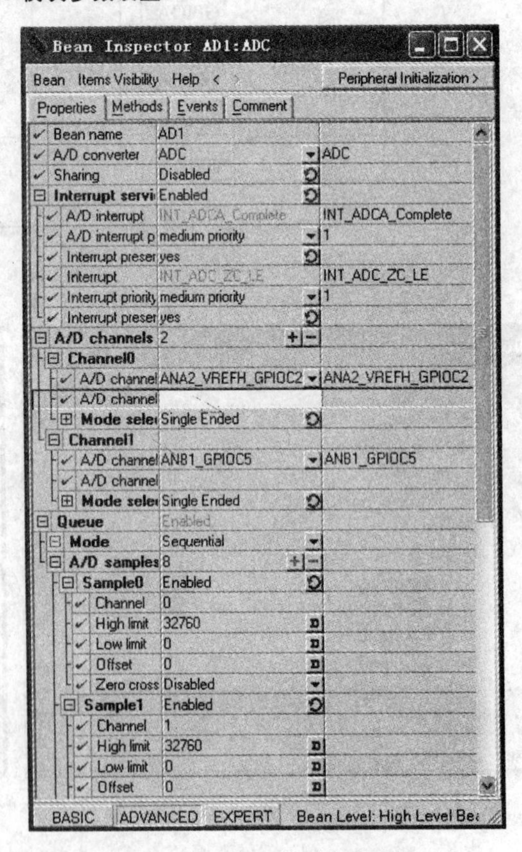

图 8-17　ADC 模块参数设置

(4) 在嵌入豆监视器窗口中，对 Bits1 和 Bits2 的 Methods 选项设置需要生成的模块子程序，如图 8-18 所示。由于 BitsIO 模块仅需要输出高低电平来控制 LED 灯，因此只需要选中 PutVal 函数即可。

(5) 在嵌入豆监视器窗口中，对 ADCA 模块的 Methods 选项中设置需要生成的模块子程序。这里选中中断使能(Enable)、ADC 启动(Start)、ADC 停止(Stop)和读取转换结果(GetChannelValue)等几个子程序，如图 8-19 所示。

(6) 由于本例程需要在 ADC 转换结束中断处理转换结果并控制 LED 指示灯的输出，所以需要对事件(Evens)选项进行选

择。该选项主要用于中断设置,如图 8-20 所示。

(7) 单击 Project 菜单下的 Make 选项,PE 将自动生成嵌入豆子程序。

(8) 编写主程序和 A/D 转换结束中断服务程序。

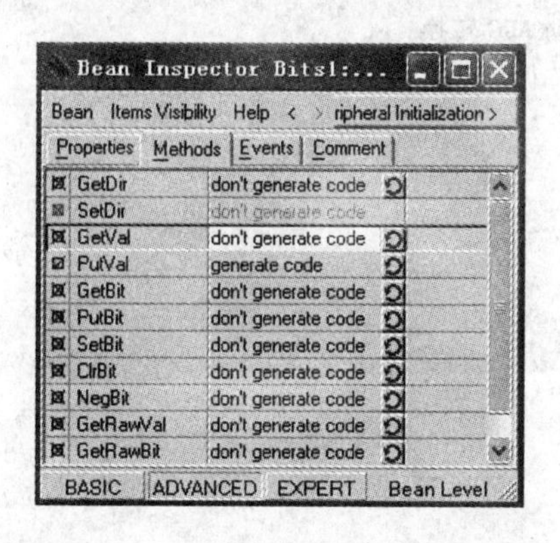

图 8-18　BitsIO 模块的 Methods 设置

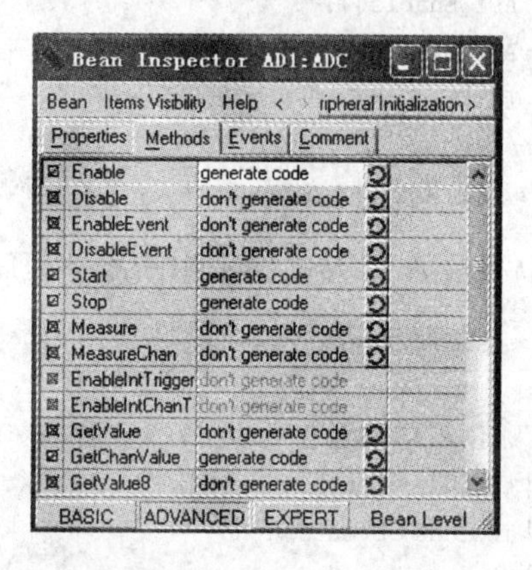

图 8-19　ADC 模块的 Methods 设置

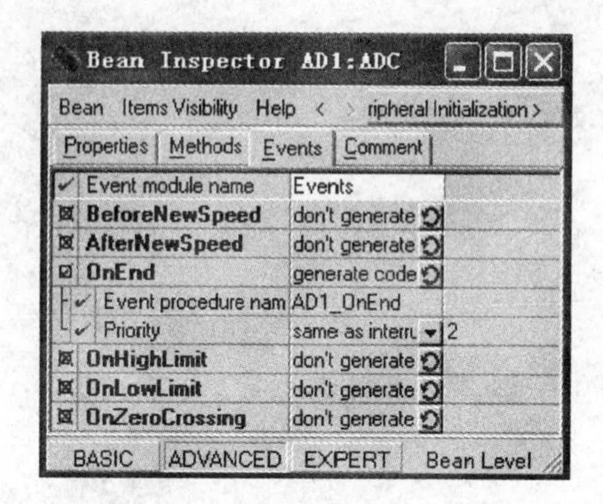

图 8-20　ADCA 模块的 Evens 设置

以下是主程序代码:

```
/* MODULE ADC_SEQ_TEST */

/* 包含 PE 自动生成的相关头文件 */
#include "Cpu.h"
#include "Events.h"
#include "AD1.h"
#include "Bits1.h"
#include "Bits2.h"

/* 包含共享头文件,所有文件必须使用 */
#include "PE_Types.h"
#include "PE_Error.h"
#include "PE_Const.h"
#include "IO_Map.h"
```

```
void main(void)
{
  PE_low_level_init();                          //PE 内部初始化
  AD1_Enable();                                 //允许 ADC 中断
  AD1_Start();                                  //启动 ADC 转换
  for(;;) {}                                    //等待循环
}
/* END ADC_SEQ_TEST */
```

以下是 A/D 转换结束中断服务程序：

```
/* MODULE Events */

/* 包含 PE 自动生成的相关头文件 */
#include "Cpu.h"
#include "Events.h"
#include "AD1.h"
#include "Bits1.h"
#include "Bits2.h"

/*包含共享头文件,所有文件必须使用*/
#include "PE_Types.h"
#include "PE_Error.h"
#include "PE_Const.h"
#include "IO_Map.h"

int value_1;
int value_2;
int *pointer_1;
int *pointer_2;
static int n1;
static int n2;

#pragma interrupt called
void AD1_OnEnd(void)
{
  pointer_1 = &value_1;
  pointer_2 = &value_2;
  AD1_GetChanValue(0,pointer_1);                //读取 0 通道转换结果
  AD1_GetChanValue(1,pointer_2);                //读取 1 通道转换结果
  n1 = value_1/4096;                            //0 通道转换结果按 Q12 定标并取整
  n2 = value_2/4096;                            //1 通道转换结果按 Q12 定标并取整
  Bits1_PutVal((unsigned char)n1);              //输出 0 通道转换结果用 LED 显示
  Bits2_PutVal((unsigned char)n2);              //输出 1 通道转换结果用 LED 显示
}

/* END Events */
```

(9) 编译链接后将程序下载到目标板上,单击运行图标,程序开始运行。调节两个电位器改变电位器输出电压,通过两组指示灯可以读取两路输入电压实际值大小。

8.3.2　同时采样

8.3.1小节中的模/数转换是两个通道依次进行转换的。在异步电机控制系统中,常常需要同时检测三相电流。由于56F800E系列DSP通常只有两个ADC模块(8个输入通道),因此可以设置ADC采用同时采样模式,即在同一时刻对两相电流同时采样和转换,得到同一时刻的两相电流。由于异步电机通常是Y型接法,因此第三相电流可以通过另外两相电流相加并取反得到。这样就保证了异步电机三相电流的同时采样。

ADC同时采样的硬件配置和嵌入豆的设置与顺序采样大体相同,所不同的是第(3)步:

对ADC模块进行设置:选择ADCA作为模/数转换器,选择允许ADC中断,A/D转换通道选择ANA2_VREFH_GPIOC2和ANB0_GPIOC4,输入模式选择单端输入,转换模式选择同时扫描(Simultaneous),A/D samples选择Samples0和Samples4,其他采用默认设置,如图8-21所示。

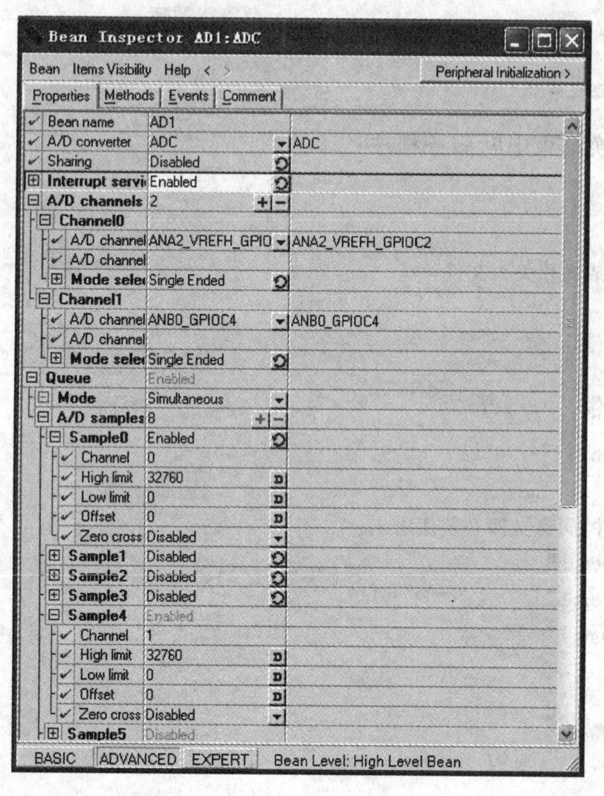

图8-21　ADC模块参数设置

以下是主程序代码:

```
/* MODULE ADC_Sim_TEST */

/* 包含PE自动生成的相关头文件 */
```

```
#include "Cpu.h"
#include "Events.h"
#include "AD1.h"
#include "Bits1.h"
#include "Bits2.h"

/*包含共享头文件,所有文件必须使用*/
#include "PE_Types.h"
#include "PE_Error.h"
#include "PE_Const.h"
#include "IO_Map.h"

void main(void)
{
  PE_low_level_init();                    //PE内部初始化
  AD1_Enable();                           //允许ADC中断
  AD1_Start();                            //启动ADC转换
  for(;;) {}                              //等待循环
}
/* END ADC_Sim_TEST */
```

以下是 ADC 转换结束中断服务程序：

```
/* MODULE Events */

/*包含PE自动生成的相关头文件*/
#include "Cpu.h"
#include "Events.h"
#include "AD1.h"
#include "Bits1.h"
#include "Bits2.h"

/*包含共享头文件,所有文件必须使用*/
#include "PE_Types.h"
#include "PE_Error.h"
#include "PE_Const.h"
#include "IO_Map.h"

int value_1;
int value_2;
int *pointer_1;
int *pointer_2;
static int n1;
static int n2;

#pragma interrupt called
```

```
void AD1_OnEnd(void)
{
  pointer_1 = &value_1;
  pointer_2 = &value_2;
  AD1_GetChanValue(0,pointer_1);          //读取 0 通道转换结果
  AD1_GetChanValue(4,pointer_2);          //读取 4 通道转换结果
  n1 = value_1/4096;                      //0 通道转换结果按 Q12 定标并取整
  n2 = value_2/4096;                      //4 通道转换结果按 Q12 定标并取整
  Bits1_PutVal((unsigned char)n1);        //输出 0 通道转换结果用 LED 显示
  Bits2_PutVal((unsigned char)n2);        //输出 4 通道转换结果用 LED 显示
}

/* END Events */
```

8.4 PWM 模块应用

在电机控制系统中，PWM 模块是一种非常重要的模块。所有控制算法最终都必须通过 PWM 模块驱动功率器件，实现数字信号到功率信号的转换。

8.4.1 PWM 输出控制

本例程将通过输入一个外部模拟信号来控制 PWM 模块输出的占空比。首先，由电位器分压得到的控制信号传递给 ADC 模块，经 ADC 转换后，将转换值按 Q15 定标。该变量可作为 PWM 输出的占空比给定。然后，通过调节输入给定电位器，可以使输出 PWM 的占空比从 0 变化到 100%，其对应的给定变量为 \$0000～\$7FFF。其硬件配置如图 8-22 所示，软件流程如图 8-23 所示。

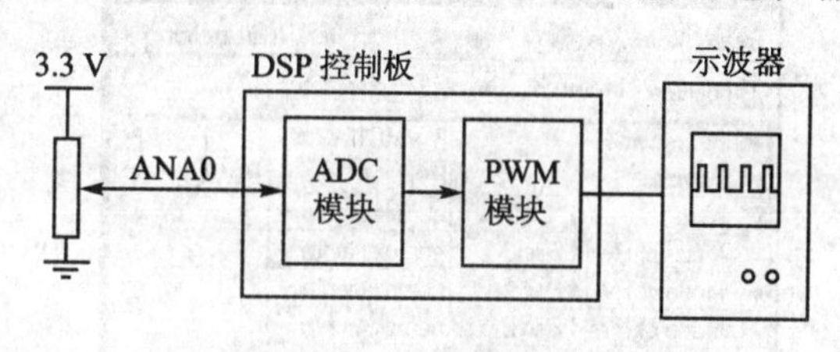

图 8-22 PWM 控制测试原理图

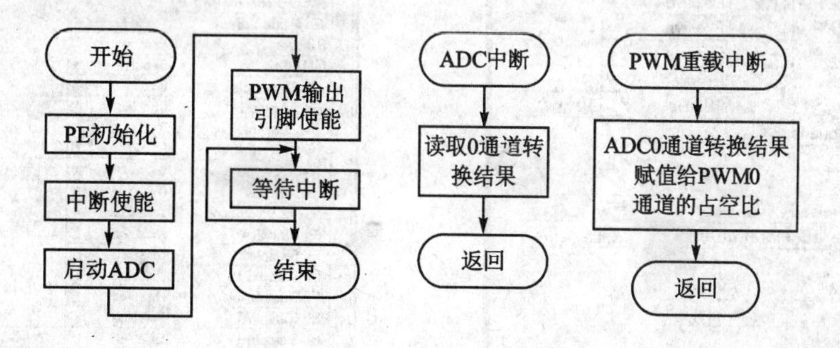

图 8-23 PWM 控制

具体步骤如下：

(1) 如 8.1 节所述，利用 PE 新建 PWM_TEST 工程。添加 1 个 PWM 模块和 1 个 ADC

模块，出现如图 8－24 所示嵌入豆选择窗口。

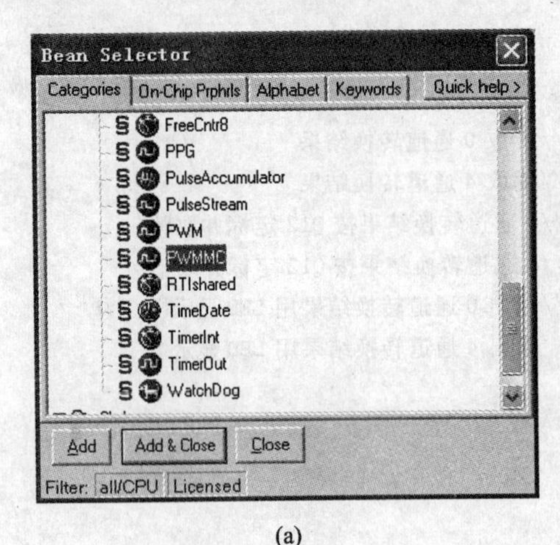

(a)

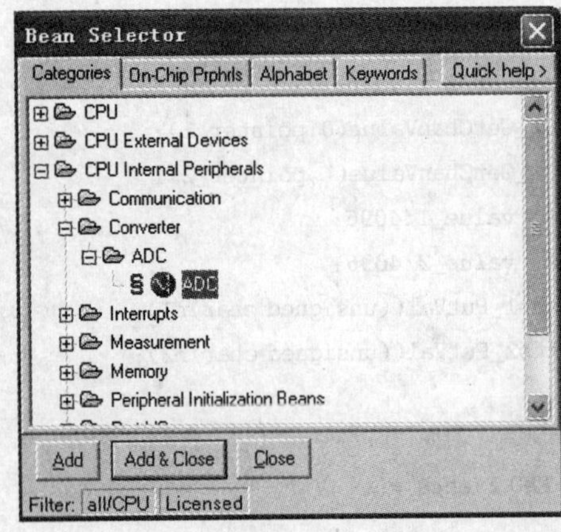

(b)

图 8－24　嵌入豆模块的选择

（2）在嵌入豆监视器窗口中对 PWM 模块进行设置，选择 PWMA 模块、中心对齐方式、互补通道模式、中断使能、开关频率为 10 kHz、死区时间为 3 μs，如图 8－25 所示。

（3）对 ADC 模块进行设置：选择 ADCA 作为模/数转换器，选择允许 ADC 中断，A/D 转换通道选择 ANA2，输入模式选择单端输入，转换模式选择顺序扫描，A/D samples 选择 Samples0，其他采用默认设置，如图 8－26 所示。

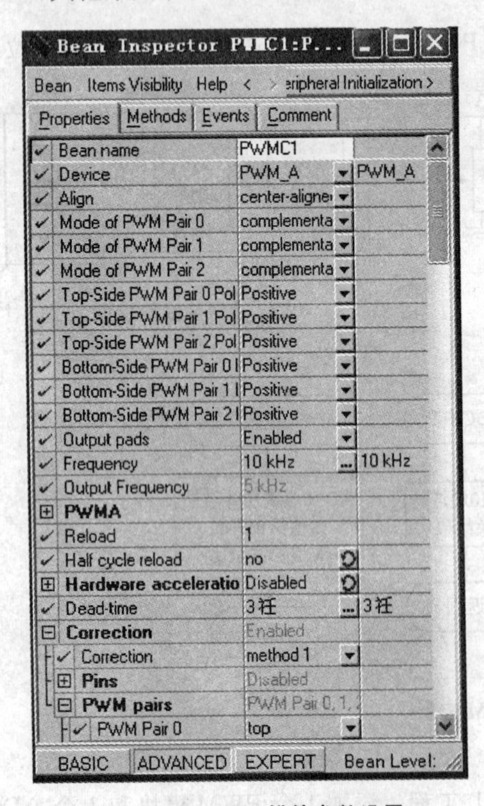

图 8－25　PWM 模块参数设置

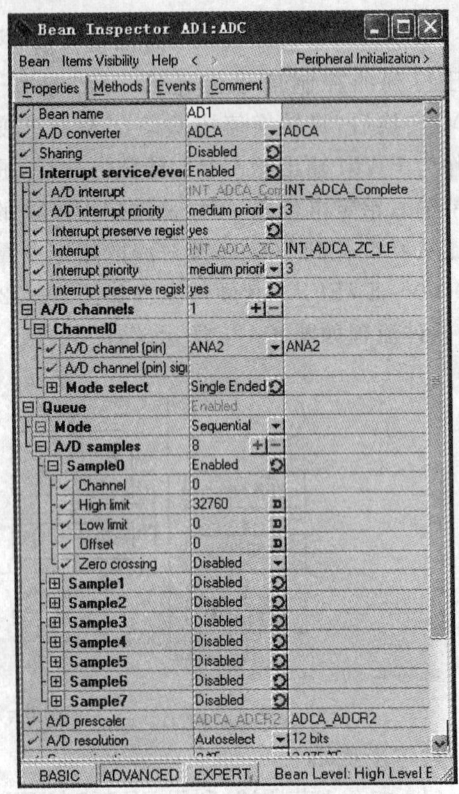

图 8－26　ADC 模块参数设置

(4) 在嵌入豆监视器窗口中,对 PWMA 模块的 Methods 选项设置需要生成的模块子程序,如图 8-27 所示。

(5) 在嵌入豆监视器窗口中,对 ADCA 模块的 Methods 选项设置需要生成的模块子程序。这里选中中断使能(Enable)、ADC 启动(Start)、ADC 停止(Stop)和读取转换结果 GetChannelValue 等几个子程序,如图 8-28 所示。

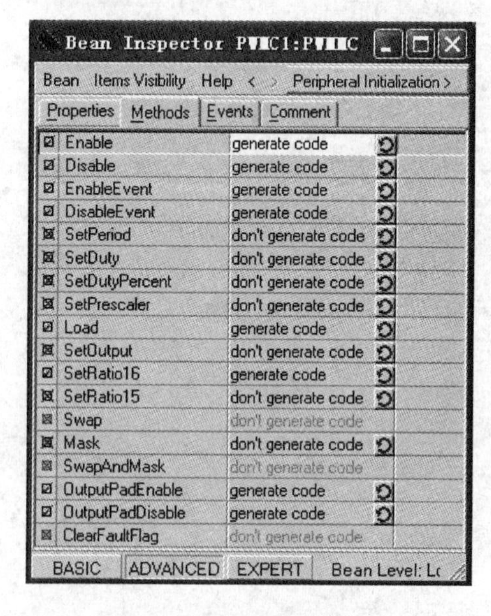

图 8-27 PWM 模块的 Methods 设置

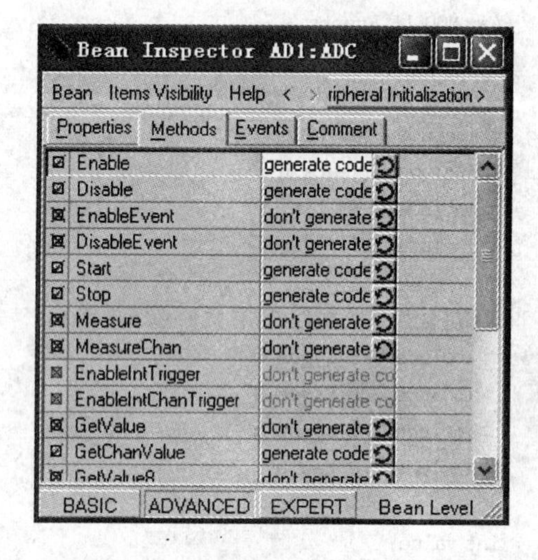

图 8-28 ADC 模块的 Methods 设置

(6) 单击 Project 菜单下的 Make 选项,PE 将自动生成嵌入豆子程序。

(7) 编写主程序、A/D 转换结束中断服务程序和 PWM 重载中断服务程序。

以下是主程序代码:

```
/* MODULE PWM_TEST */


/* 包含 PE 自动生成的相关头文件 */
#include "Cpu.h"
#include "Events.h"
#include "PWMC1.h"
#include "AD1.h"

/* 包含共享头文件,所有文件必须使用 */
#include "PE_Types.h"
#include "PE_Error.h"
#include "PE_Const.h"
#include "IO_Map.h"


static int value;
void main(void)
{
```

```
    PE_low_level_init();
    AD1_Enable();
    AD1_Start();
    PWMC1_OutputPadEnable();
    for(;;) {}
}
/* END PWM_TEST */
```

以下是 A/D 转换结束中断服务程序：

```
/* MODULE Events */

/*包含 PE 自动生成的相关头文件*/
#include "Cpu.h"
#include "Events.h"
#include "PWMC1.h"
#include "AD1.h"

/*包含共享头文件,所有文件必须使用*/
#include "PE_Types.h"
#include "PE_Error.h"
#include "PE_Const.h"
#include "IO_Map.h"

int value;
int *pointer;
#pragma interrupt called
void AD1_OnEnd(void)
{
pointer = &value;
  AD1_GetChanValue(0,pointer);                    //读取 0 通道转换结果
}
```

以下是 PWM 重载中断服务程序：

```
int value;
void PWMC1_OnReload(void)
{
  PWMC1_SetRatio16(0,(unsigned int)value);
  PWMC1_Load();
}
/* END Events */
```

(8) 编译链接后将程序下载到目标板上,单击运行图标,程序开始运行。调节电位器改变电位器输出电压,通过示波器可以看到输出 PWM 占空比随输入电压大小变化。

8.4.2 PWM 控制 ADC 同步采样

在电机控制系统中,多采用 PWM 控制方式。功率器件在导通和关断时,会为电机电流的

检测带来干扰。为了能够在 PWM 周期中的适当位置精确地检测到电机电流的大小，56F800E 系列 DSP 在 ADC 模块中设计了 PWM 同步触发功能。也就是说，在 DSP 发送 PWM 脉冲时，给出一个同步信号，经过一定的可编程延时时间后，启动 ADC 的转换。如图 8－29 所示，在逆变器的直流母线上设计一个电流采样电阻 R，串联在电源地与逆变器的下桥臂的公共端；当 T1 管和 T4 管导通时，电机的线电流上升，电流方向如图 8－29 中箭头所示。这时采样电阻 R 上的电压与电机的线电流成正比。当 T1 管和 T4 管关断时，电流通过与 T2 管和 T3 管的反并联二极管续流，电机的线电流下降，如图 8－30 所示。为了得到电机 B 相的实际电流，可以利用 PWM 同步信号，当 T4 管导通时，在相电流达到平均电流的时刻进行采样。从图 8－30 中可以看出，当 PWM 信号发出时，相电流与相电流平均值有一定误差；经过一定时间延时后，当相电流接近相电流平均值时，启动 A/D 转换，就可以得到准确的电流采样。

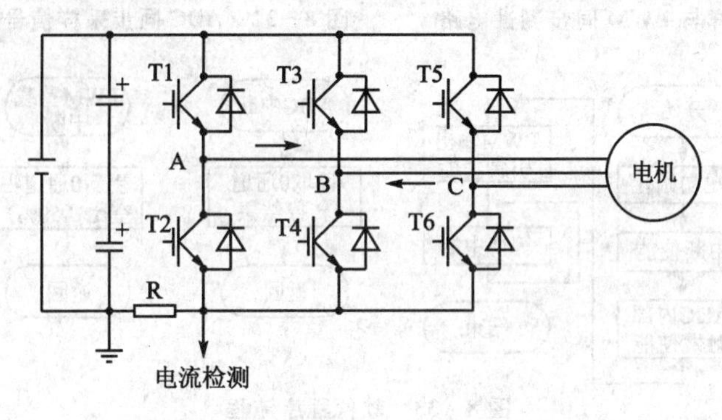

图 8－29　交流伺服电机功率驱动电路

本例程将 ADC 设置成与 PWM 同步的模式，当 PWM 发出同步信号后，用定时器 C 延时一段时间再进行 ADC 采样。这样 ADC 可以配合 PWM 对特定时刻进行采样，使检测信号更加灵活。本例程中，产生一个占空比为 50% 的 PWM 信号，用来驱动一个 BUCK 电路的功率器件（MOSFET），并对 BUCK 电路的输出电流进行同步采样。其测试原理框图和 PWM 驱动信号及其对应的电流波形分别如图 8－31 和图 8－32 所示。本例程为了检测到电流最大值，采用中心对齐 PWM 模式，通过 PWM 同步信号启动延时触发 A/D 转换，从而得到最高点的电流信号。其检测结果可以通过第 5 章介绍的数据观察方法得到。

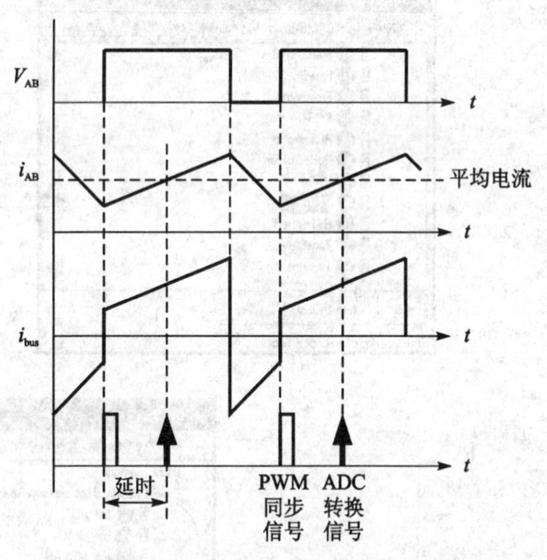

图 8－30　ADC 电流采样波形示意图（PWM 边沿对齐模式）

本例程的软件程序流程如图 8－33 所示。

具体步骤如下：

（1）如 8.1 节所述，利用 PE 新建 ADC_PWM_TEST 工程。添加 1 个 PWM 模块、1 个 ADC 模块及 1 个定时器，出现图 8－34 所示嵌入豆选择窗口。

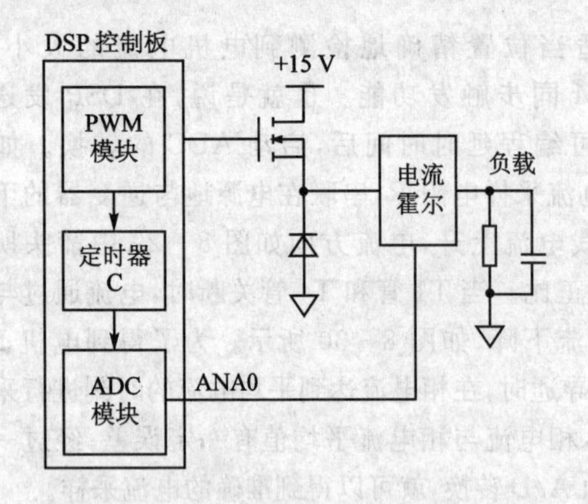

图 8-31 ADC 采样与 PWM 同步测试电路

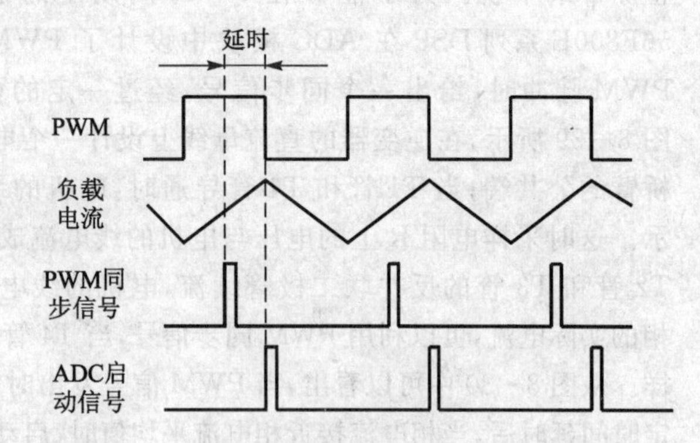

图 8-32 ADC 同步采样信号(PWM 中心对齐模式)

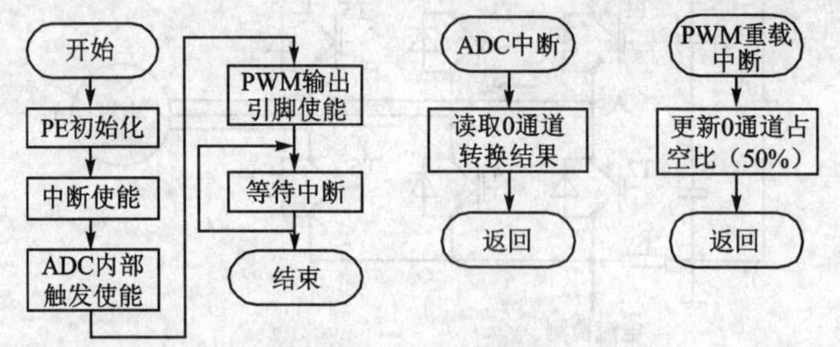

图 8-33 软件程序流程

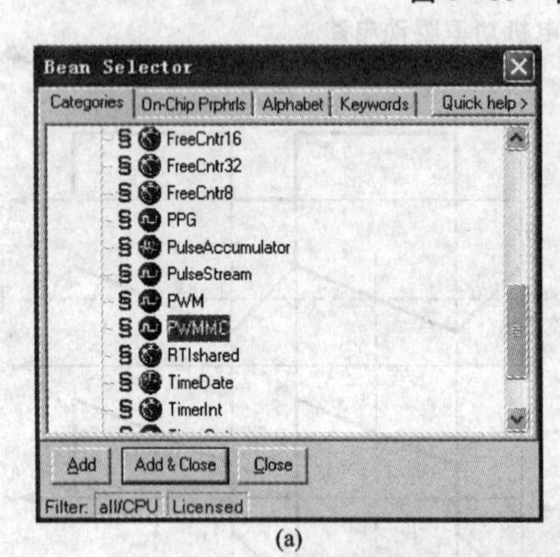

(a)

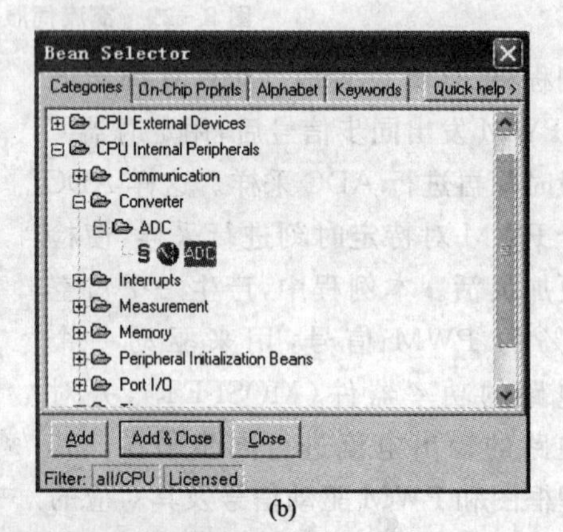

(b)

(c)

图 8-34 嵌入豆模块的选择

(2) 在嵌入豆监视器窗口中对 PWM 模块进行设置，选择 PWMA 模块、中心对齐方式、互补通道模式、中断使能、开关频率为 10 kHz、死区时间为 3 μs，如图 8－35 所示。

(3) 对定时器模块进行设置：选择 TMRC2 作为定时器；主时钟源选择 IP 总线时钟，从时钟源选择 TMRC2；工作模式选择触发计数模式；计数方式(Count once)选择重复计数；计数长度(Count length)选择计数到比较值重新计数；计数方向选择向下计数；输出模式选择计数到比较值时置位，到从时钟源下一个脉冲到来时清零；比较寄存器设为 0，重载和计数寄存器设为 2000；其他采用默认设置，如图 8－36 所示。

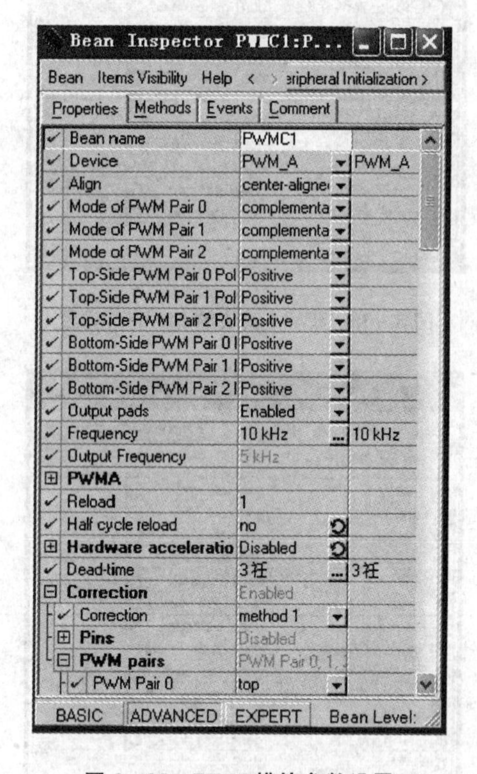

图 8－35　PWM 模块参数设置

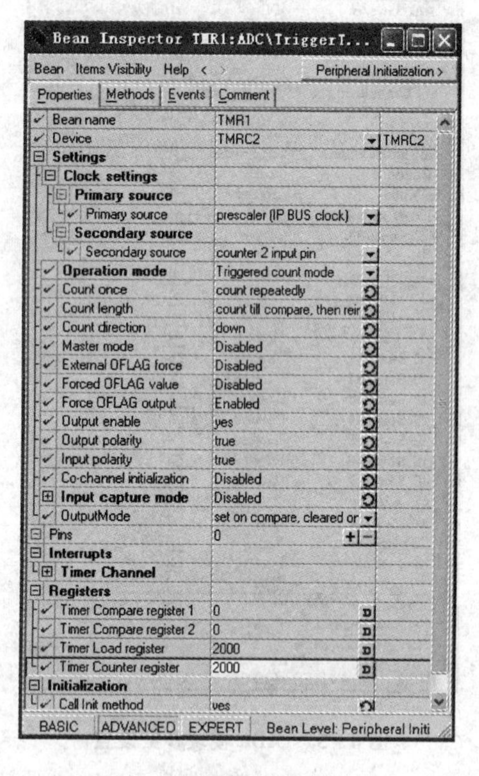

图 8－36　定时器模块参数设置

(4) 对 ADC 模块进行设置：选择 ADCA 作为模/数转换器；选择允许 ADC 中断；A/D 转换通道选择 ANA0，输入模式选择单端输入，转换模式选择顺序扫描，A/D samples 选择 Samples0，A/D 转换时间为 3 μs；选择内部触发使能，触发源为 TMR1；选择接收 PWM 同步信号，同步源为 PWMC1；转换个数为 1；其他采用默认设置，如图 8－37 所示。

(5) 在嵌入豆监视器窗口中，对 PWMA 模块的 Methods 选项设置需要生成的模块子程序，如图 8－38 所示。

(6) 在嵌入豆监视器窗口中，对 ADCA 模块的 Methods 选项设置需要生成的模块子程序。这里选中中断使能(Enable)、ADC 启动(Start)、ADC 停止(Stop)和读取转换结果(GetChannelValue)等几个子程序，如图 8－39 所示。

(7) 单击 Project 菜单下的 Make 选项，PE 将自动生成嵌入豆子程序。

(8) 编写主程序、A/D 转换结束中断服务程序和 PWM 重载中断服务程序。

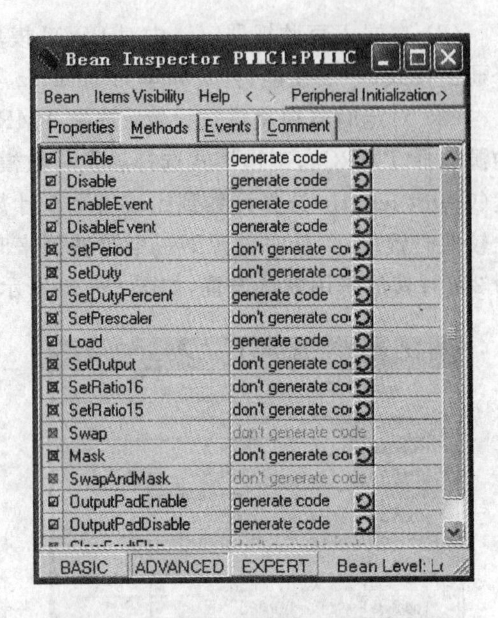

图 8-38 PWM 模块的 Methods 设置

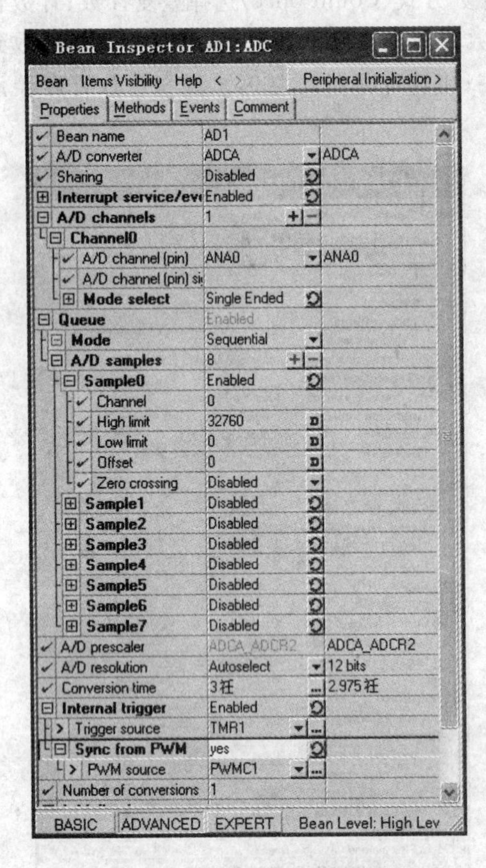

图 8-37 ADC 模块参数设置

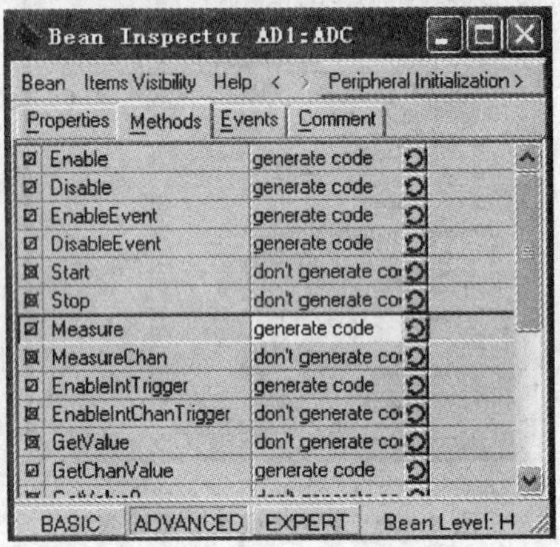

图 8-39 ADC 模块的 Methods 设置

以下是主程序代码：

```
/ * MODULE ADC_PWM_TEST * /

/ * 包含 PE 自动生成的相关头文件 * /
#include "Cpu.h"
#include "Events.h"
#include "TMR1.h"
#include "PWMC1.h"
#include "AD1.h"

/ * 包含共享头文件，所有文件必须使用 * /
#include "PE_Types.h"
#include "PE_Error.h"
```

```
#include "PE_Const.h"
#include "IO_Map.h"

void main(void)
{
  PE_low_level_init();                         //PE 初始化
  AD1_EnableIntTrigger();                      //ADC 内部触发使能
  PWMC1_OutputPadEnable();                     //PWM 输出引脚使能
  for(;;) {}
}
/* END  ADC_PWM_TEST */
```

以下是 A/D 转换结束中断服务程序：

```
int value;
int *pointer;
#pragma interrupt called
void AD1_OnEnd(void)
{
  pointer = &value;
  AD1_GetChanValue(0,pointer);                 //读取 0 通道转换结果
}
```

以下是 PWM 重载中断服务程序：

```
void PWMC1_OnReload(void)
{
  PWMC1_SetDutyPercent(0,50);                  //PWMA0 通道占空比为 50%
  PWMC1_Load();
}
```

(9) 编译链接后将程序下载到目标板上，单击运行图标，程序开始运行。在 A/D 转换结束中断服务程序中设置断点，可以读取采样值。每改变一次定时器重载寄存器和计数值寄存器的值，就可以读取不同延时时刻的采样值。

8.5 定时器应用

定时器在所有控制系统中都是必不可少的控制模块之一。56800E 系列 DSP 为用户提供了丰富的定时功能。本节将给出几个常用的定时器/计数器功能例程。

8.5.1 计数模式

计数模式是利用计数器对选定的时钟源信号的上升沿或下降沿进行计数。本例程利用 GPIOB3 引脚作为输入信号源，利用 TMR0 对输入信号的边沿进行计数，通过 GPIOA 模块的输出引脚所连接的 LED 指示灯作为二进制输出显示；每次 GPIOB3 引脚的上升沿被计数器计

数,并通过 LED 指示灯按照二进制数据显示。

具体步骤如下:

(1) 如 8.1 节所述,利用 PE 新建 PulseAccumulator_count 工程。添加 1 个 PulseAccumulator 模块和 1 个 BitsIO 模块,出现如图 8-40 所示嵌入豆选择窗口。

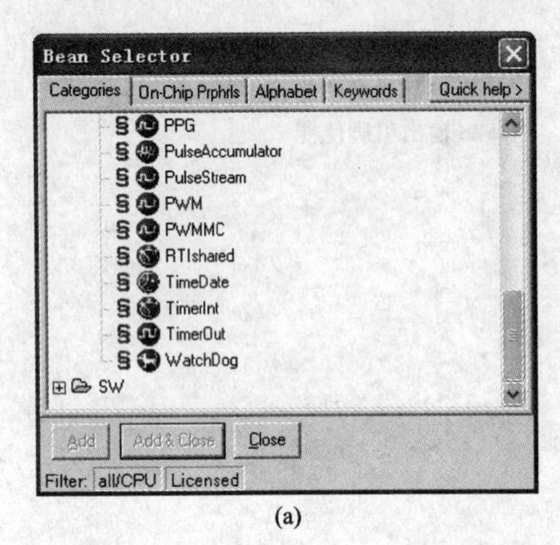

(a)

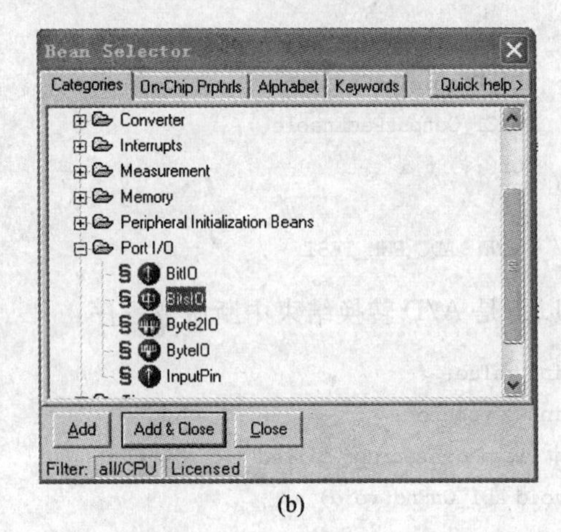

(b)

图 8-40 嵌入豆模块的选择

(2) 在嵌入豆监视器窗口中对计数器模块进行设置,选择 TMR0_PACNT 模块、计数模式、输入引脚为 GPIOB3_MOSI_T3、边沿计数和中断使能,其他采用默认设置,如图 8-41 所示。

(3) 对 GPIO 模块进行设置:选择 GPIOA 作为输出控制模块,选择 GPIOA0_PWM0～GPIOA3_PWM3、GPIOA4_PWM4_FAULT1_T2 和 GPIOA5_PWM5_FAULT2_T3 作为输出控制引脚,其他采用默认设置,如图 8-42 所示。

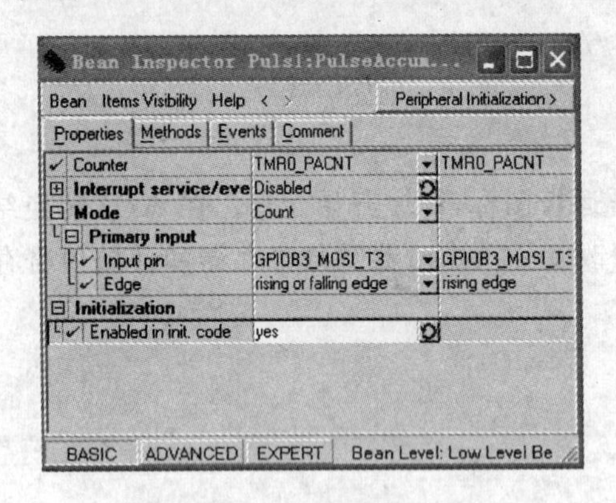

图 8-41 计数器模块参数设置

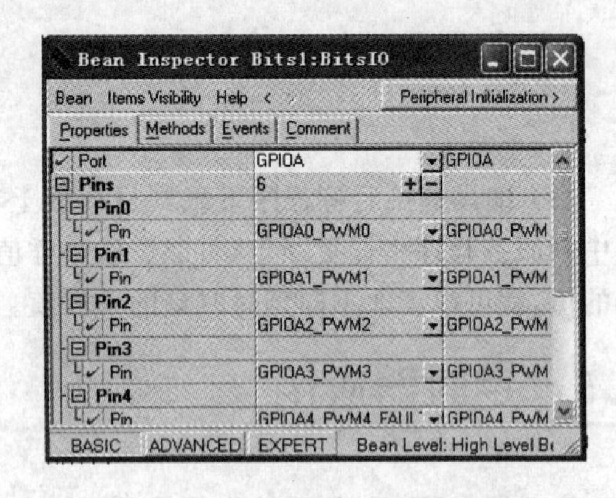

图 8-42 GPIO 模块参数设置

(4) 在嵌入豆监视器窗口中,对计数器模块的 Methods 选项设置需要生成的模块子程序,如图 8-43 所示。

(5) 在嵌入豆监视器窗口中,对 GPIO 模块的 Methods 选项设置需要生成的模块子程序,如图 8-44 所示。

(6) 单击 Project 菜单下的 Make 选项,PE 将自动生成嵌入豆子程序。

(7) 编写程序。

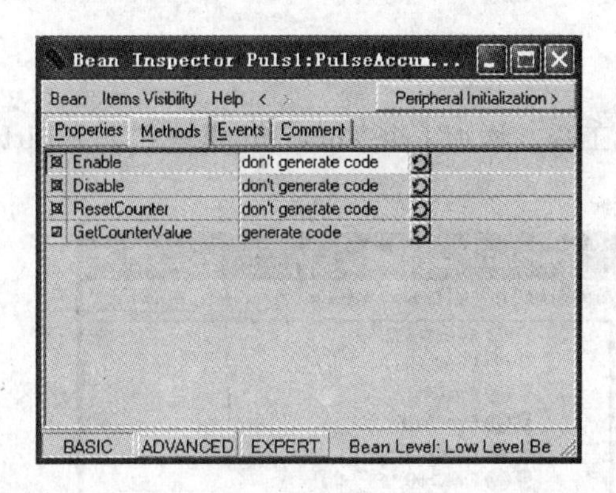

图 8 - 43　计数器模块的 Methods 设置

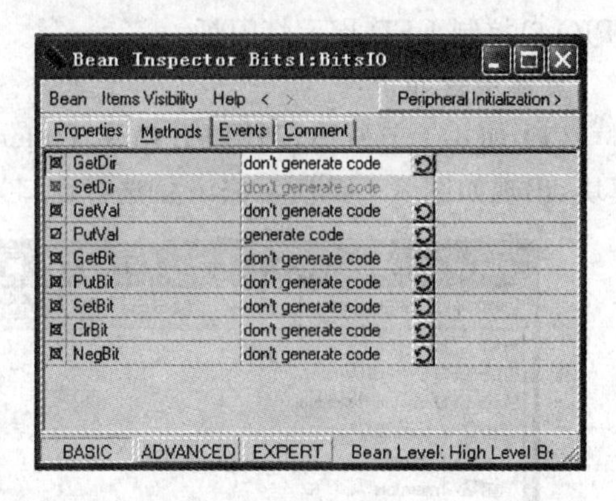

图 8 - 44　GPIO 模块的 Methods 设置

以下是主程序代码：

```
/* MODULE  PulseAccumulator_count */

/* 包含 PE 自动生成的相关头文件 */
#include "Cpu.h"
#include "Puls1.h"
#include "Bits1.h"
/*包含共享头文件,所有文件必须使用*/
#include "PE_Types.h"
#include "PE_Error.h"
#include "PE_Const.h"
#include "IO_Map.h"

unsigned int *data;
void main(void)
{
    PE_low_level_init();                       //PE 初始化

  for(;;)
{
  Puls1_GetCounterValue(data);                 //读取计数器的值
  Bits1_PutVal((unsigned char) *data);         //将计数值按二进制通过 GPIO 输出
}
}
/* END PulseAccumulator_count */
```

(8) 编译链接后将程序下载到目标板上，单击运行图标，程序开始运行。利用连接在 GPIOB3 口上的开关生成脉冲信号，经过计数，使相应的 LED 发生变化。

8.5.2　定时模式

定时器对内部时钟源进行计数，当到达规定时间时产生中断，在定时中断服务程序中令

GPIO 口控制 LED 指示灯闪烁。

具体步骤如下:

(1) 如 8.1 节所述,利用 PE 新建 Timer_test 工程。添加 1 个 TimerInt 模块和 1 个 BitIO 模块,出现如图 8-45 所示嵌入豆选择窗口。

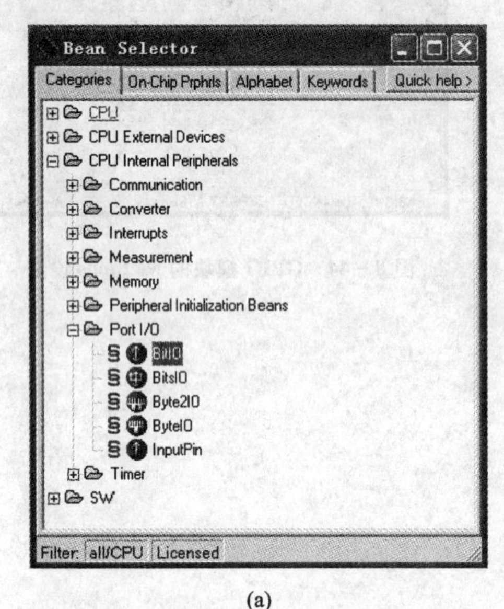

(a)

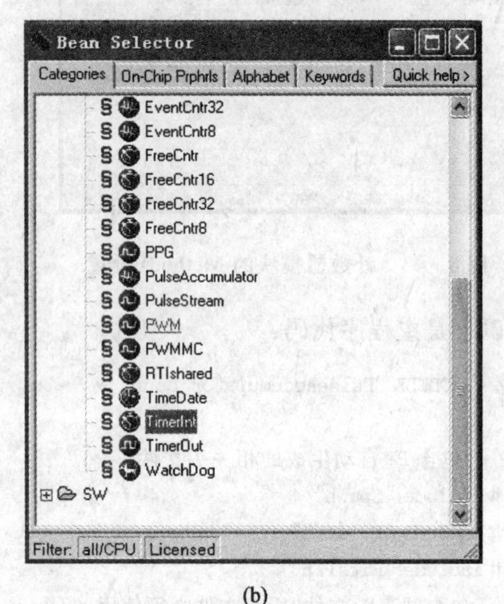

(b)

图 8-45 嵌入豆模块的选择

(2) 在嵌入豆监视器窗口中对定时器模块进行设置,选择 TMR01_Compare 模块、预分频器为 128、中断周期为 100 ms 及中断使能,其他采用默认设置,如图 8-46 所示。

(3) 对 GPIO 模块进行设置:选择 GPIOA0 作为输出控制引脚,其他采用默认设置,如图 8-47 所示。

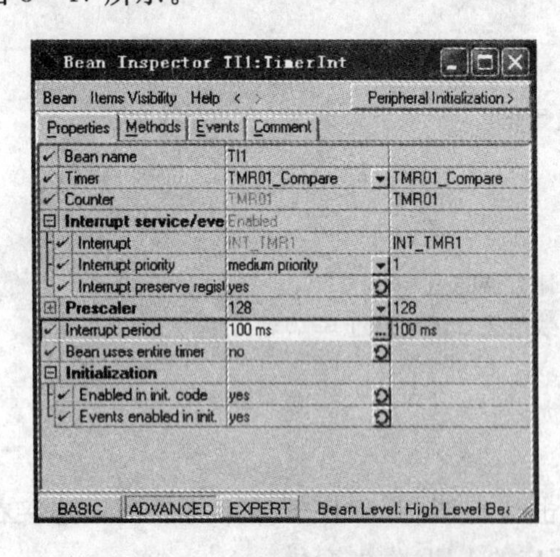

图 8-46 定时器模块参数设置

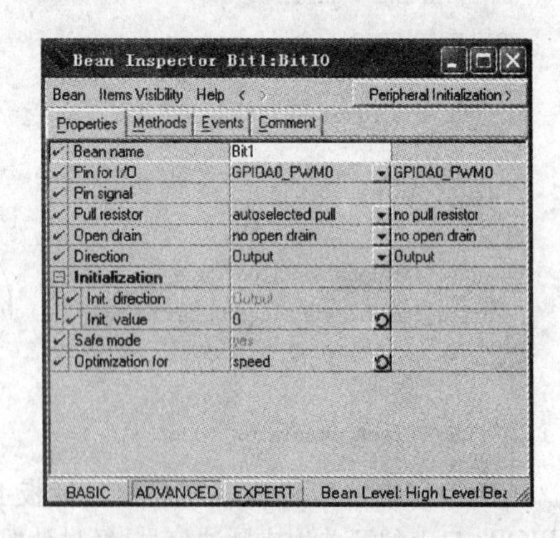

图 8-47 GPIO 模块参数设置

(4) 在嵌入豆监视器窗口中,对定时器模块的 Events 选项进行设置,如图 8-48 所示。

(5) 在嵌入豆监视器窗口中,对 GPIO 模块的 Methods 选项设置需要生成的模块子程序,如图 8-49 所示。

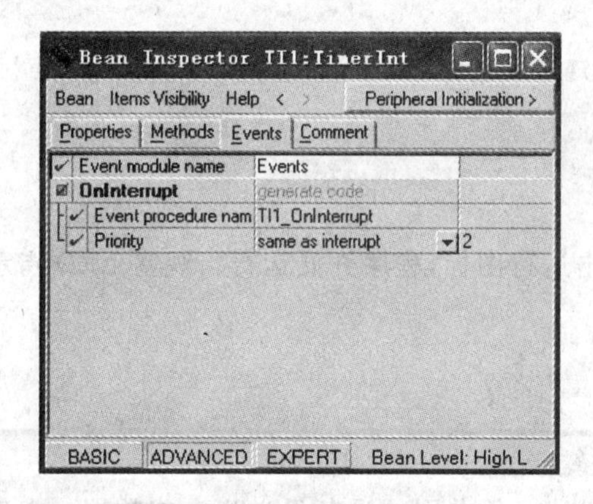

图 8-48　计数器模块的 Methods 设置

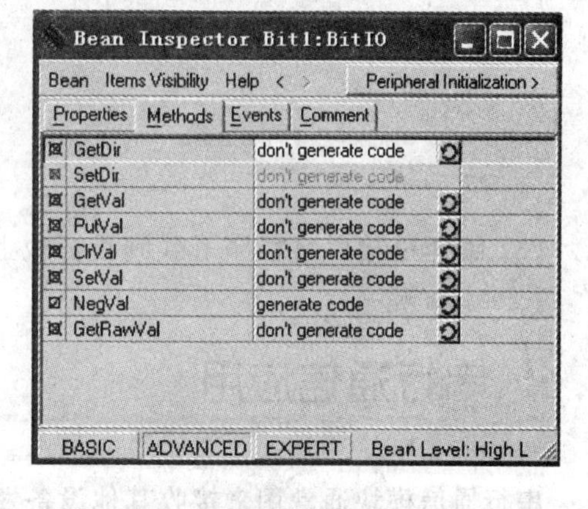

图 8-49　GPIO 模块的 Methods 设置

(6) 单击 Project 菜单下的 Make 选项，PE 将自动生成嵌入豆子程序。

(7) 编写主程序和定时器中断服务程序。

以下是主程序代码：

```
/* MODULE timer_test */

/* 包含 PE 自动生成的相关头文件 */
#include "Cpu.h"
#include "Events.h"
#include "TI1.h"
#include "Bit1.h"
/*包含共享头文件，所有文件必须使用 */
#include "PE_Types.h"
#include "PE_Error.h"
#include "PE_Const.h"
#include "IO_Map.h"

void main(void)
{
    PE_low_level_init();                    //PE 初始化
  for(;;) {}
}

/* END timer_test */
```

以下是定时器中断服务程序：

```
/* MODULE Events */

#include "Cpu.h"
#include "Events.h"

void TI1_OnInterrupt(void)
```

```
{
Bit1_NegVal();                              //GPIO 输出值翻转
}

/* END Events */
```

(8) 编译链接后将程序下载到目标板上，单击运行图标，程序开始运行。观察 LED 指示灯，每 200 ms 亮一次。

8.6 串行通信应用

串行通信模块通常用来接收其他设备发来的指令，并向别的设备发送指令或数据。本例程首先接收上位机发来的数据，然后将接收到的数据按照原样重新发回给上位机。

具体步骤如下：

(1) 如 8.1 节所述，利用 PE 新建 SCI_test 工程。添加 1 个异步串行通信模块，出现如图 8-50 所示嵌入豆选择窗口。

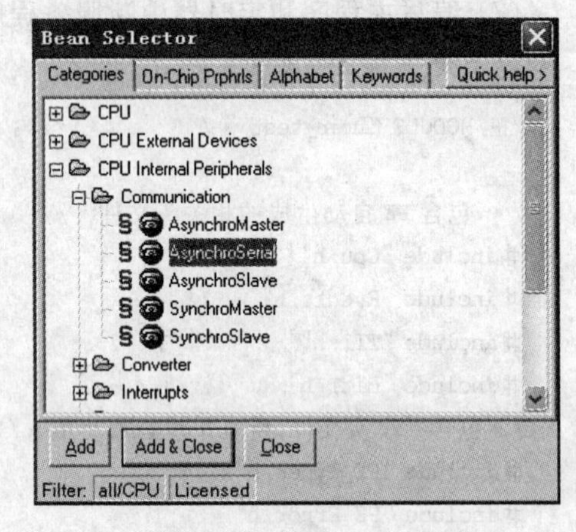

图 8-50 嵌入豆模块的选择

(2) 在嵌入豆监视器窗口中对异步串行通信模块进行设置，选择通道 SCI0、使能中断、发送/接收缓冲器大小均为 8、无校验、8 位数据位、1 位停止位、发送/接收缓冲器使能及波特率为 9 600，如图 8-51 所示。

(3) 在嵌入豆监视器窗口中，对异步串行通信模块的 Methods 选项设置需要生成的模块子程序，如图 8-52 所示。

(4) 单击 Project 菜单下的 Make 选项，PE 将自动生成嵌入豆子程序。

(5) 编写主程序。

以下是主程序代码：

```
/* MODULE SCI_test */

/* 包含 PE 自动生成的相关头文件 */
#include "Cpu.h"
#include "Events.h"
#include "AS1.h"

/*包含共享头文件，所有文件必须使用*/
#include "PE_Types.h"
#include "PE_Error.h"
#include "PE_Const.h"
#include "IO_Map.h"
```

```
unsigned char data = 0;

void main(void)
{
  PE_low_level_init();
  for(;;)
  {
    if(AS1_GetCharsInRxBuf()! = 0)          //判断接收缓冲器是否为空
    {
    AS1_RecvChar(&data);                    //接收数据
    AS1_SendChar(data);                     //发送数据
    }
  }
}

/ * END SCI_test * /
```

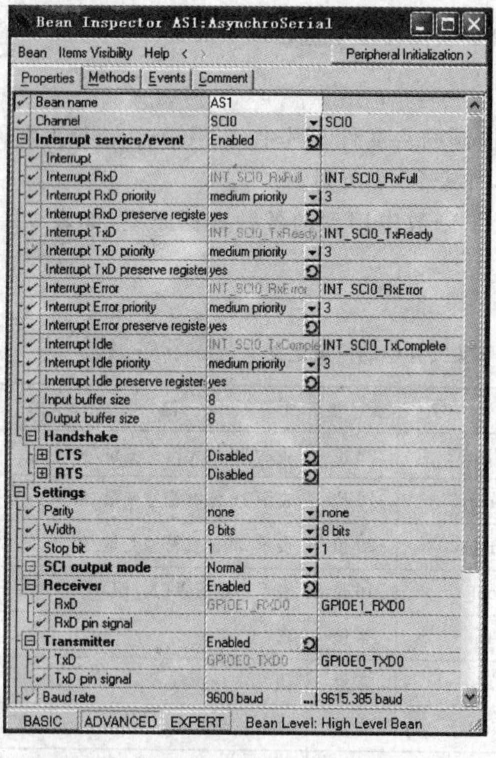

图 8－51　异步串行通信模块参数设置

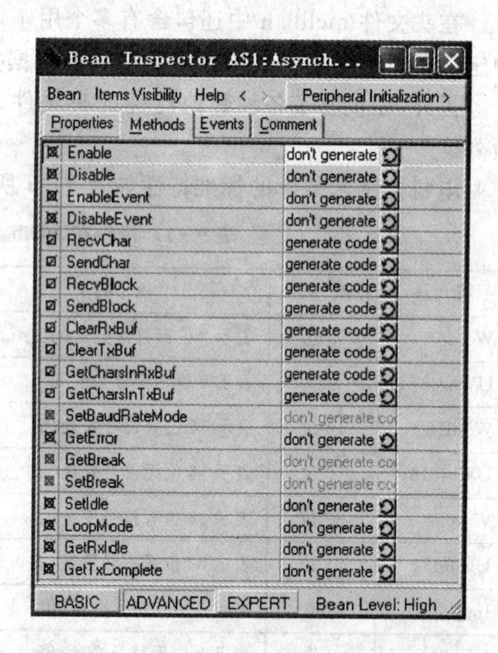

图 8－52　异步串行通信模块 Methods 设置

(6) 编译链接后将程序下载到目标板上，单击运行图标，程序开始运行。在上位机，利用串口调试工具发送一组数据，然后对接收到的回传数据进行显示，观察发送数据与接收数据是否完全一致。

第 9 章

电机控制函数库

在 CodeWarrior IDE 软件开发平台的 PE 中，集成了电机控制所需的函数库。该函数库包括了用于各种电机控制的基本算法；提供了二进制的程序源代码，可以在编译时进行优化，并可以由用户进行修改。

为了使用电机控制函数库，在软件开发过程中必须在程序中包含以下头文件：

```
#include "mclib.h"
```

在头文件 mclib.h 中还包含有多个用于电机控制的头文件。其中 mclib_types.h 头文件中定义了所有电机控制函数中所用到的数据类型，如表 9-1 所列。

另外，还包含了各种其他特殊的头文件，定义了函数中用到的各种数据原型，如表 9-2 所列。

电机控制函数库的标准特性如表 9-3 所列。

表 9-1　用户在 mclib_types.h 头文件中的一般定义

符　号	长　度	说　明	符　号	长　度	说　明
Word8	8 位	表示 8 位有符号变量/值	UInt32	32 位	表示 32 位无符号变量/值
UWord8	8 位	表示 8 位无符号变量/值	Frac16	16 位	表示 16 位有符号变量/值
Word16	16 位	表示 16 位有符号变量/值	Frac32	32 位	表示 32 位有符号变量/值
UWord16	16 位	表示 16 位无符号变量/值	bool	16 位	表示布尔变量(真/假)
Word32	32 位	表示 32 位有符号变量/值	True	常量	真
Uword32	32 位	表示 32 位无符号变量/值	False	常量	假
Int8	8 位	表示 8 位有符号变量/值	Null	常量	Null 指针
UInt8	8 位	表示 8 位无符号变量/值	FRAC16()	宏	由浮点数[-1,1)转换为分数[-32768,32767]
Int16	16 位	表示 16 位有符号变量/值			
UInt16	16 位	表示 16 位无符号变量/值	FRAC32()	宏	由浮点数[-1,1)转换为分数[-2147483648,2147483647]
Int32	32 位	表示 32 位有符号变量/值			

表9-2 用户在mclib-types.h头文件中的一般定义(结构)

名称	结构成员	说明
MC_3PhSyst	Frac16 a Frac16 b Frac16 c	三相系统
MC_2PhSyst	Frac16 alpha Frac16 beta	两相系统
MC_Angle	Frac16 sin Frac16 cos	正弦和余弦分量
MC_DqSyst	Frac16 d Frac16 q	一般DQ系统
MC_PiParams	Frac16 propGain; Frac16 integGain; Frac32 integPartK_1; Frac16 posPiLimit; Frac16 negPiLimit; Word16 propGainSc; Word16 integGainSc; Word16 satFlag;	PI1和PI2控制器参数

表9-3 电机控制函数库的标准特性

函数名称	代码长度/字	数据长度/字	执行时钟数*/周期
MCLIB_Sin	44	48	84
MCLIB_Cos	11	56	107
MCLIB_Tan	62	48	65～107
MCLIB_Atan	40	48	77～79
MCLIB_AtanYX	106	0	81～177
MCLIB_ASin	66	40	104～218
MCLIB_ACos	8	70	124～238
MCLIB_Aqrt	68	48	105
MCLIB_SetRandSeed16	4	1	18
MCLIB_Rand16	21	1	91
MCLIB_GetSetSaturationMode	17	0	36
MCLIB_InitAtanYXShifted	19	0	44
MCLIB_AtanYXShifted	47	2	208～216
MCILB_ClarkTrfm	14	0	61
MCILB_ClarkTrfmInv	16	0	73

续表 9-3

函数名称	代码长度/字	数据长度/字	执行时钟数*/周期
MCLIB_ParkTrfm	17	0	91
MCLIB_ParkTrfmInv	17	0	92
MCILB_ControllerPI	52	0	82
MCILB_IntTrackObsv	37	0	56
MCILB_CalcTrackObsv	248	13	271～280
MCLIB_GetResPosition	15	0	29
MCLIB_GetResSpeed	4	0	17
MCLIB_GetResRevolutions	4	0	17
MCLIB_GetResPosition	15	0	28
MCLIB_GetResRevolutions	4	0	18
MCLIB_InitSinCos	116	0	790
MCLIB_RawSinCosPos	133	0	214～247
MCLIB_CalSinCosObs	17	24	366
MCLIB_GetSinCosPos	15	0	28
MCLIB_GetSinCosSpeed	4	0	18
MCLIB_GetSinCosRev	4	0	18
MCLIB_SetSinCosPos	15	0	33
MCLIB_SetSinCosRev	4	0	21
MCLIB_SvmStd	138	0	91～104
MCLIB_SvmU0n	123	0	88～100
MCLIB_SvmU7n	131	0	89～101
MCLIB_SvmAlt	125	0	88～100
MCLIB_PwmIct	70	0	106～107
MCLIB_SvmSci	130	0	147～178
MCLIB_ElimDcBusRip	70	0	135～163

* 执行周期数是指 56F83xx 控制器中的时钟周期数。1 个时钟周期等于 16.7 ns@60 MHz IP 总线时钟频率。

9.1 基本函数

9.1.1 MCLIB_Sin

◇ 概要

#include "mclib.h"

Frac16 ***MCLIB_Sin*** *(Frac16 x)*

◇ 参数

X	输入	输入数据值

◇ 说明

MCLIB_Sin 函数利用分段多项式拟合的方法计算 sin(pi * x)。

◇ 返回值

函数返回 sin(pi * x)的结果。

◇ 范围

输入数据的范围是[-1,1),对应的角度是[-pi,pi),输出数据值的范围是[-1,1)。也就是说,当输入值为 0.5 时,对应 pi/2,输出值是 0x7FFF;当输入值为-0.5 时,对应-pi/2,输出值是 0x8000。

◇ 特别说明

该函数需要设定饱和模式。

◇ 使用方法

MCLIB_Sin 可以作为子程序被调用。

例程 9-1 MCLIB_Sin。

```
/* 包含模块所需函数和数据原型 */
#include "mclib.h"
/* 输入值范围[-1,1) 对应值[-pi,pi) */
#define PIBY4 0.25              /* 0.25 等于 pi/4 */
void main (void)
{
  Frac16 x, y;
  __turn_on_sat();              /* 设置饱和处理 */
  x = FRAC16(PIBY4);            /* PIBY4 按 Q15 定标赋值给 x */
  /* 计算 sin 值 */
  y = MCLIB_Sin(x);             /* y 应该为 23171 */
}
```

◇ 函数特性

函数 MCLIB_Sin 的特性如表 9-4 所列。

表 9-4 函数 MCLIB_Sin 的特性

代码长度	44 个字	
数据长度	48 个字	
执行时钟周期	最小	84 个周期
	最大	84 个周期

9.1.2 MCLIB_Cos

◇ 概要

#include “mclib.h”

Frac16 ***MCLIB_Cos*** *(Frac16 x)*

◇ 参数

X	输入	输入数据值

◇ 说明

MCLIB_Cos 函数利用 sin 函数计算。

◇ 返回值

函数返回 cos(pi * x)的结果。

◇ 范围

输入数据的范围是[−1,1),对应的角度是[−pi,pi)。输出数据值的范围是[−1,1)。也就是说,当输入值为 0 时,对应 0 * pi=0,输出值是 0x7FFF;当输入值为 1 时,对应 pi,输出值是 0x8000。

◇ 特别说明

该函数需要设定饱和模式。

◇ 使用方法

MCLIB_Cos 可以作为子程序被调用。

例程 9-2 MCLIB_Cos。

```
/* 包含模块所需函数和数据原型 */
#include "mclib.h"
/* 输入值范围[-1,1) 对应值[-pi,pi) */
#define PIBY4 0.25                  /* 0.25 等于 pi/4 */
void main (void)
{
Frac16 x, y;
__turn_on_sat();                    /* 设置饱和处理 */
x= FRAC16(PIBY4);                   /* PIBY4 按 Q15 定标赋值给 x */
/* 计算 cos 值 */
y = MCLIB_Cos(x);                   /* y 应该为 23171 */
}
```

◇ 函数特性

函数 MCLIB_Cos 的特性如表 9-5 所列。

表 9-5 函数 MCLIB_Cos 的特性

代码长度		11 个字
数据长度		0 个字
执行时钟周期	最小	107 个周期
	最大	107 个周期

9.1.3　MCLIB_Sin2

◇ 概要

#include "mclib.h"

Frac16 ***MCLIB_Sin2*** *(Frac16 x)*

◇ 参数

X		输入	输入数据值

◇ 说明

MCLIB_Sin2 函数利用查表法计算 sin(pi * x)。

◇ 返回值

函数返回 sin(pi * x)的结果。

◇ 范围

输入数据的范围是[-1,1),对应的角度是[-pi,pi),输出数据值的范围是[-1,1)。也就是说,当输入值为 0.5 时,对应 pi/2,输出值是 0x7FFF;当输入值为-0.5 时,对应-pi/2,输出值是 0x8000。

◇ 说明特别

该函数需要设定饱和模式。

◇ 使用方法

MCLIB_Sin2 可以作为嵌入函数执行。

例程 9-3　MCLIB_Sin2。

```
/* 包含模块所需函数和数据原型 */
#include "mclib.h"
/* 输入值范围[-1,1) 对应值[-pi,pi) */
#define PIBY4 0.25              /* 0.25 等于 pi/4 */
void main (void)
{
  Frac16 x, y;
  __turn_on_sat();              /* 设置饱和处理 */
  x= FRAC16(PIBY4);             /* PIBY4 按 Q15 定标赋值给 x */
  /* 计算 sin 值 */
  y = MCLIB_Sin2(x);            /* y 应该为 23170 */
}
```

◇ 函数特性

函数 MCLIB_Sin2 的特性如表 9-6 所列。

表 9-6　函数 MCLIB_Sin2 的特性

代码长度	285 个字	
数据长度	0 个字	
执行时钟周期	最小	38 个周期
	最大	38 个周期

9.1.4 MCLIB_Cos2

◇ 概要

#include“mclib.h”

Frac16 ***MCLIB_Cos2*** *(Frac16 x)*

◇ 参数

X	输入	输入数据值

◇ 说明

MCLIB_Cos2 函数利用 sin 函数计算(查表法)。

◇ 返回值

函数返回 cos(pi * x)的结果。

◇ 范围

输入数据的范围是[-1,1),对应的角度是[-pi,pi),输出数据值的范围是[-1,1)。也就是说,当输入值为 0 时,对应 0 * pi=0,输出值是 0x7FFF;当输入值为 1 时,对应 pi,输出值是 0x8000。

◇ 特别说明

该函数需要设定饱和模式。

◇ 使用方法

MCLIB_Cos2 可以作为子程序被调用。

例程 9-4　MCLIB_Cos2。

```
/* 包含模块所需函数和数据原型 */
#include "mclib.h"
/* 输入值范围[-1,1) 对应值[-pi,pi) */
#define PIBY4 0.25                    /* 0.25 等于 pi/4 */
void main (void)
{
Frac16 x, y;
__turn_on_sat();                      /* 设置饱和处理 */
x = FRAC16(PIBY4);                    /* PIBY4 按 Q15 定标赋值给 x */
/* 计算 cos 值 */
y = MCLIB_Cos2(x);                    /* y 应该为 23170 */
}
```

◇ 函数特性

函数 MCLIB_Cos2 的特性如表 9-7 所列。

表 9-7　函数 MCLIB_Cos2 的特性

代码长度	291 个字	
数据长度	0 个字	
执行时钟周期	最小	46 个周期
	最大	46 个周期

9.1.5 MCLIB_Tan

◇ 概要

#include "mclib.h"

*Frac16 **MCLIB_Tan** (Frac16 x)*

◇ 参数

X	输入	输入数据值

◇ 说明

MCLIB_Tan 函数利用分段多项式拟合的方法计算 tan(pi * x)。

由于定点小数算法的限制，所有正切值限定在[−1,1)之间，超过该范围的值做饱和处理。也就是说，超过[−1,1)的值按表 9-8 处理，在[−1,1)范围内的值按正切的实际值输出。

表 9-8 MCLIB_Tan 函数值

输入值		计算结果	
真 值	小数(十六进制)	真 值	小数(十六进制)
$\left(-\pi,-\frac{3}{4}\pi\right)$	(8000,A000)	tan	tan
$-\frac{3}{4}\pi$	A000	1.0	7FFF
$\left(-\frac{3}{4}\pi,-\frac{1}{2}\pi\right)$	(A000,C000)	1.0	7FFF
$-\frac{1}{2}\pi$	C000	−1.0	8000
$\left(-\frac{1}{2}\pi,-\frac{1}{4}\pi\right)$	(C000,E000)	−1.0	8000
$-\frac{1}{4}\pi$	E000	−1.0	8000
$\left(-\frac{1}{4}\pi,\frac{1}{4}\pi\right)$	(E000,2000)	tan	tan
$\frac{1}{4}\pi$	2000	1.0	7FFF
$\left(\frac{1}{4}\pi,\frac{1}{2}\pi\right)$	(2000,4000)	1.0	7FFF
$\frac{1}{2}\pi$	4000	1.0	7FFF
$\left(\frac{1}{2}\pi,\frac{3}{2}\pi\right)$	(4000,6000)	−1.0	8000
$\left(\frac{3}{4}\pi,\pi\right)$	(6000,7FFF)	tan	tan

◇ 返回值

函数返回 tan(pi * x)的结果,但是其结果被定点小数运算所限制。

◇ 范围

输入数据的范围是[-1,1),对应的角度是[-pi,pi),输出数据值的范围是[-1,1)。也就是说,当输入值为 0.25 时,对应 pi/4,输出值是 0x7FFF;当输入值为-0.25 时,对应-pi/4,输出值是 0x8000。

如果正切值超过数据的范围是[-1,1),则分别被限制在-1 和 1。

◇ 特别说明

该函数不论饱和模式如何,计算均准确。

◇ 使用方法

MCLIB_Tan 可以作为子程序被调用。

例程 9-5 MCLIB_Tan。

```
/* 包含模块所需函数和数据原型 */
#include "mclib.h"
/* 输入值范围[-1,1) 对应值[-pi,pi) */
#define PIBY4 0.25                /* 0.25 等于 pi/4 */
void main (void)
{
Frac16 x, y;
__turn_on_sat();                  /* 设置饱和处理 */
x= FRAC16(PIBY4);                 /* PIBY4 按 Q15 定标赋值给 x */
/* 计算 tan 值 */
y = MCLIB_Tan(x);                 /* y 应该为 0x7FFF,等价于 1 */
}
```

◇ 函数特性

函数 MCLIB_Tan 的特性如表 9-9 所列。

表 9-9 函数 MCLIB_Tan 的特性

代码长度	62 个字	
数据长度	56 个字	
执行时钟周期	最小	65 个周期
	最大	107 个周期

9.1.6 MCLIB_Atan

◇ 概要

#include "mclib.h"

Frac16 ***MCLIB_Atan*** *(Frac16 x)*

◇ 参数

X	输入	输入数据值

◇ 说明

MCLIB_Atan 函数利用分段多项式拟合的方法计算 atan(x)/(pi/4)。

◇ 返回值

函数返回 atan(x)/(pi/4)的结果。

◇ 范围

输入数据的范围是[-1,1),对应的角度是[-pi,pi);输出数据值的范围是[-0.25,0.25),对应的角度是[-pi/4,pi/4)。

◇ 特别说明

该函数需要设定饱和模式。

◇ 使用方法

MCLIB_Atan 可以作为子程序被调用。

例程 9-6　MCLIB_Atan。

```
/* 包含模块所需函数和数据原型 */
#include "mclib.h"

void main (void)
{
Frac16 x, y;
__turn_on_sat();                /* 设置饱和处理 */
x = FRAC16(1.0);
/* 计算 atan 值 */
y = MCLIB_Atan(x);              /* y 应该为 8192 */
}
```

◇ 函数特性

函数 MCLIB_Atan 的特性如表 9-10 所列。

表 9-10　函数 MCLIB_Atan 的特性

代码长度	40 个字	
数据长度	48 个字	
执行时钟周期	最小	77 个周期
	最大	79 个周期

9.1.7　MCLIB_AtanYX

◇ 概要

#include "mclib.h"

Frac16 ***MCLIB_AtanYX*** *(Frac16 y, Frac16 x)*

◇ 参数

Y	输入	输入数据值，y 轴
X	输入	输入数据值，x 轴

◇ 说明

MCLIB_AtanYX 函数利用分段多项式拟合的方法计算 y/x 的反正切，输入参数分别为 x，y。

◇ 返回值

函数返回 y/x 的反正切。

◇ 范围

输入数据的范围是[−1，1)；输出数据值的范围是[−1，1)，对应的角度是[−pi，pi)。

◇ 特别说明

该函数不论饱和模式如何，计算均准确。

◇ 使用方法

MCLIB_AtanYX 可以作为子程序被调用。

例程 9－7 MCLIB_AtanYX。

```
/* 包含模块所需函数和数据原型 */
#include "mclib.h"

void main (void)
{
Frac16 x, y, z;
__turn_on_sat();                /* 设置饱和处理 */

x= FRAC16(0.5);
y= FRAC16(1.0);
/* 计算 atan 值 */
z = MCLIB_AtanYX(y,x);          /* z 应该为 11547 */
}
```

◇ 函数特性

函数 MCLIB_AtanYX 的特性如表 9－11 所列。

表 9－11　函数 MCLIB_AtanYX 的特性

代码长度		106 个字
数据长度		0 个字
执行时钟周期	最小	81 个周期
	最大	177 个周期

9.1.8　MCLIB_Asin

◇ 概要

#include "mclib.h"

Frac16 ***MCLIB_Asin*** *(Frac16 x)*

◇ 参数

X	输入	输入数据值

◇ 说明

MCLIB_Asin 函数利用分段多项式拟合的方法计算 asin(x)/(pi/2)。

◇ 返回值

函数返回 asin(x)/(pi/2)的结果。

◇ 范围

输入数据的范围是[-1,1);输出数据值的范围是[-0.5,0.5),对应的角度范围是[-pi/2,pi/2)。

◇ 特别说明

该函数需要设定饱和模式。

◇ 使用方法

MCLIB_Asin 可以作为子程序被调用。

例程 9-8　MCLIB_Asin。

```
/* 包含模块所需函数和数据原型 */
#include "mclib.h"

void main (void)
{
Frac16 x, y;
__turn_on_sat();                /* 设置饱和处理 */
x = FRAC16(0.5);
/* 计算 asin 值 */
y = MCLIB_Asin(x);              /* y应该为 5462 */
}
```

◇ 函数特性

函数 MCLIB_Asin 的特性如表 9-12 所列。

表 9-12　函数 MCLIB_Asin 的特性

代码长度	66 个字	
数据长度	40 个字	
执行时钟周期	最小	104 个周期
	最大	218 个周期

9.1.9　MCLIB_Acos

◇ 概要

 # include “mclib. h”

Frac16 ***MCLIB_Acos*** *(Frac16 x)*

◇ 参数

X	输入	输入数据值

◇ 说明

MCLIB_Acos 函数利用 Asin 函数计算 acos(x)/(pi/2)。

◇ 返回值

函数返回 acos(x)/(pi/2)的结果。

◇ 范围

输入数据的范围是[-1,1);输出数据值的范围是[0,1),对应的角度范围是[0,pi)。

◇ 特别说明

该函数需要设定饱和模式。

◇ 使用方法

MCLIB_Acos 可以作为子程序被调用。

例程 9-9 MCLIB_Acos。

```
/* 包含模块所需函数和数据原型 */
# include "mclib.h"

void main (void)
{
Frac16 x, y;
_ _turn_on_sat();                /* 设置饱和处理 */
x = FRAC16(0.5);
/* 计算 acos 值 */
y = MCLIB_Acos(x);               /* y 应该为 10922 */
}
```

◇ 函数特性

函数 MCLIB_Acos 的特性如表 9-13 所列。

表 9-13 函数 MCLIB_Acos 的特性

代码长度	8 个字	
数据长度	0 个字	
执行时钟周期	最小	124 个周期
	最大	238 个周期

9.1.10 MCLIB_Sqrt

◇ 概要

 # include “mclib. h”

Frac16 ***MCLIB_Sqrt*** *(Frac32 x)*

◇ 参数

X	输入	输入数据值

◇ 说明

MCLIB_Sqrt 函数利用分段多项式拟合的方法计算 x 的平方根，并进行舍入处理。

该函数对大于或等于 0 的参数计算准确，对小于 0 的参数的计算不确定。

◇ 返回值

对大于或等于 0 的参数，函数返回参数的平方根，并对最后一位进行舍入处理。

对小于 0 的参数，函数的返回值不确定。

◇ 范围

输入数据的范围是[0,1)，是 32 位精度数；输出数据值的范围是[0,1)，是 16 位精度数。

◇ 特别说明

该函数不需要设定饱和模式。

◇ 使用方法

MCLIB_Sqrt 可以作为子程序被调用。

例程 9-10 MCLIB_Sqrt。

```
/* 包含模块所需函数和数据原型 */
#include "mclib.h"

void main (void)
{
  Frac32  x;
  Frac16 y;

  __turn_on_sat();                    /* 设置饱和处理 */
  x = FRAC32(0.5);
  /* 计算 sqrt 值 */
  y = MCLIB_Sqrt(x);                  /* y应该为 23170 */
}
```

◇ 函数特性

函数 MCLIB_Sqrt 的特性如表 9-14 所列。

表 9-14 函数 MCLIB_Sqrt 的特性

代码长度	68 个字	
数据长度	70 个字	
执行时钟周期	最小	105 个周期
	最大	105 个周期

9.1.11　MCLIB_SetRandSeed16

◇ 概要

#include "mclib.h"

void ***MCLIB_SetRandSeed16*** （*Frac16　x*）

◇ 参数

X	输入	随机数发生器的新种子

◇ 说明

MCLIB_SetRandSeed 函数设置随机数发生器的新种子。

◇ 使用方法

MCLIB_SetRandSeed 可以作为子程序被调用。

例程 9-11　MCLIB_SetRandSeed。

```
/* 包含模块所需函数和数据原型 */
#include "mclib.h"

void main (void)
{
  /* 设置随机数发生器的新种子 */
  MCLIB_SetRandSeed16(10000);
}
```

◇ 函数特性

函数 MCLIB-SetRandSeed16 的特性如表 9-15 所列。

表 9-15　函数 MCLIB-SetRandSeed16 的特性

代码长度	4 个字	
数据长度	1 个字	
执行时钟周期	最小	18 个周期
	最大	18 个周期

9.1.12　MCLIB_Rand16

◇ 概要

#include "mclib.h"

Frac16 ***MCLIB_Rand16*** （*void*）

◇ 参数

X	输入	输入数据值

◇ 说明

MCLIB_Rand16 函数返回随机数。该随机数是由线性同余数生成器得到的。这种方法生成一个整数 $I_1, I_2, I_3, \cdots\cdots$ 序列，利用的是递归关系：

$$I_{j+1} = aI_j + c \tag{9-1}$$

式中：a 和 c 是正整数($a=31\,821$，$c=13\,849$)，分别称为乘数因子和增量因子。

◇ 返回值

函数返回 16 位有符号小数值，其范围是 $-1 \sim 1$。

◇ 使用方法

MCLIB_Rand16 可以作为子程序被调用。

例程 9-12 MCLIB_Rand16。

```
/* 包含模块所需函数和数据原型 */
#include "mclib.h"

void main (void)
{
  Frac16 temp;

  /* 产生随机数 */
  temp = MCLIB_Rand16();
}
```

◇ 函数特性

函数 MCLIB_Rand16 的特性如表 9-16 所列。

表 9-16 函数 MCLIB_Rand16 的特性

代码长度	21 个字	
数据长度	1 个字	
执行时钟周期	最小	91 个周期
	最大	91 个周期

9.1.13 MCLIB_GetSetSaturationMode

◇ 概要

#include "mclib.h"

Frac16 ***MCLIB_GetSetSaturationMode*** *(bool SaturationMode)*

◇ 参数

SaturationMode	输入	操作模式寄存器 OMR(Operating Mode Register)饱和位的新值

◇ 说明

MCLIB_GetSetSaturationMode 函数按照输入的 SaturationMode 参数，设置操作模式寄存器中饱和位的值。

◇ 返回值

函数返回操作模式寄存器中饱和位的当前状态。

◇ 使用方法

MCLIB_GetSetSaturationMode 可以作为子程序被调用。

例程 9-13 MCLIB_GetSetSaturationMode。

```
/* 包含模块所需函数和数据原型 */
#include "mclib.h"

void main (void)
{
  bool mode;

  /* 设置饱和,并将原饱和状态保存 */
  mode = true;
  mode = MCLIB_GetSetSaturationmode(mode);
}
```

◇ 函数特性

函数 MCLIB_GetSetSaturationMode 的特性如表 9-17 所列。

表 9-17 函数 MCLIB_GetSetSaturationMode 的特性

代码长度	17 个字	
数据长度	0 个字	
执行时钟周期	最小	36 个周期
	最大	36 个周期

9.1.14 MCLIB_InitAtanYXShifted

◇ 概要

#include "mclib.h"

Frac16 ***MCLIB_InitAtanYXShifted*** *(Frac16 ky, Frac16 kx, Frac16 ny, Frac16 nx, Frac16 thetaAdj)*

◇ 参数

ky	输入	Y 信号系数
kx	输入	X 信号系数
ny	输入	Y 信号定标值
nx	输入	X 信号定标值
thetaAdj	输入	调整角度

◇ 说明

该函数对 MCLIB_AtanYXShifted 函数的内部变量进行初始化,并需要在 MCLIB_AtanYXShifted 函数首次调用前进行调用。

◇ 使用方法

MCLIB_InitAtanYXShifted 可以作为子程序被调用。

例程 9-14　MCLIB_InitAtanYXShifted。

```
/* 包含模块所需函数和数据原型 */
#include "mclib.h"

/* 定义适当的数据 */
/* dtheta = 5deg, thetaoffset = 0deg */
#define NY                0
#define NX                4
#define KY                FRAC16(0.50046106925577549)
#define KX                FRAC16(0.71640268727196699)
#define THETAADJ          FRAC16(0.01388549804687500)
void main (void)
{
/* 初始化 MCLIB_AtanYXShifted 函数 */
MCLIB_InitAtanYXShifted(KY, KX, NY, NX, THETAADJ);
}
```

◇ 函数特性

函数 MCLIB_InitAtanYXShifted 的特性如表 9-18 所列。

表 9-18　函数 MCLIB_InitAtanYXShifted 的特性

代码长度	19 个字	
数据长度	0 个字	
执行时钟周期	最小	44 个周期
	最大	44 个周期

9.1.15　MCLIB_AtanYXShifted

◇ 概要

#include "mclib.h"

Frac16 ***MCLIB_AtanYXShifted*** *(Frac16 y, Frac16 x)*

◇ 参数

ky	输入	输入数据值，等于 $\sin\theta$
kx	输入	输入数据值，等于 $\sin(\theta+\Delta\theta)$

◇ 说明

MCLIB_AtanYXShifted 函数计算一个角度。这里假设输入参数可以表示为以下值：

$$y = \sin\theta \tag{9-2}$$

$$x = \sin(\theta + \Delta\theta) \tag{9-3}$$

式(9-2)和式(9-3)中：y、x 作为参数的输入信号值；θ 为该函数计算得到的角度；$\Delta\theta$ 为 y、x 信号的相位差。

◇ 返回值

函数返回两个正弦波形的相移角度。

◇ 范围

输入数据的范围是[−1,1)；输出数据值的范围是[−1,1)，对应的角度是[−pi,pi)。计算误差受两个正弦波形相差的影响较大。

◇ 特别说明

该函数内部调用 MCLIB_AtanYX 函数。

该函数不受饱和模式位设置的影响。然而需要注意的是，该函数实际上会使用饱和模式位。饱和模式位在调用过程中被保存和恢复。

该函数通过使用 REP 指令来移位，对系数 ny、nx 定标。大量的系数定标会增加中断等待时间。

◇ 使用方法

MCLIB_AtanYXShifted 可以作为子程序被调用。

例程 9-15 MCLIB_AtanYXShifted。

```
/* 包含模块所需函数和数据原型 */
#include "mclib.h"

/* 定义适当的数据 */
/* dtheta = 5deg, thetaoffset = 0deg */
#define NY              0
#define NX              4
#define KY              FRAC16(0.50046106925577549)
#define KX              FRAC16(0.71640268727196699)
#define THETAADJ        FRAC16(0.01388549804687500)
void main (void)
{
  Frac16 x, y, z;
  y = -7477;            /* ~= sin(-166.811) */
  x = -10229;           /* ~= sin(-166.811 + 5) */
  /* 初始化 */
  MCLIB_InitAtanYXShifted(KY, KX, NY, NX, THETAADJ);
  /* 计算角度 */
  z = MCLIB_AtanYXShifted(y, x);
  /* 结果：-30366 -> -166.805 deg */
}
```

◇ 函数特性

函数 MCLIB_AtanYXShifted 的特性如表 9-19 所列。

表 9-19 函数 MCLIB_AtanYXShifted 的特性

代码长度*	47个字	
数据长度	2个字	
执行时钟周期	最小	208个周期
	最大	216个周期

* 代码长度不包括函数 MCLIB_AtanYX 的代码。

9.2 坐标变换函数

9.2.1 MCLIB_ClarkTrfm

◇ 概要

#include "mclib.h"

*void **MCLIB_ClarkTrfm** (MC_2PhSyst *pAlphaBeta, MC_3PhSyst *p_abc);*

◇ 参数

*pAlphaBeta	输入	指向两相直角坐标系下数据结构的指针
*p_abc	输出	指向三相直角坐标系下数据结构的指针

◇ 说明

该函数计算 Clark 变换，主要用于将三相坐标系中的量(磁链、电压、电流)转换到两相直角坐标系 $\alpha-\beta$ 坐标系下。其变换关系为

$$\text{alpha} = a \tag{9-4}$$

$$\text{beta} = \frac{1}{\sqrt{3}}a + \frac{2}{\sqrt{3}}b \tag{9-5}$$

式中：alpha、bete 为两相坐标系下的参数；a、b 为三相坐标系下参数(a、b、c)中的两相参数。

◇ 特别说明

只有当设置了饱和标志时，该函数的计算才能得到正确值。如果输入数据在1个单位周期内，则不必设饱和标志。

◇ 使用方法

MCLIB_ClarkTrfm 可以作为子程序被调用。

例程 9-16 MCLIB_ClarkTrfm。

```
/* 包含模块所需函数和数据原型 */
#include "mclib.h"

void main (void)
{
```

```
    /* 定义数据 */
    MC_2PhSyst alphaBeta;
    MC_3PhSyst abc;
    /* 输入数据变量 */
    alphaBeta.alpha = FRAC16(1.0);
    alphaBeta.beta = 0;
    /* 计算 Clark 反变换 */
    MCLIB_ClarkTrfmInv (&abc, &alphaBeta);
    /* 计算 Clark 变换 */
    MCLIB_ClarkTrfm (&alphaBeta, &abc);
}
```

◇ 函数特性

函数 MCLIB_ClarkTrfm 的特性如表 9-20 所列。

表 9-20 函数 MCLIB_ClarkTrfm 的特性

代码长度	14 个字	
数据长度	0 个字	
执行时钟周期	最小	61 个周期
	最大	61 个周期

9.2.2 MCLIB_ClarkTrfmInv

◇ 概要

#include "mclib.h"

*void **MCLIB_ClarkTrfmInv** (MC_3PhSyst *p_abc, MC_2PhSyst *pAlphaBeta);*

◇ 参数

*p_abc	输入	指向三相直角坐标系下数据结构的指针
*pAlphaBeta	输出	指向两相直角坐标系下数据结构的指针

◇ 说明

MCLIB_ClarkTrfmInv 函数计算 Clark 反变换，主要用于将两相直角坐标系 $\alpha-\beta$ 坐标系中的量(磁链、电压、电流)转换到三相坐标系下。其变换关系为

$$a = \text{alpha} \tag{9-6}$$

$$b = -0.5 \times \alpha + \frac{\sqrt{3}}{2} \times \text{beta} \tag{9-7}$$

$$c = -(a + b) \tag{9-8}$$

式中：alpha、bete 为两相坐标系下的参数；a、b 为三相坐标系下参数(a、b、c)中的两相参数。

◇ 特别说明

只有当设置了饱和标志时，该函数的计算才能得到正确值。如果输入数据在 1 个单位

周期内，则不必设饱和标志。

◇ 使用方法

MCLIB_ClarkTrfmInv 可以作为子程序被调用。

例程 9－17　MCLIB_ClarkTrfmInv。

```
/* 包含模块所需函数和数据原型 */
#include "mclib.h"

void main (void)
{
  /* 定义数据 */
  MC_2PhSyst alphaBeta;
  MC_3PhSyst abc;
  /* 输入数据变量 */
  alphaBeta.alpha = FRAC16(1.0);
  alphaBeta.beta = 0;
  /* 计算 Clark 反变换 */
     MCLIB_ClarkTrfmInv (&abc, &alphaBeta);
  /* 计算 Clark 变换 */
  MCLIB_ClarkTrfm (&alphaBeta, &abc);
}
```

◇ 函数特性

函数 MCLIB_ClarkTrfminv 的特性如表 9－21 所列。

表 9－21　函数 MCLIB_ClarkTrfminv 的特性

代码长度	16 个字	
数据长度	0 个字	
执行时钟周期	最小	73 个周期
	最大	73 个周期

9.2.3　MCLIB_ParkTrfm

◇ 概要

#include "mclib.h"

*void **MCLIB_ParkTrfm** (MC_DqSyst *pDQ, MC_2PhSyst *pAlphaBeta, MC_Angle *pSinCos);*

◇ 参数

*pSinCos	输入	指向存储 sin 和 cos 值的数据结构的指针
*pAlphaBeta	输入	指向两相静止直角坐标系下数据结构的指针
*pDQ	输出	指向两相旋转直角坐标系下数据结构的指针

◇ 说明

该函数计算 Park 变换，主要用于将两相静止直角坐标系 $\alpha-\beta$ 坐标系中的量(磁链、电压、电流)转换到两相旋转坐标系 $d-q$ 坐标系下。其变换关系为

$$d = \text{alpha} \times \cos(\text{theta}) + \text{beta} \times \sin(\text{theta}) \tag{9-9}$$

$$q = -\text{alpha} \times \sin(\text{theta}) + \text{beta} \times \cos(\text{theta}) \tag{9-10}$$

式中：alpha、bete 为两相静止坐标系下的参数；d、q 为两相旋转坐标系下的参数。

◇ 特别说明

只有当设置了饱和标志时，该函数的计算才能得到正确值。如果输入数据在 1 个单位周期内，则不必设饱和标志。

◇ 使用方法

MCLIB_ParkTrfm 可以作为子程序被调用。

例程 9-18 MCLIB_ParkTrfm。

```
/* 包含模块所需函数和数据原型 */
#include "mclib.h"

void main (void)
{
  /* 定义数据 */
  MC_DqSyst dqSystem;
  MC_2PhSyst twoPhSystem;
  MC_Angle angle;
  /* 输入数据变量 */
  twoPhSystem.alpha = FRAC16(1.0);
  twoPhSystem.beta = 0;
  angle.sin = FRAC16(0.0);
  angle.cos = FRAC16(1.0);
  /* 计算 Park 变换 */
  MCLIB_ParkTrfm (&dqSystem, &twoPhSystem, &angle);
  /* 计算 Park 反变换 */
  MCLIB_ParkTrfmInv (&twoPhSystem, &dqSystem, &angle);
}
```

◇ 函数特性

函数 MCLIB_ParkTrfm 的特性如表 9-22 所列。

表 9-22 函数 MCLIB_ParkTrfm 的特性

代码长度		17 个字
数据长度		0 个字
执行时钟周期	最小	91 个周期
	最大	91 个周期

9.2.4 MCLIB_ParkTrfmInv

◇ 概要

#include “mclib. h”

*void **MCLIB_ParkTrfmInv** (MC_2PhSyst * pAlphaBeta, MC_DqSyst * pDQ, MC_Angle * pSinCos);*

◇ 参数

* pSinCos	输入	指向存储 sin 和 cos 值的数据结构的指针
* pDQ	输入	指向两相旋转直角坐标系下数据结构的指针
* pAlphaBeta	输出	指向两相静止直角坐标系下数据结构的指针

◇ 说明

该函数计算 Park 反变换,主要用于将两相旋转坐标系 $d-q$ 坐标系中的量(磁链、电压、电流)转换到两相静止直角坐标系 $\alpha-\beta$ 坐标系下。其变换关系为

$$\text{alpha} = d \times \cos(\text{theta}) - q \times \sin(\text{theta}) \tag{9-11}$$

$$\text{beta} = d \times \sin(\text{theta}) + q \times \cos(\text{theta}) \tag{9-12}$$

式中：alpha、bete 为两相静止坐标系下的参数;d、q 为两相旋转坐标系下参数。

◇ 特别说明

只有当设置了饱和标志时,该函数的计算才能得到正确值。如果输入数据在 1 个单位周期内,则不必设饱和标志。

◇ 使用方法

MCLIB_ParkTrfmInv 可以作为子程序被调用。

例程 9-19 MCLIB_ParkTrfmInv。

```
/* 包含模块所需函数和数据原型 */
#include "mclib.h"

void main (void)
{
  /* 定义数据 */
  MC_DqSyst dqSystem;
  MC_2PhSyst twoPhSystem;
  MC_Angle angle;
  /* 输入数据变量 */
  twoPhSystem.alpha = FRAC16(1.0);
  twoPhSystem.beta = 0;
  angle.sin = FRAC16(0.0);
  angle.cos = FRAC16(1.0);
  /* 计算 Park 变换 */
  MCLIB_ParkTrfm (&dqSystem, &twoPhSystem, &angle);
  /* 计算 Park 反变换 */
  MCLIB_ParkTrfmInv (&twoPhSystem, &dqSystem, &angle);
}
```

◇ 函数特性

函数 MCLIB_ParkTrfminv 的特性如表 9-23 所列。

表 9-23　函数 MCLIB_ParkTrfminv 的特性

代码长度	17 个字	
数据长度	0 个字	
执行时钟周期	最小	92 个周期
	最大	92 个周期

9.3　调节器函数

9.3.1　MCLIB_ControllerPI

◇ 概要

```
#include "mclib.h"
Frac16 MCLIB_ControllerPI(Frac16 desiredValue, Frac16
measuredValue, MC_PiParams * pParams);
```

◇ 参数

desiredValue	输入	期望值
measuredValue	输入	检测值
* pParams	输入/输出	PI 调节器的参数。MC_PiParams 的数据类型在头文件 mclib_types.h 中进行了描述

◇ 说明

MCLIB_ControllerPI 函数计算比例积分(PI)算法：

PI 算法在连续时间域中的表示为

$$u(t) = K\left[e(t) + \frac{1}{T_I}\int_0^{\tau} e(\tau)\mathrm{d}\tau\right] \tag{9-13}$$

$$e(t) = w(t) - y(t) \tag{9-14}$$

其传递函数为

$$F(p) = K\left[1 + \frac{1}{T_I}\cdot\frac{1}{p}\right] = \frac{u(p)}{e(p)} \tag{9-15}$$

PI 算法在离散时间域中的定点小数算法为

$$u_f(k) = K_{sc}e_f(k) + u_{If}(k-1) + K_{Isc}\cdot\frac{T}{T_I}\cdot e_f(k) \tag{9-16}$$

$$e(k) = w(k) - y(k) \tag{9-17}$$

其中：

$$u_f(k) = u(k)/u_{max} \tag{9-18}$$

$$w_f(k) = w(k)/w_{max} \tag{9-19}$$

$$y_f(k) = y(k)/y_{max} \tag{9-20}$$

$$e_f(k) = e(k)/e_{max} \tag{9-21}$$

$$K_{sc} = K \cdot \frac{e_{max}}{u_{max}} \tag{9-22}$$

$$K_{Isc} = K \cdot \frac{T}{T_j} \cdot \frac{e_{max}}{u_{max}} \tag{9-23}$$

控制器的限幅操作分为：

① 积分部分限幅(防止积分饱和影响)，使 $u_{Iff}(k)$输出限制在正负限之间：

$$\text{NegativePILimit} \leqslant u_{If}(k) \leqslant \text{PositivePILimit} \tag{9-24}$$

② 控制器输出限幅，使 $u_f(k)$输出限制在正负限之间：

$$\text{NegativePILimit} \leqslant u_f(k) \leqslant \text{PositivePILimit} \tag{9-25}$$

式(9－13)～式(9－25)中：$e_f(k)$为 k 时刻输入误差的定点小数值(Q15)；$w_f(k)$为 k 时刻期望值的定点小数值(Q15)；$y_f(k)$为 k 时刻检测值的定点小数值(Q15)；$u_f(k)$为 k 时刻控制输出量的定点小数值(Q15)；$u_{If}(k-1)$为 $k-1$ 时刻积分输出值的定点小数值(Q15)；T_I 为积分时间常数；T 为采样时间；t 为时间；K 为控制器系数。

◇ 返回值

函数返回值代表 k 时刻的控制器输出。输出值由 PositivePILimit 和 NegativePILimit 限幅，参见表 9－2 中的 MC_PiParams 数据结构。

◇ 范围

0.5＜比例系数(ProportinalGain)＜1

0.5＜积分系数(IntegralGain)＜1

－14＜比例系数定标值(ProportinalGainScale)＜14

－14＜积分系数定标值(IntegralGainScale)＜14

$2^{-15} < K < 2^{15}$

$2^{-15} < K \cdot \frac{T}{T_I} < 2^{15}$

◇ 特别说明

该函数的计算不必考虑饱和模式。该函数仅需 82 个时钟周期，通常用于电流环控制。

◇ 使用方法

MCLIB_ControllerPI 可以作为子程序被调用。

例程 9－20　MCLIB_ControllerPI。

```
/* 包含模块所需函数和数据原型 */
#include "mclib.h"

void main (void)
{
  /* 定义数据 */
  MC_PiParams PIparams;
  Frac16 desiredValue, measuredValue, PIoutput;
  /* 输入数据变量 */
```

```
    PIparams.propGain = FRAC16(0.5);
    PIparams.propGainSc = 1;
    PIparams.integGainSc = 0;
    PIparams.integGain = FRAC16(0.1);
    PIparams.posPiLimit = FRAC16(1.0);
    PIparams.negPiLimit = FRAC16(-1.0);
    PIparams.integPartK_1 = 0;
    desiredValue = FRAC16(1.0);
    measuredValue = FRAC16(0.0);
    /* 计算 PI 调节器输出 */
    PIoutput = MCLIB_ControllerPI (desiredValue, measuredValue, &PIparams);
}
```

◇ 函数特性

函数 MCLIB_ControllerPI 的特性如表 9-24 所列。

表 9-24　函数 MCLIB_ControllerPI 的特性

代码长度	52 个字	
数据长度	0 个字	
执行时钟周期	最小	82 个周期
	最大	82 个周期

9.3.2　MCLIB_ControllerPI2

◇ 概要

#include "mclib.h"

Frac16 ***MCLIB_ControllerPI2*** *(Frac16 desiredValue, Frac16 measuredValue, MC_PiParams * pParams);*

◇ 参数

desiredValue	输入	期望值
measuredValue	输入	检测值
* pParams	输入/输出	PI 调节器的参数。MC_PiParams 的数据类型在头文件 mclib_types.h 中进行了描述

◇ 说明

MCLIB_ControllerPI2 函数计算比例积分(PI)算法：

PI 算法在连续时间域中的表示为

$$u(t) = K\left[e(t) + \frac{1}{T_I}\int_0^{\tau} e(\tau)\mathrm{d}\tau\right] \tag{9-26}$$

$$e(t) = w(t) - y(t) \tag{9-27}$$

其传递函数为

$$F(p) = K\left[1 + \frac{1}{T_I} \cdot \frac{1}{p}\right] = \frac{u(p)}{e(p)} \tag{9-28}$$

PI 算法在离散时间域中的定点小数算法为

$$u_f(k) = K_{sc}e_f(k) + u_{If}(k-1) + K_{Isc} \cdot \frac{T}{T_I} \cdot e_f(k) \tag{9-29}$$

$$e(k) = w(k) - y(k) \tag{9-30}$$

其中：

$$u_f(k) = u(k)/u_{max} \tag{9-31}$$

$$w_f(k) = w(k)/w_{max} \tag{9-32}$$

$$y_f(k) = y(k)/y_{max} \tag{9-33}$$

$$e_f(k) = e(k)/e_{max} \tag{9-34}$$

$$K_{sc} = K \cdot \frac{e_{max}}{u_{max}} \tag{9-35}$$

$$K_{Isc} = K \cdot \frac{T}{T_I} \cdot \frac{e_{max}}{u_{max}} \tag{9-36}$$

控制器的限幅操作分为：

① 积分部分限幅(防止积分饱和影响)，使 $u_{If}(k)$输出限制在正负限之间：

$$\text{NegativePILimit} \leqslant u_{If}(k) \leqslant \text{PositivePILimit} \tag{9-37}$$

② 控制器输出限幅，使 $u_f(k)$输出限制在正负限之间：

$$\text{NegativePILimit} \leqslant u_f(k) \leqslant \text{PositivePILimit} \tag{9-38}$$

式(9-26)～式(9-38)中：$e_f(k)$为 k 时刻输入误差的定点小数值(Q15)；$w_f(k)$为 k 时刻期望值的定点小数值(Q15)；$y_f(k)$为 k 时刻检测值的定点小数值(Q15)；$u_f(k)$为 k 时刻控制输出量的定点小数值(Q15)；$u_{If}(k-1)$为 $k-1$ 时刻积分输出值的定点小数值(Q15)；T_I 为积分时间常数；T 为采样时间；t 为时间；K 为控制器系数。

◇ 返回值

函数返回值代表 k 时刻的控制器输出。输出值由 PositivePILimit 和 NegativePILimit 限幅，参见表 9-2 中的 MC_PiParams 数据结构。

PI2 调节器算法也返回饱和标志。这个标志称为 saturationFlag，是 PI 调节器参数结构的一个成员。如果 PI2 调节器输出达到正的或负的限幅值，则 saturationFlag＝1；否则为 0。

◇ 范围

0.5＜比例系数(ProportinalGain)＜1

0.5＜积分系数(IntegralGain)＜1

－14＜比例系数定标值(ProportinalGainScale)＜14

－14＜积分系数定标值(IntegralGainScale)＜14

$2^{-15} < K < 2^{15}$

$2^{-15} < K \cdot \frac{T}{T_I} < 2^{15}$

◇ 特别说明

该函数的计算不必考虑饱和模式。该函数最多需要 128 个时钟周期，通常用于速度环控制。

◇ 使用方法

MCLIB_ControllerPI2 可以作为子程序被调用。

例程 9-21 MCLIB_ControllerPI2。

```
/* 包含模块所需函数和数据原型 */
#include "mclib.h"

void main (void)
{
  /* 定义数据 */
  MC_PiParams PIparams;
  Frac16 desiredValue, measuredValue, PIoutput;
  /* 输入数据变量 */
  PIparams.propGain = FRAC16(0.5);
  PIparams.propGainSc = 1;
  PIparams.integGainSc = 0;
  PIparams.integGain = FRAC16(0.1);
  PIparams.posPiLimit = FRAC16(1.0);
  PIparams.negPiLimit = FRAC16(-1.0);
  PIparams.integPartK_1 = 0;
  desiredValue = FRAC16(1.0);
  measuredValue = FRAC16(0.0);
  /* 计算 PI 调节器输出 */
  PIoutput = MCLIB_ControllerPI2 (desiredValue, measuredValue, &PIparams);
}
```

◇ 函数特性

函数 MCLIB_ControllerPI2 的特性如表 9-25 所列。

表 9-25 函数 MCLIB_ControllerPI2 的特性

代码长度	124 个字	
数据长度	0 个字	
执行时钟周期	最小	105 个周期
	最大	127 个周期

9.4 旋转变压器应用函数

9.4.1 MCLIB_InitTrackObsv

◇ 概要

#include "mclib.h"

*void **MCLIB_InitTrackObsv** (Frac16 k1_d, Frac16 k2_d, int k1_sc, int k2_sc);*

◇ 参数

k1_d	输入	角度跟踪观测器(Angle Tracking Observer)的定标后 K_1 系数
k2_d	输出	角度跟踪观测器(Angle Tracking Observer)的定标后 K_2 系数
k1_sc	输入	角度跟踪观测器 K_1 系数的定标值
k2_sc	输入	角度跟踪观测器 K_2 系数的定标值

◇ 说明

该函数对角度跟踪观测器的内部变量进行初始化。用户必须在应用软件的初始化模块中调用该函数。

◇ 使用方法

MCLIB_InitTrackObsv 可以作为子程序被调用。

例程 9-22　MCLIB_InitTrackObsv。

```
/* 包含模块所需函数和数据原型 */
#include "mclib.h"

/* 角度跟踪观测器(Angle Tracking Observer)的参数 */
/****************************************************************
 * F0 = 500/2/pi = 80 Hz, DAMPING = 0.84, Fs = 1/Ts = 8 kHz    *
****************************************************************/
#define K1_D FRAC16(0.63661977236758)
#define K2_D FRAC16(0.84000000000000)
#define K1_SCALE 9
#define K2_SCALE 5

void main (void)
{
  /* 初始化角度跟踪观测器 */
  MCLIB_InitTrackObsv (K1_D, K2_D, K1_SCALE, K2_SCALE);
}
```

◇ 函数特性

函数 MCLIB_InitTrackObsv 的特性如表 9-26 所列。

表 9-26　函数 MCLIB_InitTrackObsv 的特性

代码长度	37 个字	
数据长度	13 个字	
执行时钟周期	最小	56 个周期
	最大	56 个周期

9.4.2　MCLIB_CalcTrackObsv

◇ 概要

```
#include "mclib.h"
void MCLIB_CalcTrackObsv(Frac16 sinA, Frac16cosA);
```

◇ 参数

sinA	输入	旋转变压器正弦绕组采样信号
cosA	输入	旋转变压器余弦绕组采样信号

◇ 说明

该函数计算角度跟踪观测器算法。建议在每个控制采样周期调用该函数，例如，在 ADC 扫描中断服务程序结尾调用该函数。它需要两个输入参数：正弦绕组采样信号和余弦绕组采样信号。两个信号经过 ADC 转换后，立即用该函数计算角度位置。实际的角度观测方法如图 9－1 所示。

角度跟踪观测器对旋转变压器的输出信号 $U_{\sin}$、$U_{\cos}$ 及其相应的估计值 $\hat{U}_{\sin}$、$\hat{U}_{\cos}$ 进行比较。因为任何典型的闭环系统都试图减小观测器的误差，所以可以利用观测得到的转子角度，计算出估计的正、余弦信号与输入进行比较。通过调节器使得观测电机转子角度 $\hat{\theta}$ 收敛于电机转子的真实角度 θ。

角度观测框图如图 9－1 所示。

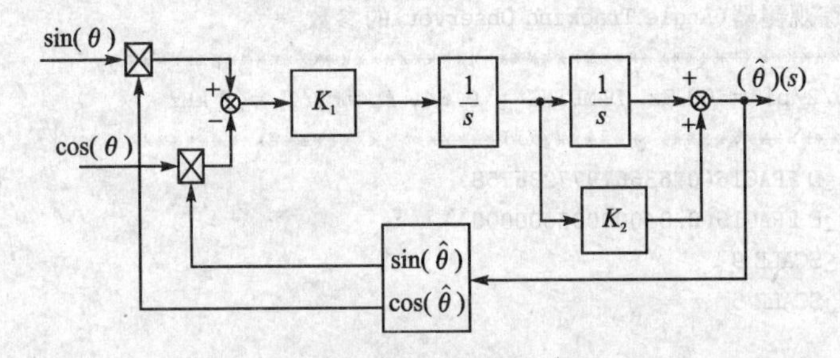

图 9－1　角度观测框图

观测器的广义误差定义如下：

$$\sin(\theta-\hat{\theta}) = \sin(\theta)\cos(\hat{\theta}) - \cos(\theta)\sin(\hat{\theta}) \tag{9-39}$$

连续时间域中(见图 9－1)的积分器 $1/s$，在离散域中由前向欧拉(Forward Euler)积分方法代替，如图 9－2 所示。

$x(k)$ → $\frac{T_s}{Z-1}$ → $y(k)$

图 9－2　离散时间域

因此，连续时间域中的积分器可以由式(9－40)近似得出：

$$y(k+1) = y(k) + x(k)\cdot T_s \tag{9-40}$$

式中：$x(k)$和 $y(k)$是 k 时刻的输入值和输出值；T_s 是采样时间；k 表示前次值；$k+1$ 表示当前值。其传递函数为

$$H(z) = \frac{T_s}{z-1} \tag{9-41}$$

角度跟踪观测器的离散时间域框图如图 9－3 所示。

经过预测支路增益 K_2 和 Acc2(k)一起得到 $k+1$ 时刻的实际转子角度的估计值。图 9－3 中的基本关系如下：

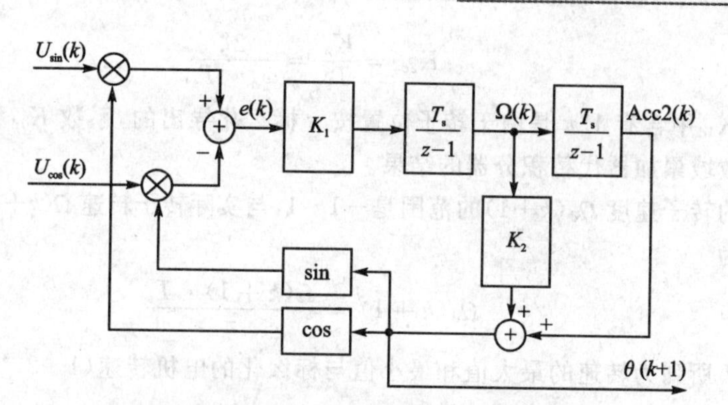

图 9-3 角度跟踪观测器的离散时间域框图

$$\Omega(k+1)=\Omega(k)+T_s\cdot e(k)\cdot K_1 \tag{9-42}$$

$$\mathrm{Acc2}(k+1)=\mathrm{Acc2}(k)+T_s\cdot \Omega(k) \tag{9-43}$$

$$\theta(k+1)=K_2\cdot \Omega(k+1)+\mathrm{Acc2}(k+1) \tag{9-44}$$

$$e(k+1)=U_{\sin}(k+1)\cdot \cos\theta(k+1)-U_{\cos}(k+1)\cdot \sin\theta(k+1) \tag{9-45}$$

式(9-42)~式(9-45)中：$K_1=\omega_n^2$ 和 $K_2=2\zeta/\omega_n$ 为角度跟踪观测器的系数；$e(k)$为第 k 时刻的观测器误差；ω_n 和 ζ 分别为固有频率(rad/s)和阻尼系数；T_s 为采样周期[s]；$\Omega(k+1)$为第 $k+1$ 时刻的实际转子速度(rad/s)；Acc2$(k+1)$为未标么化的实际转子角度(rad)与第 $k+1$ 时刻速度之和；$\theta(k+1)$为第 $k+1$ 时刻实际转子角度(rad)；$U_{\sin}(k+1)$和 $U_{\cos}(k+1)$分别为 sin 信号和 cos 信号的采样值。

从式(9-42)~式(9-45)可以看出，有些系数和参量大于 1(例如，实际转子速度 $\Omega(k+1)$)，而有些系数和参量非常小，以 16 位定点小数(Q15)无法保证其精度。因此，为了实现该算法，必须对式(9-42)~式(9-45)进行特殊处理。其步骤如下：

① 将实际转子角度 $\theta(k+1)$进行标么化，基值取 π，则得到$[-1,1]$范围的 $\theta_d(k+1)$：

$$\theta_d(k+1)=\frac{\theta(k+1)}{\pi} \tag{9-46}$$

② 离散域积分器由累加器代替，即 $y(k+1)=y(k)+x(k)$。其中 $x(k)$、$y(k)$分别为第 k 时刻输入、输出值。

③ 将式(9-42)和式(9-44)中的 K_1 和 K_2 也以 π 为基值作相应的标么化，得到 K_{1d} 和 K_{2d}，并将采样周期 T_s 合并到该系数中，见式(9-51)~式(9-52)。

通过上述转换，DSP 内核执行以下计算：

$$\Omega_d(k+1)=\Omega_d(k)+e(k)\cdot K_{1d} \tag{9-47}$$

$$\mathrm{Acc2}_d(k+1)=\mathrm{Acc2}_d(k)+\Omega_d(k) \tag{9-48}$$

$$\theta_d(k+1)=K_{2d}\cdot \Omega(k+1)+\mathrm{Acc2}_d(k+1) \tag{9-49}$$

$$e(k+1)=U_{\sin}(k+1)\cdot \cos(\pi\cdot\theta_d(k+1))-U_{\cos}(k+1)\cdot \sin(\pi\cdot\theta(k+1)) \tag{9-50}$$

标么化定标后的系数 K_{1d} 和 K_{2d} 由式(9-51)和式(9-52)导出：

$$K_{1d}=\frac{1}{\pi}\cdot T_s^2\cdot K_1=\frac{1}{\pi}\cdot\omega_n^2\cdot T_s^2 \tag{9-51}$$

$$K_{2d}=\frac{K_2}{T_s}=\frac{2\zeta}{\omega_n\cdot T_s} \tag{9-52}$$

在系数 K_{1d}中含有 $1/\pi$ 是由于转子位置按 π 标么化导出的，系数 K_{1d}和 K_{2d}中的 T_s 是由于离散域累加器代替积分器的结果。

标么化的转子速度 $\Omega_d(k+1)$的范围是$-1\sim1$，与实际转子转速 $\Omega(k+1)$（单位为 rad/s）的关系为

$$\Omega_d(k+1)=\frac{\Omega(k+1)\cdot T_s}{\pi} \tag{9-53}$$

表 9-27 所列为转速的最大值和最小值与标么化的电机转速（$1\sim2^{-31}$）之间的关系。

表 9-27　最大和最小转子转速

采样频率/kHz	最大转子转速/(r/m)	最小转子转速/(r/m)*
16	480000	0.00022
8	240000	0.00011
4	120000	0.00005

* 可测量的最小转子转速非常小，在应用中，它通常被噪声限制在 0.1 r/m。

角度跟踪观测器函数可以通过一个简单的例子加以说明。假设转子速度为恒定值，如果观测器误差 e(k)为 0，则第一个累加器中的值（式(9-47)）表示转速 $\Omega_d(k+1)$，保持常数。在每个采样周期常数（第一个累加器的输出值），即过去的采样周期 T_s 产生的角度差，在第二个累加器中累加，表示转子角度位置 $Acc2_d(k+1)$。在执行过程中，必须对转子角度位置超过$-\pi\sim\pi$ 范围的进行处理。

在调用旋转变压器驱动函数前，用户需要在包含的头文件 resolver.h 中定义 K1_D、K1_SCALE 和 K2_D，K2_SCALE。该系数可以通过式(9-54)和式(9-55)计算：

$$\text{K1\_D}=K_{1d}\cdot 2^{K1\_SCALE} \tag{9-54}$$

$$\text{K2\_D}=K_{2d}\cdot 2^{K2\_SCALE} \tag{9-55}$$

K1_SCALE 和 K2_SCALE 的选择要保证 K1_D 和 K2_D∈[0.5,1.0)。

◇ 返回值

函数通过角度跟踪观测器算法的内部变量返回实际转子角度的估计值、速度和转数。这些内部变量可以通过 MCLIB_GetResPosition、MCLIB_GetResSpeed 和 MCLIB_GetResRevolutions 函数进行访问。

◇ 范围

输入的 sin 和 cos 参数在传递给该函数之前，必须标么化定标到$-1\sim1$。函数内部对饱和状态进行控制。

◇ 使用方法

MCLIB_CalcTrackObsv 可以作为子程序被调用。

例程 9-23　MCLIB_CalcTrackObsv。

```
/* 包含模块所需函数和数据原型 */
#include "mclib.h"
```

```
/* 角度跟踪观测器(Angle Tracking Observer)的参数 */
/*********************************************************
 * F0 = 500/2/pi = 80 Hz, DAMPING = 0.84, Fs = 1/Ts = 8 kHz  *
*********************************************************/
#define K1_D FRAC16(0.63661977236758)
#define K2_D FRAC16(0.84000000000000)
#define K1_SCALE 9
#define K2_SCALE 5

/* 中断服务程序原型 */
void adc_isr (void);

void main (void)
{
  /* 定义数据 */
  Frac16 est_angle, est_revolutions;
  Frac16 est_speed;
  /* 初始化角度跟踪观测器算法 */
  MCLIB_InitTrackObsv (K1_D, K2_D, K1_SCALE, K2_SCALE);
  /* 主循环 */
  while (1)
  {
    /* 该函数假设在ADC检测sin和cos电压中断末尾调用 */
    adc_isr ();
    /* 读取旋转变压器观测值 */
    est_angle = MCLIB_GetResPosition ();
    est_revolutions = MCLIB_GetResRevolutions ();
    /* 由MCLIB_GetResSpeed()函数返回的角速度为 */
    /* 32位小数,范围是[-1; 1),其等效的角速度为 */
    /* <-Fs*30; Fs*30)(r/m)。其中 */
    /* Fs是采样频率。*/
    /* 该例程中,Fs = 8 kHz,即,角速度 */
    /* 的变化范围是-240000~240000 (r/m)。将该值转换为 */
    /* 16位定点小数,范围是Q15[-1, 1),相应的范围是-5000~ */
    /* 5000 (r/m)。软件必须乘以比例系数,得到32位的返回值 */
    /* 该比例系数为240000/5000 => 0.75×2^6 */
    est_speed = round(L_shl(L_mult_ls(MCLIB_GetResSpeed(),\
    FRAC16(0.75)),6));
  }
}
/* 中断服务程序 */
```

```
void adc_isr (void)
{
  static int angle = 0;          /* 旋转变压器实际角度 */
  /* 利用角度跟踪观测器计算角度 */
  /* sin 和 cos 采样 */
  MCLIB_CalcTrackObsv (MCLIB_Sin2 (angle), MCLIB_Cos2 (angle));
  angle++;
  }
```

◇ 函数特性

函数 MCLIB_CalcTrackObsv 的特性如表 9-28 所列。

表 9-28　函数 MCLIB_CalcTrackObsv 的特性

代码长度	248 个字	
数据长度	14 个字	
执行时钟周期	最小	271 个周期
	最大	280 个周期

9.4.3　MCLIB_GetResPosition

◇ 概要

#include "mclib.h"

Frac16 ***MCLIB_GetResPosition*** *(void);*

◇ 说明

该函数返回实际转子角度的估计值。为了调用该函数，必须对 MCLIB_CalcTrack-Obsv 函数定期调用。

◇ 返回值

函数返回的转子角位置是 16 位有符号小数(Q15)，其范围是 −1～1，对应于 −pi～pi。

◇ 使用方法

MCLIB_GetResPosition 可以作为子程序被调用。

例程 9-24　MCLIB_GetResPosition。

```
/* 包含模块所需函数和数据原型 */
#include "mclib.h"

/* 角度跟踪观测器的参数 */
/*************************************************************
 * F0 = 500/2/pi = 80 Hz, DAMPING = 0.84, Fs = 1/Ts = 8 kHz   *
*************************************************************/
#define K1_D FRAC16(0.63661977236758)
#define K2_D FRAC16(0.84000000000000)
#define K1_SCALE 9
```

```
#define K2_SCALE 5

/* 中断服务程序原型 */
void adc_isr (void);

void main (void)
{
  /* 定义数据 */
  Frac16 est_angle, est_revolutions;
  Frac16 est_speed;
  /* 初始化角度跟踪观测器算法 */
  MCLIB_InitTrackObsv (K1_D, K2_D, K1_SCALE, K2_SCALE);
  /* 主循环 */
  while (1)
  {
    /* 该函数假设在ADC检测sin和cos电压中断末尾调用 */
    adc_isr ();
    /* 读取旋转变压器观测值 */
    est_angle = MCLIB_GetResPosition ();
    est_revolutions = MCLIB_GetResRevolutions ();
    /* 由MCLIB_GetResSpeed()函数返回的角速度为 */
    /* 32位小数,范围是[-1; 1),其等效的角速度为 */
    /* <-Fs*30; Fs*30)(r/m)。其中 */
    /* Fs是采样频率 */
    /* 该例程中,Fs = 8 kHz,即,角速度 */
    /* 的变化范围是-240000~240000(r/m)。将该值转换为 */
    /* 16位定点小数,范围是Q15[-1, 1),相应的范围是-5000~ */
    /* 5000(r/m)。软件必须乘以比例系数,得到32位的返回值*/
    /* 该比例系数为240000/5000 => 0.75×2^6 */
    est_speed = round(L_shl(L_mult_ls(MCLIB_GetResSpeed(),\
    FRAC16(0.75)),6));
  }
}
/* 中断服务程序 */
void adc_isr (void)
{
  static int angle = 0;          /* 旋转变压器实际角度 */
  /* 利用角度跟踪观测器计算角度 */
  /* sin和cos采样 */
  MCLIB_CalcTrackObsv (MCLIB_Sin2 (angle), MCLIB_Cos2 (angle));
  angle++;
}
```

◇ 函数特性

函数 MCLIB_GetResPosition 的特性如表 9-29 所列。

表 9-29　函数 MCLIB_GetResPosition 的特性

代码长度	15 个字	
数据长度	2 个字	
执行时钟周期	最小	29 个周期
	最大	29 个周期

9.4.4　MCLIB_GetResSpeed

◇ 概要

#include "mclib.h"

*Frac32 **MCLIB_GetResSpeed** (void);*

◇ 说明

该函数返回从对角度跟踪观测器算法的内部变量中读取的实际转子速度的估计值。为了调用该函数，必须对 MCLIB_CalcTrackObsv 函数定期调用。

◇ 返回值

函数返回一个 32 位有符号小数(Q31)，其范围是−1～1。返回的第 $k+1$ 时刻的转子转速 $\Omega_d(k+1)$ 与第 $k+1$ 时刻的实际转子转速 $\Omega(k+1)$(rad/s)之间的关系为

$$\Omega_d(k+1)=\frac{\Omega(k+1)\cdot T_s}{\pi} \tag{9-56}$$

◇ 使用方法

MCLIB_GetResSpeed 可以作为子程序被调用。

例程 9-25　MCLIB_GetResSpeed。

```
/* 包含模块所需函数和数据原型 */
#include "mclib.h"

/* 角度跟踪观测器的参数 */
/**********************************************************
* F0 = 500/2/pi = 80 Hz, DAMPING = 0.84, Fs = 1/Ts = 8 kHz   *
**********************************************************/
#define K1_D FRAC16(0.63661977236758)
#define K2_D FRAC16(0.84000000000000)
#define K1_SCALE 9
#define K2_SCALE 5

/* 中断服务程序原型 */
void adc_isr (void);

void main (void)
{
  /* 定义数据 */
```

```
Frac16 est_speed;
/* 初始化角度跟踪观测器算法 */
MCLIB_InitTrackObsv (K1_D, K2_D, K1_SCALE, K2_SCALE);
/* 主循环 */
while (1)
{
  /* 该函数假设在 ADC 检测 sin 和 cos 电压中断末尾调用 */
  adc_isr ();

  /* 由 MCLIB_GetResSpeed()函数返回的角速度为 */
  /* 32 位小数,范围是[-1; 1),其等效的角速度为 */
  /* <-Fs*30; Fs*30)(r/m)。其中 */
  /* Fs 是采样频率 */
  /* 该例程中,Fs = 8 kHz,即,角速度*/
  /* 的变化范围是-240000～240000(r/m)。将该值转换为 */
  /* 16 位定点小数,范围是 Q15[-1,1),相应的范围是-5000～ */
  /* 5000(r/m)。软件必须乘以比例系数,得到 32 位的返回值*/
  /* 该比例系数为 240000/5000 => 0.75×2^6 */
  est_speed = round(L_shl(L_mult_ls(MCLIB_GetResSpeed(),\
  FRAC16(0.75)),6));
}
}
/* 中断服务程序 */
void adc_isr (void)
{
  static int angle = 0;          /* 旋转变压器实际角度 */
  /* 利用角度跟踪观测器计算角度*/
  /* sin 和 cos 采样 */
  MCLIB_CalcTrackObsv (MCLIB_Sin2 (angle), MCLIB_Cos2 (angle));
  angle++;
}
```

◇ 函数特性

函数 MCLIB_GetResSpeed 的特性如表 9-30 所列。

表 9-30　函数 MCLIB_GetResSpeed 的特性

代码长度	4 个字	
数据长度	2 个字	
执行时钟周期	最小	17 个周期
	最大	17 个周期

9.4.5　MCLIB_GetResRevolutions

◇ 概要

#include "mclib.h"

*int **MCLIB_GetResRevolutions** (void);*

◇ 说明

该函数返回转子转数的估计值。为了调用该函数,必须对 MCLIB_CalcTrackObsv 函数定期调用。

◇ 返回值

函数返回转子转数。返回值是 16 位有符号整数－32767～32768。

◇ 使用方法

MCLIB_Revolutions 可以作为子程序被调用。

例程 9-26 MCLIB_Revolutions。

```
/* 包含模块所需函数和数据原型 */
#include "mclib.h"

/* 角度跟踪观测器的参数 */
/***********************************************************
 * F0 = 500/2/pi = 80 Hz, DAMPING = 0.84, Fs = 1/Ts = 8 kHz   *
***********************************************************/
#define K1_D FRAC16(0.63661977236758)
#define K2_D FRAC16(0.84000000000000)
#define K1_SCALE 9
#define K2_SCALE 5

/* 中断服务程序原型 */
void adc_isr (void);

void main (void)
{
  /* 定义数据 */
  Frac16 est_Revolutions;
  /* 初始化角度跟踪观测器算法 */
  MCLIB_InitTrackObsv (K1_D, K2_D, K1_SCALE, K2_SCALE);
  /* 主循环 */
  while (1)
  {
    /* 该函数假设在 ADC 检测 sin 和 cos 电压中断末尾调用 */
    adc_isr ();

    /* 读取转数值 */
    est_revolutions = MCLIB_GetResRevolutions ();
  }
}
/* 中断服务程序 */
void adc_isr (void)
```

```
{
    static int angle = 0;          /* 旋转变压器实际角度 */
    /* 利用角度跟踪观测器计算角度 */
    /* sin和cos采样 */
    MCLIB_CalcTrackObsv (MCLIB_Sin2 (angle), MCLIB_Cos2 (angle));
    angle++;
}
```

◇ 函数特性

函数 MCLIB_GetResRevolutions 的特性如表 9-31 所列。

表 9-31　函数 MCLIB_GetResRevolutions 的特性

代码长度		4个字
数据长度		1个字
执行时钟周期	最小	17个周期
	最大	17个周期

9.4.6　MCLIB_SetResPosition

◇ 概要

#include "mclib.h"

void MCLIB_SetResPosition (Frac16 newPosition);

◇ 参数

newPosition	输入	新的转子角度

◇ 说明

该函数用于设置新的角度给当前的角度，并可以将转子角度初始化为0或者其他任意值。因此，在电机起动时非常有用。

◇ 范围

传递的参数 newPosition 是 16 位有符号小数(Q15)，其范围是 −1～1，对应于 −pi～pi。

◇ 使用方法

MCLIB_SetResPosition 可以作为子程序被调用。

例程 9-27　MCLIB_SetResPosition。

```
/* 包含模块所需函数和数据原型 */
#include "mclib.h"

/* 角度跟踪观测器的参数 */
/*************************************************************
* F0 = 500/2/pi = 80 Hz, DAMPING = 0.84, Fs = 1/Ts = 8 kHz *
*************************************************************/
#define K1_D FRAC16(0.63661977236758)
```

```
#define K2_D FRAC16(0.8400000000000)
#define K1_SCALE 9
#define K2_SCALE 5

void main (void)
{
  /* 初始化角度跟踪观测器算法 */
  MCLIB_InitTrackObsv (K1_D, K2_D, K1_SCALE, K2_SCALE);
  MCLIB_SetResPosition(20000);
}
```

◇ 函数特性

函数 MCLIB_SetREsPosition 的特性如表 9-32 所列。

表 9-32　函数 MCLIB_SetREsPosition 的特性

代码长度	15 个字	
数据长度	1 个字	
执行时钟周期	最小	28 个周期
	最大	28 个周期

9.4.7　MCLIB_SetResRevolutions

◇ 概要

#include "mclib.h"

*void **MCLIB_SetResRevolutions** (int newRevolutions);*

◇ 参数

newRevolutions	输入	新的转数值

◇ 说明

该函数用于设置新的转数值，存于角度跟踪观测器算法的变量中，并可以将转数设为 0，用于初始化。

◇ 使用方法

MCLIB_ SetResRevolutions 可以作为子程序被调用。

例程 9-28　MCLIB_ SetResRevolutions。

```
/* 包含模块所需函数和数据原型 */
#include "mclib.h"

/* 角度跟踪观测器的参数 */
/**********************************************************
* F0 = 500/2/pi = 80 Hz, DAMPING = 0.84, Fs = 1/Ts = 8 kHz    *
**********************************************************/
#define K1_D FRAC16(0.63661977236758)
#define K2_D FRAC16(0.8400000000000)
```

```
#define K1_SCALE 9
#define K2_SCALE 5

void main (void)
{
  /* 定义数据 */
  Frac16 est_revolutions;

  /* 初始化角度跟踪观测器算法 */
  MCLIB_InitTrackObsv (K1_D, K2_D, K1_SCALE, K2_SCALE);
  MCLIB_SetResRevolutions (15);
}
```

◇ 函数特性

函数 MCLIB_SetResRevolutions 的特性如表 9－33 所列。

表 9－33　函数 MCLIB_SetResRevolutions 的特性

代码长度	4 个字	
数据长度	1 个字	
执行时钟周期	最小	18 个周期
	最大	18 个周期

9.5　PWM 调制技术函数

9.5.1　MCLIB_SvmStd

◇ 概要

#include "mclib.h"

*int **MCLIB_SvmStd** (MC_2PhSyst ＊p_AlphaBeta, MC_3PhSyst ＊p_abc);*

◇ 参数

＊p_AlphaBeta	输入	＊p_AlphaBeta 输入指针指向包含定子电压矢量的直轴（alpha/α）和交轴（beta/β）分量的结构。数据类型 MC_2PhSyst 已在表 9－2 中进行了介绍
＊p_abc	输出	＊p_abc 输出指针指向包含计算得到的三相系统的占空比。数据类型 MC_3PhSyst 已在表 9－2 中进行了介绍

◇ 说明

该函数计算占空比的方法广泛应用于现代电力电子驱动系统。通过该函数计算出适当的占空比，利用空间矢量调制技术，产生给定的定子参考电压矢量，称之为标准空间矢量调制。该函数产生的是 7 段式 PWM，如图 9－4 所示。

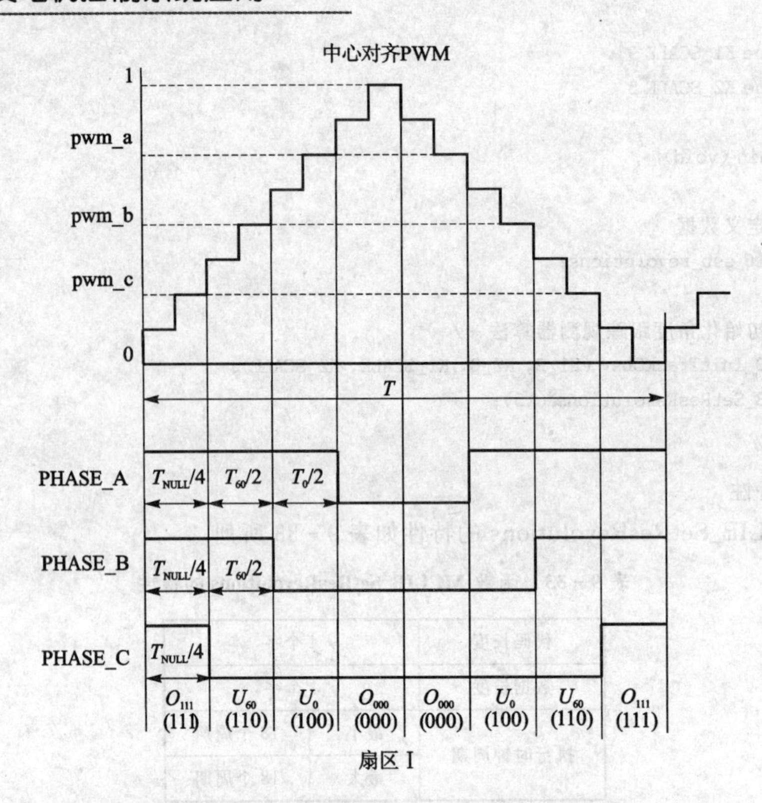

图 9-4 标准空间矢量 7 段式 PWM 波形(中心对齐)

图 9-5 所示为在静止坐标系下的给定参考电压矢量的波形，以及利用标准空间矢量调制算法计算得到的三相相电压的占空比波形。

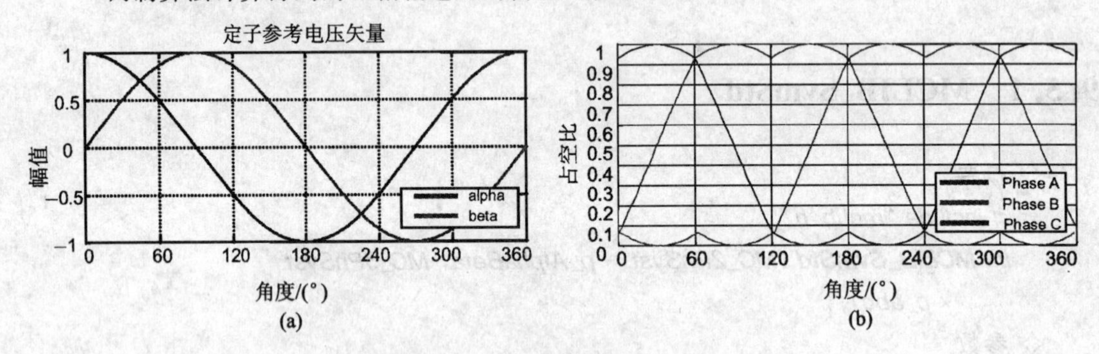

图 9-5 标准空间矢量调制算法

◇ 返回值

函数返回一个整数值，该值代表瞬时定子参考电压矢量所在的扇区号。

◇ 范围

为了提供计算准确的占空比，定子参考电压矢量的直轴和交轴分量必须按 Q15 定标，即 $\sqrt{\alpha^2+\beta^2}\leqslant 1$。

◇ 特别说明

MCLIB_SvmStd 函数必须在定时中断或者 PWM 刷新(重载)中断中调用。该函数利用汇编语言编写，以便使计算速度达到最高。

◇ 使用方法

MCLIB_SvmStd 可以作为子程序被调用。

例程 9-29　MCLIB_SvmStd。

```
/* 包含模块所需函数和数据原型 */
#include "mclib.h"

void main (void)
{
  /* 定义数据 */
  MC_2PhSyst     twoPhSystem;
  MC_3PhSyst     threePhSystem;
  int            sector;
  /* 输入变量数据 */
  twoPhSystem.alpha = FRAC16(1.0);
  twoPhSystem.beta = 0;
  /* 计算占空比和扇区号 */
  sector = MCLIB_SvmStd (&twoPhSystem, &threePhSystem);
}
```

◇ 函数特性

函数 MCLIB_SvmStd 的特性如表 9-34 所列。

表 9-34　函数 MCLIB_SvmStd 的特性

代码长度		138 个字
数据长度		0 个字
堆栈长度		4 个字
执行时钟周期	最小	91 个周期
	最大	104 个周期

9.5.2　MCLIB_SvmU0n

◇ 概要

#include "mclib.h"

int ***MCLIB_SvmU0n*** *(MC_2PhSyst *p_AlphaBeta, MC_3PhSyst *p_abc);*

◇ 参数

*p_AlphaBeta	输入	*p_AlphaBeta 输入指针指向包含定子电压矢量的直轴(alpha/α)和交轴(beta/β)分量的结构。数据类型 MC_2PhSyst 已在表 9-2 中进行了介绍
*p_abc	输出	*p_abc 输出指针指向包含计算得到的三相系统的占空比。数据类型 MC_3PhSyst 已在表 9-2 中进行了介绍

◇ 说明

该函数计算出适当的占空比，用以产生给定的定子参考电压矢量。该函数利用特殊的空间矢量调制技术，称之为基于零矢量(O_{000})的空间矢量调制。该函数产生的是 5 段式 PWM，如图 9-6 所示。

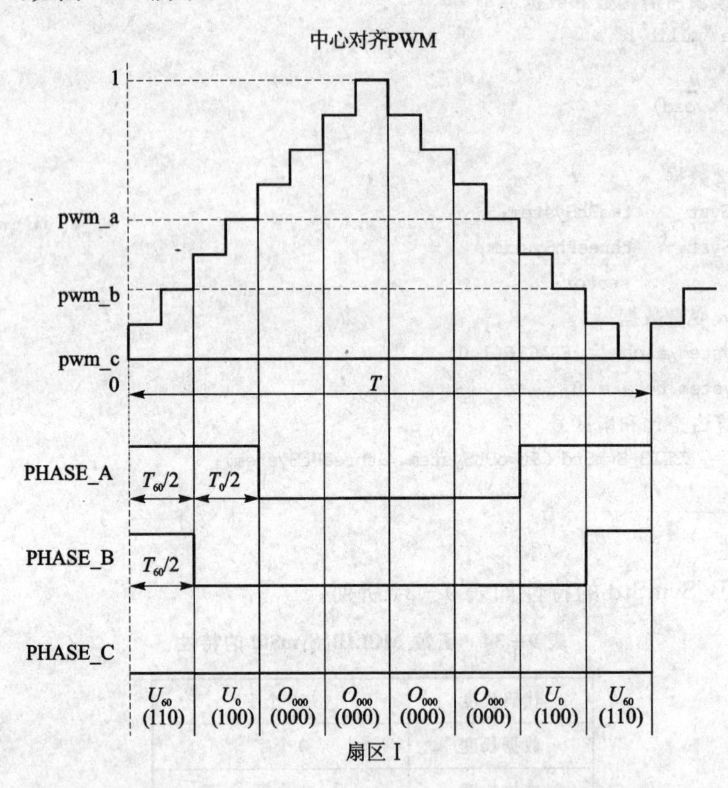

图 9-6　基于零矢量(O_{000})5 段式 PWM 波形

图 9-7 所示为在静止坐标系下的给定参考电压矢量的波形，以及利用基于零矢量(O_{000})的空间矢量调制算法计算得到的三相相电压的占空比波形。

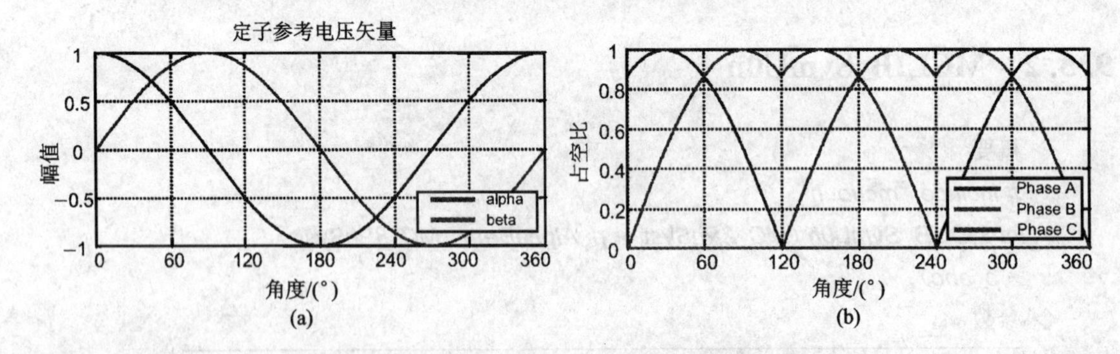

图 9-7　基于零矢量(O_{000})的空间矢量调制算法

◇ 返回值

函数返回一个整数值，该值代表瞬时定子参考电压矢量所在的扇区号。

◇ 范围

为了提供计算准确的占空比，定子参考电压矢量的直轴和交轴分量必须按 Q15 定标，即 $\sqrt{\alpha^2+\beta^2}\leqslant 1$。

◇ 特别说明

该函数必须在定时中断或者 PWM 刷新(重载)中断中调用。该函数利用汇编语言编写，以便使计算速度达到最高。

◇ 使用方法

MCLIB_SvmU0n 可以作为子程序被调用。

例程 9-30　MCLIB_SvmU0n。

```
/* 包含模块所需函数和数据原型 */
#include "mclib.h"

void main (void)
{
  /* 定义数据 */
  MC_2PhSyst twoPhSystem;
  MC_3PhSyst threePhSystem;
  int sector;
  /* 输入变量数据 */
  twoPhSystem.alpha = FRAC16(1.0);
  twoPhSystem.beta = 0;
  /* 计算占空比和扇区号 */
  sector = MCLIB_SvmU0n (&twoPhSystem, &threePhSystem);
}
```

◇ 函数特性

函数 MCLIB_SvmU0n 的特性如表 9-35 所列。

表 9-35　函数 MCLIB_SvmU0n 的特性

代码长度	123 个字	
数据长度	0 个字	
执行时钟周期	最小	88 个周期
	最大	100 个周期

9.5.3　MCLIB_SvmU7n

◇ 概要

#include "mclib.h"

*int **MCLIB_SvmU7n** (MC_2PhSyst *p_AlphaBeta, MC_3PhSyst *p_abc);*

◇ 参数

* p_AlphaBeta	输入	* p_AlphaBeta 输入指针指向包含定子电压矢量的直轴(alpha/α)和交轴(beta/β)分量的结构。数据类型 MC_2PhSyst 已在表 9-2 中进行了介绍
* p_abc	输出	* p_abc 输出指针指向包含计算得到的三相系统的占空比。数据类型 MC_3PhSyst 已在表 9-2 中进行了介绍

◇ 说明

该函数计算出适当的占空比,用以产生给定的定子参考电压矢量。该函数利用特殊的空间矢量调制技术,称之为基于零矢量(O_{111})的空间矢量调制。该函数产生的是 5 段式 PWM,如图 9-8 所示。

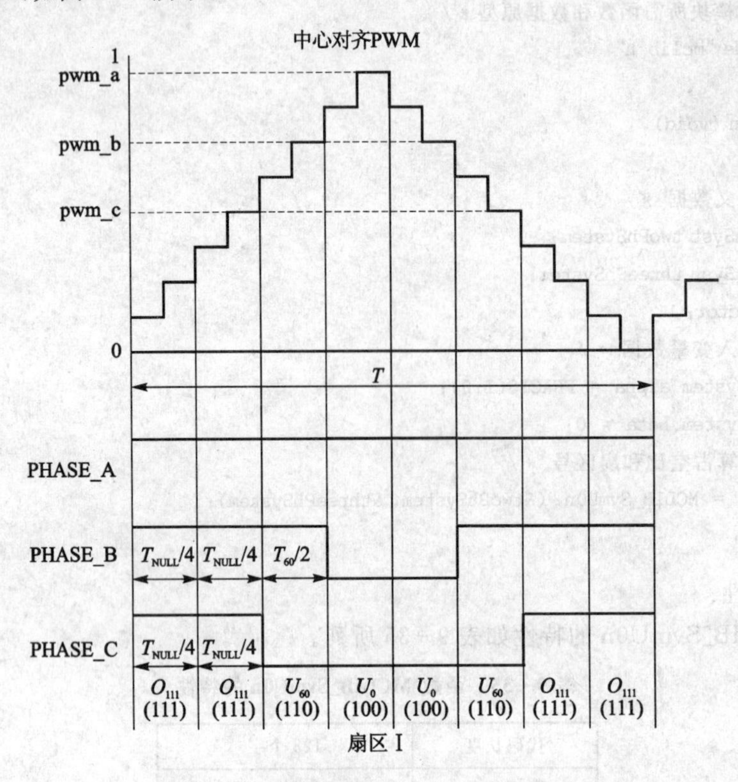

图 9-8 基于零矢量(O_{111})5 段式 PWM 波形

图 9-9 所示为在静止坐标系下的给定参考电压矢量的波形,以及利用基于零矢量(O_{111})的空间矢量调制算法计算得到的三相相电压的占空比波形。

◇ 返回值

函数返回一个整数值,该值代表瞬时定子参考电压矢量所在的扇区号。

◇ 范围

为了提供计算准确的占空比,定子参考电压矢量的直轴和交轴分量必须按 Q15 定标,即 $\sqrt{\alpha^2+\beta^2}\leqslant 1$。

◇ 特别说明

该函数必须在定时中断或者 PWM 刷新(重载)中断中调用。该函数利用汇编语言编写,以便使计算速度达到最高。

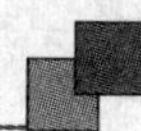

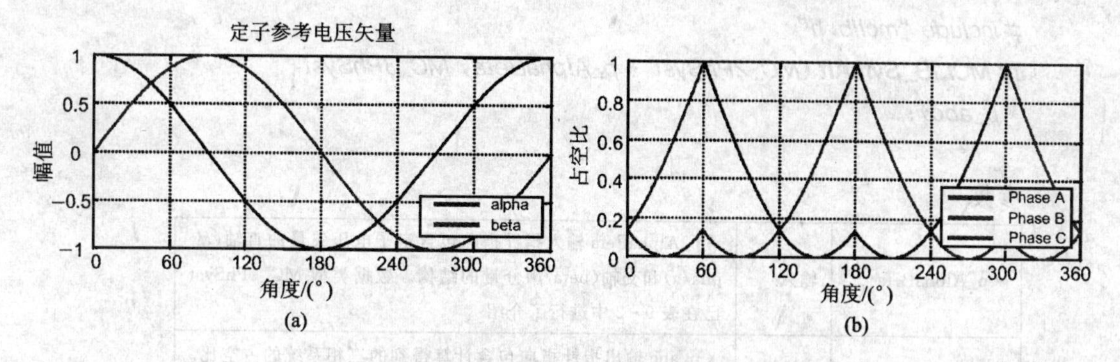

图 9-9 基于零矢量(O_{111})的空间矢量调制算法

◇ 使用方法

MCLIB_SvmU7n 可以作为子程序被调用。

例程 9-31 MCLIB_SvmU0n。

```
/* 包含模块所需函数和数据原型 */
#include "mclib.h"

void main (void)
{
  /* 定义数据 */
  MC_2PhSyst twoPhSystem;
  MC_3PhSyst threePhSystem;
  int sector;
  /* 输入变量数据 */
  twoPhSystem.alpha = FRAC16(1.0);
  twoPhSystem.beta = 0;
  /* 计算占空比和扇区号 */
  sector = MCLIB_SvmU7n (&twoPhSystem, &threePhSystem);
}
```

◇ 函数特性

函数 MCLIB_SvmU7n 的特性如表 9-36 所列。

表 9-36 函数 MCLIB_SvmU7n 的特性

代码长度		131 个字
数据长度		0 个字
执行时钟周期	最小	89 个周期
	最大	101 个周期

9.5.4 MCLIB_SvmAlt

◇ 概要

```
#include "mclib.h"
int MCLIB_SvmAlt (MC_2PhSyst *p_AlphaBeta, MC_3PhSyst
*p_abc);
```

◇ 参数

*p_AlphaBeta	输入	*p_AlphaBeta 输入指针指向包含定子电压矢量的直轴(alpha/α)和交轴(beta/β)分量的结构。数据类型 MC_2PhSyst 已在表 9-2 中进行了介绍
*p_abc	输出	*p_abc 输出指针指向包含计算得到的三相系统的占空比。数据类型 MC_3PhSyst 已在表 9-2 中进行了介绍

◇ 说明

该函数计算出适当的占空比，用以产生给定的定子参考电压矢量。该函数利用特殊的空间矢量调制技术，称之为基于交替零矢量的空间矢量调制。在偶数扇区插入 O_{000} 矢量，在奇数扇区插入 O_{111} 矢量。该函数产生的是 5 段式 PWM，如图 9-10 所示。

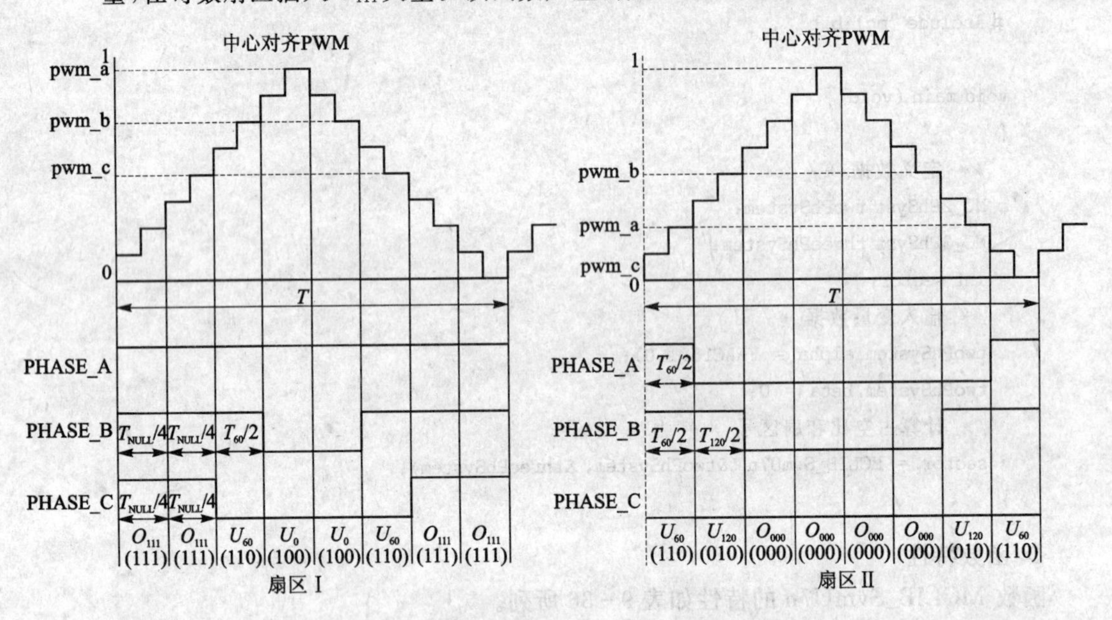

图 9-10 基于交替零矢量的 5 段式 PWM 波形

图 9-11 为在静止坐标系下的给定参考电压矢量的波形，以及利用基于交替零矢量的空间矢量调制算法计算得到的三相相电压的占空比波形。

◇ 返回值

函数返回一个整数值，该值代表瞬时定子参考电压矢量所在的扇区号。

◇ 范围

为了提供计算准确的占空比，定子参考电压矢量的直轴和交轴分量必须按 Q15 定标，即 $\sqrt{\alpha^2+\beta^2}\leqslant 1$。

◇ 特别说明

该函数必须在定时中断或者 PWM 刷新(重载)中断中调用。该函数利用汇编语言编

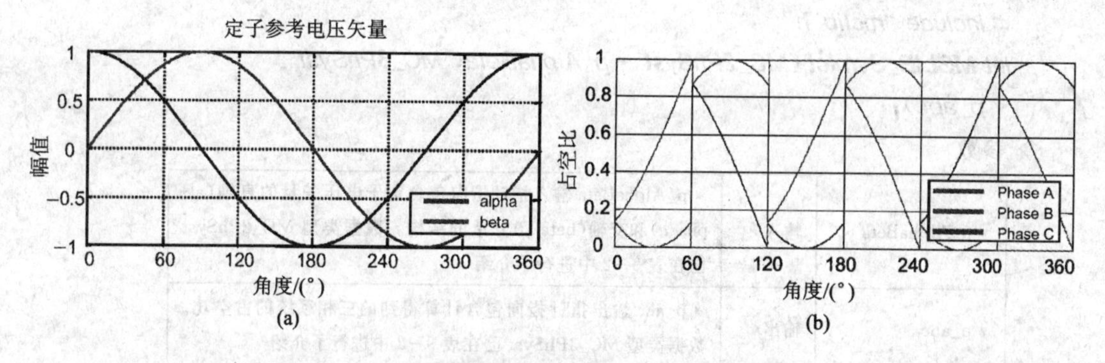

图 9-11 基于交替零矢量的空间矢量调制算法

写，以便使计算速度达到最高。

◇ 使用方法

MCLIB_SvmAlt 可以作为子程序被调用。

例程 9-32 MCLIB_SvmAlt。

```
/* 包含模块所需函数和数据原型 */
#include "mclib.h"

void main (void)
{
  /* 定义数据 */
  MC_2PhSyst twoPhSystem;
  MC_3PhSyst threePhSystem;
  int sector;
  /* 输入变量数据 */
  twoPhSystem.alpha = FRAC16(1.0);
  twoPhSystem.beta = 0;
  /* 计算占空比和扇区号 */
  sector = MCLIB_SvmAlt  (&twoPhSystem, &threePhSystem);
}
```

◇ 函数特性

函数 MCLIB_SvmAlt 的特性如表 9-37 所列。

表 9-37 函数 MCLIB_SvmAlt 的特性

<table>
<tr><td>代码长度</td><td colspan="2">125 个字</td></tr>
<tr><td>数据长度</td><td colspan="2">0 个字</td></tr>
<tr><td rowspan="2">执行时钟周期</td><td>最小</td><td>88 个周期</td></tr>
<tr><td>最大</td><td>100 个周期</td></tr>
</table>

9.5.5 MCLIB_SvmIct

◇ 概要

#include“mclib.h”

*int **MCLIB_SvmIct**（MC_2PhSyst ＊p_AlphaBeta，MC_3PhSyst ＊p_abc）；*

◇ 参数

＊p_AlphaBeta	输入	＊p_AlphaBeta 输入指针指向包含定子电压矢量的直轴（alpha/α）和交轴（beta/β）分量的结构。数据类型 MC_2PhSyst 已在表 9－2 中进行了介绍
＊p_abc	输出	＊p_abc 输出指针指向包含计算得到的三相系统的占空比。数据类型 MC_3PhSyst 已在表 9－2 中进行了介绍

◇ 说明

该函数计算出适当的占空比，用以产生给定的定子参考电压矢量。该函数利用反 Clak 变换来计算三相占空比的值。

图 9－12 所示为在静止坐标系下的给定参考电压矢量的波形，以及利用反 Clak 变换算法计算得到的三相相电压的占空比波形。

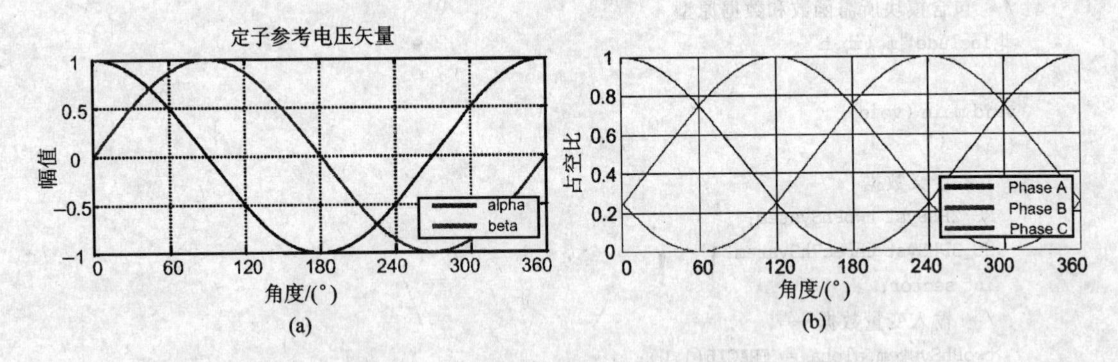

图 9－12　基于反 Clak 变换的 PWM 算法

◇ 返回值

函数返回一个整数值，该值代表瞬时定子参考电压矢量所在的扇区号。

◇ 范围

为了提供计算准确的占空比，定子参考电压矢量的直轴和交轴分量必须按 Q15 定标，即 $\sqrt{\alpha^2+\beta^2}\leqslant 1$。

◇ 特别说明

该函数必须在定时中断或者 PWM 刷新（重载）中断中调用。该函数利用汇编语言编写，以便使计算速度达到最高。

◇ 使用方法

MCLIB_SvmIct 可以作为子程序被调用。

例程 9－33　MCLIB_SvmIct。

```
/* 包含模块所需函数和数据原型 */
#include "mclib.h"
```

```
void main (void)
{
  /* 定义数据 */
  MC_2PhSyst twoPhSystem;
  MC_3PhSyst threePhSystem;
  int sector;
  /* 输入变量数据 */
  twoPhSystem.alpha = FRAC16(1.0);
  twoPhSystem.beta = 0;
  /* 计算占空比和扇区号 */
  sector = MCLIB_SvmIct (&twoPhSystem, &threePhSystem);
}
```

◇ 函数特性

函数 MCLIB_Pwmict 的特性如表 9-38 所列。

表 9-38 函数 MCLIB_Pwmict 的特性

代码长度	70 个字	
数据长度	7 个字	
执行时钟周期	最小	106 个周期
	最大	107 个周期

9.5.6 MCLIB_SvmSci

◇ 概要

#include "mclib.h"

*int **MCLIB_SvmSci** (MC_2PhSyst *p_AlphaBeta, MC_3PhSyst *p_abc);*

◇ 参数

*p_AlphaBeta	输入	*p_AlphaBeta 输入指针指向包含定子电压矢量的直轴(alpha/α)和交轴(beta/β)分量的结构。数据类型 MC_2PhSyst 已在表 9-2 中进行了介绍
*p_abc	输出	*p_abc 输出指针指向包含计算得到的三相系统的占空比。数据类型 MC_3PhSyst 已在表 9-2 中进行了介绍

◇ 说明

该函数计算出适当的占空比,用以产生给定的定子参考电压矢量。该函数利用注入 3 次谐波的方法(Sine-Cap Injection)来计算三相占空比的值。

图 9-13 所示为在静止坐标系下的给定参考电压矢量的波形,以及利用注入 3 次谐波算法计算得到的三相相电压的占空比波形。

◇ 返回值

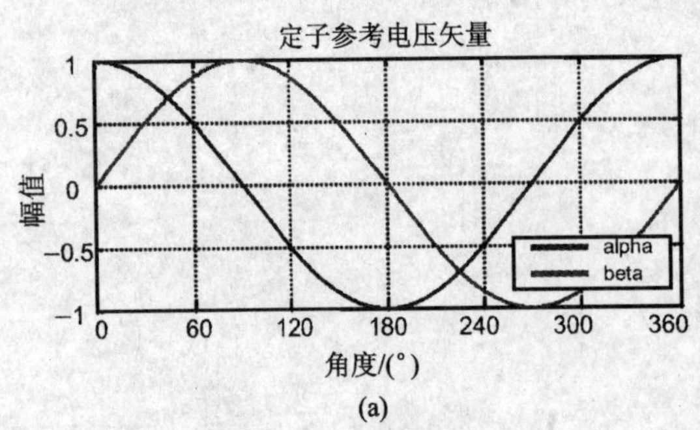

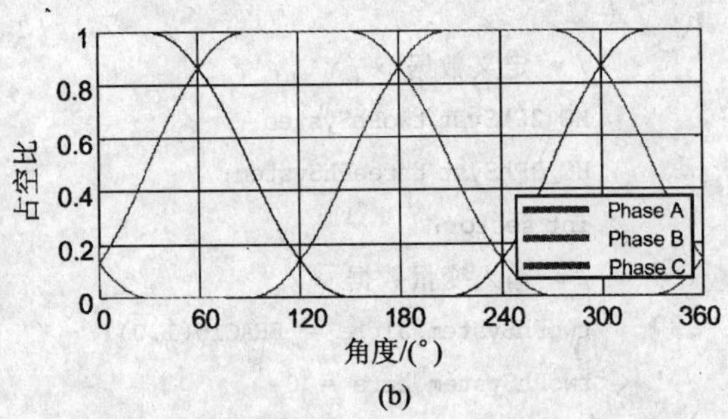

图 9-13　基于注入 3 次谐波的 PWM 算法

函数返回一个整数值，该值代表瞬时定子参考电压矢量所在的扇区号。

◇ 范围

为了提供计算准确的占空比，定子参考电压矢量的直轴和交轴分量必须按 Q15 定标，即$\sqrt{\alpha^2+\beta^2}\leqslant 1$。

◇ 特别说明

该函数必须在定时中断或者 PWM 刷新（重载）中断中调用。该函数利用汇编语言编写，以便使计算速度达到最高。

◇ 使用方法

MCLIB_SvmSci 可以作为子程序被调用。

例程 9-34　MCLIB_SvmSci。

```
/* 包含模块所需函数和数据原型 */
#include "mclib.h"


void main (void)
{
  /* 定义数据 */
  MC_2PhSyst twoPhSystem;
  MC_3PhSyst threePhSystem;
  int sector;
  /* 输入变量数据 */
  twoPhSystem.alpha = FRAC16(1.0);
  twoPhSystem.beta = 0;
  /* 计算占空比和扇区号 */
  sector = MCLIB_SvmSci (&twoPhSystem, &threePhSystem);
}
```

◇ 函数特性

函数 MCLIB_SvmSci 的特性如表 9-39 所列。

表 9-39 函数 MCLIB_SvmSci 的特性

代码长度	130 个字	
数据长度	7 个字	
执行时钟周期	最小	147 个周期
	最大	178 个周期

9.5.7 MCLIB_ElimDcBusRip

◇ 概要

#include "mclib.h"

*void **MCLIB_SvmElimDcBusRip**(Frac16 invModIndex, Frac16 u_DcBusMsr, MC_2PhSyst *pInp_AlphaBeta, MC_2PhSyst *pOut_AlphaBeta);*

◇ 参数

invModIndex	输入	反调制指数,与所选的 PWM 调制方式有关
u_DcBusMsr	输入	检测的直流母线电压
*pInp_AlphaBeta	输入	指针指向包含定子电压矢量的直轴(alpha/α)和交轴(beta/β)分量的结构
*pOut_AlphaBeta	输出	指针指向包含定子电压矢量的直轴(alpha/α)和交轴(beta/β)分量的结构

◇ 说明

该函数可用于通用的电机控制,以消除直流母线上的电压纹波的影响。

该函数对定子参考电压矢量 U_s 的直轴(alpha/α)和交轴(beta/β)分量的幅值进行补偿,从而消除直流母线电压的影响。

图 9-14 所示为对三相不控整流所产生的直流母线电压纹波的补偿波形。

◇ 返回值

函数返回一个整数值,该值代表瞬时定子参考电压矢量所在的扇区号。

◇ 范围

为了实现函数的功能,该函数的参数必须满足以下条件:

— invModIndex 必须是正的小数:0≤invModIndex≤1,其大小取决于所选的调制方法。也就是说,对于空间矢量调制方式(SVPWM)和 3 次谐波注入调制方式,invModIndex 为 0.866025;对于反 Clak 变换,invModIndex 为 1.0。

— u_DcBusMsr 必须是正的小数:0≤u_DcBusMsr≤1,对应于最大直流母线电压的 0%~100%。

— 定子参考电压矢量的 α 和 β 分量必须满足以下小数范围:

$$-u\_DcBusMsr/(2*invModIndex) \leqslant x \leqslant u\_DcBusMsr/(2*invModIndex)$$

其中,x 表示 α 和 β 分量。当输入的 α 和 β 分量超出该范围时,函数自动对其进行

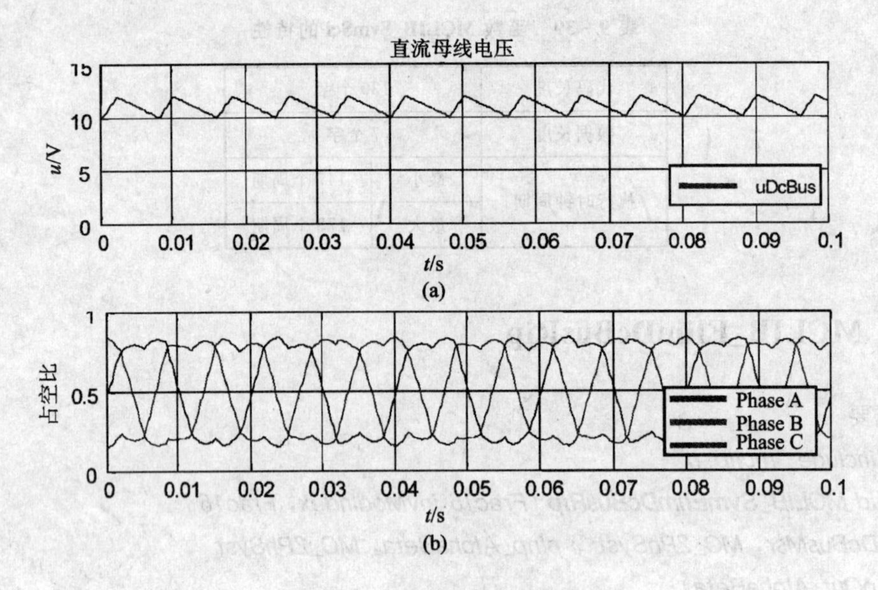

图 9-14　直流母线电压的纹波消除

饱和处理，其值将为限幅值。

◇ 特别说明

该函数必须在定时中断或者 PWM 刷新（重载）中断中调用。

◇ 使用方法

MCLIB_ElimDcBusRip 可以作为子程序被调用。

例程 9-35　MCLIB_ElimDcBusRip。

```
/* 包含模块所需函数和数据原型 */
#include "mclib.h"

void main (void)
{
  MC_2PhSyst inTwoPhSystem, outTwoPhSystem;
  Frac16 invModIndex;
  Frac16 dcBusMsr;
  /* 输入变量数据 */
  inTwoPhSystem.alpha = 16384;              /* 等于 0.5 */
  inTwoPhSystem.beta = 0;                   /* 等于 0.0 */
  invModIndex = 28377;                      /* 等于 0.866025 */
  dcBusMsr = 31129;                         /* 等于 0.95 */
  /* 消除直流母线电压纹波 */
  MCLIB_ElimDcBusRip
  (invModIndex,dcBusMsr,&inTwoPhSystem,&outTwoPhSystem);
}
```

◇ 函数特性

函数 MCLIB_ElimDcBusRip 的特性如表 9-40 所列。

表 9-40 函数 MCLIB_ElimDcBusRip 的特性

代码长度	70 个字	
数据长度	0 个字	
执行时钟周期	最小	135 个周期
	最大	163 个周期

9.6 斜坡函数

MCLIB_RampGetValue

◇ 概要

#include "mclib.h"

*Frac32 **MCLIB_RampGetValue**(Frac32 incrementUp, Frac32 incrementDown, const Frac32 * pActualValue, const Frac32 * pRequestedValue);*

◇ 参数

incrementUp	输入	增加步长
incrementDown	输入	减小步长
* pActualValue	输入	指针指向实际值
* pRequestedValue	输入	指针指向给定值

◇ 说明

该函数可以生成一个如图 9-15 所示的线性斜坡曲线。

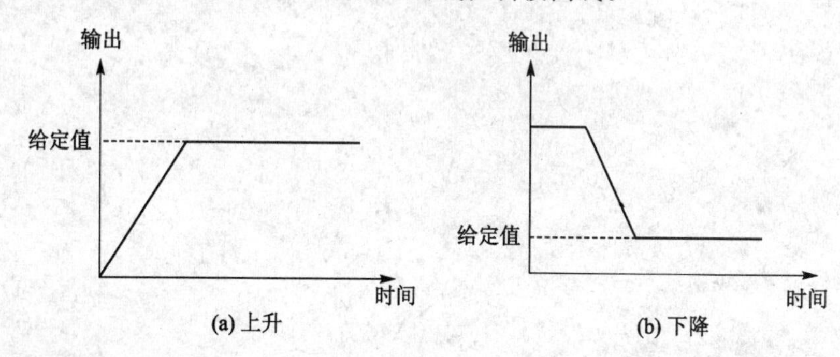

图 9-15 斜坡生成曲线

◇ 返回值

如果 requestedValue 大于 actualValue,则 rampGetValue 函数返回 actualValue + incrementUp,直到最大值(requestedValue)。这时,将始终返回 requestedValue。

如果 requestedValue 小于 actualValue,则 rampGetValue 函数返回 actualValue－incrementDown,直到最小值(requestedValue)。这时,将始终返回 requestedValue。

◇ 使用方法

MCLIB_RampGetValue 可以作为子程序被调用。

例程 9-36 MCLIB_RampGetValue。

```
/* 包含模块所需函数和数据原型 */
#include "mclib.h"

void main (void)
{
  Frac32 reqVal, actVal;
  /* 输入变量数据 */
  actVal = 5750;
  reqVal = 6000;
  MCLIB_RampGetValue(300, 100, &actVal, &reqVal);
  /* 实际值将为 6000 */
}
```

◇ 函数特性

函数 MCLIB_RampGetValue 的特性如表 9-41 所列。

表 9-41 函数 MCLIB_RampGetValue 的特性

代码长度	30 个字	
数据长度	0 个字	
执行时钟周期	最小	55 个周期
	最大	55 个周期

第10章 异步电机的DSP控制

在所有电机控制中，首先要完成的，并且需要特别重视的就是电机的磁场控制。在大多数应用场合，要保证电机磁场的恒定。这样做的主要目的：首先是为了充分利用电机的有效尺寸和材料，保证电机能够输出额定功率；其次，在电机磁场得到有效控制的基础上，可以较为容易地实现对电机的高性能控制。换句话说，要想对电机进行高性能控制，首先而且必须要对电机的磁场进行有效的高性能控制。当电机在额定转速以上范围运行时，需要对电机进行弱磁控制；在低速范围运行时，可以在保证电机电流允许的条件下通过对电机磁场的有效控制使电机的输出转矩达到最大。通过以上分析可以看出，磁场的控制是电机控制领域非常重要的一个环节。

由于异步电机的控制与直流电机控制不同，没有专门的励磁绕组或者永磁体，因此，异步电机的磁场控制显得尤其困难。为此，人们提出了多种异步电机控制策略，其核心均为对异步电机磁场的有效控制。其控制方法有开环控制、闭环控制、直接控制和间接控制等多种形式。

10.1 异步电机变压变频控制(VVVF)

异步电机的同步转速是由给电机供电的电源频率和电机的极对数决定的。当供电频率改变时，电机的同步转速也随之改变。在负载条件下，电机转子的实际转速低于电机定子的同步转速，其转差的大小与电机的负载有关。

10.1.1 异步电机变压变频控制原理

异步电机的稳态T形等效电路如图10-1所示。根据电机学基本原理，电机定子每相电动势的有效值为

$$E_g = 4.44 f_1 N_s k_{N_s} \Phi_m \tag{10-1}$$

式中：E_g 为气隙磁通在定子每相中感应电动势的有效值，单位为V；f_1 为定子频率，单位为Hz；N_s 为定子每相绕组串联匝数；k_{N_s} 为基波绕组系数；Φ_m 为每极气隙磁通量，单位为Wb。

在电机控制过程中，使每极磁通 Φ_m 保持恒定值不变是关键一环。其幅值通常保持为额定值。这是因为，如果磁通太弱，就没有充分利用电机的铁芯，是一种浪费，并影响电机的输出

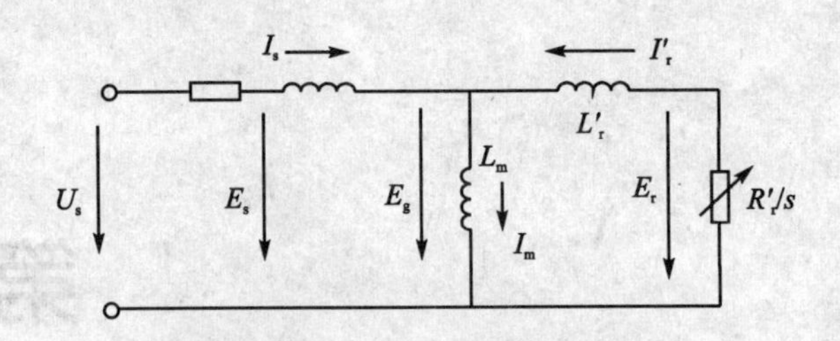

图 10-1 异步电机稳态 T 形等效电路

转矩;如果过分增大磁通,又会使铁芯饱和,从而导致过大的励磁电流,增加电机的铜耗和铁耗,使电机温升过高,严重时会因绕组过热而损坏电机。

在异步电机中,磁通 Φ_m 是由定子和转子磁动势合成产生的,因此由式(10-1)可以看出,只要将气隙感应电动势 E_g 和定子电压频率 f_1 协调控制,就能够将磁通 Φ_m 控制为恒定值。其关系式为:

$$\Phi_m = K \cdot \frac{E_g}{f_1} = \text{const} \tag{10-2}$$

然而,绕组中的感应电动势的检测和控制是比较困难的,当定子频率较高时,感应电动势的值 E_g 也较大,因此可以忽略定子阻抗所产生的压降,得到定子端电压近似与感应电势相等,即 $U_s \approx E_g$,如图 10-1 所示。因此式(10-2)可以改写为

$$\Phi_m \approx K' \cdot \frac{U_s}{f_1} = \text{const} \tag{10-3}$$

但是,在低频时,U_s 和 E_g 都较小,定子阻抗压降所占的份量就比较显著,不再能忽略。这时,需要人为地把电压 U_s 抬高一些,以便对定子阻抗压降作近似补偿,如图 10-2 所示。其中,带定子压降补偿的恒压频比控制特性如图 10-2 中的曲线 II 所示,无补偿的控制特性如曲线 I 所示。

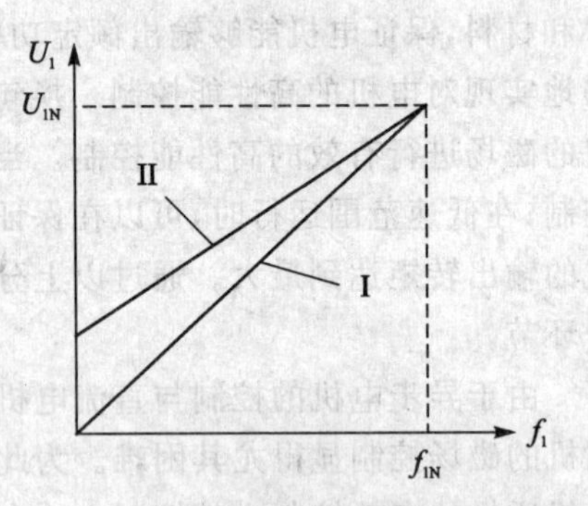

注:I——无补偿;II——带定子压降补偿。

图 10-2 恒压频比控制特性

10.1.2 异步电机变压变频控制系统设置

1. 主电路

作为异步电机 VVVF 控制系统,其主电路(功率电路)如图 10-3 所示。图中,单相全波整流模块为系统提供能量;为了防止上电时直流母线上的电容充电电流过大,在整流模块和电容之间需要串联一个限流电阻 R1;当电容充满后,通过继电器将限流电阻 R1 短接,以提高系统效率;主电路的逆变部分为三相桥式电路,功率开关器件通常可采用 IGBT;另外,还有直流母线电压和电流的采样电路。

2. 控制电路

控制电路的结构框图如图 10-4 所示。在交流电源接通前,GPIOB3 输出为低电平。ADC_A 模块的 0、1、2 通道分别用来检测直流母线电压、直流母线电流以及频率给定信号。

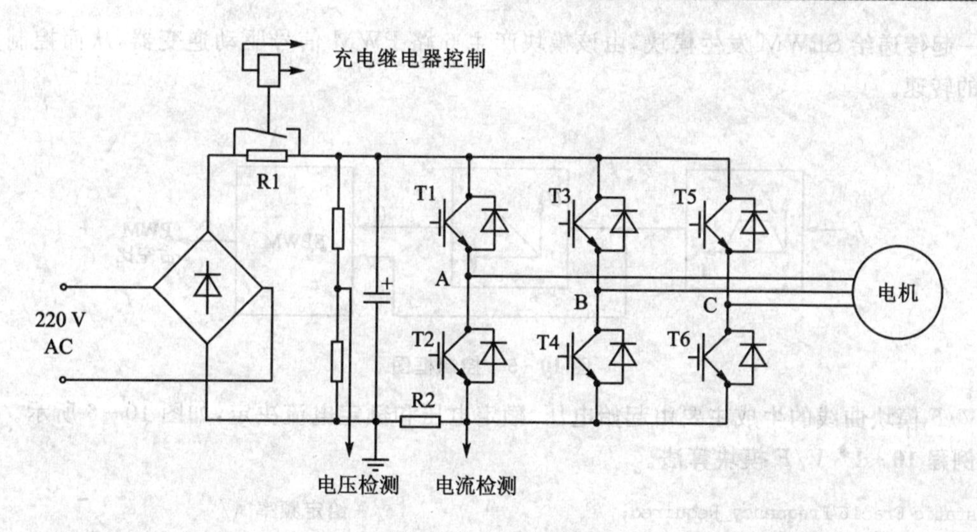

图 10-3 功率电路

当检测到直流母线电压达到一定值时，将 GPIOB3 输出设置为高电平，使充电继电器吸合。改变用于给定频率的电位器输出电压，当输出电压从 0～3.3 V 变化时，对应的给定频率为 0～50 Hz。GPIOB0 端口用于检测电机的启动和停止，当启动开关断开时，GPIOB0 为高电平，电机停止转动；当启动开关接通时，GPIOB0 为低电平，电机启动。

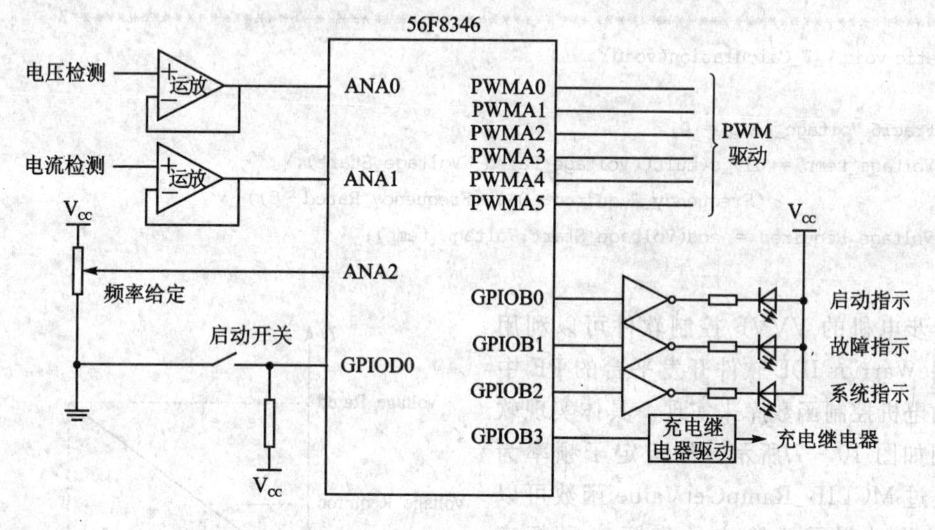

图 10-4 控制电路

10.1.3 软件设计

异步电机的 VVVF 控制方式是一个开环的控制系统。其控制系统结构如图 10-5 所示。首先通过 A/D 转换得到频率给定信号 f_{ref}，经过加减速模块计算出当前应当发出的电压频率。由于在电机的启动过程中不能突然将给定频率的电压加到电机上（否则会引起电机过流），所以需要利用加减速控制模块来调节启动和停止时的输出频率。再经过 V/F 函数模块计算出当前频率下的输出电压值，使电机的气隙磁通近似保持恒定。最后将当前的电压信号和频率信号一起传递给 SPWM 发生模块，由该模块产生 6 路 PWM 信号驱动逆变器，从而控制异步电机的转速。

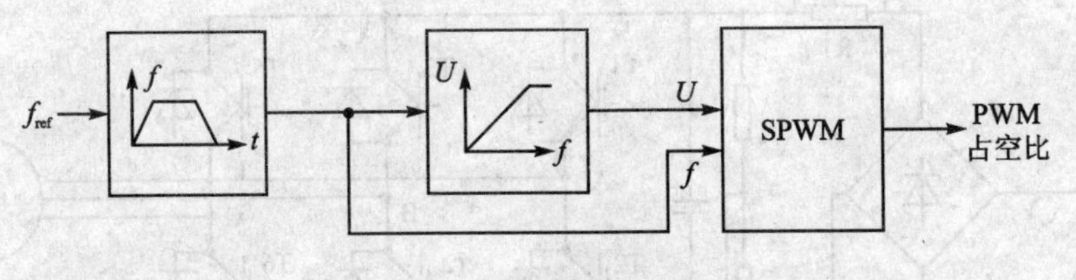

图 10-5 控制框图

V/F 模块曲线的生成主要由起始电压、额定电压和额定电流决定，如图 10-6 所示。

例程 10-1 V/F 模块算法。

```
static Frac16 Frequency_Required;                    /* 给定频率 */
static Frac16 Voltage_Required = 0;                  /* 电压目标值 */
static Frac16 Frequency_Rated = 32767;               /* 频率额定值 */
static Frac16 Voltage_Rated = 32767;                 /* 电压额定值 */
static Frac16 Voltage_Start = 2000;                  /* 起始电压 */
/*****************************************************************************
*   V/F 模块
*****************************************************************************/
static void V_F_Calculation(void)
{
  Frac16 Voltage_temp = 0;
  Voltage_temp = div_s(mult((Voltage_Rated - Voltage_Start),\
                 (Frequency_Required - 0)),(Frequency_Rated - 0));
  Voltage_Required = add(Voltage_Start,Voltage_temp);
}
```

异步电机的 VVVF 控制软件可以利用在 CodeWarrior IDE 软件开发平台的 PE 中集成的电机控制函数库来实现。具体实现软件框图如图 10-7 所示。给定定子频率为 f_{ref}，经过 MCLIB_RampGetValue 函数可以得到当前时刻需要输出的实际定子频率 f_{req}。f_{req} 输入给 V/F 模块，计算出当前时刻需要输出的实际定子电压幅值 U_{req}。给定定子频率 f_{ref} 经过积分得到当前时刻定子电压矢量角度位置 θ_s，利用 MCLIB_Cos 函数和 MCLIB_Sin 函数乘以定子电压幅值 U_{req}，得到静止坐标系下的电压分量 U_α 和 U_β，作为 MCLIB_SvmIct 函数的输入参数。利用 MCLIB_SvmIct 函数进行反 Clack 变换，得到最终的三相 PWM 占空比，通过逆变器驱动异步电机完成变压变频控制。

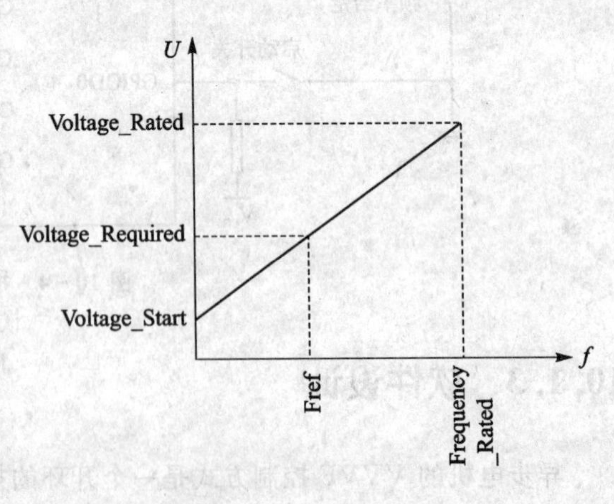

图 10-6 V/F 曲线

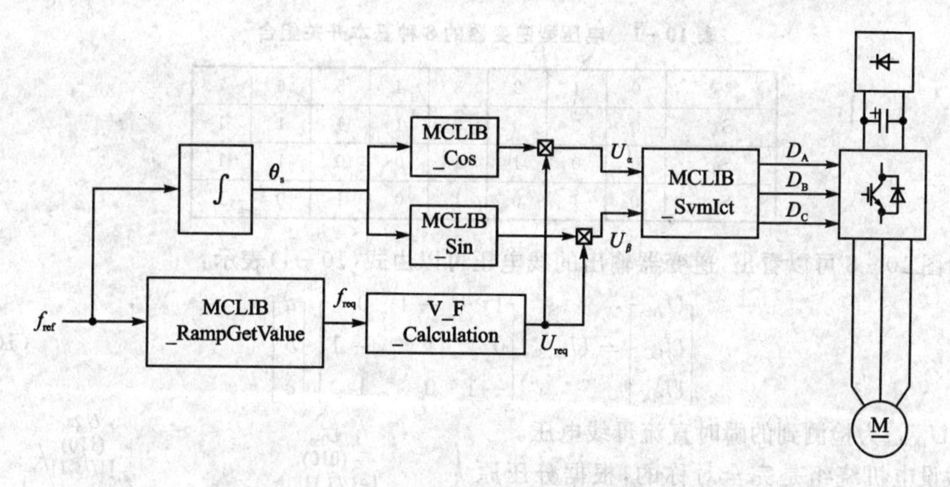

图 10-7　模块化异步电机变压变频控制系统

可以看出，该软件系统需要用户完成的仅有两个模块的设计：一个是 V/F 曲线计算模块；另一个是角度计算模块。因此，在熟悉 CodeWarrior IDE 软件开发平台中 PE 的基础上，可以大大提高系统的开发效率及可靠性。

10.2　空间矢量 PWM 调制

10.2.1　空间矢量 PWM 调制基本原理

在异步电机矢量控制中，通常采用电压型逆变器，其主电路结构如图 10-8 所示。其中，每一个桥臂有上、下两个开关器件。6 个开关器件的开-关规律必须遵守以下规则：

◇ 任何时刻，处于开状态和关状态的开关器件数目都必须是 3；

◇ 同一桥臂的两个开关器件由互补的驱动信号控制，不能同时导通。

例如，从图 10-8 可以看出，当上管 S_{At} 导通时，相应的下管 S_{Ab} 关断；反之亦然。若规定每个桥臂上管导通且下管关断时为“1”，而下管导通且上管关断时为“0”，则开关矢量 $[\boldsymbol{a},\boldsymbol{b},\boldsymbol{c}]^T$ 就能够被确定。每个桥臂有“0”和“1”两种工作状态，三组开关共有 $2^3=8$ 种可能的开关组合，用二进制表示，如表 10-1 所列。

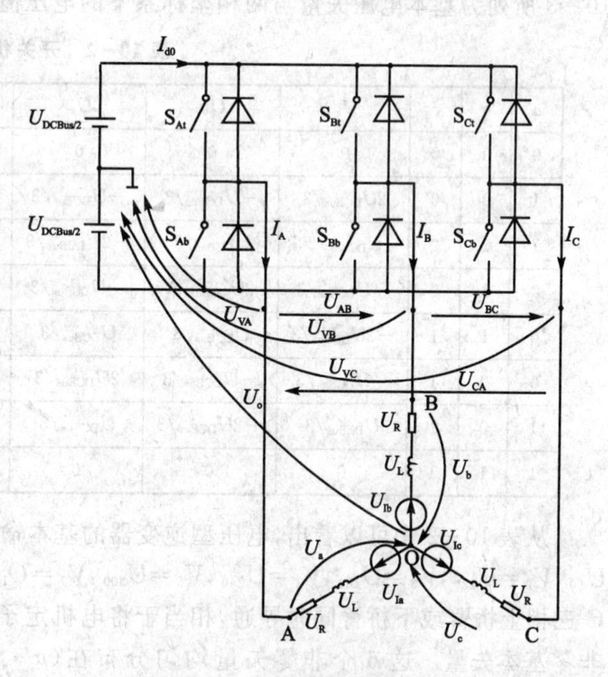

图 10-8　电压型逆变器主电路

表 10-1 电压型逆变器的 8 种基本开关组合

状态	0	1	2	3	4	5	6	7
S_A	0	0	0	0	1	1	1	1
S_B	0	0	1	1	0	0	1	1
S_C	0	1	0	1	0	1	0	1

由图 10-8 可以看出，逆变器输出的线电压可以由式(10-4)表示：

$$\begin{bmatrix} U_{AB} \\ U_{BC} \\ U_{CA} \end{bmatrix} = U_{DCBus} \begin{bmatrix} 1 & -1 & 0 \\ 0 & 1 & -1 \\ -1 & 0 & 1 \end{bmatrix} \begin{bmatrix} a \\ b \\ c \end{bmatrix} \tag{10-4}$$

式中：U_{DCBus}为检测到的瞬时直流母线电压。

假设电机绕组是完全对称的，根据分压原理，式(10-4)可以改写为逆变器的相电压表达式：

$$\begin{bmatrix} U_a \\ U_b \\ U_c \end{bmatrix} = \frac{U_{DCBus}}{3} \begin{bmatrix} 2 & -1 & -1 \\ -1 & 2 & -1 \\ -1 & -1 & 2 \end{bmatrix} \begin{bmatrix} a \\ b \\ c \end{bmatrix} \tag{10-5}$$

表 10-1 所列为 8 种开关状态对应 8 个基本电压矢量，如图 10-9 所示。基本电压矢量的矢量表及相电压和线电压值如表 10-2 所列，表 10-3 所列为基本电压矢量与两相坐标系下的电压值。

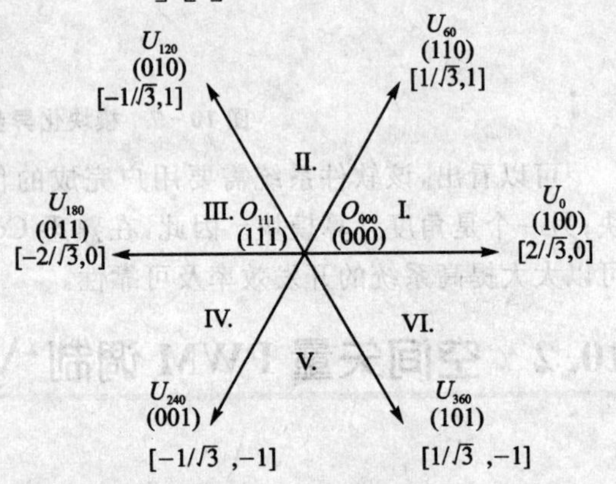

图 10-9 基本空间矢量

表 10-2 开关状态

a	b	c	U_a	U_b	U_c	U_{AB}	U_{BC}	U_{CA}	矢量
0	0	0	0	0	0	0	0	0	O_{000}
1	0	0	$2U_{DCBus}/3$	$-U_{DCBus}/3$	$-U_{DCBus}/3$	U_{DCBus}	0	$-U_{DCBus}$	U_0
1	1	0	$U_{DCBus}/3$	$U_{DCBus}/3$	$-2U_{DCBus}/3$	0	U_{DCBus}	$-U_{DCBus}$	U_{60}
0	1	0	$-U_{DCBus}/3$	$2U_{DCBus}/3$	$-U_{DCBus}/3$	$-U_{DCBus}$	U_{DCBus}	0	U_{120}
0	1	1	$-2U_{DCBus}/3$	$U_{DCBus}/3$	$U_{DCBus}/3$	$-U_{DCBus}$	0	U_{DCBus}	U_{180}
0	0	1	$-U_{DCBus}/3$	$-U_{DCBus}/3$	$2U_{DCBus}/3$	0	$-U_{DCBus}$	U_{DCBus}	U_{240}
1	0	1	$U_{DCBus}/3$	$-2U_{DCBus}/3$	$U_{DCBus}/3$	U_{DCBus}	$-U_{DCBus}$	0	U_{300}
1	1	1	0	0	0	0	0	0	O_{111}

从表 10-2 中可以看出，电压型逆变器的基本输出矢量共有 8 个($V_0=O_{000}$，$V_4=U_0$，$V_6=U_{60}$，$V_2=U_{120}$，$V_3=U_{180}$，$V_1=U_{240}$，$V_5=U_{300}$，$V_7=O_{111}$)，其中$V_0(O_{000})$和$V_7(O_{111})$表示 A、B、C 三相上桥臂或下桥臂同时导通，相当于将电机定子三相绕组短接，称为零矢量；其余 6 个为非零基本矢量。这 6 个非零矢量均匀分布在($\alpha-\beta$)坐标平面上，彼此相差 60°，幅值均为$\frac{2}{3}U_{DCBus}$。

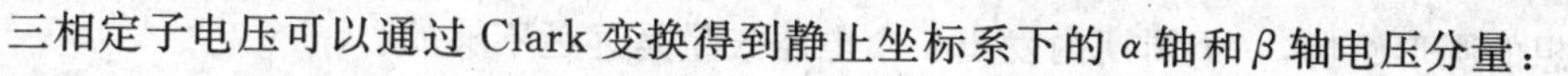

三相定子电压可以通过Clark变换得到静止坐标系下的α轴和β轴电压分量：

$$\begin{bmatrix}U_\alpha\\U_\beta\end{bmatrix}=\frac{2}{3}\begin{bmatrix}1 & -\frac{1}{2} & -\frac{1}{2}\\0 & \frac{\sqrt{3}}{2} & -\frac{\sqrt{3}}{2}\end{bmatrix}\begin{bmatrix}U_a\\U_b\\U_c\end{bmatrix} \tag{10-6}$$

表10-3 开关状态与空间矢量

a	b	c	U_α	U_β	矢量
0	0	0	0	0	O_{000}
1	0	0	$2U_{DCBus}/3$	0	U_0
1	1	0	$U_{DCBus}/3$	$U_{DCBus}/\sqrt{3}$	U_{60}
0	1	0	$-U_{DCBus}/3$	$U_{DCBus}/\sqrt{3}$	U_{120}
0	1	1	$-2U_{DCBus}/3$	0	U_{180}
0	0	1	$-U_{DCBus}/3$	$-U_{DCBus}/\sqrt{3}$	U_{240}
1	0	1	$U_{DCBus}/3$	$-U_{DCBus}/\sqrt{3}$	U_{300}
1	1	1	0	0	O_{111}

如同定义电压矢量的方法一样，可以定义两相静止坐标系下电流和磁链空间矢量$\vec{I}$和$\vec{\psi}$。因此，异步电机的定子电压方程可以用空间矢量来表示：

$$\vec{U}_s=R_s\vec{I}_s+\frac{d\vec{\psi}_s}{dt} \tag{10-7}$$

当转速不是很低时，定子电阻压降相对较小，可以忽略不计，则定子电压与磁链的近似关系为

$$\vec{U}_s\approx\frac{d\vec{\psi}_s}{dt} \tag{10-8}$$

或

$$\vec{\psi}_s\approx\int\vec{U}_s dt \tag{10-9}$$

由于8个基本电压矢量($\alpha-\beta$)在坐标平面上是离散分布的，因此各电压矢量对电机的实际作用效果可以表示为

$$\vec{V}_k\Delta t=\Delta\vec{\psi}_s \tag{10-10}$$

式中：$\vec{V}_k(k=0,1,2,3,4,5,6,7)$为基本电压矢量。

式(10-10)表明，在某基本电压矢量$\vec{V}_k$作用的$\pi/3$期间内，$\vec{\psi}_s$产生增量$\Delta\vec{\psi}_s$，其幅值为$|\vec{V}_k|\Delta t$，方向与$\vec{V}_k$一致。依此类推，磁链矢量的顶端运动轨迹是一个正六边形。这说明异步电机在六拍逆变器供电时产生六边形的旋转磁场，如图10-10所示。

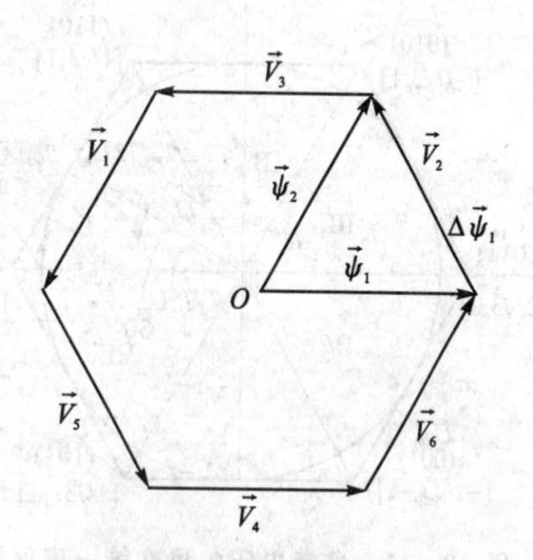

图10-10 六拍逆变器供电时电机电压空间矢量与磁链关系

常规六拍逆变器供电的异步电机只产生六边形的旋转磁场，显然不利于电机的匀速旋转。这是因为，在一个周期内只有6次开关的切换，切换后形成的6个电压空间矢量都是静止不动的。因此，为

了获得理想的圆形磁场，一个周期内发出 6 个电压矢量是远远不够的。

利用电压矢量积分值(即磁链矢量的增量)在一个 PWM 控制周期等效的原则，可以合成任意电压空间矢量。该任意电压空间矢量所代表的是，在一个确定的 PWM 控制周期内，为获得任一磁链矢量变化的增量所需的一个等效电压矢量，其等效结果可以由两个相邻的基本电压矢量分别作用来完成。

基本电压矢量将 $\alpha-\beta$ 平面分为 6 个扇区。如果知道任意电压空间矢量的模和在 $\alpha-\beta$ 平面上的角度，就可确定其位于哪一个扇区，并可由其相邻的两个基本电压矢量来合成，从而获得需要的磁通轨迹。

$$T = T_a + T_b + T_{null} \tag{10-11}$$

$$U_s T = V_a T_a + V_b T \tag{10-12}$$

式中：V_a 和 V_b 是 U_s 所在扇区相邻的两个基本电压矢量；T 是电压矢量 U_s 的作用时间，即系统的采样时间(控制周期)；T_a 和 T_b 分别是基本电压矢量 V_a 和 V_b 的作用时间；T_{null} 是零矢量的作用时间。

由于每一个扇区相邻的两个基本电压矢量的二进制表示式只有其中一位不同，所以从一个基本电压矢量转换成另一个基本电压矢量时，只有一个桥臂上的器件开关状态发生了变化。这样就减少了开关损耗，同时也增加了系统的可靠性。零矢量的选择也是根据开关转换动作最少的原则进行的，若该周期中第二个非零矢量的二进制表示式中有两个"1"，则零矢量选择 O_{111}；若该周期中第二个非零矢量的二进制表示式中有两个"0"，则零矢量选择 O_{000}。

10.2.2 空间矢量 PWM 的数字化实现

假设，定子参考电压矢量 U_s 超前 α 轴 30°，参考电压矢量在第一扇区，因此，可以用相邻的基本电压矢量 $V_4(U_0)$ 与 $V_6(U_{60})$ 合成，如图 10-11 所示。这两个相邻的基本电压矢量也可以用其静止坐标系下的 α 轴和 β 轴分量来表示，如图 10-12 所示。

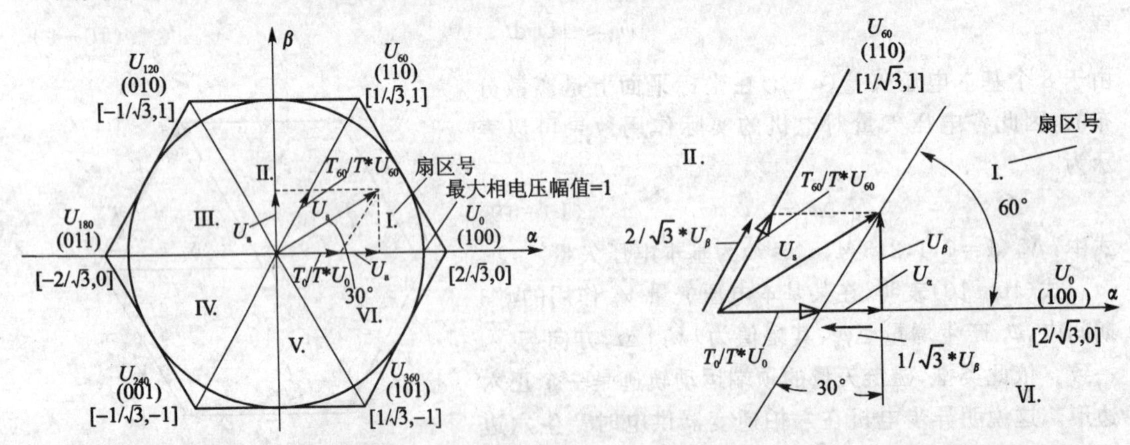

图 10-11 参考电压矢量在第一扇区的矢量合成

图 10-12 参考电压矢量在第一扇区的矢量合成(用静止坐标系分量表示)

在这个具体例子中，参考电压矢量 $\vec{U}_s$ 在第一扇区，该矢量可以通过式(10-11)来计算基本电压矢量的导通时间和占空比，即：

$$T = T_{60} + T_0 + T_{null} \tag{10-13}$$

$$U_s = \frac{T_{60}}{T} \cdot U_{60} + \frac{T_0}{T} \cdot U_0 \tag{10-14}$$

由此，可以计算出合成的 α 轴和 β 轴电压分量：

$$u_\beta = \frac{T\,60}{T} \cdot |U_{60}| \cdot \sin 60° \tag{10-15}$$

$$u_\alpha = \frac{T_0}{T} \cdot |U_0| + \frac{u_\beta}{\text{tg } 60°} \tag{10-16}$$

考虑到所有基本电压矢量均以 $U_{DCBus}/\sqrt{3}$ 为基值进行标么化，则 $|U_{60}| = |U_0| = 2/\sqrt{3}$。将 $\sin 60° = 2/\sqrt{3}$ 和 $\text{tg } 60° = \sqrt{3}$ 代入式(10－15)和式(10－16)中，可以得到相邻两个基本电压矢量的占空比 T_{60}/T 和 T_0/T：

$$\frac{T_{60}}{T} = u_\beta \tag{10-17}$$

$$\frac{T_0}{T} = \frac{1}{2}(\sqrt{3}u_\alpha - u_\beta) \tag{10-18}$$

值得注意的是，由于电压的 α 轴和 β 轴分量是由标么值表示的，因此其值的大小也就可以用来表示占空比的值，这是因为占空比同样是标么化的。

对于参考电压矢量 U_s 在第二扇区，可以用相邻的基本电压矢量 $V_6(U_{60})$ 与 $V_2(U_{120})$ 合成，如图 10－13 所示。这两个相邻的基本电压矢量也可以用其静止坐标系下的 α 轴和 β 轴分量来表示，如图 10－14 所示。

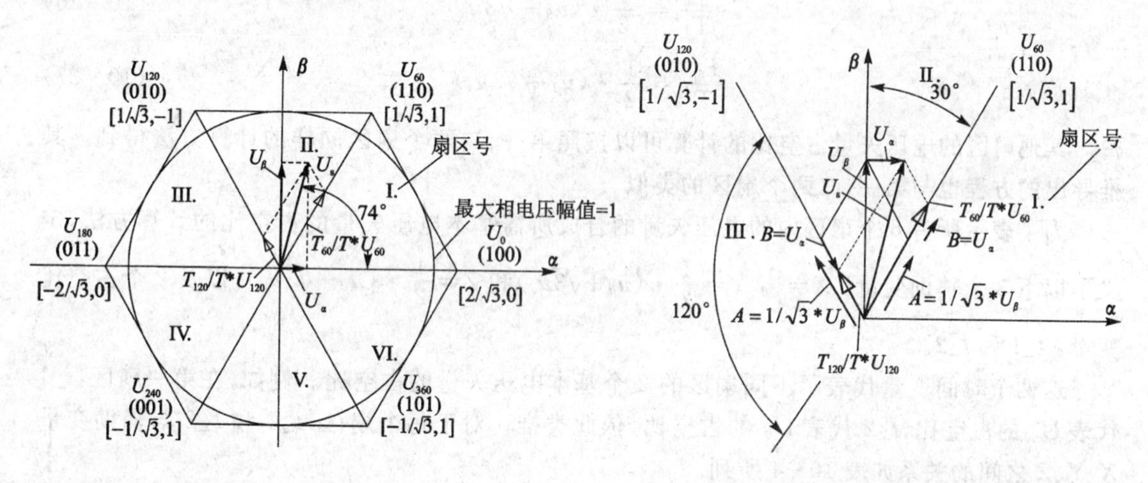

图 10－13　参考电压矢量在第二扇区的矢量合成

图 10－14　参考电压矢量在第二扇区的矢量合成(用静止坐标系分量表示)

在这个具体例子中，参考电压矢量 U_s 在第二扇区，该矢量可以通过式(10－11)来计算基本电压矢量的导通时间和占空比，即：

$$T = T_{120} + T_{60} + T_{null} \tag{10-19}$$

$$U_s = \frac{T_{120}}{T} \cdot U_{120} + \frac{T_{60}}{T} \cdot U_{60} \tag{10-20}$$

为了求解基本电压矢量的占空比，引入两个辅助变量 A 和 B，如图 10－14 所示。其中，A

为利用 U_{120} 和 U_{60} 合成 u_β 的两个基本电压矢量的长度；B 为利用 U_{120} 和 U_{60} 合成 U_s 的两个基本电压矢量的长度与 A 之差。从图 10-14 中的几何关系可以看出，$B=u_\alpha$。由正弦定理可以得出：

$$\frac{\sin 30°}{\sin 120°}=\frac{A}{u_\beta} \tag{10-21}$$

$$\frac{\sin 60°}{\sin 60°}=\frac{B}{u_\alpha} \tag{10-22}$$

将 $\sin 30°=1/2$、$\sin 120°=\sqrt{3}/2$ 和 $\sin 60°=1/\sqrt{3}$ 代入式(10-21)和式(10-22)中，可以得到两个辅助导通时间分量 A 和 B：

$$A=\frac{1}{\sqrt{3}}\cdot u_\beta \tag{10-23}$$

$$B=u_\alpha \tag{10-24}$$

则占空比 T_{120}/T 和 T_{60}/T 可以由辅助导通时间分量 A 和 B 表示：

$$\frac{T_{120}}{T}\cdot|U_{120}|=A-B \tag{10-25(a)}$$

$$\frac{T_{60}}{T}\cdot|U_{60}|=A+B \tag{10-25(b)}$$

考虑到所有基本电压矢量均以 $U_{DCBus}/\sqrt{3}$ 为基值进行标么化，则 $|U_{120}|=|U_{60}|=2/\sqrt{3}$。由式(10-23)～(10-25)可以得到相邻两个基本电压矢量的占空比 T_{120}/T 和 T_{60}/T：

$$\frac{T_{120}}{T}=\frac{1}{2}\cdot(u_\beta-\sqrt{3}u_\alpha) \tag{10-26}$$

$$\frac{T_{60}}{T}=\frac{1}{2}\cdot(u_\beta+\sqrt{3}u_\alpha) \tag{10-27}$$

其他扇区的电压矢量占空比的计算可以按照第一、二两个扇区同样的计算方法得到。其推导出的方程也与第一、二两个扇区的类似。

为了表示所有 6 个扇区内的电压矢量的合成所需基本电压矢量的占空比的计算方法，定义了以下 3 个辅助变量：$X=u_\beta$、$Y=\frac{1}{2}\cdot(u_\beta+\sqrt{3}u_\alpha)$ 和 $Z=\frac{1}{2}\cdot(u_\beta-\sqrt{3}u_\alpha)$，以及 2 个占空比变量：t_1 和 t_2。

这两个时间变量代表了不同扇区的 2 个基本电压矢量的占空比。例如，在第一扇区，t_1 代表 U_{60} 的占空比，t_2 代表 U_0 的占空比，依此类推。对于每个扇区，t_1 和 t_2 与辅助变量 X、Y、Z 之间的关系如表 10-4 所列。

表 10-4　t_1 和 t_2 与辅助变量 X、Y、Z 之间的关系

扇区 / 辅助变量 / 占空比变量	U_0,U_{60}	U_{60},U_{120}	U_{120},U_{180}	U_{180},U_{240}	U_{240},U_{300}	U_{300},U_0
t_1	X	Y	$-Y$	Z	$-Z$	$-X$
t_2	$-Z$	Z	X	$-X$	$-Y$	Y

为了确定所需的 X、Y、Z，需要知道参考电压矢量所在的扇区号。这个信息可以通过多种途径得到。这里仅介绍其中的一种，即利用改进的反 Clark 变换，将静止坐标系下的 α 轴和 β

轴分量变换到三相平衡的A、B、C轴分量(u_{ref1}、u_{ref2}、u_{ref3})的方法。

$$u_{ref1} = u_\beta \tag{10-28}$$

$$u_{ref2} = \frac{-u_\beta + \sqrt{3}u_\alpha}{2} \tag{10-29(a)}$$

$$u_{ref3} = \frac{-u_\beta - \sqrt{3}u_\alpha}{2} \tag{10-29(b)}$$

改进的反Clark变换与传统反Clark变换的区别就在于β轴分量变换到了u_{ref1},而不是α轴分量变换到u_{ref1}。这种改进只是方便了处理器的计算,而对所产生的占空比没有任何影响,如图10-15和图10-16所示。

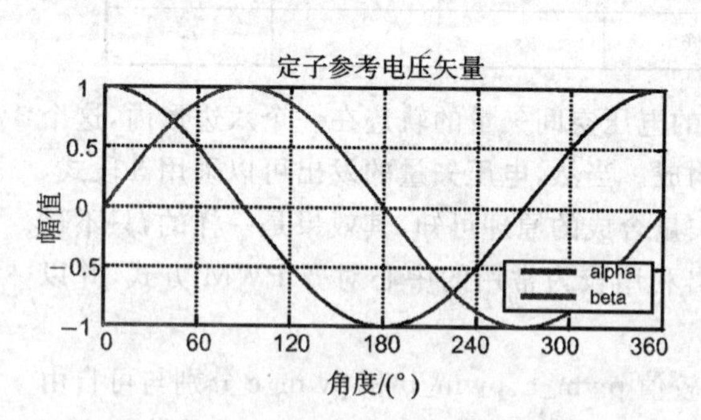

图10-15　定子参考电压的α轴和β轴分量

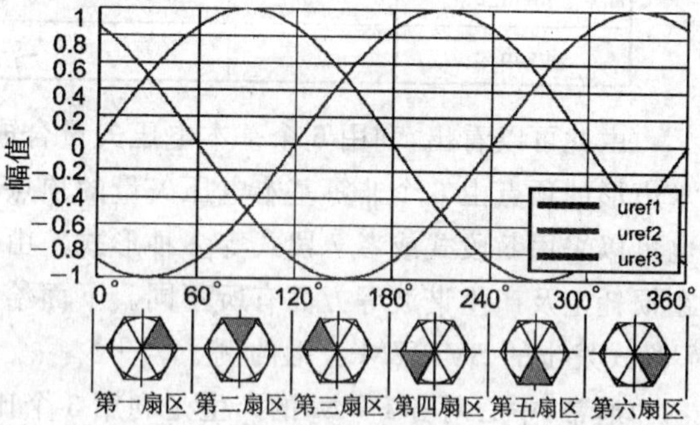

图10-16　定子参考电压u_{ref1}、u_{ref2}和u_{ref3}

图10-15中定子参考电压的α轴和β轴分量分别为$u_\alpha = \cos\theta$和$u_\beta = \sin\theta$。经过变换得到u_{ref1}、u_{ref2}和u_{ref3},就可以按照图10-17的方法确定扇区号。

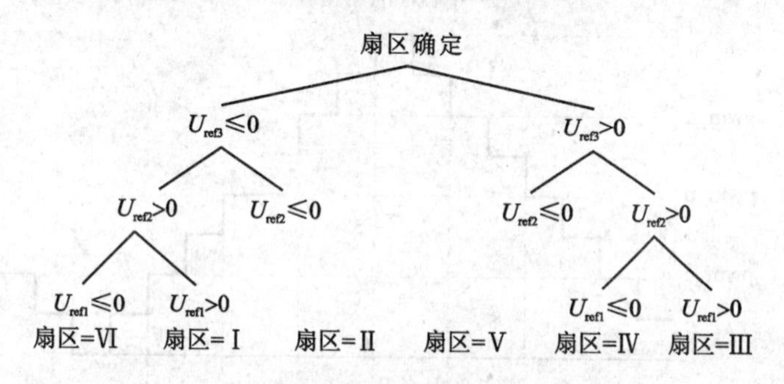

图10-17　确定扇区号

最坏的情况下,仅需要3次简单的比较就能够得到准确的定子参考电压的扇区号。在定子参考电压的扇区号确定之后,就可以得到三相系统中每相的占空比t_1、t_2和t_3:

$$t_1 = \frac{T - t\_1 - t\_2}{2} \tag{10-30}$$

$$t_2 = t_1 + t\_1 \tag{10-31}$$

$$t_3 = t_2 + t\_2 \tag{10-32}$$

然后根据定子参考电压矢量所在的位置,可以将占空比t_1、t_2和t_3分配给逆变器适当的桥臂,以便输出给定的电压矢量,如表10-5所列。

如前所述,空间矢量调制技术利用有效基本电压矢量U_{xxx}($V_1 \sim V_6$)和零矢量O_{xxx}(V_0和

V_7)分别加载一定时间,其电压矢量积分值(即磁链矢量的增量)在一个 PWM 控制周期(T)等效的原则,可以合成任意电压空间矢量 U_s。这就使得在一个 PWM 控制周期 T 中的基本电压矢量的安排更加灵活。可以采用中心对齐 PWM、边沿对齐 PWM 以及最少开关状态 PWM 等。

表 10-5 电机每相占空比分配表

扇区 / 占空比 / 相	U_0,U_{60}	U_{60},U_{120}	U_{120},U_{180}	U_{180},U_{240}	U_{240},U_{300}	U_{300},U_0
pwm_a	t_3	t_2	t_1	t_1	t_2	t_3
pwm_b	t_2	t_3	t_3	t_2	t_1	t_1
pwm_c	t_1	t_1	t_2	t_3	t_3	t_2

由此可以看出,利用 6 个基本电压矢量合成的电压空间矢量的轨迹在一个六边形内,这个六边形的顶点由 6 个非零基本电压矢量的顶点构成。当然,电压矢量的发出可以采用 3 段式,也可以采用 5 段式或者 7 段式等多种形式。由矢量合成的原理可知,其效果是一样的,只不过在损耗上及产生谐波等方面有所不同。下面给出利用较为常用的中心对齐 PWM 方式,并以 7 段式发出的 SVPWM 波形的例子。

通常,中心对齐 PWM 的产生是利用 3 个比较值 pwm_a、pwm_b 和 pwm_c 分别与可自由加/减计数器值进行比较得到的。当定时器/计数器计数到 1(0x7FFF)时,自动递减计数直至 0(0x0000)。当比较值大于计数器值时,相应 PWM 的输出有效;反之,PWM 的输出无效,如图 10-18 所示。图 10-19 所示为中心对齐 PWM 模式下的六边形电压轨迹(见图 10-10)的

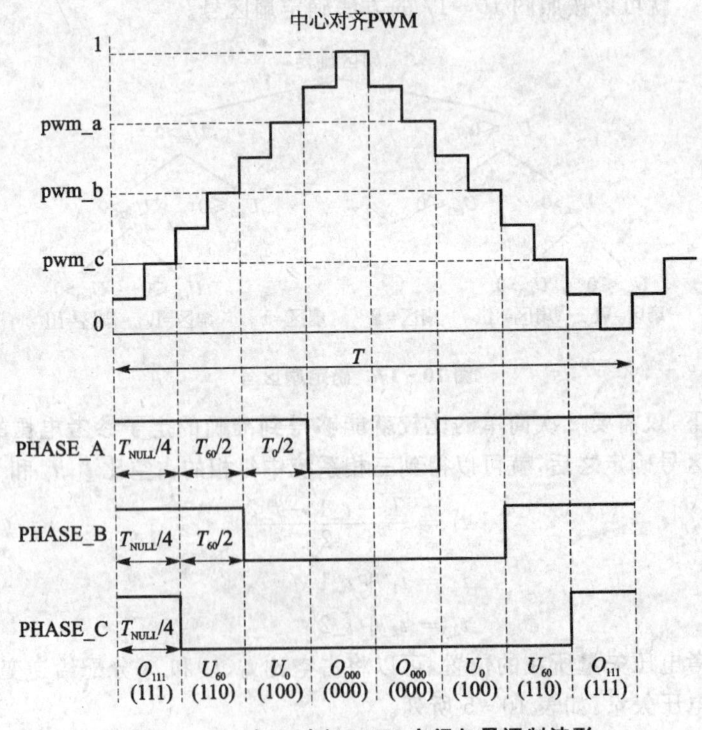

图 10-18 中心对齐 PWM 空间矢量调制波形

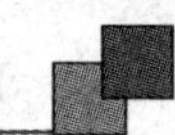

6 个扇区 PWM 波形。图 10－20 所示为定子参考电压的 α 轴和 β 轴分量和利用空间矢量调制技术计算得到的各相 PWM 占空比的值。

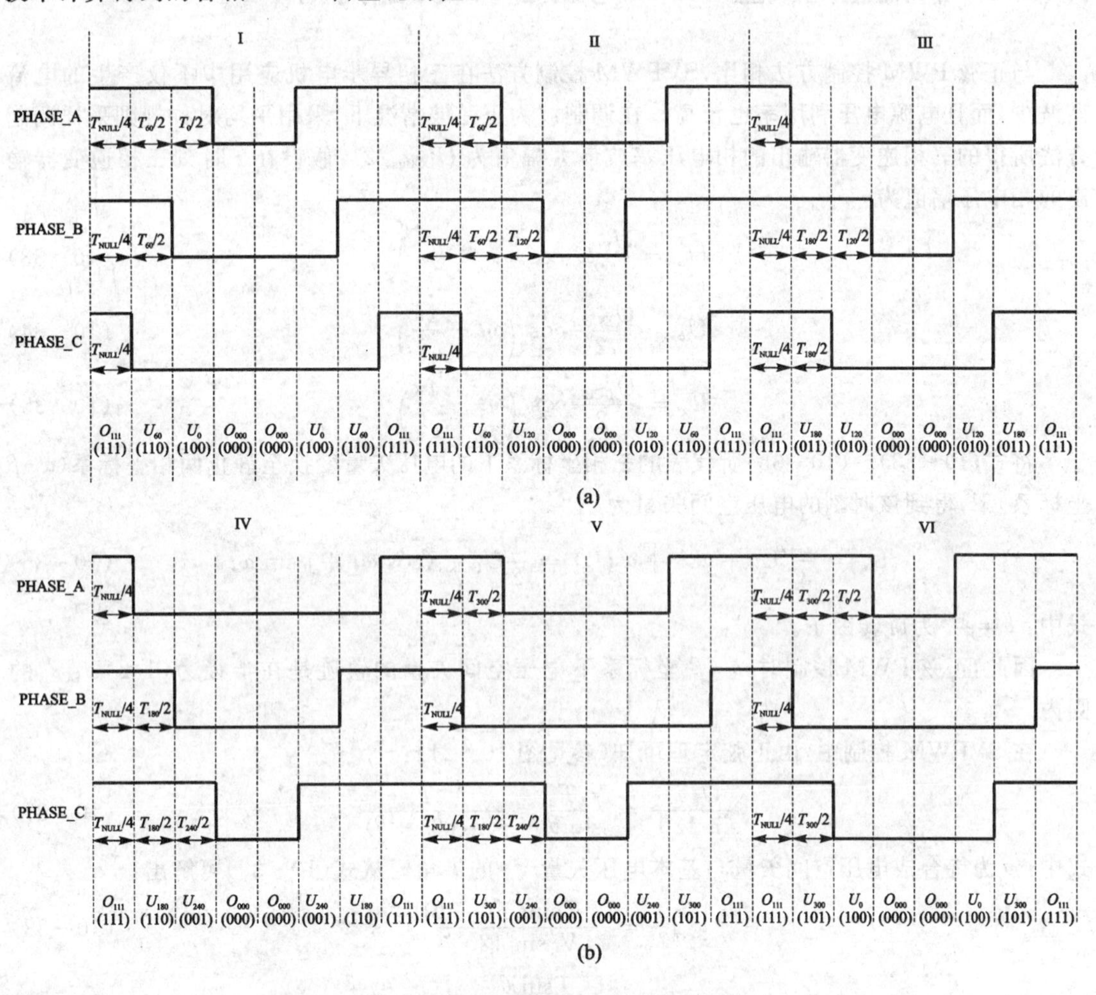

图 10－19　标准空间矢量调制的每个扇区的 PWM 波形

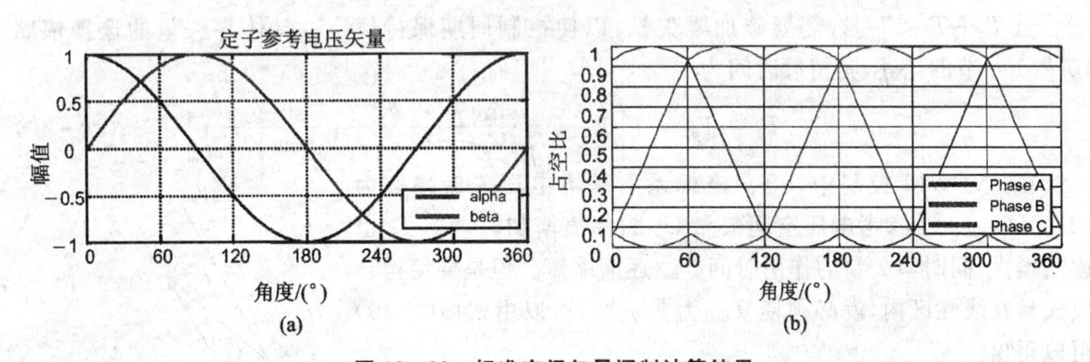

图 10－20　标准空间矢量调制计算结果

各种不同空间矢量调制方法的数字化实现，在 CodeWarrior IDE 软件开发平台的 PE 中均有封装好的嵌入豆。其中，本小节所介绍的标准 7 段式 SVPWM 方法可以直接调用嵌入豆中的 MCLIB_SvmStd 函数。

10.2.3 标准空间矢量 PWM 与正弦 PWM 的对比

与正弦 PWM 控制方法相比，SVPWM 控制方法在三相异步电机应用中不仅产生的电流谐波少，而且电源电压利用率也较高。在调制波为正弦波情况下，采用平均对称规则采样调制方法所得的三相逆变器输出的相电压基波最大幅值为 $U_{DCBus}/2$。假设在 t 时刻三相逆变器输出的相电压幅值为

$$U_a = \frac{U_{DCBus}}{2}\cos\omega t \tag{10-33}$$

$$U_b = \frac{U_{DCBus}}{2}\cos\left(\omega t - \frac{2\pi}{3}\right) \tag{10-34}$$

$$U_c = \frac{U_{DCBus}}{2}\cos\left(\omega t - \frac{4\pi}{3}\right) \tag{10-35}$$

将式(10-33)～(10-35)所代表的三相坐标系下的电压矢量变换至静止两相坐标系($\alpha-\beta$ 坐标系)下，得到该时刻的电压空间矢量为

$$U_s = \frac{2}{3}(U_a + \alpha U_b + \alpha^2 U_c) = \frac{1}{2}U_{DCBus}(\cos\omega t + \mathrm{j}\sin\omega t) \tag{10-36}$$

式中：$\alpha = e^{\mathrm{j}\frac{2}{3}\pi}$ 为旋转因子。

因此，正弦 PWM 控制时，$\alpha-\beta$ 坐标系下电压空间矢量的轨迹是在半径为 $(1/2)U_{DCBus}$ 的圆内。

在 SVPWM 控制中，由正弦定理可知(参见图 10-21)：

$$\frac{U_s T}{\sin 120°} = \frac{V_b T_b}{\sin\theta} = \frac{V_a T_a}{\sin(60° - \theta)} \tag{10-37}$$

式中：θ 为待合成电压空间矢量与基本电压矢量 V_a 的夹角。从式(10-37)可解出：

$$T_a = \frac{U_s T\sin(60° - \theta)}{V_a \sin 120°} \tag{10-38}$$

$$T_b = \frac{U_s T\sin\theta}{V_b \sin 120°} \tag{10-39}$$

当 $T_a + T_b < T$ 时，需要施加零矢量，以使控制周期保持恒定。具体零矢量的选择依照 10.2.1 小节的论述，其持续时间为

$$T_{null} = T - T_a - T_b = T\left[1 - U_s\left(\frac{\sin(60° - \theta)}{V_a \sin 120°} + \frac{\sin\theta}{V_b \sin 120°}\right)\right] \tag{10-40}$$

在 SVPWM 控制中，$\alpha-\beta$ 坐标系下基本电压矢量幅值为 $(2/3)U_{DCBus}$。当参考电压空间矢量 U_s 的幅值增加时，T_a、T_b 也逐渐增大，同时零矢量的作用时间 T_{null} 逐渐缩短。但是要使得合成矢量在线性区内，就必须使 T_{null} 为非负数，所以由式(10-40)可以得出：

$$U_s \leqslant \frac{\frac{1}{\sqrt{3}}U_{DCBus}}{\sin(60° - \theta) + \sin\theta} = \frac{\frac{1}{\sqrt{3}}U_{DCBus}}{\cos(30° - \theta)} \tag{10-41}$$

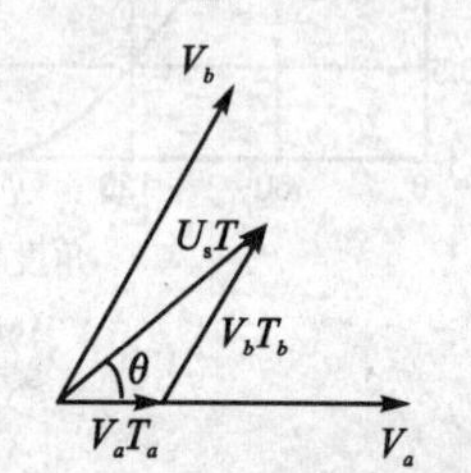

图 10-21 电压空间矢量合成示意图

由式(10-41)可以看出，等效的电压空间矢量的轨迹被限定

在了基本电压矢量所组成的六边形内。为了简化控制策略，通常将这一限制缩小到了六边形的内切圆内，即

$$U_s \leqslant \frac{1}{\sqrt{3}} U_{DCBus} \tag{10-42}$$

图 10-22 给出了 SVPWM 与正弦 PWM 电压空间矢量轨迹的比较。

综上所述，电压空间矢量 PWM 控制有以下特点：

◇ 在 7 段式控制方式中，每个采样周期均以零电压矢量开始和结束；

◇ 虽然每个采样周期有多次开关状态的切换，但每次切换都只涉及一个开关器件，因此开关损耗小；

◇ 利用电压空间矢量直接生成三相 PWM 波形，计算简便，有利于数字化实现；

◇ 电压空间矢量的控制精度取决于采样周期的大小，但缩短采样周期会受到功率器件的开关频率的限制；

◇ 采用电压空间矢量 PWM 控制时，电压利用率比正弦 PWM 控制高。

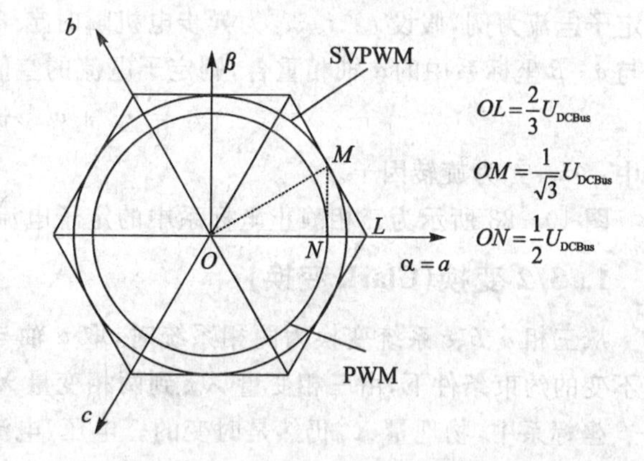

图 10-22　SVPWM 与正弦 PWM 电压空间矢量轨迹

10.3　异步电机矢量控制

长期以来，直流电动机因其良好的动、静态调速性能，一直广泛应用于高性能的调速领域。这主要是因为直流电机具备以下 3 个条件：

◇ 定子磁极能够产生一个稳定的直流磁场；

◇ 转子电枢绕组能够在空间产生一个稳定的电枢磁势，并且电枢磁势与磁场总能够保持相对垂直，产生转矩最有效；

◇ 励磁电流与电枢电流在各自回路中可以分别加以控制。

当三相异步电机的定子通以三相正弦对称交流电时，将产生一个随着时间和空间都在变化的旋转磁场。转子所感应的磁势与旋转磁场之间不存在垂直的关系，并且其夹角随负载的变化而改变。

由于鼠笼式异步电机的转子是短路的，因此只能对定子电流进行调节。而组成定子电流的励磁电流分量和转矩电流分量紧密耦合，并且都在随时间变化，存在非线性关系，因此对这两部分电流不可能分别调节和控制。

从上面的分析可以看出，异步电机的调速性能之所以较差，其主要原因就是它不具备直流电机的 3 个条件。

1971 年，德国的 F. Blaschke 提出了矢量控制理论，利用坐标变换的方法，将三相异步电机等效为两相电机进行控制，在同步旋转坐标系下满足了上述 3 个条件，因此达到了可以与直流电机相媲美的控制性能。

10.3.1 坐标变换

从数学角度来讲，坐标变换就是将方程中原来的一组变量用一组新的变量代替，以使方程得到某种简化的方法。异步电机的三相电压、电流和磁链均可以用空间矢量的概念加以描述。以定子电流为例，假设 i_{sa}、i_{sb}、i_{sc} 为异步电机瞬时定子相电流，如果选定三相定子坐标系中的 a 轴与 $\alpha-\beta$ 坐标系中的 α 轴相重合，则定子电流的空间合成矢量可以表示为

$$i_s = i_{sa} + \alpha i_{sb} + \alpha^2 i_{sc} \tag{10-43}$$

式中：$\alpha = e^{j\frac{2}{3}\pi}$ 为旋转因子。

图 10－23 所示为三相静止坐标系中的定子电流空间矢量的合成。

1. 3/2 变换(Clark 变换)

从三相 a、b、c 系统变换为两相系统时，取 α 轴与 a 轴重合，如图 10－24 所示。在满足幅值不变的约束条件下，由三相变量 X_{abc} 到两相变量 $X_{\alpha\beta}$ 之间的关系可由式(10－44)来表示。在 $\alpha-\beta$ 坐标系中，物理量 $X_{\alpha\beta}$ 仍然是时变的。电压、电流和磁链的变换式都相同。

$$\begin{bmatrix} X_\alpha \\ X_\beta \end{bmatrix} = \frac{2}{3}\begin{bmatrix} 1 & -1/2 & -1/2 \\ 0 & \sqrt{3}/2 & -\sqrt{3}/2 \end{bmatrix}\begin{bmatrix} X_a \\ X_b \\ X_c \end{bmatrix} \tag{10-44}$$

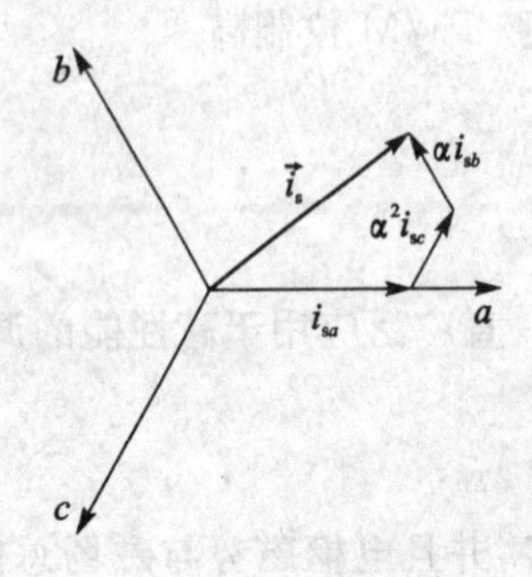

图 10－23　三相 a、b、c 系统中的定子电流的空间矢量合成

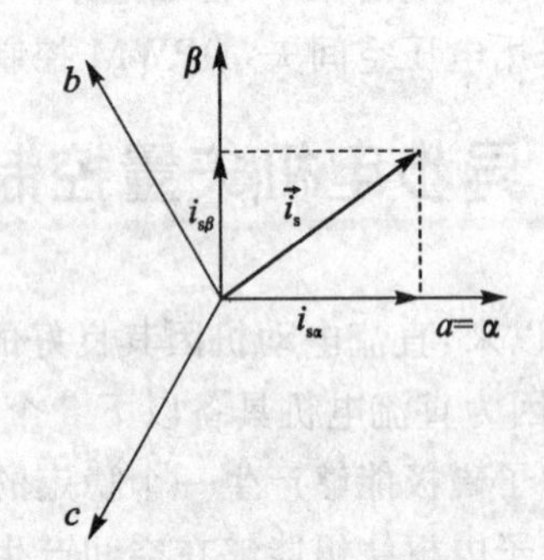

图 10－24　两相 $\alpha-\beta$ 系统中的定子电流的空间矢量合成

当异步电机的三相绕组为 Y 形接法时，$i_{sa}+i_{sb}+i_{sc}=0$，则三相电流的 Clark 变换可以重新整理为

$$\begin{bmatrix} i_\alpha \\ i_\beta \end{bmatrix} = \begin{bmatrix} 1 & 0 \\ 1/\sqrt{3} & 2/\sqrt{3} \end{bmatrix}\begin{bmatrix} i_{sa} \\ i_{sb} \end{bmatrix} \tag{10-45}$$

2. 2s/2r 变换 (Park 变换)

Park 变换在矢量控制中是比较重要的一种变换，由 Clark 变换得到的静止坐标系——$\alpha-\beta$ 坐标系下的变量可以通过 Park 变换转换为任意旋转坐标系——$d-q$ 坐标系下的变量，如图 10－25 所示。当 d 轴与转子磁通同向时，即 $d-q$ 坐标系

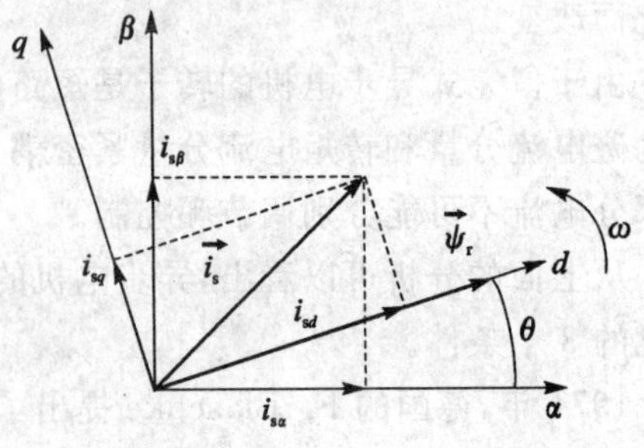

图 10－25　$\alpha-\beta$ 坐标系与 $d-q$ 坐标系的关系

以同步转速旋转时，$d-q$ 坐标系为非时变系统。任意时刻 d 轴与 α 轴之间的电角度为 θ，由几何关系可以得到：

$$\begin{bmatrix} X_d \\ X_q \end{bmatrix} = \begin{bmatrix} \cos\theta & \sin\theta \\ -\sin\theta & \cos\theta \end{bmatrix} \begin{bmatrix} X_\alpha \\ X_\beta \end{bmatrix} \tag{10-46}$$

3. 2r/2s 变换(反 Park 变换)

在异步电机矢量控制系统中，经过计算的控制变量需要转换为逆变器中功率开关器件的驱动信号。因此必须将同步旋转坐标系中的空间矢量变量转换到静止坐标系下，完成对逆变器的驱动和控制。由两相任意旋转坐标系到两相静止坐标系的变换关系可表示为

$$\begin{bmatrix} X_\alpha \\ X_\beta \end{bmatrix} = \begin{bmatrix} \cos\theta & -\sin\theta \\ \sin\theta & \cos\theta \end{bmatrix} \begin{bmatrix} X_d \\ X_q \end{bmatrix} \tag{10-47}$$

4. 2/3 变换(反 Clark 变换)

在某些控制系统中，最后的控制指令要求是三相信号，所以 $\alpha-\beta$ 坐标系下的变量还必须变换到三相静止坐标系中。其变换关系可以表示为

$$\begin{bmatrix} X_a \\ X_b \\ X_c \end{bmatrix} = \begin{bmatrix} 1 & 0 \\ -1/2 & \sqrt{3}/2 \\ -1/2 & -\sqrt{3}/2 \end{bmatrix} \begin{bmatrix} X_\alpha \\ X_\beta \end{bmatrix} \tag{10-48}$$

如前所述，如果利用空间矢量调制方式发送 PWM，就可以不必进行反 Clark 变换，直接由两相静止坐标系分量计算产生三相占空比。

10.3.2　异步电机的动态数学模型

三相异步电机具有如图 10-26 所示的模型结构。为了分析方便，首先对异步电机作如下假设：

◇ 电机定、转子三相绕组完全对称；

◇ 电机定、转子表面光滑，无齿槽效应；

◇ 电机气隙磁势在空间中正弦分布；

◇ 铁芯的涡流、饱和及磁滞损耗忽略不计。

在坐标变换的过程中，任意旋转坐标系的 $d-q$ 轴可以放在定子上，也可以放在转子上，还可以放在旋转磁场上，更可以放在某一变量——如电压、电流或磁通(定子、转子或气隙磁通)的方向上，从而可以采用不同的坐标系和控制方法。

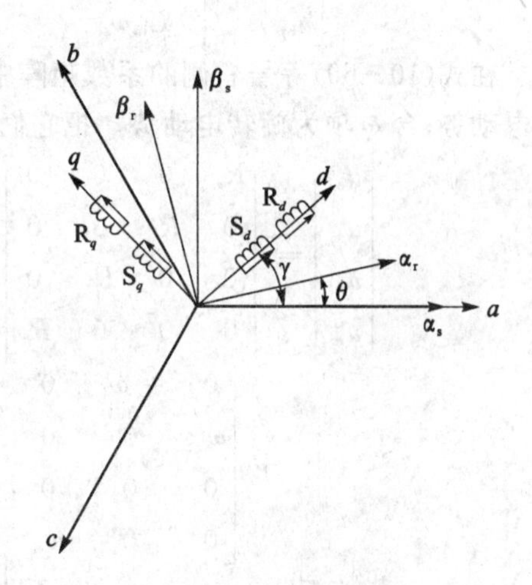

注：s 代表定子；r 代表转子。

图 10-26　异步电机坐标模型

在异步电机矢量控制中，广泛采用的一种坐标系是同步旋转坐标系，此时，$d-q$ 轴的旋转角速度为 $p\gamma=\omega_1$(即定子变量的同步角速度)；而转子的角速度为 $p\theta=\omega_r$；$p\gamma-p\theta=\omega_{sl}$ 即为转差角速度。此时异步电机状态方程变为如下形式：

(1) 电压方程式

$$u_{sd}=R_s i_{sd}+p\psi_{sd}-\omega_1\psi_{sq} \tag{10-49}$$

$$u_{sq}=R_s i_{sq}+p\psi_{sq}+\omega_1\psi_{sd} \tag{10-50}$$

$$u_{rd}=R_r i_{rd}+p\psi_{rd}-(\omega_1-\omega_r)\psi_{rq} \tag{10-51}$$

$$u_{rq}=R_r i_{rq}+p\psi_{rq}+(\omega_1-\omega_r)\psi_{rd} \tag{10-52}$$

(2) 磁链方程式

$$\psi_{sd}=L_s i_{sd}+L_m i_{rd} \tag{10-53}$$

$$\psi_{sq}=L_s i_{sq}+L_m i_{rq} \tag{10-54}$$

$$\psi_{rd}=L_m i_{sd}+L_r i_{rd} \tag{10-55}$$

$$\psi_{rq}=L_m i_{sq}+L_r i_{rq} \tag{10-56}$$

(3) 转矩表达式

$$T_{em}=n_p(i_{sq}\psi_{sd}-i_{sd}\psi_{sq})=n_p L_m(i_{sq}i_{rd}-i_{sd}i_{rq}) \tag{10-57}$$

(4) 机电运动方程式

$$T_{em}=T_L+\frac{J}{n_p}\frac{d\omega_r}{dt} \tag{10-58}$$

将异步电机模型变换到同步直角坐标系中后，由于两轴互相垂直，它们之间没有互感的耦合关系，互感磁链只与本坐标轴上的绕组有关，所以每个磁链的分量只剩下两项，如图10-26所示。其中每个绕组都相当于所在同步旋转坐标系中的静止绕组。

将式(10-53)～(10-56)带入式(10-49)～(10-52)中，并加以整理可得：

$$\begin{bmatrix}u_{sd}\\u_{sq}\\u_{rd}\\u_{rq}\end{bmatrix}=\begin{bmatrix}R_s+L_s p & -L_s\omega_1 & L_m p & -L_m\omega_1\\ L_s\omega_1 & R_s+L_s p & L_m\omega_1 & L_m p\\ L_m p & -L_m\omega_{sl} & R_r+L_r p & -L_r\omega_{sl}\\ L_m\omega_{sl} & L_m p & L_r\omega_{sl} & R_r+L_r p\end{bmatrix}\begin{bmatrix}i_{sd}\\i_{sq}\\i_{rd}\\i_{rq}\end{bmatrix} \tag{10-59}$$

在式(10-59)等号右侧的系数矩阵中，含 R 项表示电阻压降；含 Lp 项为电感压降，即脉变电动势；含 ω 项为旋转电动势。把它们分开来写，并考虑到磁链方程，则得

$$\begin{bmatrix}u_{sd}\\u_{sq}\\u_{rd}\\u_{rq}\end{bmatrix}=\begin{bmatrix}R_s & 0 & 0 & 0\\ 0 & R_s & 0 & 0\\ 0 & 0 & R_s & 0\\ 0 & 0 & 0 & R_r\end{bmatrix}\begin{bmatrix}i_{sd}\\i_{sq}\\i_{rd}\\i_{rq}\end{bmatrix}+\begin{bmatrix}L_s p & 0 & L_m p & 0\\ 0 & L_s p & 0 & L_m p\\ L_m p & 0 & L_r p & 0\\ 0 & L_m p & 0 & L_r p\end{bmatrix}\begin{bmatrix}i_{sd}\\i_{sq}\\i_{rd}\\i_{rq}\end{bmatrix}$$

$$+\begin{bmatrix}0 & -\omega_1 & 0 & 0\\ \omega_1 & 0 & 0 & 0\\ 0 & 0 & 0 & -\omega_{sl}\\ 0 & 0 & \omega_{sl} & 0\end{bmatrix}\begin{bmatrix}\psi_{sd}\\\psi_{sq}\\\psi_{rd}\\\psi_{rq}\end{bmatrix} \tag{10-60}$$

$$\boldsymbol{u}=[u_{sd}\quad u_{sq}\quad u_{rd}\quad u_{rq}]^T$$

$$\boldsymbol{i}=[i_{sd}\quad i_{sq}\quad i_{rd}\quad i_{rq}]^T$$

$$\boldsymbol{\psi}=[\psi_{sd}\quad \psi_{sq}\quad \psi_{rd}\quad \psi_{rq}]^T$$

$$
\boldsymbol{R} = \begin{bmatrix} R_s & 0 & 0 & 0 \\ 0 & R_s & 0 & 0 \\ 0 & 0 & R_r & 0 \\ 0 & 0 & 0 & R_r \end{bmatrix}
$$

$$
\boldsymbol{L} = \begin{bmatrix} L_s & 0 & L_m & 0 \\ 0 & L_s & 0 & L_m \\ L_m & 0 & L_r & 0 \\ 0 & L_m & 0 & L_r \end{bmatrix}
$$

旋转电动势矢量 $\boldsymbol{e}_r = \begin{bmatrix} 0 & -\omega_1 & 0 & 0 \\ \omega_1 & 0 & 0 & 0 \\ 0 & 0 & 0 & -\omega_{sl} \\ 0 & 0 & \omega_{sl} & 0 \end{bmatrix} \begin{bmatrix} \psi_{sd} \\ \psi_{sq} \\ \psi_{rd} \\ \psi_{rq} \end{bmatrix} = \begin{bmatrix} -\omega_1 \psi_{sq} \\ \omega_1 \psi_{sd} \\ -\omega_{sl} \psi_{rq} \\ \omega_{sl} \psi_{rd} \end{bmatrix}$

则式(10－60)可以改写为

$$
\boldsymbol{u} = \boldsymbol{Ri} + \boldsymbol{Lpi} + \boldsymbol{e}_r \tag{10-61}
$$

通过对异步电机模型的以上分析表明，异步电机的数学模型具有以下性质：

◇ 异步电机可以看作一个双输入、双输出系统，输入量是电压向量 u 和定子与 $d-q$ 坐标轴的相对角转速 ω_k（当 $d-q$ 轴以同步转速旋转时，ω_k 就等于定子输入角频率 ω_1），输出量是磁链向量 ψ 和转子角转速 ω_r。电流向量可以看作状态变量，它与磁链向量之间有确定的关系。

◇ 非线性因素存在于产生旋转电动势和电磁转矩的两个环节上。除此以外，系统的其他部分都是线性关系。这与直流电机弱磁控制的情况很相似。

◇ 多变量之间的耦合关系主要体现在旋转电动势上。如果忽略旋转电动势的影响，则系统便可蜕化成单变量的。

10.3.3　转子磁场定向的矢量控制方法

1. 以转子磁场定向的异步电机数学模型

当异步电机按照转子磁场定向时，同步旋转坐标系的 d 轴与转子总磁链矢量 ψ_{rd} 的方向一致。由于转子磁链 ψ_{rd} 本身就是以同步转速旋转的矢量，所以有

$$
\psi_{rd} \equiv \psi_r,\ \psi_{rq} \equiv 0
$$

即

$$
L_m i_{sd} + L_r i_{rd} = \psi_r \tag{10-62}
$$

$$
L_m i_{sq} + L_r i_{rq} = 0 \tag{10-63}
$$

将式(10－63)带入式(10－59)中可得

$$
\begin{bmatrix} u_{sd} \\ u_{sq} \\ u_{rd} \\ u_{rq} \end{bmatrix} = \begin{bmatrix} R_s + L_s p & -L_s\omega_1 & L_m p & -L_m\omega_1 \\ L_s\omega_1 & R_s + L_s p & L_m\omega_1 & L_m p \\ L_m p & 0 & R_r + L_r p & 0 \\ L_m\omega_{sl} & 0 & L_r\omega_{sl} & R_r \end{bmatrix} \begin{bmatrix} i_{sd} \\ i_{sq} \\ i_{rd} \\ i_{rq} \end{bmatrix} \tag{10-64}
$$

对于鼠笼形转子电机,转子短路,因此 $u_{rd}=u_{rq}=0$,则式(10-64)可以简化为

$$\begin{bmatrix} u_{sd} \\ u_{sq} \\ 0 \\ 0 \end{bmatrix} = \begin{bmatrix} R_s + L_s p & -L_s\omega_1 & L_m p & -L_m\omega_1 \\ L_s\omega_1 & R_s + L_s p & L_m\omega_1 & L_m p \\ L_m p & 0 & R_r + L_r p & 0 \\ L_m\omega_{sl} & 0 & L_r\omega_{sl} & R_r \end{bmatrix} \begin{bmatrix} i_{sd} \\ i_{sq} \\ i_{rd} \\ i_{rq} \end{bmatrix} \tag{10-65}$$

将式(10-62)代入式(10-65)的第三行中,可得

$$0 = R_r i_{rd} + p(L_m i_{sd} + L_r i_{rd}) = R_r i_{rd} + p\psi_r$$

因此

$$i_{rd} = -\frac{p\psi_r}{R_r} \tag{10-66}$$

将式(10-66)代入式(10-62)中可得

$$\psi_r = \frac{L_m}{T_r p + 1} i_{sd} \tag{10-67}$$

式中:$T_r = L_r/R_r$ 为转子励磁时间常数。

式(10-67)表明,转子磁链 ψ_r 仅由 i_{sd}产生,与 i_{sq}无关。该式还表明,转子磁链 ψ_r 与定子电流励磁分量 i_{sd}之间的传递函数是一阶惯性环节。

将式(10-62)和式(10-63)带入式(10-57)中可得转矩方程:

$$\begin{aligned} T_{em} &= n_p L_m (i_{sq} i_{rd} - i_{sd} i_{rq}) = n_p L_m \left[i_{sq} i_{rd} - \frac{\psi_r - L_r i_{rd}}{L_m}\left(-\frac{L_m}{L_r} i_{sq}\right)\right] \\ &= n_p L_m \left[i_{sq} i_{rd} + \frac{\psi_r}{L_r} i_{sq} - i_{sq} i_{rd}\right] = n_p \frac{L_m}{L_r} i_{sq} \psi_r \end{aligned} \tag{10-68}$$

可以认为,i_{sq}是定子电流的转矩分量。当 i_{sd}不变时,转子磁链 ψ_r 也保持不变,如果 i_{sq}变化,则转矩 T_{em}立即随之成正比变化。

总之,由于 $d-q$ 坐标系按转子磁场定向,在定子电流的两个分量之间实现了完全解耦,i_{sd}唯一决定转子磁链 ψ_r,当转子磁链 ψ_r 确定时,i_{sq}只影响转矩。通常,在额定转速以下,转子磁链幅值保持恒定;在额定转速以上,进行弱磁控制。因此,当转子磁链幅值被准确控制后,电机的转矩就完全由 i_{sq}的控制决定,进而可以达到控制电机转速的目的。由此可见,矢量控制成功与否及性能高低的关键,就是能否观测出实际转子磁链的幅值及相位。

现代异步电机矢量控制系统主要通过各种磁通观测器来获得转子磁链的幅值与相位,例如,模型参考自适应观测器、全阶非线性观测器、滑模观测器和扩展卡尔曼滤波器等。这些观测器虽然取得了较好的控制效果,但也大大增加了系统的复杂程度。而在一般应用领域中,利用电压或电流型转子磁链模型直接计算的方法,不仅使系统简化,而且通过一些补偿措施也能够取得较好的控制效果。

2. 电流型的转子磁链模型

1) 同步旋转坐标系下电流型转子磁链模型

在以转子磁场定向的同步旋转坐标系下,由式(10-65)中的第四行可以得出:

$$\omega_{sl} = -\frac{R_r i_{rq}}{i_{sd} L_m + i_{rd} L_r} = -\frac{R_r i_{rq}}{\psi_r} \tag{10-69}$$

在式(10-56)中,由于 $\psi_{rq} \equiv 0$,所以有:

$$i_{rq} = -\frac{L_m i_{sq}}{L_r} \tag{10-70}$$

将式(10-67)和式(10-70)代入式(10-69)中可得

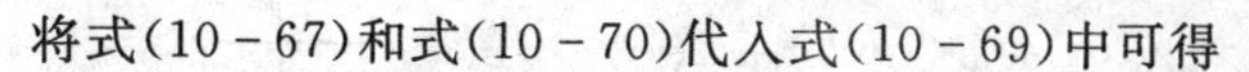

$$\omega_{\rm sl}=\frac{i_{sq}L_{\rm m}}{\psi_{\rm r}T_{\rm r}}=\frac{i_{sq}(1+T_{\rm r}p)}{i_{sd}T_{\rm r}} \quad (10-71)$$

在同步旋转坐标系中，通过转差角速度 $\omega_{\rm sl}$ 和实际电机转速 $\omega_{\rm r}$ 就可以得到电机的定子频率 ω_1，进而通过积分得到转子磁链的相位。磁链的幅值在式(10-67)中已经求得。因此，同步旋转坐标系下电流型转子磁链模型框图如图10-27所示。

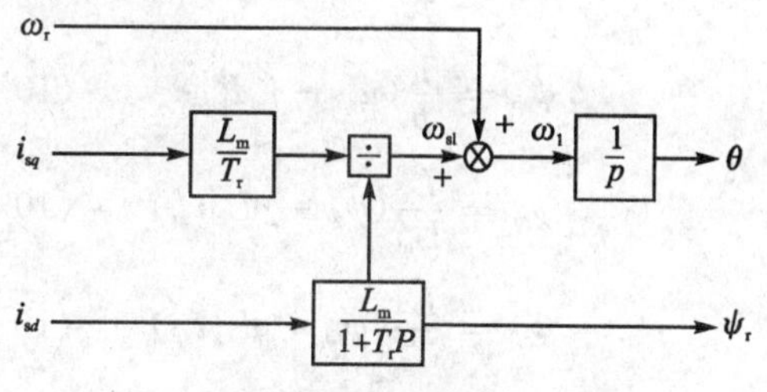

图10-27 同步旋转坐标系下电流型转子磁链模型

2) 两相静止坐标系下电流型转子磁链模型

两相静止坐标系是固定在定子上的直角坐标系，选择A相绕组的轴线作为 α 轴，从 α 轴沿旋转磁场方向前进90°作为 β 轴，在式(10-49)～(10-52)中取同步转速为0，即 $\omega_1=0$，并把相应下标改成 α、β，即可得 $\alpha-\beta$ 坐标系下的鼠笼式异步电机数学模型。

(1) 电压方程式

$$u_{s\alpha}=R_{\rm s}i_{s\alpha}+p\psi_{s\alpha} \quad (10-72)$$

$$u_{s\beta}=R_{\rm s}i_{s\beta}+p\psi_{s\beta} \quad (10-73)$$

$$0=R_{\rm r}i_{r\alpha}+p\psi_{r\alpha}+\omega_{\rm r}\psi_{r\beta} \quad (10-74)$$

$$0=R_{\rm r}i_{r\beta}+p\psi_{r\beta}-\omega_{\rm r}\psi_{r\alpha} \quad (10-75)$$

(2) 磁链方程式

$$\psi_{s\alpha}=L_{\rm s}i_{s\alpha}+L_{\rm m}i_{r\alpha} \quad (10-76)$$

$$\psi_{s\beta}=L_{\rm s}i_{s\beta}+L_{\rm m}i_{r\beta} \quad (10-77)$$

$$\psi_{r\alpha}=L_{\rm m}i_{s\alpha}+L_{\rm r}i_{r\alpha} \quad (10-78)$$

$$\psi_{r\beta}=L_{\rm m}i_{s\beta}+L_{\rm r}i_{r\beta} \quad (10-79)$$

利用式(10-74)和式(10-75)中的转子电压方程可以得到：

$$i_{r\alpha}=\frac{-p\psi_{r\alpha}-\omega_{\rm r}\psi_{r\beta}}{R_{\rm r}} \quad (10-80)$$

$$i_{r\beta}=\frac{-p\psi_{r\beta}+\omega_{\rm r}\psi_{r\alpha}}{R_{\rm r}} \quad (10-81)$$

将式(10-80)和式(10-81)代入式(10-76)～(10-79)的转子磁链方程中，得到转子磁链观测模型：

$$\psi_{r\alpha}=\frac{1}{1+T_{\rm r}p}(i_{s\alpha}L_{\rm m}-\omega_{\rm r}T_{\rm r}\psi_{r\beta}) \quad (10-82)$$

$$\psi_{r\beta}=\frac{1}{1+T_{\rm r}p}(i_{s\beta}L_{\rm m}+\omega_{\rm r}T_{\rm r}\psi_{r\alpha}) \quad (10-83)$$

由此可以得出转子磁链的幅值以及转子磁链在两相静止坐标系中与 α 轴的夹角：

$$\psi_{\rm r}=\sqrt{\psi_{r\alpha}^2+\psi_{r\beta}^2},\ \theta=\mathrm{arctg}\,(\psi_{r\beta}/\psi_{r\alpha}) \quad (10-84)$$

两相静止坐标系下电流型转子磁链模型框图如图10-28所示。

3. 电压型的转子磁链模型

利用两相静止坐标系下的电压和磁链方程式(10-72)～(10-79)可以分别得到：

$$\psi_{s\alpha}=\frac{1}{p}(u_{s\alpha}-i_{s\alpha}R_s) \tag{10-85}$$

$$\psi_{s\beta}=\frac{1}{p}(u_{s\beta}-i_{s\beta}R_s) \tag{10-86}$$

$$\psi_{r\alpha}=\frac{L_r}{L_m}(\psi_{s\alpha}-\sigma L_s i_{s\alpha}) \tag{10-87}$$

$$\psi_{r\beta}=\frac{L_r}{L_m}(\psi_{s\beta}-\sigma L_s i_{s\beta}) \tag{10-88}$$

式中：$\sigma=1-\frac{L_m^2}{L_r L_s}$为电机总漏感系数。

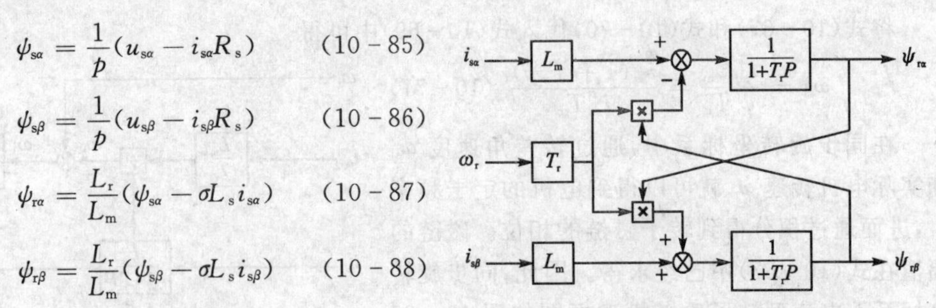

图 10－28　两相静止坐标系下电流型转子磁链模型

将式(10－85)和式(10－86)分别代入式(10－87)和式(10－88)中，整理后得到电压磁链模型为

$$\psi_{r\alpha}=\frac{L_r}{L_m}\left[\frac{1}{p}(u_{s\alpha}-i_{s\alpha}R_s)-\sigma L_s i_{s\alpha}\right] \tag{10-89}$$

$$\psi_{r\beta}=\frac{L_r}{L_m}\left[\frac{1}{p}(u_{s\beta}-i_{s\beta}R_s)-\sigma L_s i_{s\beta}\right] \tag{10-90}$$

两相静止坐标系下电压型转子磁链模型框图如图 10－29 所示。

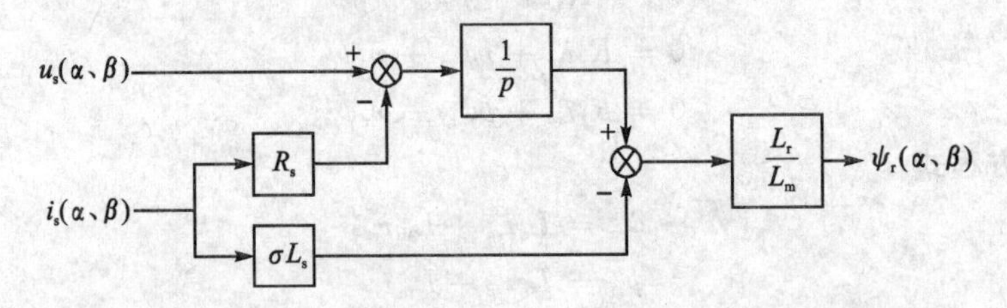

图 10－29　两相静止坐标系下电压型转子磁链模型

4. 有限补偿的改进电压型磁链观测器

在电流型转子磁链模型中，磁链观测的精确度受转子时间常数变化的影响比较大；而在电压型转子磁链模型中，由于存在纯积分环节，使得磁链的观测因积分漂移而产生误差。为了解决上述问题，必须对上述模型进行改进和补偿。

在电流型转子磁链模型中，转子参数变化的影响很难消除，一般采用参数辨识的方法加以解决。对于电压型转子磁链模型，由于积分的漂移不仅使系统产生误差，严重时还会使系统发散而无法正常工作。为了解决积分漂移问题，可作如下改进。

首先将积分环节的输入信号经过一个高通滤波器 $s/s+\omega_c$，把其中的直流成分滤掉。这样经过积分调节器以后的输出量，就不会由于积分漂移而发散。该方法可以由式(10－91)表示：

$$y=x\cdot\frac{s}{s+\omega_c}\cdot\frac{1}{s}=\frac{x}{s+\omega_c} \tag{10-91}$$

式中：x 为系统的输入；y 为系统的输出；$1/s$ 为纯积分环节；ω_c 为截止频率。

由式(10－91)可知，纯积分环节和一阶高通滤波环节的组合可以等效为一个一阶惯性环节，即在电压型转子磁链模型中用一阶惯性环节取代纯积分环节，用以改善由于纯积分带来的漂移问题。

但是，高通滤波器的引入带来了磁链观测的幅值和相位的误差，如图 10－30 所示。为了

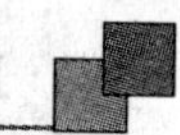

消除高通滤波器所带来的相位和幅值的误差，必须对一阶惯性环节取代纯积分环节后的电压型转子磁链模型作进一步的改进。

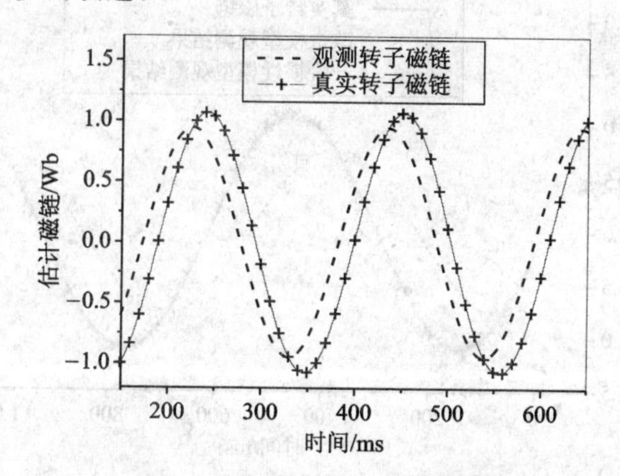

图 10-30 一阶惯性环节取代纯积分环节对转子磁链进行观测的结果

由于用一阶惯性环节取代纯积分环节时引入了高通滤波器，因此可以考虑对一阶惯性环节的输出利用带有低通滤波的信号加以补偿，见式(10-92)。

$$y=\frac{1}{s+\omega_c}x+\frac{\omega_c}{s+\omega_c}z \tag{10-92}$$

式中：x 为系统的输入；y 为系统的输出；z 为补偿信号。

从式(10-92)中可以发现，当补偿信号为0时，式(10-92)表示的就是一个一阶惯性环节。如果令补偿信号 $z=y$，即利用输出信号反馈到系统中作为补偿信号，则式(10-92)就退化成为了纯积分环节。因此，适当调节补偿信号，可以对由于一阶惯性引起的幅值和相位误差加以补偿。这种新的积分环节介于纯积分和一阶惯性之间，如图10-31所示。

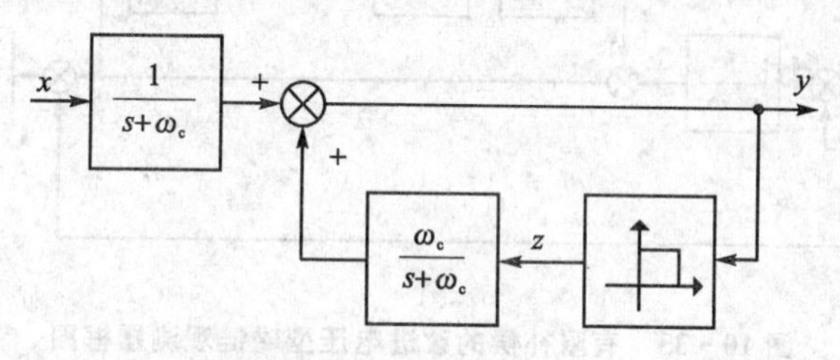

图 10-31 改进积分环节

当输入信号的正弦度较好时，零漂也较小，这时的反馈信号直接取自输出信号，因此该环节等效为一个纯积分环节，其截止频率为0。如果由于输入误差的影响导致输出发生漂移，则当漂移量达到一定程度时，反馈环节的饱和作用也就体现出来了，其作用介于纯积分与一阶惯性之间，可以对纯积分引起的误差进行补偿。经过改进的模型对磁链的观测结果如图10-32所示。

在实际应用中，有限补偿的改进电压型磁链观测器如图10-33所示。图中，$e_{s\alpha}$ 和 $e_{s\beta}$ 分别为两相静止坐标系 α 和 β 轴上的定子反电动势，作为磁链观测器的输入；$\psi_{r\alpha}$ 和 $\psi_{r\beta}$ 作为输出，分别为 α 和 β 轴的观测磁链；ψ_r 为合成后的转子磁链幅值，限幅环节的上限为 ψ_r^*；θ 为转子磁通与两相静止坐标系 α 轴的夹角。

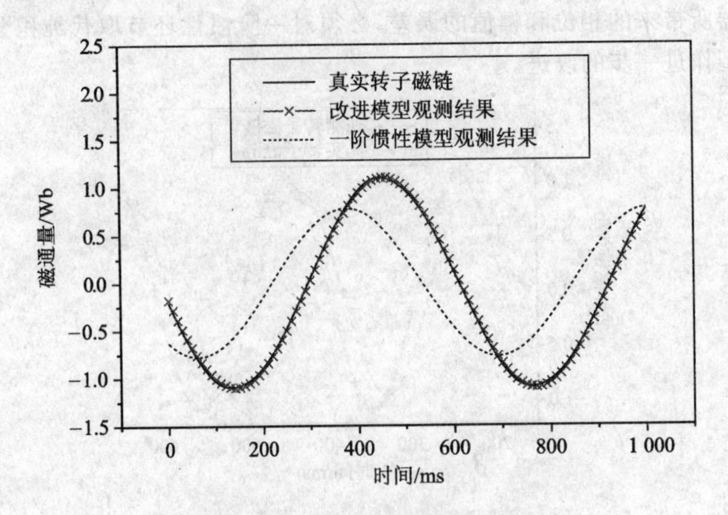

图 10-32 改进积分环节对磁链的观测结果

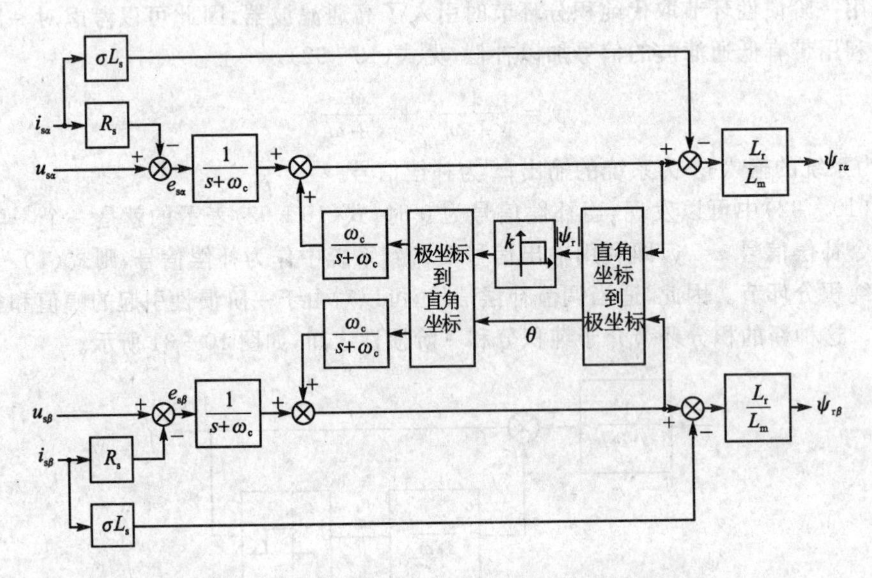

图 10-33 有限补偿的改进电压型磁链观测器框图

10.3.4 调节器设计

通常，调节器的设计都采用直接计算法，即根据给出的性能指标用数学方法求解控制器的数学表达式和参数，再利用软硬件加以实现。虽然数学的方法本身是严密而精确的，但是，系统的数学模型往往是经过简化和线性化处理的，因此设计结果需要通过物理模型或实际系统来检验。

由于异步电机具有多变量、非线性、强耦合的特点，采用矢量控制进行解耦后，整个系统变为几个独立的单变量一阶线性控制环，因此可以用单变量线性系统常用的“电子最佳调节器设计”方法来计算各调节器参数，如表 10-6 所列。

表 10-6 电子最佳调节器设计

最佳类型	对象参数*	调节器类型	调节器参数**	等效时间常数
绝对值最佳 (BO)	$T(\sigma)$ K_s	I	$T_R=2K_sT$	$2T$
	T_1,σ K_s	PI	$T_R=T_1$ $K_R=\frac{T_1}{2K_s\sigma}$	2σ
	T_1,T_2 σ K_s	PID	$T_R=T_1$ $T_D=T_2$ $K_R=\frac{T_1}{2K_s\sigma}$	2σ
	$V_1\gg\sigma$ K_s	P	$K_R=\frac{T_1}{2K_s\sigma}$	2σ
对称最佳 (SO)	T_1,σ T_1,K_s,σ	PI	$K_R=\frac{T_1}{2\sigma}$ $T_R=4\sigma$ $K_R=\frac{T_1}{2K_s\sigma}$	4σ
	T_1,T_2,σ T_1,T_2,K_s,σ	PID	$K_R=\frac{T_1}{2\sigma}$ $T_R=4\sigma,T_D=T_2$ $K_R=\frac{T_1}{2K_s\sigma}$	4σ

* 对象参数：T、T_1、T_2 为大时间常数和积分时间常数；σ 为小时间常数；K_s 为对象比例系数。

** 调节器参数：T_R 为积分时间常数；T_D 为微分时间常数；K_R 为比例系数。

矢量控制系统是一个多环控制系统，转矩环和磁通环属于内环，速度环属于外环。速度环、转矩环和磁通环的开环传递函数并不是典型系统，需要配上适当的调节器才能将它们校正成典型系统。一般采用PI调节器，将内环(转子磁通环和转矩环)校正为典型Ⅰ型系统，以提高其动态响应速度；将速度环校正为典型Ⅱ型系统，以提高其抗干扰能力。设计的一般原则是：从内环开始，一环一环地逐步向外扩展。在这里，先从转矩环和磁通环入手，首先设计好这两个环节的调节器，然后把转矩环看作是转速调节系统中的一个环节，再设计转速调节器。在设计过程中，假定电机各参数为已知，并且磁通 ψ_{rd} 和转矩 T_{em} 已观测得到。典型Ⅰ型系统是一种二阶系统，其开环与闭环传递函数的一般形式分别为

$$W(s)=\frac{K}{s(Ts+1)} \tag{10-93}$$

$$W_{cl}(s)=\frac{\omega_n^2}{s^2+2\zeta\omega_n s+\omega_n^2} \tag{10-94}$$

式中：ω_n 为无阻尼时的自然振荡角频率，或固有角频率；ζ 为阻尼比，或称衰减系数。

由式(10-93)和式(10-94)可知，ζ 与 KT 之间满足以下关系：

$$\zeta=\frac{1}{2}\sqrt{\frac{1}{KT}} \tag{10-95}$$

为了使系统稳定，在典型Ⅰ型系统中，必须有 $KT<1$，即 $\zeta>0.5$。为了使系统有较快速的

响应特性，通常把系统设计成为欠阻尼状态，因此在典型Ⅰ型系统中取

$$0.5 < \zeta < 1 \tag{10-96}$$

在选择调节器的参数时，可按“模最佳”的方法整定参数，即选择

$$\zeta = \frac{1}{\sqrt{2}} = 0.707 \tag{10-97}$$

$$KT = \frac{1}{2} \tag{10-98}$$

典型Ⅱ型系统是一种三阶系统、其开环传递函数的一般形式为

$$W(s) = \frac{K(\tau s+1)}{s^2(Ts+1)} = \frac{h+1}{2h^2T^2} \cdot \frac{hTs+1}{s^2(Ts+1)} \tag{10-99}$$

其中

$$h = \frac{\tau}{T} \tag{10-100}$$

$$K = \frac{h+1}{2h^2T^2} \tag{10-101}$$

在选择调节器的参数时，可按“对称最佳”的方法整定参数，即选择 $h=4$，或者按照闭环幅频特性峰值 M_r 最小方法整定参数，即选择 $h=5$。

1. 磁链调节器

1) 电流模型磁链调节器

该调节器通过改变定子电流的励磁分量来改变磁链。由电流模型可知，从 i_{sd} 到 ψ_r 是一个大时间常数的一阶惯性环节，见式(10-102)。从定子电流励磁分量的给定 i_{sd}^* 到实际的 i_{sd}，整个定子电流调节环可以用一个小时间常数 T_{si} 的环节来等效($T_{si}=12$ ms)。

$$\psi_r = \frac{L_m}{T_r s+1} i_{sd} \tag{10-102}$$

因此，转子磁通环的开环传递函数可以表示为

$$\frac{\psi_r}{i_{sd}^*} = \frac{L_m}{T_r s+1} \cdot \frac{1}{T_{si}s+1} \tag{10-103}$$

这是一个二阶系统，但不是典型Ⅰ型系统。若要将之校正为典型Ⅰ型系统，可以引入一个 PI 调节器$\left(K_{ip}\frac{1+T_{ii}s}{T_{ii}s}\right)$。这样设计的磁链环的结构如图 10-34 所示，图中的比例系数为

$$K_\psi = L_m \tag{10-104}$$

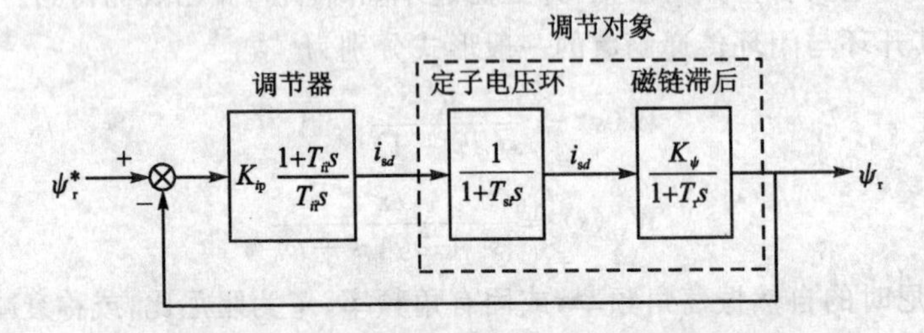

图 10-34　异步电机电流模型磁链调节器框图

由于 $T_r > T_{si}$，为了使校正后的磁链环有较快响应特性，可选择消去大惯性环节，即选择积分时间常数为

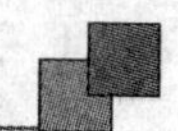

$$T_{ii} = T_r \tag{10-105}$$

由前面的分析可知，为了得到“最佳”参数整定，必须满足 $\zeta=0.707$，即

$$K_{ip} L_m T_r = \frac{1}{2} \tag{10-106}$$

整理后得

$$K_{ip} = \frac{1}{2L_m T_r} \tag{10-107}$$

2）改进电压模型磁链调节器

改进电压模型如图 10－35(a)所示，用一阶惯性环节取代了纯积分环节，则

$$\vec{\psi}_r = \frac{1}{s+\omega_c}\vec{e} \tag{10-108}$$

式中：ω_c 为截止频率，可以取 $\omega_c = \dfrac{1}{T_r}$。

定子的电压环可以由一个小时间常数($T_{sv}=3$ ms)的环节来等效。为了分析方便，当电机转速较高时，可忽略定子电阻和定子漏感的影响，则改进电压模型可以简化为图 10－35(b)所示的结构。

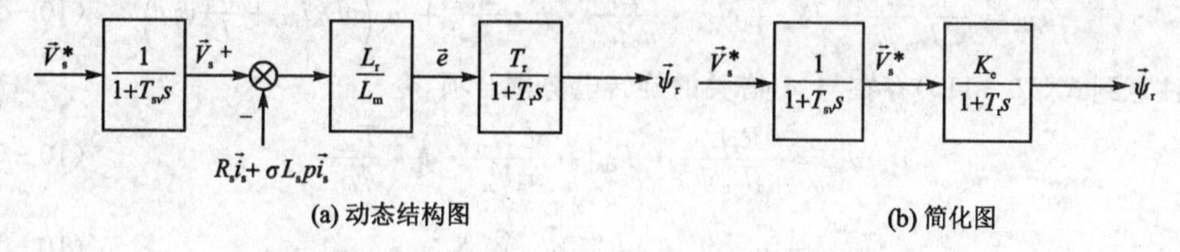

图 10－35　改进电压模型的动态结构图及其简化图

图 10－35 中的比例系数为

$$K_e = \frac{L_r T_r}{L_m} \tag{10-109}$$

因此，转子磁通环的开环传递函数可以表示为

$$\frac{\vec{\psi}_r}{\vec{V}_s^*} = \frac{K_e}{T_r s+1}\cdot\frac{1}{T_{sv}s+1} \tag{10-110}$$

这是一个二阶系统，但同样不是典型的 I 型系统。若要将之校正为典型 I 型系统，可以按照与电流模型同样的方法引入一个 PI 调节器$\left(K_{vp}+\dfrac{1+T_{vi}s}{T_{vi}s}\right)$。这样设计的磁链环的结构如图 10－36 所示。

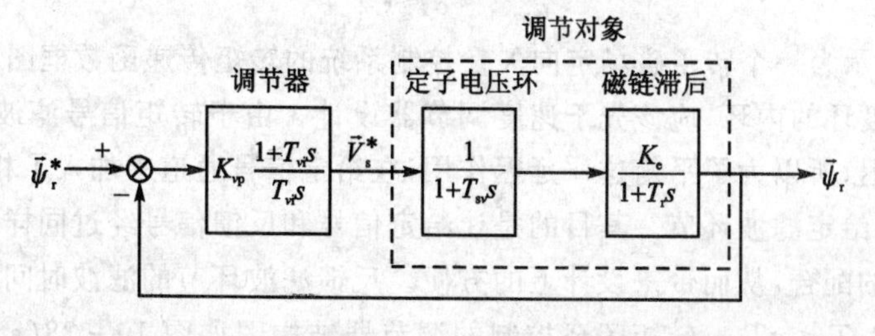

图 10－36　异步电机改进电压模型磁链调节器框图

由于 $T_r > T_{sv}$，为了使校正后的磁链环有较快响应特性，可选择消去大惯性环节，即选择积分时间常数为

$$T_{vi} = T_r \tag{10-111}$$

这时，开环传递函数可以写为

$$\frac{\vec{\Psi}_r}{\vec{\psi}_r^*} = \frac{K_{vp} K_e}{T_r s (T_{sv} s + 1)} \tag{10-112}$$

由前面的分析可知，为了得到“最佳”参数整定，必须满足 $\zeta = 0.707$、$KT = 0.5$，即

$$K_{vp} = \frac{L_r}{L_m} T_{sv} = \frac{1}{2} \tag{10-113}$$

整理后得

$$K_{vp} = \frac{L_m}{2 L_r T_{sv}} \tag{10-114}$$

2. 转矩调节器

由转子磁场定向矢量控制方程式(10-49)~(10-58)可以求得：

$$u_{sq} = \frac{R_s L_r}{n_p L_m \psi_{rd}} \cdot T_{em} + \sigma L_s \cdot \frac{L_r}{n_p L_m} \cdot p \cdot \frac{T_{em}}{\psi_{rd}} + \omega_s \left(\sigma L_s i_{sd} + \frac{L_m}{L_r} \psi_{rd} \right) \tag{10-115}$$

注意到式(10-115)存在与 ω_s 有关的旋转电势耦合项，令

$$u_{sq}' = \frac{R_r L_r}{n_p L_m \psi_{rd}} \cdot T_{em} + \frac{\sigma L_s L_r}{n_p L_m} \cdot p \cdot \frac{T_{em}}{\psi_{rd}} \tag{10-116}$$

$$u_{sqc} = \omega_s \left(\sigma L_s i_{sd} + \frac{L_m}{L_r} \psi_{rd} \right) \tag{10-117}$$

可见：

$$u_{sq} = u_{sq}' + u_{sqc} \tag{10-118}$$

考虑到在矢量控制过程中 ψ_{rd} 保持恒定，因而，式(10-116)中可认为 $\psi_{rd} = \text{const}$，写成传递函数形式则为

$$\frac{T_{em}}{u_{sq}'} = \frac{\dfrac{n_p L_m \psi_{rd}}{R_s L_r}}{\sigma T_s s + 1} \tag{10-119}$$

式中：$T_s = \dfrac{L_s}{R_s}$。

令

$$K_T = \frac{n_p L_m \psi_{rd}}{L_r}$$

得

$$\frac{T_{em}}{u_{sq}'} = \frac{K_T / R_s}{\sigma T_s s + 1} \tag{10-120}$$

图 10-37 所示为一个转子磁场定向矢量控制系统的转矩传递函数框图。

转矩环是速度环的内环，应该先于速度调节器设计。由于转矩信号滤波环节的存在给反馈信号带来了延迟，所以为了平衡这一延迟作用，在给定信号通道中加入了相同时间常数的低通滤波环节，称作给定滤波环节。其目的是让给定信号和反馈信号经过同样的延迟，使二者在时间上得到恰当的配合，从而带来设计上的方便。反馈滤波环节的滤波时间常数 T_f 可根据需要而定，一般来说，$T_f < \sigma T_s$。转矩闭环控制的调节器结构图如图 10-38(a)所示。由于反馈滤波时间常数与给定滤波时间常数相同，所以可以把两个滤波环节等效地移到内环，如

图 10－38(b)所示。

由图 10－38(b)可以得到转矩环的开环传递函数：

$$\frac{T_{em}}{u'_{sq}}=\frac{K_T/R_s}{(\sigma T_s s+1)(T_f s+1)} \tag{10-121}$$

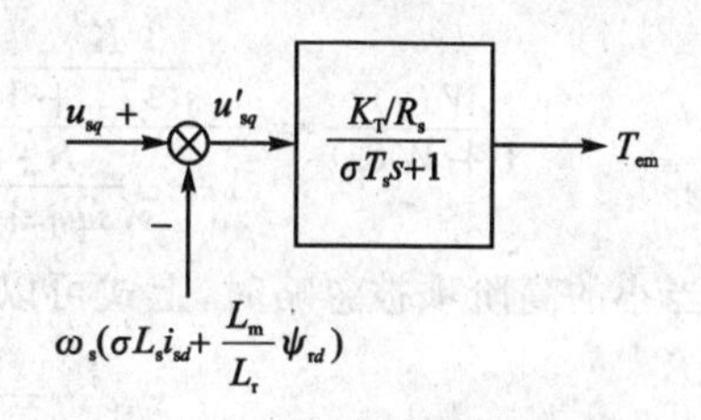

图 10－37　转子磁场定向矢量控制开环转矩控制框图

这是一个二阶系统，但不是典型 I 型系统。同样，可以引入一个 PI 调节器$\left(\frac{K_{TP}(T_{Ti}s+1)}{T_{Ti}s}\right)$，将转矩环校正为典型 I 型系统，如图 10－38 (b)所示。

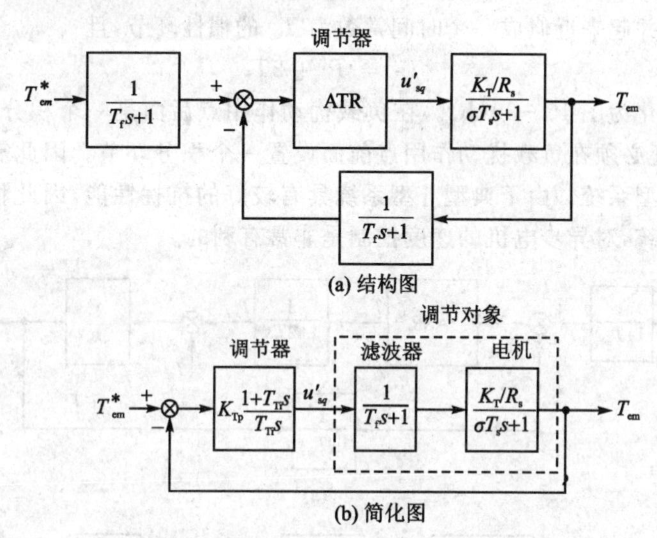

图 10－38　转矩闭环控制动态结构图及其简化图

由于 $T_f<\sigma T_s$，所以令：

$$T_{Ti}=\sigma T_s \tag{10-122}$$

并且

$$K'_T=\frac{K_{Tp}K_T}{R_s T_{Ti}} \tag{10-123}$$

则校正后的转矩环开环传递函数为

$$\frac{T_{em}}{u'_{sq}}=\frac{K'_T}{s(T_f s+1)} \tag{10-124}$$

从而使转矩环变为典型 I 型系统。同样，为了得到“最佳”参数整定，必须满足 $\zeta=0.707$，$KT=0.5$，即

$$K'_T T_f=\frac{K_{Tp}K_T}{R_s T_{Ti}}T_f=\frac{1}{2} \tag{10-125}$$

整理后得

$$K_{Tp}=\frac{R_s\sigma T_s}{2K_T T_f} \tag{10-126}$$

转矩环是速度环的内环，当确定了转矩环中 PI 调节器的参数以后，就可以得出转矩环的闭环传递函数为

$$\frac{W(s)}{1+W(s)}=\frac{\dfrac{K'_T}{s(sT_f+1)}}{1+\dfrac{K'_T}{s(sT_f+1)}}=\frac{K'_T}{T_f s^2+s+K'_T}=\frac{1}{2T_f^2 s^2+2T_f s+1} \tag{10-127}$$

当小的高阶项被忽略时，上式可以简化为

$$\frac{W(s)}{1+W(s)}=\frac{1}{2T_f s+1} \tag{10-128}$$

3. 转速调节器

在速度环设计时，首先用简化的转矩等效环节来代替转矩闭环，如图 10 - 39 (a)所示。与前面的讨论一样，将给定滤波和反馈滤波环节等效地移到环内，再把时间常数为 T_ω 和 $2T_f$ 的两个小惯性环节合并起来近似成一个时间常数为 T_Σ 的惯性环节，且

$$T_\Sigma=T_\omega+2T_f \tag{10-129}$$

则转速环结构图简化为图 10 - 39(b)。在负载扰动作用点后面是一个积分环节，为了实现转速无静差的要求，还必须在负载扰动作用点前面设置一个积分环节。因此需要将转速环校正成为一个典型的Ⅱ型系统。由于典型Ⅱ型系统具有较好的抗扰性能，因此将转速环校正成为一个典型的Ⅱ型系统，对异步电机的速度控制是非常有利的。

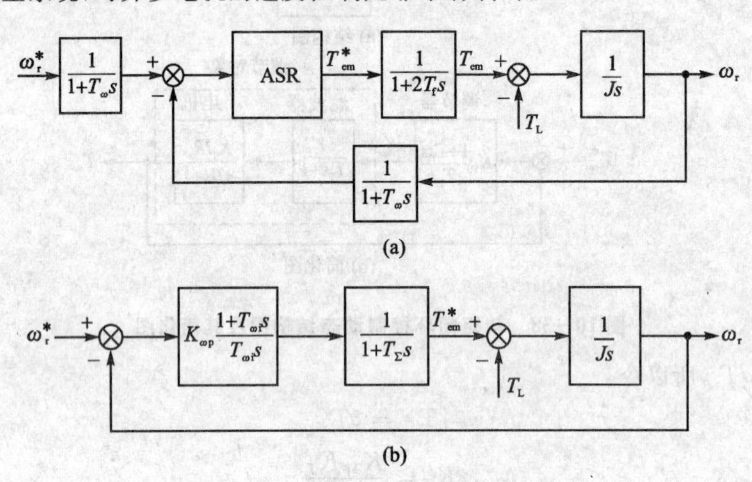

图 10 - 39　转速环的动态结构图及简化图

为了将速度环校正成为一个典型的Ⅱ型系统，速度调节器同样需要采用 PI 调节器 $\left(K_{\omega p}\dfrac{1+T_{\omega i}s}{T_{\omega i}s}\right)$。为了分析简便，假设系统工作在理想空载条件下，这时速度环的开环传递函数为

$$W_\omega(s)=\frac{K_{\omega p}(T_{\omega i}s+1)}{T_{\omega i}Js^2(T_\Sigma s+1)} \tag{10-130}$$

令

$$K_\omega=\frac{K_{\omega p}}{T_{\omega i}J} \tag{10-131}$$

按照典型Ⅱ型系统的参数选择方法，则

$$T_{\omega i}=hT_\Sigma \tag{10-132}$$

$$K_\omega=\frac{h+1}{2h^2T_\Sigma^2} \tag{10-133}$$

将式(10－131)和式(10－132)带入式(10－133)，整理后得

$$K_{\omega p}=\frac{J(h+1)}{2hT_{\Sigma}} \tag{10-134}$$

PI调节器的参数整定可根据具体情况，按“对称最佳”的方法整定参数，即选择$h=4$；或者按照闭环幅频特性峰值M_r最小方法整定参数，即选择$h=5$。

4. 调节器参数的整定

尽管通过对电机参数解耦可以使各个调节器成为独立的单变量线性系统，但由于在调节器的设计过程中对模型作了许多简化，所得到的调节器参数值还必须经过试验进行整定。试验采用试凑的方法。

试凑法是通过模拟或闭环运行观察系统的响应曲线(例如阶跃响应)，然后根据各调节参数对系统效应的大致影响，反复试凑参数，以达到满意的响应。

增大比例系数K_p可加快系统响应，有利于减小静差；但过大的比例系数会使系统超调过大，严重时会产生振荡，使系统稳定性变差。

增大积分时间常数T_i有利于减小超调，使系统稳定；但会使系统静差的消除变慢。

增大微分时间常数T_d有利于加快系统响应，使系统超调减小，稳定性增加；但对干扰信号的抑制能力减弱。

试凑时，可根据各参数对系统响应的影响，按照先比例，然后积分，再微分的步骤进行整定。

① 首先整定比例部分，将比例系数K_p由小变大，并观察相应的系统响应，直至得到反应快，超调小的响应曲线。

② 整定积分环节，首先置T_i为一较大值，并将经第①步整定的K_p略微缩小，然后增大积分系数，使系统在保持良好动态性能的情况下，静差得到消除。

③ 反复调整K_p和T_i，最终获得满意的响应特性。

10.3.5　异步电机矢量控制的DSP实现方法

1. 主电路配置

异步电机矢量控制的主电路拓扑结构与VVVF控制略有不同，如图10－40所示。图中，虚线框表示智能功率模块，R_4为制动电阻。启动前，整流模块通过充电电阻R1向电容C1和C2充电，以防止充电电流过大。当C1和C2上的电压达到额定值时，继电器J1吸合，将R1短路掉，防止R1消耗能量。电压霍尔传感器和两个电流霍尔传感器分别用来检测直流母线电压以及A相和B相电流。功率开关S_{brake}用于电机制动时泄放能量，当电机制动时，机械能转换为电能向直流母线回馈，使得直流母线上的电容电压抬升。为了防止直流母线电压过高导致器件故障，需要控制S_{brake}导通，将部分能量通过R4制动电阻泄放。

2. 软件控制简要说明

图10－41所示为异步电机矢量控制的基本软件结构。为了完成异步电机的矢量控制，必须进行以下工作：

◇ 检测电机的电压、电流等变量；

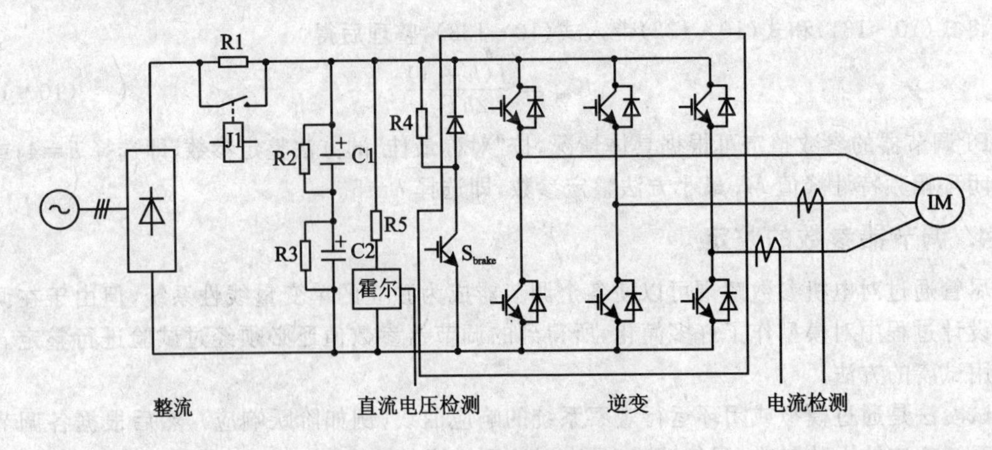

图 10-40 主电路的拓扑结构

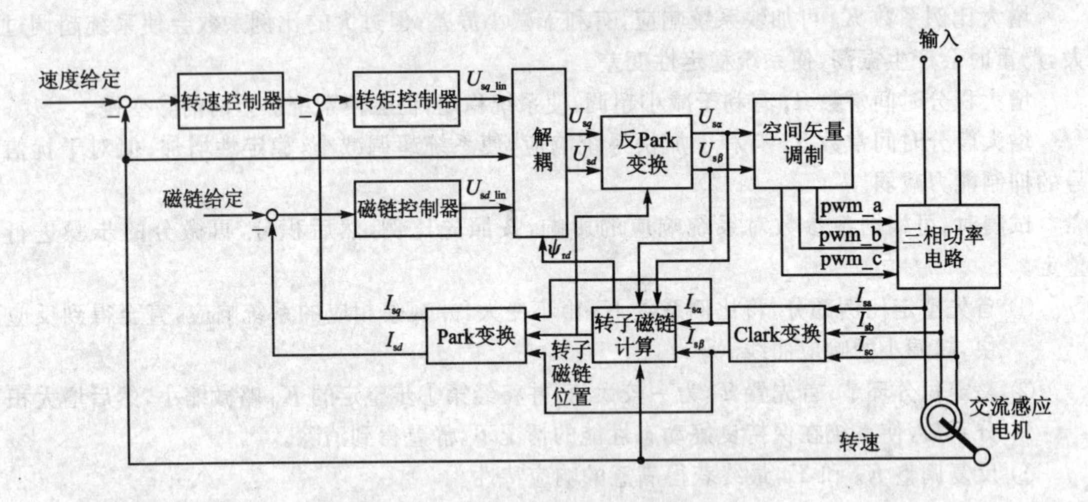

图 10-41 异步电机矢量控制结构框图

◇ 将检测得到的三相坐标系下变量利用 Clark 变换转换至两相静止坐标系($\alpha-\beta$ 坐标系)下;

◇ 计算转子磁链矢量的幅值和角度位置;

◇ 利用 Park 变换将静止坐标系($\alpha-\beta$ 坐标系)下的定子电流转换到同步旋转坐标系($d-q$ 坐标系)下,并按转子磁场定向;

◇ 对定子电流的磁场分量 i_{sd} 和转矩分量 i_{sq} 分别进行控制;

◇ 计算输出定子电压空间矢量;

◇ 利用反 Park 变换将同步旋转坐标系下的电压矢量转换到静止坐标系下;

◇ 利用空间矢量 PWM 调制方法计算出三相电压占空比并输出。

3. 软件流程

异步电机矢量控制系统的流程包括主程序和中断服务程序两大部分,如图 10-42 所示。复位以后,主程序开始对驱动参数、应用参数和 DSP 内部参数进行初始化;然后进入后台等待循环。后台循环包含故障检测、启动/停车控制、速度给定检测、制动控制和状态机控制。

中断服务程序包含以下 3 个程序。

◇ ADC扫描结束中断服务程序：用来控制ADC扫描和PWM控制。ADC与PWM脉冲信号同步。PWM值寄存器在该中断服务程序中被刷新。其中断周期为125 μs,即PWM频率为8 kHz。

◇ 定时器C的通道0比较匹配中断服务程序：用来执行一些定期需要处理的控制，如检测开关状态等。其中断周期为1000 μs。

◇ PWMA故障中断服务程序：用来处理外部的硬件故障。

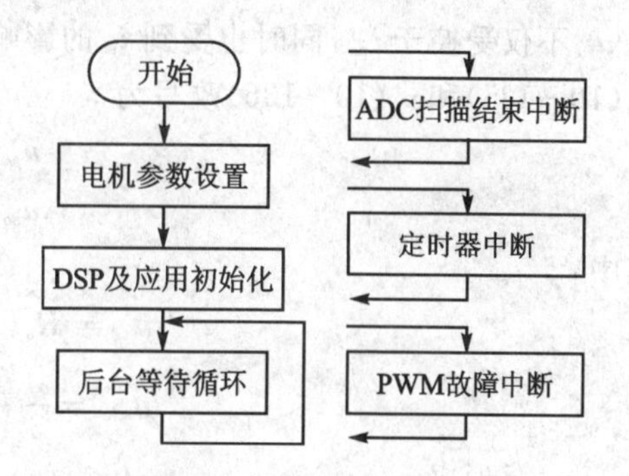

图10-42 软件流程图

本矢量控制例程中，最重要的控制算法是在ADC扫描结束中断服务程序中完成的。当电机启动指令有效时，ADC扫描结束中断服务程序执行以下操作：

◇ 通过定时器C的2通道设置ADC启动延时时间，用来检测相电流；

◇ 调用ADC转换校正函数；

◇ 调用Clark变换函数；

◇ 调用转子磁链计算模型；

◇ 调用Park变换函数；

◇ 调用$d-q$轴电流分量控制器；

◇ 调用解耦算法；

◇ 调用反Park变换函数；

◇ 调用直流母线电压纹波消除函数；

◇ 调用空间矢量调制函数；

◇ 调用ADC校正重新配置函数；

◇ 将计算得到的占空比送入PWM驱动器；

◇ 调用制动控制函数。

4. 主要软件模块简介

图10-41所示的异步电机矢量控制结构框图中的大部分模块，均可以利用CodeWarrior IDE软件开发平台PE中集成的电机控制函数库来实现，只有少数几个模块需要用户自己编写。下面对其中的两个主要模块进行详细介绍。

1) 解耦算法模块

本例程是以转子磁场定向的，当异步电机按照转子磁场定向时，同步旋转坐标系的d轴与转子总磁链矢量ψ_{rd}的方向一致。由转子磁场定向矢量控制方程式(10-49)～(10-58)可以求得

$$u_{sd} = R_s i_{sd} + \sigma L_s p i_{sd} + \frac{L_m}{L_r} p \psi_{rd} - \omega_s \sigma L_s i_{sq} \tag{10-135}$$

$$u_{sq} = R_s i_{sq} + \sigma L_s p i_{sq} + \omega_s \left(\sigma L_s i_{sd} + \frac{L_m}{L_r} \psi_{rd} \right) \tag{10-136}$$

从式(10-135)和式(10-136)可以看出，u_{sd}和u_{sq}中均含有反电势引起的交叉耦合项。其

中 u_{sd}不仅受控于 i_{sd},同时也受到 i_{sq}的影响;而 u_{sq}也同样如此。为了实现完全解耦的目的,将式(10-135)和式(10-136)改写为

$$u_{sd}=u'_{sd}+u_{sdc} \tag{10-137}$$

$$u_{sq}=u'_{sq}+u_{sqc} \tag{10-138}$$

其中:

$$u'_{sd}=R_s i_{sd}+\sigma L_s p i_{sd} \tag{10-139}$$

$$u_{sdc}=-\left(\omega_s \sigma L_s i_{sq}-\frac{L_m}{L_r}p\psi_{rd}\right) \tag{10-140}$$

$$u'_{sq}=R_s i_{sq}+\sigma L_s p i_{sq} \tag{10-141}$$

$$u_{sqc}=\omega_s\left(\sigma L_s i_{sd}+\frac{L_m}{L_r}\psi_{rd}\right) \tag{10-142}$$

这样,u'_{sd}和 u'_{sq}可以通过同步旋转坐标系下交-直轴分量的调节器得到。再加上各自的补偿项 u_{sdc}和 u_{sqc},可实现电流分量的解耦控制,如图 10-43 所示。

在 DSP 的软件模块中,补偿项的计算式如下:

u_sdc = -2 * (omega_s * I_sq * K_L - K_LM_LRTR * psi_Rd) (10-143)

u_sqc = 2 * (omega_s * I_sd * K_L - K_LM_LR * omega_s * psi_Rd) (10-144)

补偿项的计算均为标么化后按照 Q15 定标的小数运算。其中,系数的标么化如下:

$$\text{K\_L}=\left(L_s-\frac{L_m^2}{L_r}\right)\cdot\frac{\text{i\_max\_range}\cdot\text{omega\_max\_range}}{2\cdot\text{u\_max\_range}} \tag{10-145}$$

$$\text{K\_LM\_LRTR}=\frac{L_m}{L_r\cdot T_r}\cdot\frac{\text{psi\_r\_max\_range}}{2\cdot\text{u\_max\_range}} \tag{10-146}$$

$$\text{K\_LM\_LR}=\frac{L_m}{L_r}\cdot\frac{\text{psi\_r\_max\_range}\cdot\text{omega\_max\_range}}{2\cdot\text{u\_max\_range}} \tag{10-147}$$

式(10-145)~(10-147)中:omega_s 为转子磁链角速度(rad/s);I_sd 和 I_sq 分别为定子电流 $d-q$ 轴分量(A);psi_Rd 为转子磁链幅值(V·s);i_max_range、u_max_range、psi_r_max_range 和 omega_max_range 分别是电机参数的最大范围。

最终的解耦算法模块如图 10-44 所示。

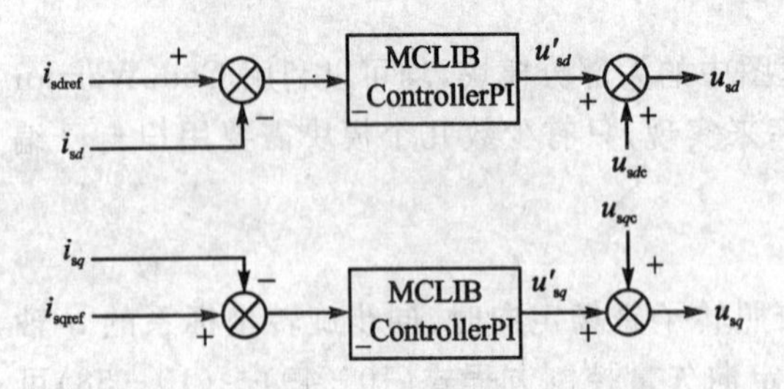

图 10-43 解耦控制

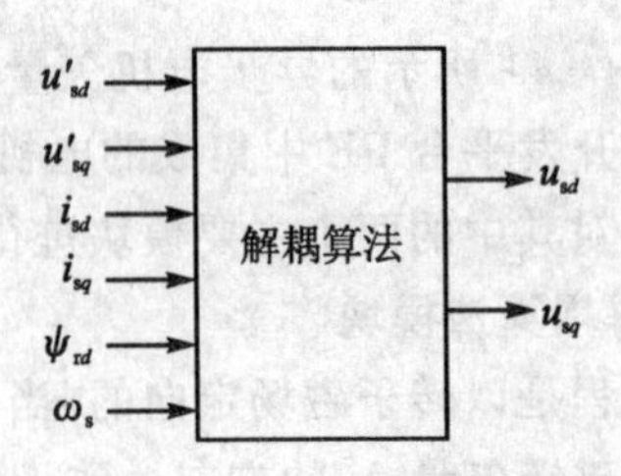

图 10-44 解耦算法模块

例程 10-2 解耦算法。

```
Frac32 tmp32;
Frac16 tmp16;
```

```
/* uSd = uSd_ref - (omega_field * i_Sq * KL - LM_LR_TR * psi_Rd) */
tmp32 = L_mult( pDQEstabl->omega_field , mult_r( pDQEstabl->i_Sq ,\
            pState->KL ) );
tmp32 = L_sub ( tmp32 , L_mult( pState->LM_LR_TR , pDQEstabl->psi_Rd ) );
/* pU_S->d_axis 左移取得合适范围 */
pU_S->d_axis = round(L_shl( L_sub( L_shr(L_deposit_h2(pU_S_ref->d_axis) ,\
                1) , tmp32 ) , 1));

/* uSq = uSq_ref + omega_field * i_Sd * KL + omega_estim * LM_LR * psi_Rd */
tmp32 = L_mult( omega_field , mult_r( pState->LM_LR , pDQEstabl->psi_Rd ));
tmp32 = L_add( tmp32, L_mult( pDQEstabl->omega_field ,\
            mult_r( pDQEstabl->i_Sd , pState->KL )));
/* pU_S->q_axis 左移取得合适范围 */
pU_S->q_axis = round(L_shl( L_add( L_shr(L_deposit_h2(pU_S_ref->q_axis),1),\
                tmp32) , 1));

/* d 轴电压限幅 */
/* 最高限幅为 SdLimitMax = pState->ULimit, SdLimitMin = -SdLimitMax */

if (pU_S->d_axis > pState->ULimit)
    pU_S->d_axis = pState->ULimit;                /* uSdmax 限幅 */
else
    if (pU_S->d_axis < -(pState->ULimit))
        pU_S->d_axis = -(pState->ULimit);   /* uSdmin 限幅 */

/* q 轴限幅值计算 */
/* SqLimitMax = sqrt( (pState->ULimit)^2 - (pU_S->d_axis)^2 ) */
/* SqLimitMin = -SqLimitMax */
tmp32 = L_mult(pState->ULimit,pState->ULimit);
tmp16= mfr32Sqrt(L_sub(tmp32,L_mult(pU_S->d_axis,pU_S->d_axis)));

/* q 轴电压限幅 */
if (pU_S->q_axis > tmp16)
    pU_S->q_axis = tmp16;                         /* uSqmax 限幅 */
else
    if (pU_S->q_axis < -tmp16)
        pU_S->q_axis = -tmp16;                    /* uSqmin 限幅 */
```

2) 转子磁链计算模块

利用两相静止坐标系下电流转子磁链观测模型，对式(10-82)和式(10-83)进行离散化。考虑到与控制周期相比，转子时间常数 $T_r \gg T_s$，则有

$$\psi_{r\alpha}(n+1) = \psi_{r\alpha}(n) + T_s\left(\frac{1}{T_r}L_m i_{s\alpha} - \omega_r \psi_{r\beta}(n)\right) \tag{10-148}$$

$$\psi_{r\beta}(n+1) = \psi_{r\beta}(n) + T_s\left(\frac{1}{T_r}L_m i_{s\beta} + \omega_r \psi_{r\alpha}(n)\right) \tag{10-149}$$

例程 10-3 转子磁链计算。

```
Frac16 tmp16;
Frac32 tmp32;

/* psi_R_alpha_N1 = psi_R_alpha_N + K_TsLm_Tr * Is_alpha - K_Ts * omega * psi_R_beta_N */
tmp32 = L_mult(psi_R_beta_N, mult_r(omega, K_Ts) );
psi_R_alpha_N1 = L_add(psi_R_alpha_N, L_sub(L_mult (K_TsLm_Tr, Is_alpha ), tmp32));

/* psi_R_beta_N1 = psi_R_beta_N + K_TsLm_Tr * Is_beta + K_Ts * omega * psi_R_alpha_N */
tmp32 = L_mult(psi_R_alpha_N, mult_r(omega, K_Ts) );
psi_R_beta_N1 = L_add(psi_R_beta_N, L_add(L_mult (K_TsLm_Tr, Is_beta ), tmp32));

psi_R_alpha_N = psi_R_alpha_N1;
psi_R_beta_N= psi_R_beta_N1;

/* 计算转子磁链幅值 */
/* psi_R = sqrt(psi_R_alpha ^ 2 + psi_R_beta ^ 2 ) */
tmp32 = L_mult(psi_R_alpha, psi_R_alpha);
psi_R = mfr32Sqrt(L_sub(tmp32,L_mult(psi_R_beta, psi_R_beta)));

/* 计算转子磁链角度位置 */
/* theta _field = atan(psi_R_beta / psi_R_alpha ) */
theta _field = AtanYX(psi_R_beta_N, psi_R_alpha_N);
```

最终的异步电机矢量控制系统的软/硬件配置框图如图 10-45 所示。

10.4 异步电机三电平 SVPWM 控制

10.4.1 异步电机三电平逆变器工作原理

1977 年,德国学者 Holtz 最早提出了一种三电平电路,后来日本学者 A. Nabac 对其加以发展,在 20 世纪 80 年代提出了在两个电力电子开关器件串连的基础上,利用二极管对中点钳位的三电平逆变方案 NPC(Neutral Point Clamped),如图 10-46 所示。

从图 10-46 中可以看出,每相都需要 4 个功率开关、4 个续流二极管(与主开关反向并联)、2 个钳位二极管。以其中 U 相为例,当 S11 和 S12 同时导通时,输出端 U 与中点 C 之间的电压为 $+E$;当 S12 和 S13 同时导通时,输出端 U 与中点 C 之间的电压为 0;当 S13 和 S14 同时导通时,输出端 U 与中点 C 之间的电压为 $-E$。因此,该逆变器每相可以输出 3 个电平。由此可以得出 U 相输出电压与开关状态的关系,如表 10-7 所列。

三相三电平逆变器每个桥臂有 3 个电平,3 个输出端 U、V、W,总共可以输出 $3^3=27$ 个电平状态,如表 10-8 所列。

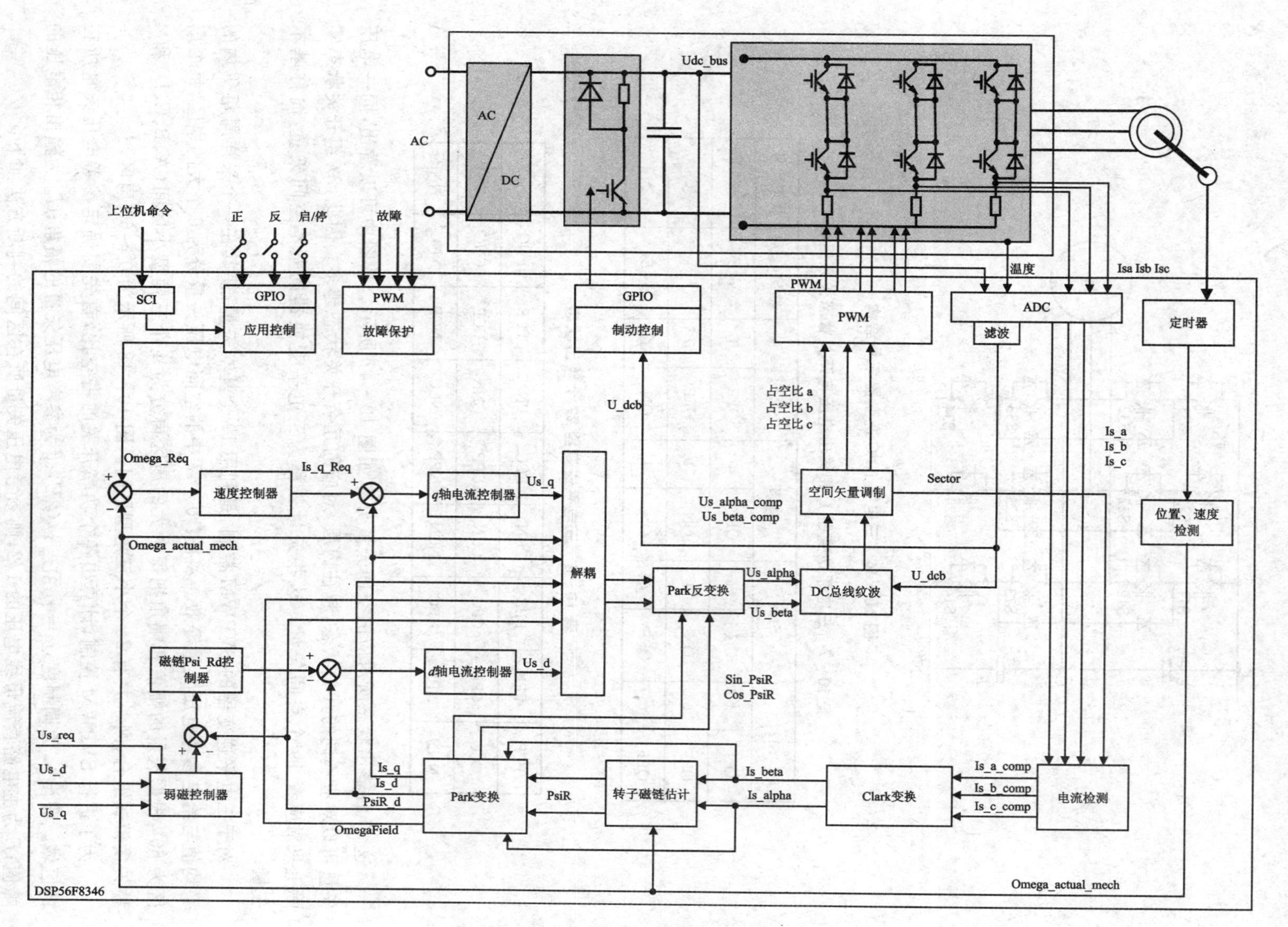

图10－45　异步电机矢量控制系统框图

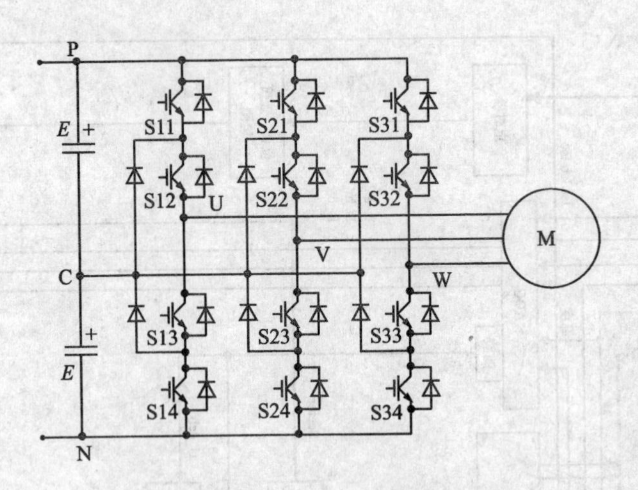

图 10-46　三电平 NPC 逆变器拓扑结构

表 10-7　三电平逆变器 U 相输出电压与开关状态关系组合

S11		S12		S13		S14		输出电压	状态代号
ON	1	ON	1	OFF	0	OFF	0	$+E$	P
OFF	0	ON	1	ON	1	OFF	0	0	C
OFF	0	OFF	0	ON	1	ON	1	$-E$	N

表 10-8　三电平逆变器 27 个输出状态

PPP	PPN	PPC	PCN	PCC	PNN	PCP	PNC	PNP
CCC	CPN	CPC	CCN	CPP	CNN	CCP	CNC	CNP
NNN	NPN	NPC	NCN	NPP	NCC	NCP	NNC	NNP

这 27 种输出状态所对应的空间矢量分布如图 10-47 所示。从图中可以看出，同一电压矢量可以对应不同的开关状态，越往内层，对应的冗余开关状态越多。因此，27 组开关状态实际上只对应着 19 个空间矢量。这些矢量被称为三电平变换器的基本空间矢量，简称基本矢量。

对于三电平逆变器的 SVPWM 控制，是利用 19 个基本矢量，使其在一个采样周期 T 内的平均值与给定参考电压矢量等效。将图 10-47 中的空间电压矢量分为 6 个大的扇区，每个扇区为 60°，根据矢量的幅值和幅角把每个大的扇区再分为 4 个三角型小区间（A、B、C、D）和 4 种矢量模式组合，则一共有 24 个小三角型区间。图 10-48 所示为 0°～60°扇区。

为了进行 SVPWM 控制，计算出各个功率开关的占空比，首先要确定参考电压矢量所在的区域。假设 m 为调制度，$m=\left(\sqrt{3}U_m\right)/(2E)$；$\theta$ 为参考电压矢量的幅角；U_m 为输出相电压的峰值；E 为主电路直流母线电压的 1/2，则参考电压矢量所在区间的判断方法如下：

区间一：$2\times m\times\sin(\theta+60°)<1$，对应三角形区域 A。

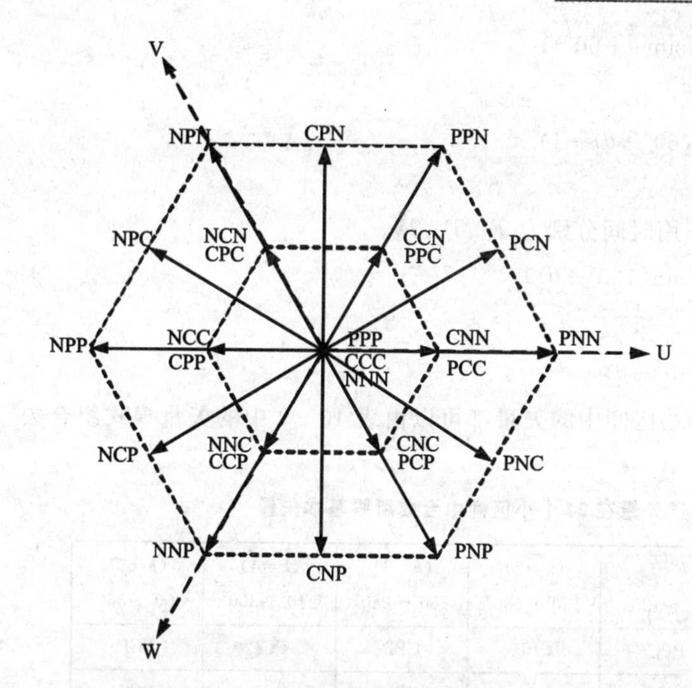

图 10－47　三电平逆变器空间电压矢量分布

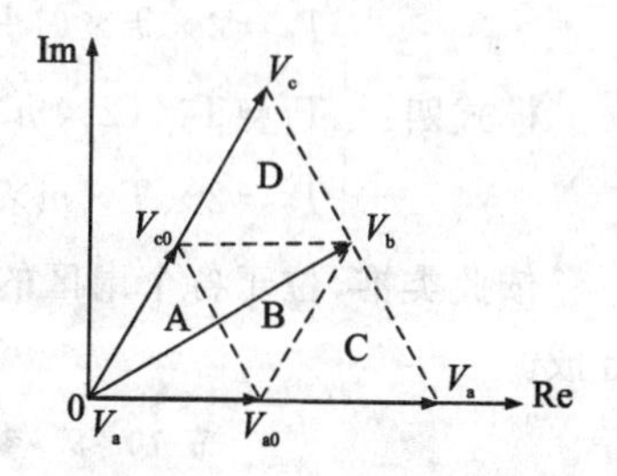

图 10－48　0°～ 60°扇区中小区间划分

区间二：$2\times m\times\sin(\theta+60°)\geqslant1$、$2\times m\times\sin(60°-\theta)<1$ 且 $2\times m\times\sin(\theta)\leqslant1$，对应三角形区域 B。

区间三：$\theta\leqslant30°$，$2\times m\times\sin(60°-\theta)>=1$，对应三角形区域 C。

区间四：$\theta>30°$，$2\times m\times\sin\theta>1$，对应三角形区域 D。

10.4.2　各个基本矢量作用时间计算方法

参考电压矢量不同的小三角区域中的合成方法如下，其中 PWM 周期 $T=T_0+T_1+T_2$。

(1) 参考电压矢量 V_{ref} 在 A 区

V_{ref} 由矢量 V_{a0}、V_0 和 V_{c0} 合成，作用时间分别为 T_0、T_1、T_2。

$$\text{模式一：}\begin{cases}T_0=2\times m\times T\times\sin(60°-\theta)\\T_1=T\times(1-2\times m\times\sin(\theta+60°))\\T_2=2\times m\times T\times\sin(\theta)\end{cases}$$

(2) 参考电压矢量 V_{ref} 在 B 区

V_{ref} 由矢量 V_{a0}、V_b 和 V_{c0} 合成，作用时间分别为 T_0、T_1、T_2。

$$\text{模式二：}\begin{cases}T_0=T\times(1-2\times m\times\sin(\theta))\\T_1=T\times(2\times m\times\sin(60°+\theta)-1)\\T_2=T\times(1-2\times m\times\sin(60°-\theta))\end{cases}$$

(3) 参考电压矢量 V_{ref} 在 C 区

V_{ref} 由矢量 V_{a0}、V_b 和 V_a 合成，作用时间分别为 T_0、T_1、T_2。

模式三：$\begin{cases} T_0 = 2 \times T \times (1 - m \times \sin(\theta + 60°)) \\ T_1 = 2 \times m \times T \times \sin(\theta) \\ T_2 = T \times (2 \times m \times \sin(60° - \theta) - 1) \end{cases}$

(4) 参考电压矢量 V_{ref} 在 D 区

V_{ref} 由矢量 V_{c0}、V_c 和 V_b 合成，作用时间分别为 T_0、T_1、T_2。

模式四：$\begin{cases} T_0 = 2 \times T \times (1 - m \times \sin(120° - \theta)) \\ T_1 = T \times (2 \times m \times \sin\theta - 1) \\ T_2 = 2 \times T \times m \times \sin(60° - \theta) \end{cases}$

依此类推，位于各个扇区的各个小区间中的矢量都可以由表 10－9 中的矢量模式组合去合成。

表 10－9　参考电压矢量在 24 个小区间中合成所需基本矢量

输出状态		(k=0) 0°～60°	(k=1) 60°～120°	(k=2) 120°～180°	(k=3) 180°～240°	(k=4) 240°～300°	(k=5) 300°～360°
模式一 mod=0	区间A	PPC	PPC	CPP	CPP	PCP	PCP
		PCC	CPC	CPC	CCP	CCP	PCC
		CCC	CCC	CCC	CCC	CCC	CCC
		CCN	CCN	NCC	NCC	CNC	CNC
		CNN	NCN	NCN	NNC	NNC	CNN
模式二 mod=1	区间B	PPC	PPC	CPP	CPP	PCP	PCP
		PCC	CPC	CPC	CCP	CCP	PCC
		PCN	CPN	NPC	NCP	CNP	PNC
		CCN	CCN	NCC	NCC	CNC	CNC
		CNN	NCN	NCN	NNC	NNC	CNN
模式三 mod=2	区间C	PCC	CCN	CPC	NCC	CCP	CNC
		PCN	CPN	NPC	NCP	CNP	PNC
		PNN	PPN	NPN	NPP	NNP	PNP
		CNN	PPC	NCN	CPP	NNC	PCP
模式四 mod=3	区间D	PPC	NCN	CPP	NNC	PCP	CNN
		PPN	NPN	NPP	NNP	PNP	PNN
		PCN	CPN	NPC	NCP	CNP	PNC
		CCN	CPC	NCC	CCP	CNC	PCC

各个扇区不同模式的开关函数波形和占空比计算如下：

(1) 第一扇区(0°～60°)

模式一：

PWM 开关顺序表如表 10－10 所列。

表 10-10 PWM 开关顺序表

开关顺序	PPC	PCC	CCC	CCN	CNN	CNN	CCN	CCC	PCC	PPC
状态	110	100	000	00-1	0-1-1	0-1-1	00-1	000	100	110
执行时间	$T_2/4$	$T_0/4$	$T_1/2$	$T_2/4$	$T_0/4$	$T_0/4$	$T_2/4$	$T_1/2$	$T_0/4$	$T_2/4$

开关函数波形如图 10-49 所示。由于每个桥臂的 4 个功率开关是互补导通的,即同时有且只有 2 个功率器件导通,而且导通的 2 个功率开关必须相邻,所以可以仅通过每个桥臂的上桥臂的 2 个功率开关的导通状态来确定整个桥臂的状态。3 个桥臂的 PWM 信号可以表示为:

◇ U_PWMA 表示 U 相上桥臂上管 PWM 波形,T_UA 表示其有效电平的持续时间;
◇ U_PWMB 表示 U 相上桥臂下管 PWM 波形,T_UB 表示其有效电平的持续时间;
◇ V_PWMA 表示 V 相上桥臂上管 PWM 波形,T_VA 表示其有效电平的持续时间;
◇ V_PWMB 表示 V 相上桥臂下管 PWM 波形,T_VB 表示其有效电平的持续时间;
◇ W_PWMA 表示 W 相上桥臂上管 PWM 波形,T_WA 表示其有效电平的持续时间;
◇ W_PWMB 表示 W 相上桥臂下管 PWM 波形,T_WB 表示其有效电平的持续时间。

占空比计算:

T_UA$=T_0/2+T_2/2$;

T_UB$=T$;

T_VA$=T_2/4$;

T_VB$=T-T_0/2$;

T_WA$=0$;

T_WB$=T_0/2+T_1+T_2/2$。

模式二:

PWM 开关顺序表如表 10-11 所列。

表 10-11 PWM 开关顺序表

开关顺序	PPC	PCC	PCN	CCN	CNN	CNN	CCN	PCN	PCC	PPC
状态	110	100	10-1	00-1	0-1-1	0-1-1	00-1	10-1	100	110
执行时间	$T_2/4$	$T_0/4$	$T_1/2$	$T_2/4$	$T_0/4$	$T_0/4$	$T_2/4$	$T_1/2$	$T_0/4$	$T_2/4$

开关函数波形如图 10-50 所示。

占空比计算:

T_UA$=T_0/2+T_1+T_2/2$;

T_UB$=T$;

T_VA$=T_2/2$;

T_VB$=T-T_0/2$;

T_WA$=0$;

T_WB$=T_0/2+T_2/2$。

模式三:

PWM 开关顺序表如表 10-12 所列。

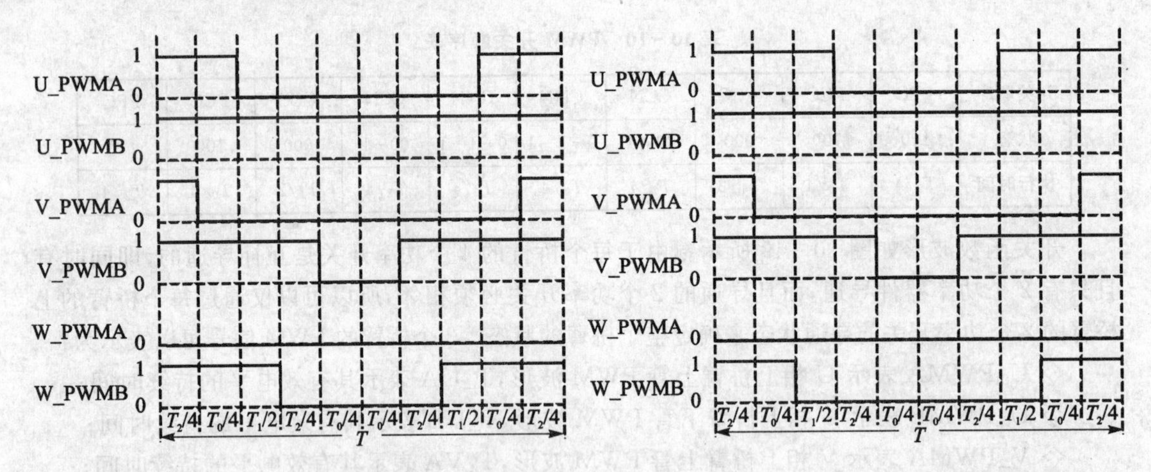

图 10-49　第一扇区模式一的 PWM 波形　　　图 10-50　第一扇区模式二的 PWM 波形

表 10-12　PWM 开关顺序表

开关顺序	PCC	PCN	PNN	CNN	CNN	PNN	PCN	PCC
状态	100	10-1	1-1-1	0-1-1	0-1-1	1-1-1	10-1	100
执行时间	$T_0/4$	$T_1/2$	$T_2/2$	$T_0/4$	$T_0/4$	$T_2/2$	$T_1/2$	$T_0/4$

开关函数波形如图 10-51 所示。

占空比计算：

T_UA=$T-T_0/2$；

T_UB=T；

T_VA=0；

T_VB= $T_0/2+T_1$；

T_WA=0；

T_WB=$T_0/2$。

模式四：

PWM 开关顺序表如表 10-13 所列。

表 10-13　PWM 开关顺序表

开关顺序	PPC	PPN	PCN	CCN	CCN	PCN	PPN	PPC
状态	110	11-1	10-1	00-1	00-1	10-1	11-1	110
执行时间	$T_0/4$	$T_1/2$	$T_2/2$	$T_0/4$	$T_0/4$	$T_2/2$	$T_1/2$	$T_0/4$

开关函数波形如图 10-52 所示。

占空比计算：

T_UA=$T-T_0/2$；

T_UB=T；

T_VA= $T_0/2+T_1$；

T_VB= T；

T_WA=0；

T_WB=$T_0/2$。

(2) 第二扇区(60°～120°)

模式一：

PWM开关顺序表如表10-14所列。

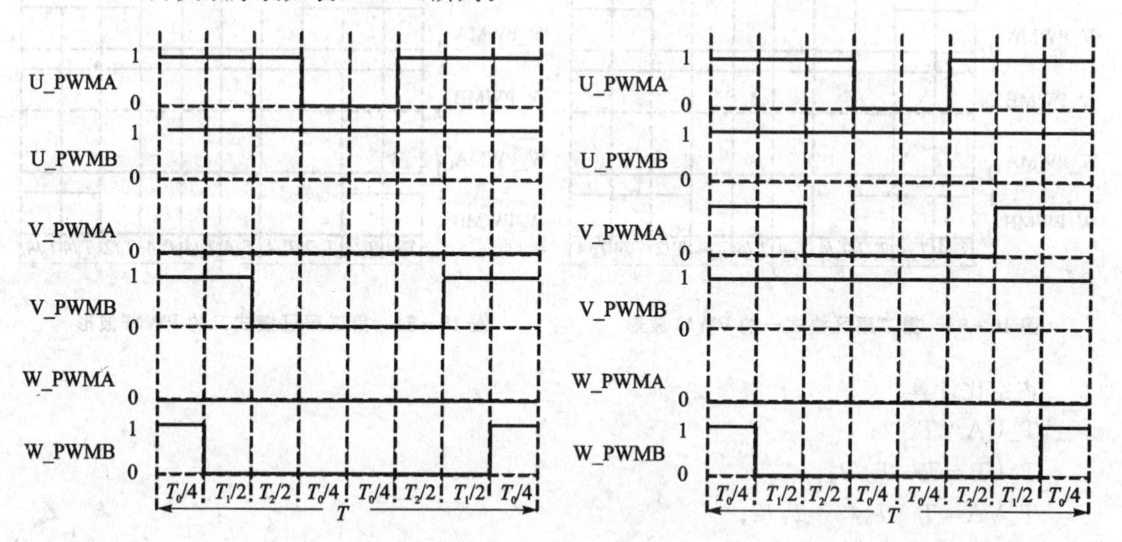

图10-51 第一扇区模式三的PWM波形

图10-52 第一扇区模式四的PWM波形

表10-14 PWM开关顺序表

开关顺序	PPC	CPC	CCC	CCN	NCN	NCN	CCN	CCC	CPC	PPC
状态	110	010	000	00-1	-10-1	-10-1	00-1	000	010	110
执行时间	$T_0/4$	$T_2/4$	$T_1/2$	$T_0/4$	$T_2/4$	$T_2/4$	$T_0/4$	$T_1/2$	$T_2/4$	$T_0/4$

开关函数波形如图10-53所示。

占空比计算：

T_UA=$T_0/2$；

T_UB=$T-T_2/2$；

T_VA= $T_0/2+T_2/2$；

T_VB= T；

T_WA=0；

T_WB=$T-T_0/2$。

模式二：

PWM开关顺序表如表10-15所列。

表10-15 PWM开关顺序表

开关顺序	PPC	CPC	CPN	CCN	NCN	NCN	CCN	CPN	CPC	PPC
状态	110	010	01-1	00-1	-10-1	-10-1	00-1	01-1	010	110
执行时间	$T_0/4$	$T_2/4$	$T_1/2$	$T_0/4$	$T_2/4$	$T_2/4$	$T_0/4$	$T_1/2$	$T_2/4$	$T_0/4$

开关函数波形如图 10－54 所示。

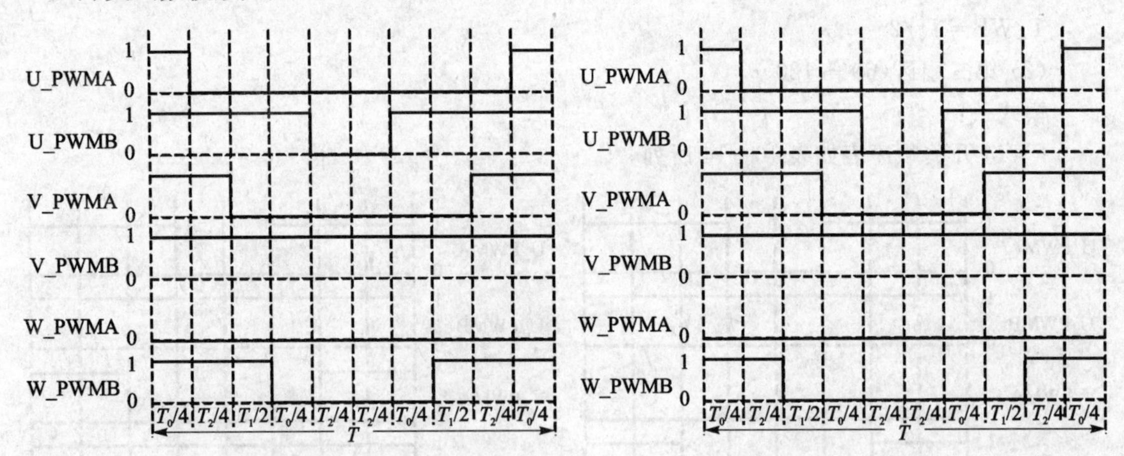

图 10－53　第二扇区模式一的 PWM 波形　　图 10－54　第二扇区模式二的 PWM 波形

占空比计算：

T_UA＝$T_0/2$；

T_UB＝$T-T_2/2$；

T_VA＝$T-T_0/2-T_2/2$；

T_VB＝ T；

T_WA＝0；

T_WB＝ $T_0/2+T_2/2$。

模式三：

PWM 开关顺序表如表 10－16 所列。

表 10－16　PWM 开关顺序表

开关顺序	PPC	PPN	CPN	CCN	CCN	CPN	PPN	PPC
状态	110	11－1	01－1	00－1	00－1	01－1	11－1	110
执行时间	$T_0/4$	$T_2/2$	$T_1/2$	$T_0/4$	$T_0/4$	$T_1/2$	$T_2/2$	$T_0/4$

开关函数波形如图 10－55 所示。

占空比计算：

T_UA＝$T_0/2+T_2$；

T_UB＝T；

T_VA＝$T-T_0/2$；

T_VB＝ T；

T_WA＝0；

T_WB＝ $T_0/2$。

模式四：

PWM 开关顺序表如表 10－17 所列。

表 10-17 PWM 开关顺序表

开关顺序	CPC	CPN	NPN	NCN	NCN	NPN	CPN	CPC
状态	010	01-1	-11-1	-10-1	-10-1	-11-1	01-1	010
执行时间	$T_0/4$	$T_2/2$	$T_1/2$	$T_0/4$	$T_0/4$	$T_1/2$	$T_2/2$	$T_0/4$

开关函数波形如图 10-56 所示。

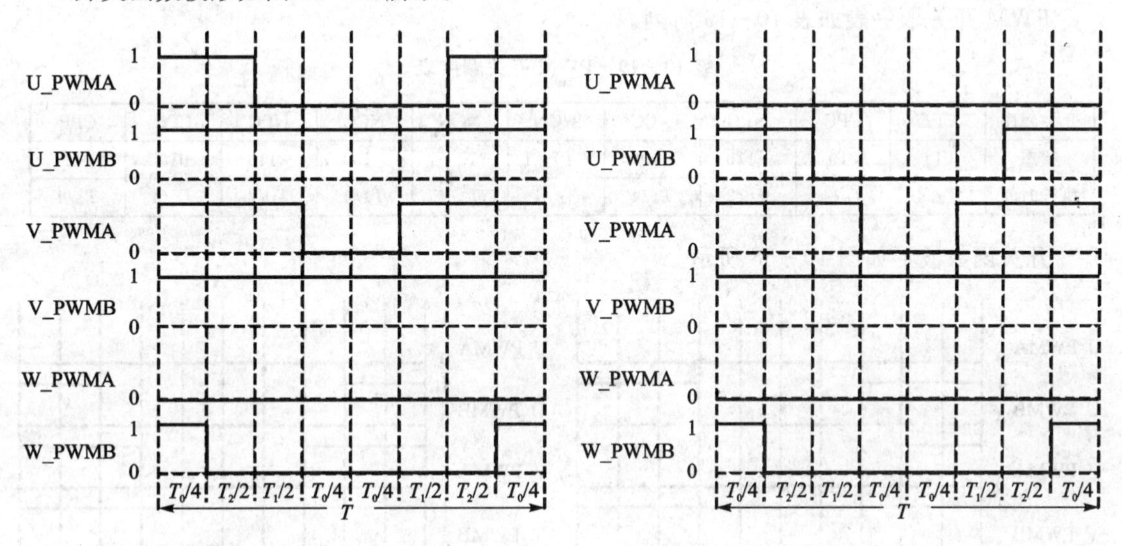

图 10-55 第二扇区模式三的 PWM 波形　　图 10-56 第二扇区模式四的 PWM 波形

占空比计算：

T_UA=0;

T_UB= $T_0/2+T_2$;

T_VA=$T-T_0/2$;

T_VB= T;

T_WA=0;

T_WB= $T_0/2$。

(3) 第三扇区(120°～180°)

模式一：

PWM 开关顺序表如表 10-18 所列。

表 10-18 PWM 开关顺序表

开关顺序	CPP	CPC	CCC	NCC	NCN	NCN	NCC	CCC	CPC	CPP
状态	011	010	000	−100	−10−1	−10−1	−100	000	010	011
执行时间	$T_2/4$	$T_0/4$	$T_1/2$	$T_2/4$	$T_0/4$	$T_0/4$	$T_2/4$	$T_1/2$	$T_0/4$	$T_2/4$

开关函数波形如图 10-57 所示。

占空比计算：

T_UA=0;

T_UB= $T_0/2+T_1+T_2/2$；

T_VA=$T_0/2+T_2/2$；

T_VB= T；

T_WA=$T_2/2$；

T_WB= $T-T_0/2$。

模式二：

PWM 开关顺序表如表 10－19 所列。

表 10－19　PWM 开关顺序表

开关顺序	CPP	CPC	NPC	NCC	NCN	NCN	NCC	NPC	CPC	CPP
状态	011	010	－110	－100	－10－1	－10－1	－100	－110	010	011
执行时间	$T_2/4$	$T_0/4$	$T_1/2$	$T_2/4$	$T_0/4$	$T_0/4$	$T_2/4$	$T_1/2$	$T_0/4$	$T_2/4$

开关函数波形如图 10－58 所示。

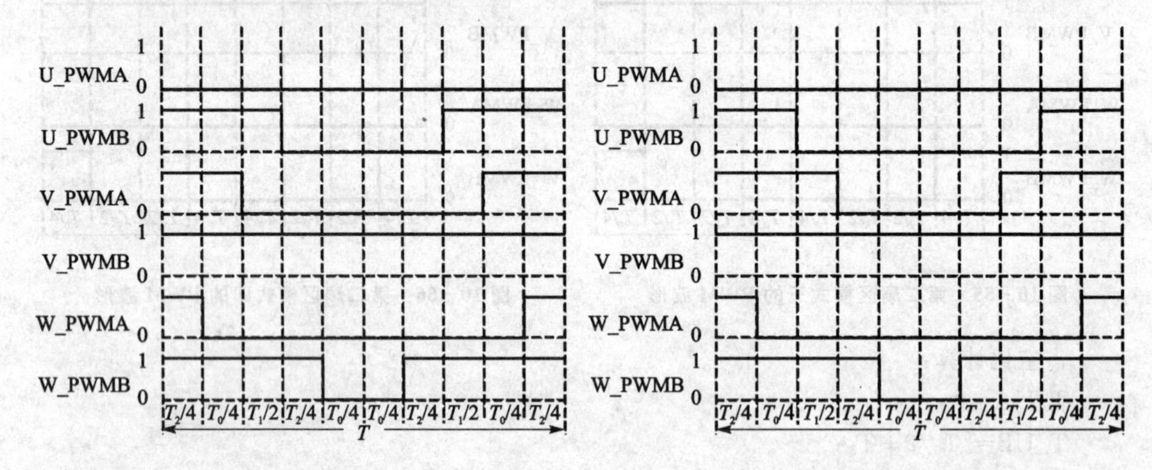

图 10－57　第三扇区模式一的 PWM 波形　　图 10－58　第三扇区模式二的 PWM 波形

占空比计算：

T_UA=0；

T_UB= $T_0/2+T_2/2$；

T_VA=$T_0/2+T_1+T_2/2$；

T_VB= T；

T_WA=$T_2/2$；

T_WB= $T-T_0/2$。

模式三：

PWM 开关顺序表如表 10－20 所列。

表 10－20　PWM 开关顺序表

开关顺序	CPC	NPC	NPN	NCN	NCN	NPN	NPC	CPC
状态	010	－110	－11－1	－10－1	－10－1	－11－1	－110	010
执行时间	$T_0/4$	$T_1/2$	$T_2/2$	$T_0/4$	$T_0/4$	$T_2/2$	$T_1/2$	$T_0/4$

开关函数波形如图10-59所示。

占空比计算：

T_UA=0；

T_UB= $T_0/2$；

T_VA=$T-T_0/2$；

T_VB= T；

T_WA=0；

T_WB= $T_0/2+T_1$。

模式四：

PWM开关顺序表如表10-21所列。

表10-21 PWM开关顺序表

开关顺序	CPP	NPP	NPC	NCC	NCC	NPC	NPP	CPP
状态	011	-111	-110	-100	-100	-110	-111	011
执行时间	$T_0/4$	$T_1/2$	$T_2/2$	$T_0/4$	$T_0/4$	$T_2/2$	$T_1/2$	$T_0/4$

开关函数波形如图10-60所示。

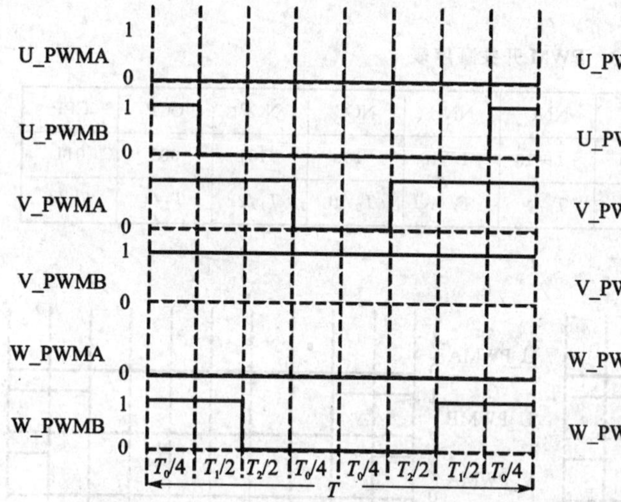

图10-59 第三扇区模式三的PWM波形

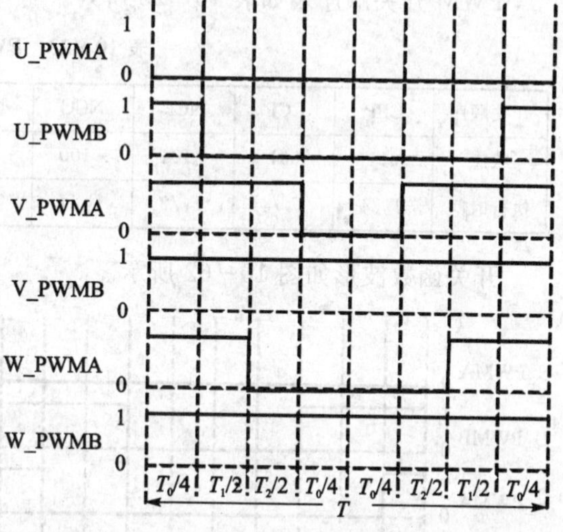

图10-60 第三扇区模式四的PWM波形

占空比计算：

T_UA=0；

T_UB= $T_0/2$；

T_VA=$T-T_0/2$；

T_VB= T；

T_WA= $T_0/2+T_1$；

T_WB=T。

(4) 第四扇区(180°～240°)

模式一：

PWM 开关顺序表如表 10－22 所列。

表 10－22　PWM 开关顺序表

开关顺序	CPP	CCP	CCC	NCC	NNC	NNC	NCC	CCC	CCP	CPP
状态	011	001	000	－100	－1－10	－1－10	－100	000	001	011
执行时间	$T_0/4$	$T_2/4$	$T_1/2$	$T_0/4$	$T_2/4$	$T_2/4$	$T_0/4$	$T_1/2$	$T_2/4$	$T_0/4$

开关函数波形如图 10－61 所示。

占空比计算：

T_UA＝0；

T_UB＝ $T-T_0/2-T_2/2$；

T_VA＝$T_0/2$；

T_VB＝ $T-T_2/2$；

T_WA＝ $T_0/2+T_2/2$；

T_WB＝T。

模式二：

PWM 开关顺序表如表 10－23 所列。

表 10－23　PWM 开关顺序表

开关顺序	CPP	CCP	NCP	NCC	NNC	NNC	NCC	NCP	CCP	CPP
状态	011	001	－101	－100	－1－10	－1－10	－100	－101	001	011
执行时间	$T_0/4$	$T_2/4$	$T_1/2$	$T_0/4$	$T_2/4$	$T_2/4$	$T_0/4$	$T_1/2$	$T_2/4$	$T_0/4$

开关函数波形如图 10－62 所示。

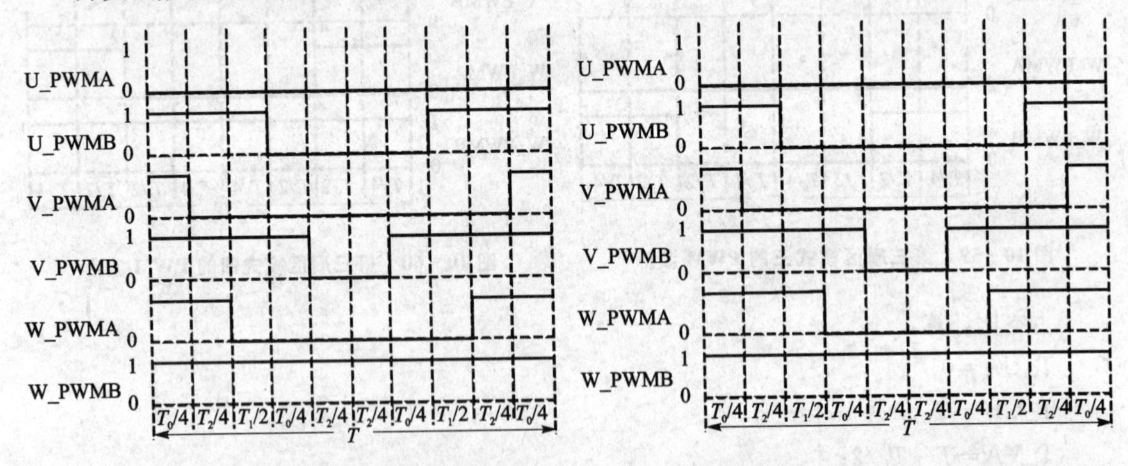

图 10－61　第四扇区模式一的 PWM 波形　　图 10－62　第四扇区模式二的 PWM 波形

占空比计算：

T_UA＝0；

T_UB＝ $T_0/2+T_2/2$；

T_VA=$T_0/2$；

T_VB= $T-T_2/2$；

T_WA= $T-T_0/2-T_2/2$；

T_WB=T。

模式三：

PWM开关顺序表如表10-24所列。

表10-24　PWM开关顺序表

开关顺序	CPP	NPP	NCP	NCC	NCC	NCP	NPP	CPP
状态	011	-111	-101	-100	-100	-101	-111	011
执行时间	$T_0/4$	$T_2/2$	$T_1/2$	$T_0/4$	$T_0/4$	$T_1/2$	$T_2/2$	$T_0/4$

开关函数波形如图10-63所示。

占空比计算：

T_UA=0；

T_UB= $T_0/2$；

T_VA=$T_0/2+T_2$；

T_VB= T；

T_WA= $T-T_0/2$；

T_WB=T。

模式四：

PWM开关顺序表如表10-25所列。

表10-25　PWM开关顺序表

开关顺序	CCP	NCP	NNP	NNC	NNC	NNP	NCP	CCP
状态	001	-101	-1-11	-1-10	-1-10	-1-11	-101	001
执行时间	$T_0/4$	$T_2/2$	$T_1/2$	$T_0/4$	$T_0/4$	$T_1/2$	$T_2/2$	$T_0/4$

开关函数波形如图10-64所示。

占空比计算：

T_UA=0；

T_UB= $T_0/2$；

T_VA=0；

T_VB= $T_0/2+T_2$；

T_WA= $T-T_0/2$；

T_WB=T。

(5) 第五扇区(240°～300°)

模式一：

PWM开关顺序表如表10-26所列。

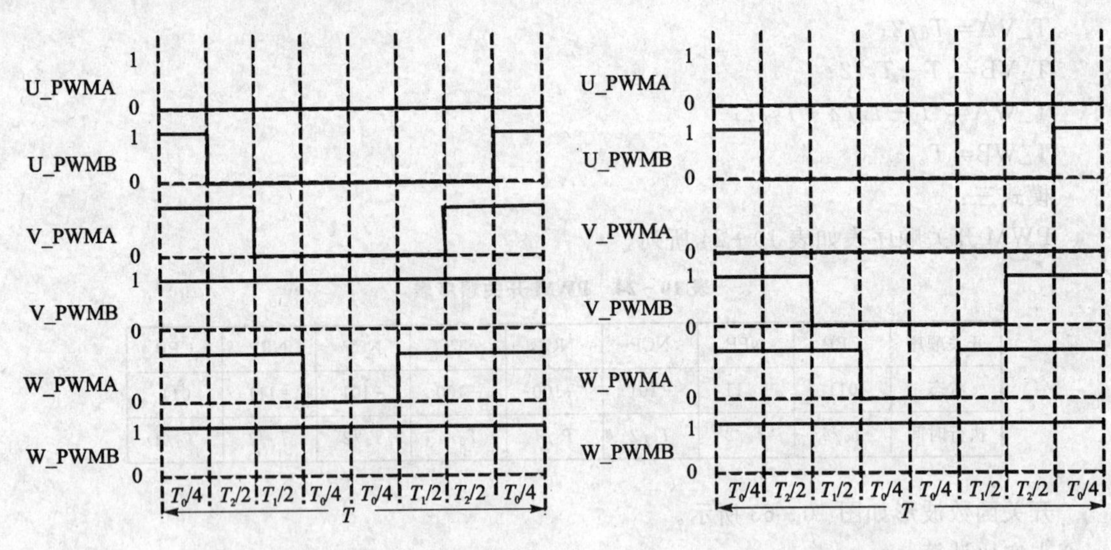

图 10-63　第四扇区模式三的 PWM 波形

图 10-64　第四扇区模式四的 PWM 波形

表 10-26　PWM 开关顺序表

开关顺序	PCP	CCP	CCC	CNC	NNC	NNC	CNC	CCC	CCP	PCP
状态	101	001	000	0-10	-1-10	-1-10	0-10	000	001	101
执行时间	$T_2/4$	$T_0/4$	$T_1/2$	$T_2/4$	$T_0/4$	$T_0/4$	$T_2/4$	$T_1/2$	$T_0/4$	$T_2/4$

开关函数波形如图 10-65 所示。

占空比计算：

T_UA＝$T_2/2$；

T_UB＝ $T-T_0/2$；

T_VA＝0；

T_VB＝ $T_0/2+T_1+T_2/2$；

T_WA＝ $T_0/2+T_2/2$；

T_WB＝T。

模式二：

PWM 开关顺序表如表 10-27 所列。

表 10-27　PWM 开关顺序表

开关顺序	PCP	CCP	CNP	CNC	NNC	NNC	CNC	CNP	CCP	PCP
状态	101	001	0-11	0-10	-1-10	-1-10	0-10	0-11	001	101
执行时间	$T_2/4$	$T_0/4$	$T_1/2$	$T_2/4$	$T_0/4$	$T_0/4$	$T_2/4$	$T_1/2$	$T_0/4$	$T_2/4$

开关函数波形如图 10-66 所示。

占空比计算：

T_UA＝$T_2/2$；

T_UB＝ $T-T_0/2$；

T_VA＝0；

T_VB＝ $T_0/2+T_2/2$；

T_WA＝ $T_0/2+T_1+T_2/2$；

T_WB＝T。

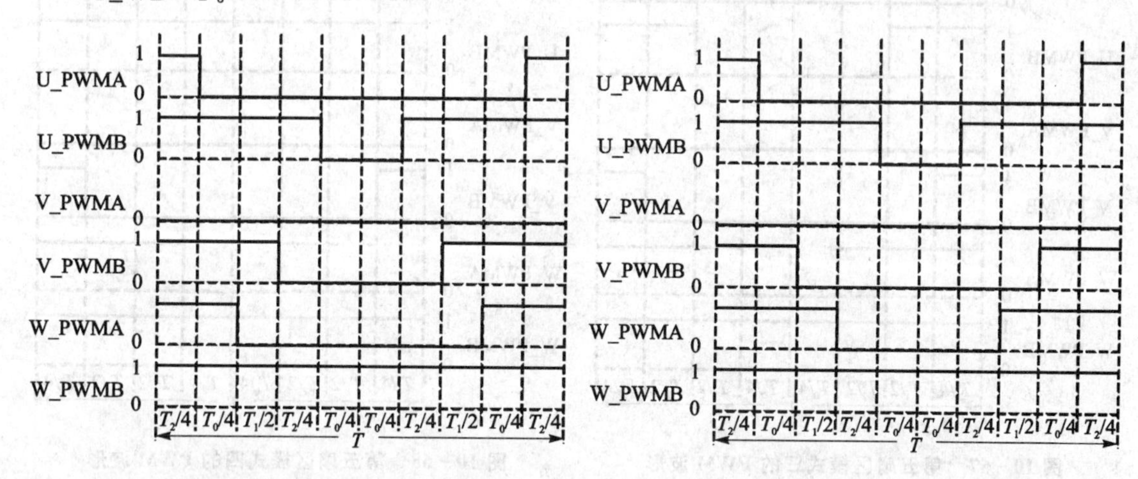

图 10－65　第五扇区模式一的 PWM 波形　　图 10－66　第五扇区模式二的 PWM 波形

模式三：

PWM 开关顺序表如表 10－28 所列。

表 10－28　PWM 开关顺序表

开关顺序	CCP	CNP	NNP	NNC	NNC	NNP	CNP	CCP
状态	001	0－11	－1－11	－1－10	－1－10	－1－11	0－11	001
执行时间	$T_0/4$	$T_1/2$	$T_2/2$	$T_0/4$	$T_0/4$	$T_2/2$	$T_1/2$	$T_0/4$

开关函数波形如图 10－67 所示。

占空比计算：

T_UA＝0；

T_UB＝ $T_0/2+T_1$；

T_VA＝0；

T_VB＝ $T_0/2$；

T_WA＝ $T-T_0/2$；

T_WB＝T。

模式四：

PWM 开关顺序表如表 10－29 所列。

表 10－29　PWM 开关顺序表

开关顺序	PCP	PNP	CNP	CNC	CNC	CNP	PNP	PCP
状态	101	1－11	0－11	0－10	0－10	0－11	1－11	101
执行时间	$T_0/4$	$T_1/2$	$T_2/2$	$T_0/4$	$T_0/4$	$T_2/2$	$T_1/2$	$T_0/4$

开关函数波形如图 10－68 所示。

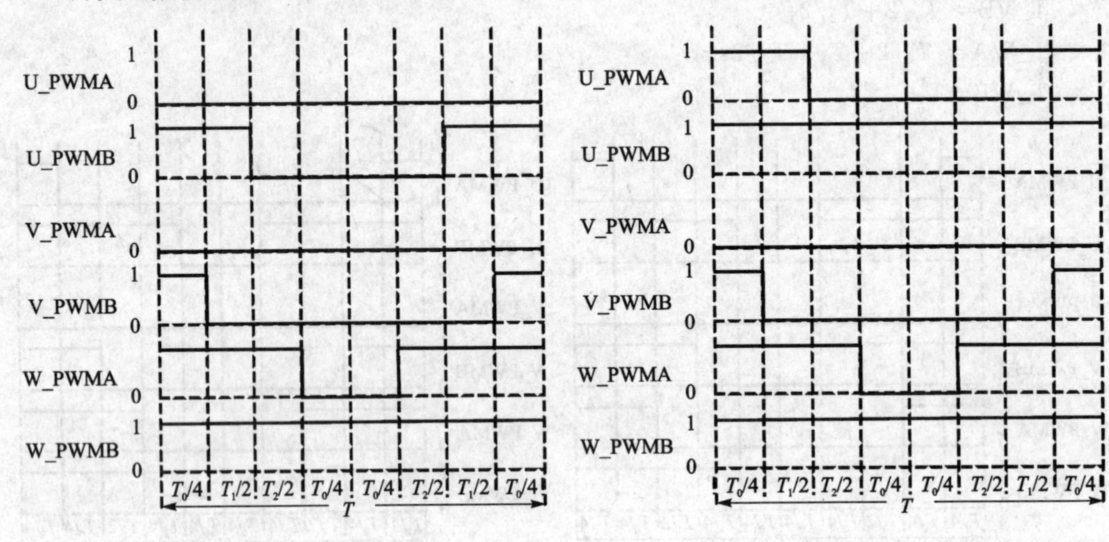

图 10－67　第五扇区模式三的 PWM 波形　　**图 10－68　第五扇区模式四的 PWM 波形**

占空比计算：

T_UA＝ $T_0/2+T_1$；

T_UB＝T；

T_VA＝0；

T_VB＝ $T_0/2$；

T_WA＝ $T-T_0/2$；

T_WB＝T。

(6) 第六扇区(300°～360°)

模式一：

PWM 开关顺序表如表 10－30 所列。

表 10－30　PWM 开关顺序表

开关顺序	PCP	PCC	CCC	CNC	CNN	CNN	CNC	CCC	PCC	PCP
状态	101	100	000	0－10	0－1－1	0－1－1	0－10	000	100	101
执行时间	$T_0/4$	$T_2/4$	$T_1/2$	$T_0/4$	$T_2/4$	$T_2/4$	$T_0/4$	$T_1/2$	$T_2/4$	$T_0/4$

开关函数波形如图 10－69 所示。

占空比计算：

T_UA＝ $T_0/2+T_2/2$；

T_UB＝T；

T_VA＝0；

T_VB＝ $T-T_0/2-T_2/2$；

T_WA＝ $T_0/2$；

T_WB＝$T-T_2/2$。

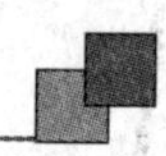

模式二：

PWM 开关顺序表如表 10－31 所列。

表 10－31　PWM 开关顺序表

开关顺序	PCP	PCC	PNC	CNC	CNN	CNN	CNC	PNC	PCC	PCP
状态	101	100	1－10	0－10	0－1－1	0－1－1	0－10	1－10	100	101
执行时间	$T_0/4$	$T_2/4$	$T_1/2$	$T_0/4$	$T_2/4$	$T_2/4$	$T_0/4$	$T_1/2$	$T_2/4$	$T_0/4$

开关函数波形如图 10－70 所示。

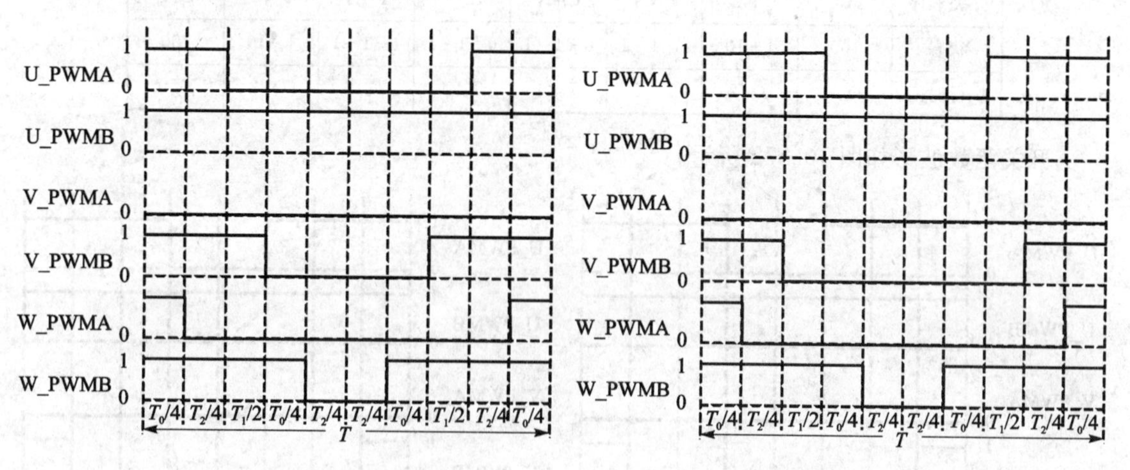

图 10－69　第六扇区模式一的 PWM 波形　　**图 10－70　第六扇区模式二的 PWM 波形**

占空比计算：

T_UA＝ $T-T_0/2-T_2/2$；

T_UB＝T；

T_VA＝0；

T_VB＝ $T_0/2+T_2/2$；

T_WA＝ $T_0/2$；

T_WB＝$T-T_2/2$。

模式三：

PWM 开关顺序表如表 10－32 所列。

表 10－32　PWM 开关顺序表

开关顺序	PCP	PNP	PNC	CNC	CNC	PNC	PNP	PCP
状态	101	1－11	1－10	0－10	0－10	1－10	1－11	101
执行时间	$T_0/4$	$T_2/2$	$T_1/2$	$T_0/4$	$T_0/4$	$T_1/2$	$T_2/2$	$T_0/4$

开关函数波形如图 10－71 所示。

占空比计算：

T_UA＝ $T-T_0/2$；

T_UB＝T；

T_VA=0；

T_VB= $T_0/2$；

T_WA= $T_0/2+T_2$；

T_WB=T。

模式四：

PWM开关顺序表如表10-33所列。

表10-33 PWM开关顺序表

开关顺序	PCC	PNC	PNN	CNN	CNN	PNN	PNC	PCC
状态	100	1-10	1-1-1	0-1-1	0-1-1	1-1-1	1-10	100
执行时间	$T_0/4$	$T_2/2$	$T_1/2$	$T_0/4$	$T_0/4$	$T_1/2$	$T_2/2$	$T_0/4$

开关函数波形如图10-72所示。

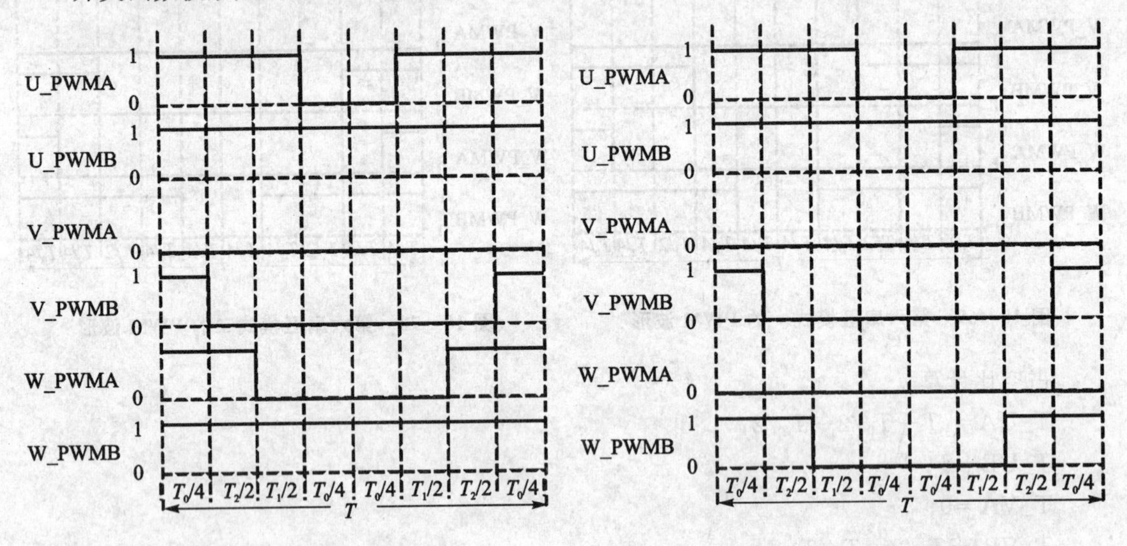

图10-71 第六扇区模式三的PWM波形

图10-72 第六扇区模式四的PWM波形

占空比计算：

T_UA= $T-T_0/2$；

T_UB=T；

T_VA=0；

T_VB= $T_0/2$；

T_WA= 0；

T_WB= $T_0/2+T_2$。

10.4.3 三电平SVPWM控制的DSP实现

本例程中，通过DSP的片内两个PWM模块PWMA和PWMB的12个通道对三电平逆变器的功率开关进行控制，如图10-73所示。

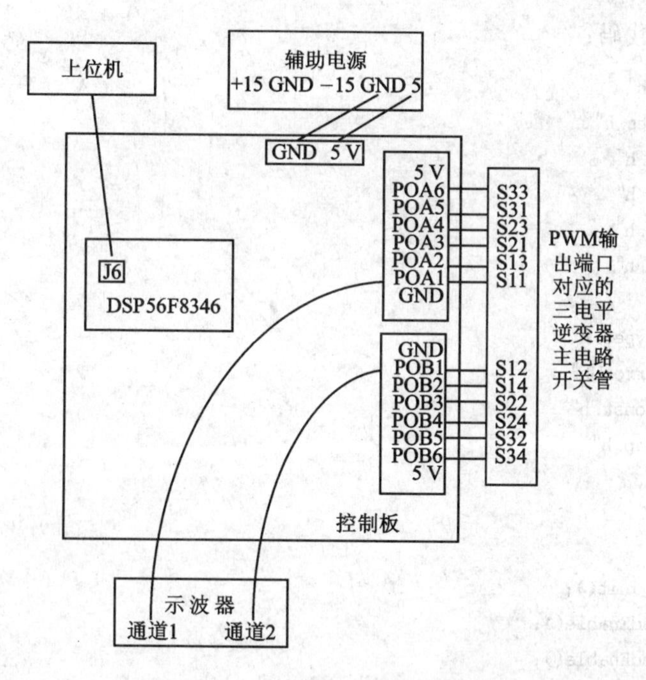

图 10-73　三电平控制器系统配置

给定输出波形的频率为 50 Hz，利用空间矢量 PWM 算法(SVPWM)计算出每个通道 PWM 重载周期三电平的 12 个开关函数波形的占空比。该占空比赋给两个 PWM 模块的 12 个通道，利用示波器可以观察出三电平一相输出电压的 PWM 波形。本例程的软件程序流程如图 10-74 所示。其中，K 为扇区号 0～5；theta 为矢量的幅角；m 为调制度。

具体步骤如下：

(1) 创建工程。打开 CodeWarrior IDE，在 File 菜单中选择 New 选项。工程名为 PWM_3_level。

(2) 添加嵌入豆。首先在 PE 选项卡的 Beans 下面右击，在弹出的菜单中选择 Add Bean(s)…，添加 2 个 PWM 模块、1 个 MFR 和 1 个 TFR 模块。

(3) 在嵌入豆监视器窗口中对 2 个 PWM 模块进行设置，分别选择 PWMA 和 PWMB 模块、中心对齐方式、互补通道模式、中断使能、开关频率为 10 kHz、死区时间为 8 μs。

(4) 对 TFR 和 MFR 进行设置。

(5) 在嵌入豆监视器窗口中，对 PWMA 和 PWMB 模块的 Methods 选项设置需要生成的模块子程序。

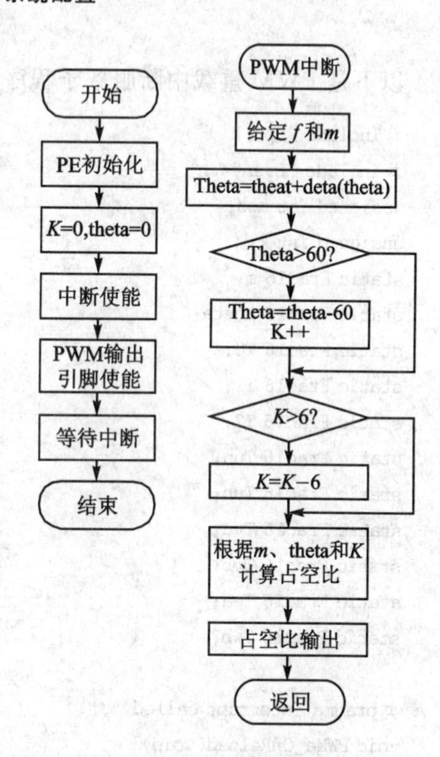

图 10-74　软件流程

(6) 单击 Project 菜单下的 Make 选项，PE 将自动生成嵌入豆子程序。

(7) 编写主程序和 PWM 重载中断服务程序。

以下是主程序代码：

```
#include "Cpu.h"
#include "Events.h"
#include "PWMa.h"
#include "PWMb.h"
#include "TFR1.h"
#include "MFR1.h"

#include "PE_Types.h"
#include "PE_Error.h"
#include "PE_Const.h"
#include "IO_Map.h"

void main(void)
{
  PE_low_level_init();
  PWMa_OutputPadEnable();
  PWMb_OutputPadEnable();
  for(;;) {}
}
```

以下是 PWM 重载中断服务子程序代码：

```
#include "Cpu.h"
#include "Events.h"
unsigned int mod;
unsigned int k;
static Frac16 m;                    //调制度;Frac16 为有符号小数(-32768～32767)
static Frac16 theta;                //合成矢量的幅角
static Frac16 T0;                   //第一个基本矢量的执行时间
static Frac16 T1;                   //第二个基本矢量的执行时间
static Frac16 T2;                   //第三个基本矢量的执行时间
static Frac16 Tua;
static Frac16 Tub;
static Frac16 Tva;
static Frac16 Tvb;
static Frac16 Twa;
static Frac16 Twb;

#pragma interrupt called
void PWMa_OnReload(void)
{
theta = theta + 655;
/*360/100 即 32767*2/100,100 = 5000/50;655 为输出频率是 50 Hz 时的角度增量*/
if(theta>10922)                     //theta>60°
{
```

```
    theta = theta - 10922;
    k++;
  }
  if(k == 6)
  k = 0;
  m = 28376;                                              //调制度 m = Sqrt(3) * u/(2 * E) * 32767
  if(mult_r(m,TFR1_tfr16SinPIx(theta + 10922))<16384)     //矢量位于三角形 A 中
  {
    mod = 0;
    T0 = 2 * mult_r(m,TFR1_tfr16SinPIx(10922 - theta));
    T1 = 32767 - 2 * mult_r(m,TFR1_tfr16SinPIx(theta + 10922));
    T2 = 2 * mult_r(m,TFR1_tfr16SinPIx(theta));
  }
  else if(mult_r(m,TFR1_tfr16SinPIx(10922 - theta))>16383)      //矢量位于三角形 C 中
  {
     mod = 2;
     T0 = 2 * (32767 - mult_r(m,TFR1_tfr16SinPIx(theta + 10922)));
     T1 = 2 * mult_r(m,TFR1_tfr16SinPIx(theta));
     T2 = 2 * mult_r(m,TFR1_tfr16SinPIx(10922 - theta)) - 32767;
  }
  else if(mult_r(m,TFR1_tfr16SinPIx(theta))>16383)              //矢量位于三角形 D 中
  {
     mod = 3;
     T0 = 2 * (32767 - mult_r(m,TFR1_tfr16SinPIx(21844 - theta)));
     T1 = 2 * mult_r(m,TFR1_tfr16SinPIx(theta)) - 32767;
     T2 = 2 * mult_r(m,TFR1_tfr16SinPIx(10922 - theta));
  }
  else                                                          //矢量位于三角形 B 中
  {
    mod = 1;
    T0 = 32767 - 2 * mult_r(m,TFR1_tfr16SinPIx(theta));
    T1 = 2 * mult_r(m,TFR1_tfr16SinPIx(theta + 10922)) - 32767;
    T2 = 32767 - 2 * mult_r(m,TFR1_tfr16SinPIx(10922 - theta));
  }
  switch(mod)
  {
        case 0:
        {
            switch(k)
            {
                case 0:
                    {
                    Tua = (T0>>1) + (T2/2);
                    Tub = 32767;
                    Tva = T2>>2;
```

```
        Tvb = 32767 - (T0>>1);
        Twa = 0;
        Twb = (T0>>1) + T1 + (T2>>1);
        }
        break;
        //第一扇区模式一
    case 1:
        {
        Tua = T0>>1;
        Tub = 32767 - (T2>>1);
        Tva = (T0>>1) + (T2>>1);
        Tvb = 32767;
        Twa = 0;
        Twb = 32767 - (T0>>1);
        }
        break;
        //第二扇区模式一
    case 2:
        {
        Tua = 0;
        Tub = (T0>>1) + T1 + (T2>>1);
        Tva = (T0>>1) + (T2>>1);
        Tvb = 32767;
        Twa = T2>>1;
        Twb = 32767 - (T0>>1);
        }
        break;
        //第三扇区模式一
    case 3:
        {
        Tua = 0;
        Tub = 32767 - (T0>>1) - (T2>>1);
        Tva = T0>>1;
        Tvb = 32767 - (T2>>1);
        Twa = (T0>>1) + (T2>>1);
        Twb = 32767;
        }
        break;
        //第四扇区模式一
    case 4:
        {
        Tua = T2>>1;
        Tub = 32767 - (T0>>1);
        Tva = 0;
        Tvb = (T0>>1) + T1 + (T2>>1);
```

```
            Twa = (T0>>1) + (T2>>1);
            Twb = 32767;
            }
            break;
            //第五扇区模式一
        case 5:
            {
            Tua = (T0>>1) + (T2>>1);
            Tub = 32767;
            Tva = 0;
            Tvb = 32767 - (T0>>1) - (T2>>1);
            Twa = T0>>1;
            Twb = 32767 - (T2>>1);
            }
            break;
            //第六扇区模式一
    }
}
break;
//模式一输出
case 1:
{
    switch(k)
    {
        case 0:
            {
            Tua = (T0>>1) + T1 + (T2>>1);
            Tub = 32767;
            Tva = T2>>1;
            Tvb = 32767 - (T0>>1);
            Twa = 0;
            Twb = (T0>>1) + (T2>>1);
            }
            break;
            //第一扇区模式二
        case 1:
            {
            Tua = T0>>1;
            Tub = 32767 - (T2>>1);
            Tva = 32767 - (T0>>1) - (T2>>1);
            Tvb = 32767;
            Twa = 0;
            Twb = (T0>>1) + (T2>>1);
            }
            break;
```

```
    //第二扇区模式二
case 2:
    {
    Tua = 0;
    Tub = T0>>1 + (T2>>1);
    Tva = (T0>>1) + T1 + (T2>>1);
    Tvb = 32767;
    Twa = T2>>1;
    Twb = 32767 - (T0>>1);
    }
    break;
    //第三扇区模式二
case 3:
    {
    Tua = 0;
    Tub = (T0>>1) + (T2>>1);
    Tva = T0>>1;
    Tvb = 32767 - (T2>>1);
    Twa = 32767 - (T0>>1) - (T2>>1);
    Twb = 32767;
    }
    break;
    //第四扇区模式二
case 4:
    {
    Tua = T2>>1;
    Tub = 32767 - (T0>>1);
    Tva = 0;
    Tvb = (T0>>1) + (T2>>1);
    Twa = (T0>>1) + T1 + (T2>>1);
    Twb = 32767;
    }
    break;
    //第五扇区模式二
case 5:
    {
    Tua = 32767 - (T0>>1) - (T2>>1);
    Tub = 32767;
    Tva = 0;
    Tvb = (T0>>1) + (T2>>1);
    Twa = T0>>1;
    Twb = 32767 - (T2>>1);
    }
    break;
    //第六扇区模式二
```

```
    }
}
break;
//模式二输出
case 2:
{
    switch(k)
    {
      case 0:
          {
          Tua = 32767 - (T0>>1);
          Tub = 32767;
          Tva = 0;
          Tvb = (T0>>1) + T1;
          Twa = 0;
          Twb = T0>>1;
          }
          break;
          //第一扇区模式三
      case 1:
          {
          Tua = (T0>>1) + T2;
          Tub = 32767;
          Tva = 32767 - (T0>>1);
          Tvb = 32767;
          Twa = 0;
          Twb = T0>>1;
          }
          break;
          //第二扇区模式三
      case 2:
          {
          Tua = 0;
          Tub = T0>>1;
          Tva = 32767 - (T0>>1);
          Tvb = 32767;
          Twa = 0;
          Twb = (T0>>1) + T1;
          }
          break;
          //第三扇区模式三
      case 3:
          {
          Tua = 0;
          Tub = T0>>1;
```

```
                Tva = (T0>>1) + T2;
                Tvb = 32767;
                Twa = 32767 - (T0>>1);
                Twb = 32767;
                }
                break;
                //第四扇区模式三
            case 4:
                {
                Tua = 0;
                Tub = (T0>>1) + T1;
                Tva = 0;
                Tvb = T0>>1;
                Twa = 32767 - (T0>>1);
                Twb = 32767;
                }
                break;
                //第五扇区模式三
            case 5:
                {
                Tua = 32767 - (T0>>1);
                Tub = 32767;
                Tva = 0;
                Tvb = T0>>1;
                Twa = (T0>>1) + T2;
                Twb = 32767;
                }
                break;
                //第六扇区模式三
        }
    }
    break;
    //模式三输出
    case 3:
    {
        switch(k)
        {
            case 0:
                {
                Tua = 32767 - (T0>>1);
                Tub = 32767;
                Tva = (T0>>1) + T1;
                Tvb = 32767;
                Twa = 0;
                Twb = T0>>1;
```

```
    }
    break;
    //第一扇区模式四
case 1:
    {
    Tua = 0;
    Tub = (T0>>1) + T2;
    Tva = 32767 - (T0>>1);
    Tvb = 32767;
    Twa = 0;
    Twb = T0>>1;
    }
    break;
    //第二扇区模式四
case 2:
    {
    Tua = 0;
    Tub = T0>>1;
    Tva = 32767 - (T0>>1);
    Tvb = 32767;
    Twa = (T0>>1) + T1;
    Twb = 32767;
    }
    break;
    //第三扇区模式四
case 3:
    {
    Tua = 0;
    Tub = T0>>1;
    Tva = 0;
    Tvb = (T0>>1) + T2;
    Twa = 32767 - (T0>>1);
    Twb = 32767;
    }
    break;
    //第四扇区模式四
case 4:
    {
    Tua = (T0>>1) + T1;
    Tub = 32767;
    Tva = 0;
    Tvb = T0>>1;
    Twa = 32767 - (T0>>1);
    Twb = 32767;
    }
```

```
                break;
                //第五扇区模式四
            case 5:
                {
                Tua = 32767 - (T0>>1);
                Tub = 32767;
                Tva = 0;
                Tvb = T0>>1;
                Twa = 0;
                Twb = (T0>>1) + T2;
                }
                break;
                //第六扇区模式四
        }
    }
    break;
    //模式四输出
}
                PWMa_SetRatio15(0,Tua); //载入 PWMA0 通道占空比
                PWMa_SetRatio15(2,Tva); //载入 PWMA2 通道占空比
                PWMa_SetRatio15(4,Twa); //载入 PWMA4 通道占空比
                PWMa_Load();
                PWMb_SetRatio15(0,Tub); //载入 PWMB0 通道占空比
                PWMb_SetRatio15(2,Tvb); //载入 PWMB2 通道占空比
                PWMb_SetRatio15(4,Twb); //载入 PWMB4 通道占空比
                PWMb_Load();
}
```

(8) 编译链接后将程序下载到目标板上，单击运行图标，程序开始运行。将示波器的 1、2 通道分别接到控制板的 PWMA 和 PWMB 的 0 通道，如图 10－73 所示。将示波器两个通道的波形叠加(MATH＋)，就可以观察到三电平一相输出的电压波形，如图 10－75 所示。

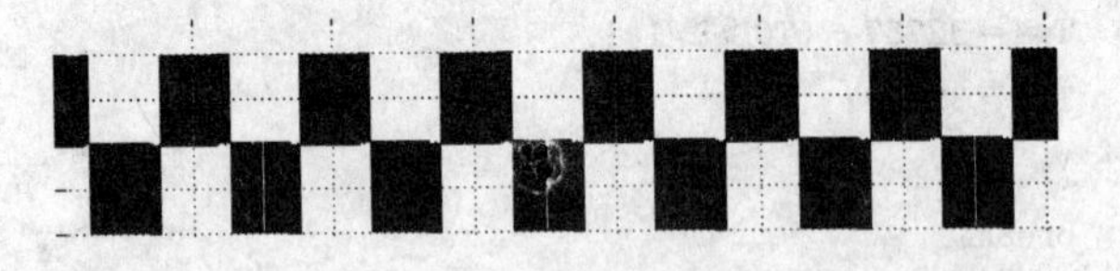

图 10－75　三电平 SVPWM 相电压输出 PWM 波形

第11章 无刷直流电机的DSP控制

无刷直流电机(BLDCM)经历了40多年的发展历程,直到最近10多年才得以迅速推广、应用。这都得益于电力电子技术、微电子技术、计算机技术和稀土永磁材料的发展。稀土永磁无刷直流电机不仅保持了直流电机的较高控制性能,同时还具有可靠性高,结构简单,系统效率高等优点。由于无刷直流电机具有这样一系列优点,所以它特别适合对性能、体积、质量要求较高的场合,比如航空航天、精密仪器、现代家用电器等领域。

无刷直流电机的结构如图11-1所示。在转子铁芯外圆上粘贴径向磁化的瓦形永磁体,再在外面套上不导磁不锈钢材料制成的紧圈,以防止转子高速旋转时永磁体由于离心力而脱落。定子的结构则与普通的同步电机和异步电机相同,在定子铁心中嵌入对称的三相绕组,绕组可以接成星形或者三角形。在气隙磁场为方波的无刷直流电机中,为了获得梯形波的反电动势,定子绕组被设计为集中绕组。

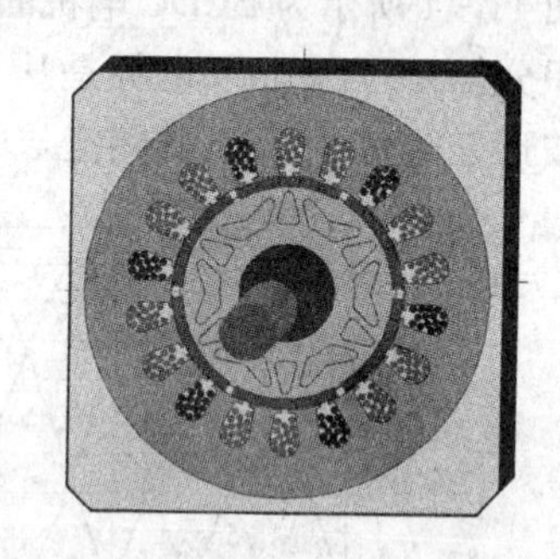

图11-1 无刷直流电机的结构

控制器通常由一个三相逆变桥和相应的控制电路构成。逆变桥的三相桥臂分别接到电机定子的三相绕组上,负责电机换相。控制电路则负责接收来自转子位置传感器的位置信号,检测电机定子电压和电流,并根据一定的控制规律发出控制逆变桥的驱动信号。

转子位置传感器是检测转子磁极相对于定子电枢绕组轴线的位置,并向控制器提供位置信号的一种装置,是无刷直流电机的关键部件。它对电机转子位置进行检测,其输出信号经过逻辑变换后去控制开关管的通断,使电机定子各相绕组按照顺序导通,以保证电机连续工作。根据工作原理的不同,常见的传感器可分为磁敏式、磁电式、光电式、机电式及接近开关等几种形式。其中最常见的有霍尔元件式位置传感器、电磁式位置传感器和光电式位置传感器。

由于位置传感器增加了电机成本、体积、质量,所以产生了无位置传感器控制算法。通过检测电动机的电压、电流等信号,可以判断出转子的位置,从而以软件的形式取代了装在电动机本体上的硬件传感器,降低了硬件成本,提高了系统可靠性,正在越来越多的被应用于实际。本章将介绍基于反电势过零点检测的无位置传感器BLDC电机。

11.1 无刷直流电机控制原理

无刷直流电机的气隙磁场是由转子上的永磁体产生，且磁感应强度沿圆周分布为梯形波，如图 11－2 所示。图中，以转子为参考坐标系，转子交轴为坐标原点，转子直轴为 $\pi/2$ 电角度。忽略定子电枢反应的影响，定子绕组的反电势与气隙磁场磁感应强度和转子转速成正比。这种设计使得输出三相电压为方波时，可以产生旋转磁场，同时转矩脉动最小，如图 11－3 所示。

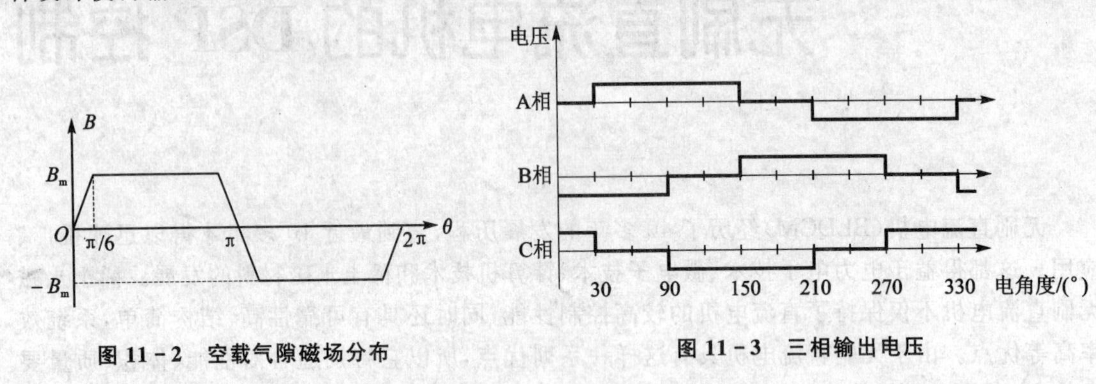

图 11－2 空载气隙磁场分布

图 11－3 三相输出电压

图 11－4 所示为 BLDC 电机的反电势和磁链波形。图中的磁链波形是通过对各相反电势进行积分得到的，各相反电势是从 BLDC 电机的定子端检测得到的。从图中可以看出，反电势的波形近似为梯形波，其幅值与电机实际转速成比例关系。当电机转向发生改变时，反电势

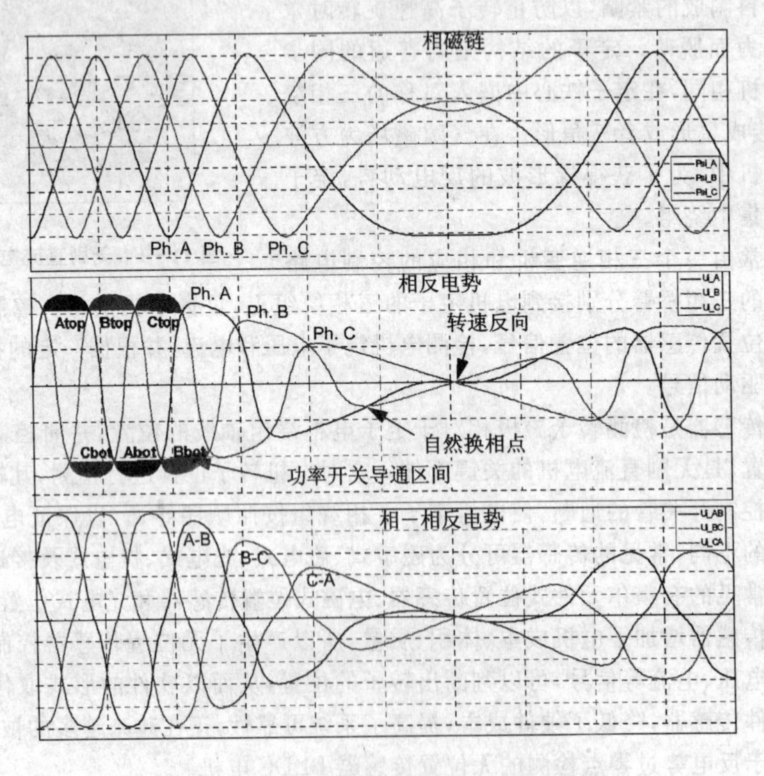

图 11－4 BLDC 电机的反电势和磁链波形

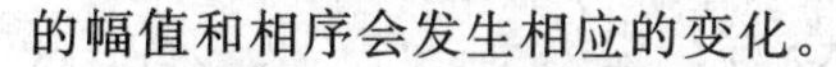

的幅值和相序会发生相应的变化。

在图 11－4 中，反电势的顶端用色块标出的部分代表了逆变器中各相功率开关的换相时刻，以及各相的导通持续时间。从图中可以看出，功率开关是 6 步换相模式。各相反电势的交叉点代表自然换相点，通常换相操作在该点进行。

11.1.1　BLDC 电机模型

无刷直流电机控制系统主要包括电机、逆变器和控制板。因此建立其数学模型时也需要分别加以考虑。现以转子永磁面装式结构、三相无刷直流电机定子电枢绕组 Y 形接法、两相通电模式为例，分析电机运行过程中的数学模型。为了便于分析，现假设：

◇ 定子三相绕组完全对称，空间互差 120°电角度，参数相同；

◇ 转子永磁体产生的气隙磁场为梯形波，三相绕组反电势为梯形波，而且波顶宽度为 120°电角度；

◇ 忽略功率器件的导通和关断时间的影响，功率器件的导通压降恒定，关断后等效电阻无穷大；

◇ 忽略定子绕组电枢反应的影响；

◇ 电机气隙磁导均匀，磁路不饱和，不计磁滞损耗与涡流损耗。

用来分析 BLDC 电机模型和反电势位置检测的简化主电路拓扑结构如图 11－5 所示。

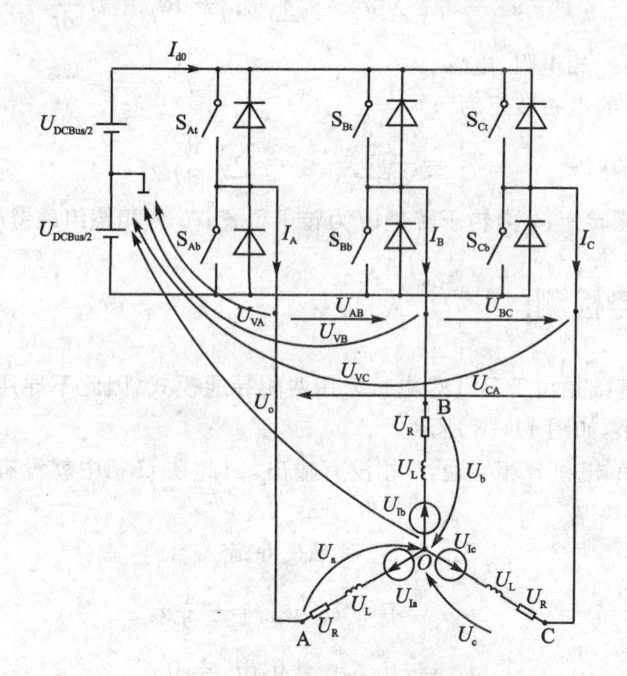

图 11－5　无刷直流电机主电路拓扑

给 BLDC 电机控制系统提供电源的是一个电压源（U_d）。6 个功率开关为 S_{XY}（X 为 A、B 或 C，Y 为 t 或 b），用于控制输出电压。功率开关和反并联二极管均为理想器件。中点电压为直流母线电压的 1/2。由此可以得出

$$u_{A}=\frac{1}{3}\left(2u_{VA}-u_{VB}-u_{VC}+\sum_{x=A}^{C}u_{ix}\right) \tag{11-1}$$

$$u_{B}=\frac{1}{3}\left(2u_{VB}-u_{VC}-u_{VA}+\sum_{x=A}^{C}u_{ix}\right) \tag{11-2}$$

$$u_{C}=\frac{1}{3}\left(2u_{VC}-u_{VA}-u_{VB}+\sum_{x=A}^{C}u_{ix}\right) \tag{11-3}$$

$$u_{O}=\frac{1}{3}\left(\sum_{x=A}^{C}u_{Vx}\sum_{x=A}^{C}u_{ix}\right) \tag{11-4}$$

$$i_{A}+i_{B}+i_{C}=0 \tag{11-5}$$

式中：$u_{VA}\cdots u_{VC}$为支路电压，是逆变器输出端到逆变器零点的电压；$u_{A}\cdots u_{C}$ 为电机相电压；$u_{iA}\cdots u_{iC}$为定子绕组中感生的反电势；u_{O} 为 Y 形电机绕组中点与逆变器零点的电压；$i_{A}\cdots i_{C}$ 为相电流。

考虑到电机的相电阻和电感，并忽略各相绕组之间的互感，由式(11-1)～(11-5)可得

$$u_{VA}-u_{iA}-\frac{1}{3}\left(\sum_{x=A}^{C}u_{Vx}-\sum_{x=A}^{C}u_{ix}\right)=Ri_{A}+L\frac{di_{A}}{dt} \tag{11-6}$$

$$u_{VB}-u_{iB}-\frac{1}{3}\left(\sum_{x=A}^{C}u_{Vx}-\sum_{x=A}^{C}u_{ix}\right)=Ri_{B}+L\frac{di_{B}}{dt} \tag{11-7}$$

$$u_{VC}-u_{iC}-\frac{1}{3}\left(\sum_{x=A}^{C}u_{Vx}-\sum_{x=A}^{C}u_{ix}\right)=Ri_{C}+L\frac{di_{C}}{dt} \tag{11-8}$$

式中：R、L 为电机定子相电阻、电感。

BLDC 电机产生的电磁转矩为

$$T_{e}=\frac{1}{\omega}\sum_{x=A}^{C}u_{ix}i_{x}=\sum_{x=A}^{C}\frac{d\psi_{x}}{d\theta}i_{x} \tag{11-9}$$

式中：T_{e} 为电机电磁转矩；ω 为转子转速；θ 为转子位置；ψ_{x} 为相绕组磁链幅值。

11.1.2 反电势检测

反电势检测的基础是由于 BLDC 电机采用两相导通模式，因此不导通的第三相就可以用来检测反电势的大小，如图 11-3 所示。

假设某一时刻 A 相和 B 相导通，C 相没有输出，因此在 C 相中就没有电流。这种状态可以表示为

S_{Ab} 和 S_{Bt} 被触发导通

$$u_{VA}=\mp\frac{1}{2}u_{d},\ u_{VB}=\pm\frac{1}{2}u_{d}$$

$$i_{A}=-i_{B},\ i_{C}=0, di_{C}=0$$

$$u_{iA}+i_{iB}+u_{iC}=0$$

在这种状态下，支路电压 u_{VC}为

$$u_{VC}=\frac{3}{2}u_{iC} \tag{11-10}$$

如图 11-5 所示，支路电压 u_{VC}可以通过检测逆变器输出端 C 与逆变器零点之间的电压

得到。这样就可以计算出反电势，并识别出反电势的过零点。同样方法可以得到另外两相在不导通时的反电势：

$$u_{Vx} = \frac{3}{2}u_{ix} \tag{11-11}$$

为了检测反电势，必须满足以下两个条件：

(1) 处于对角线上的两个桥臂上的功率开关（一个上管、一个下管）都被同一个 PWM 信号驱动。

(2) 另外一个用于检测反电势的桥臂没有电流流过。

图 11－6 所示为支路电压和电机相绕组电压在 0°～360°范围内的波形。在波形上面标出了一个矩形条，在这个矩形条所标出的范围内其支路电压满足式(11－11)。也就是说，在该区间内可以检测出反电势。

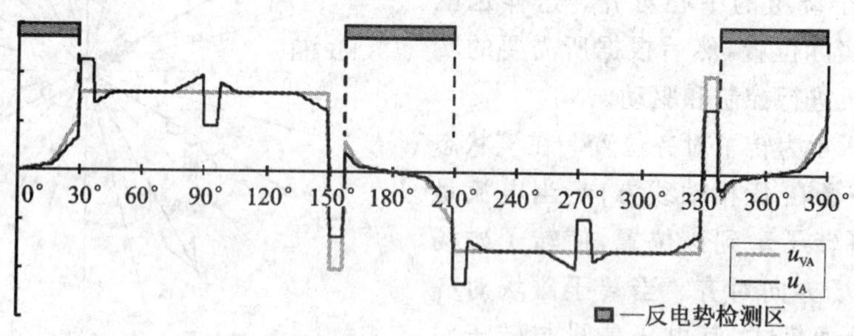

图 11－6　相电压波形

11.1.3　换相操作

电机的反电势检测出来以后，可以找到反电势的过零点，见图 11－6 中的 0°、180°、360°。在反电势过零点处进行适当的换相操作，可以完成 BLDC 电机的连续运行，如图 11－7 所示。例如，在检测到 A 相的反电势过零点时，延时 30°电角度后，驱动 A 相的上管导通，并关断 C 相的下管，完成换相。其他相的反电势检测和换相操作可以依此类推。

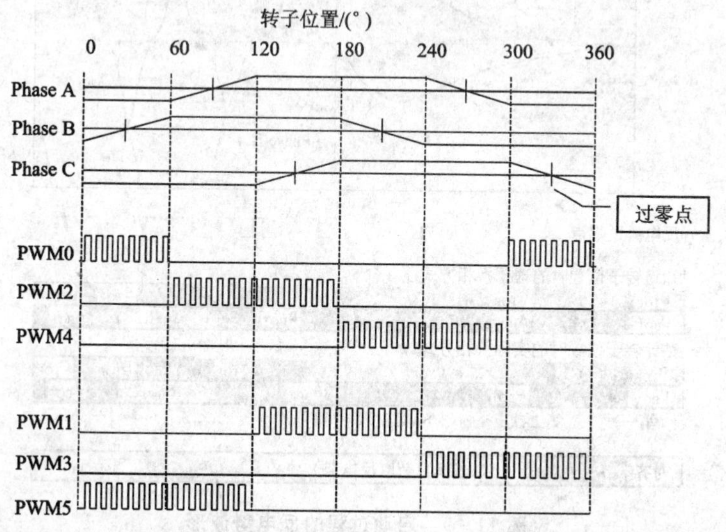

图 11－7　反电势波形与 BLDC 的换相

11.1.4 启动与转子对齐

反电势方法可以检测出转子的位置,但是 BLDC 电机必须在没有检测信号的情况下首先启动起来。而且由于反电势与电机转速成正比关系,所以,在电机转速较低的时候,也不能对转子位置进行正确的检测。因此必须有专门的启动控制算法。

由于 BLDC 电机在启动前处于静止状态,电机的所有相的反电势均为零,所以无法检测出反电势过零点。为了解决 BLDC 电机启动的问题,一个简单的方法就是在启动前,将转子与某一相定子绕组的中心对齐。这样也就确定了转子的实际位置,然后根据所需要的转向和转速对电机进行控制和驱动。

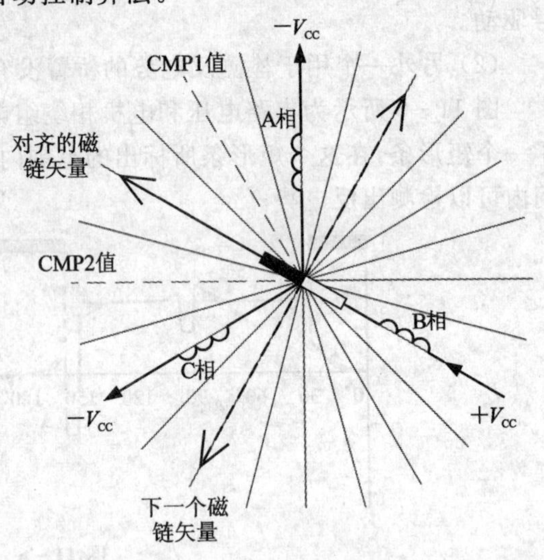

图 11-8 转子对齐位置

图 11-8 所示为转子对齐位置。在该状态下,电机定子磁场在 B 相轴线方向,当电流足够大时,可以将转子牵到该位置,使转子磁场方向与定子磁场方向对齐。当转子磁场对齐后,按照两相导通模式,其电压矢量与转子对齐方向垂直,从而获得最大转矩。

当 BLDC 电机旋转并成功检测到若干反电势过零点之后,准确的换相时间就可以被计算出来。无位置传感器的 BLDC 电机进入运行状态,通过速度调节器可以得到适当的 PWM 占空比。启动过程的反电势波形如图 11-9 所示。

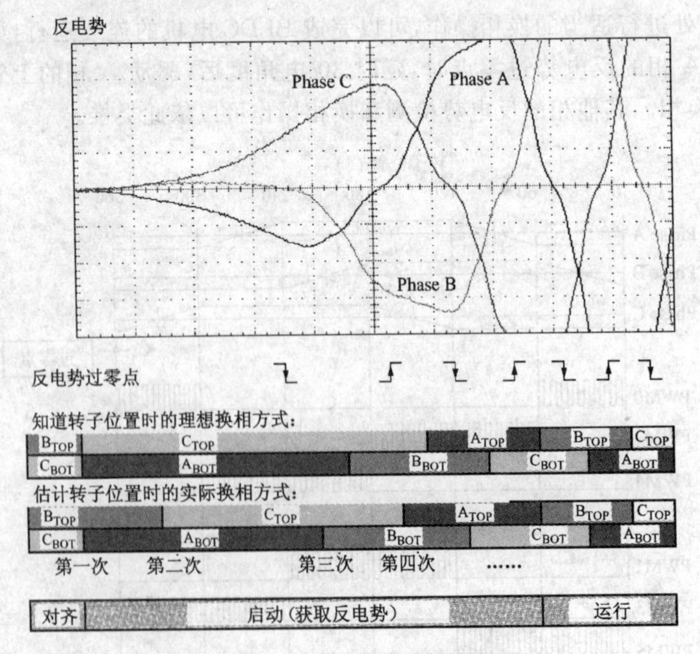

图 11-9 启动过程的反电势波形

11.1.5 速度控制

BLDC电机的速度控制器如图11-10所示。BLDC电机的速度控制是通过反馈电机的实际速度来实现的。反馈的实际电机速度与给定速度进行比较,产生误差信号。该误差信号经过PI调节器产生控制电机的PWM占空比。

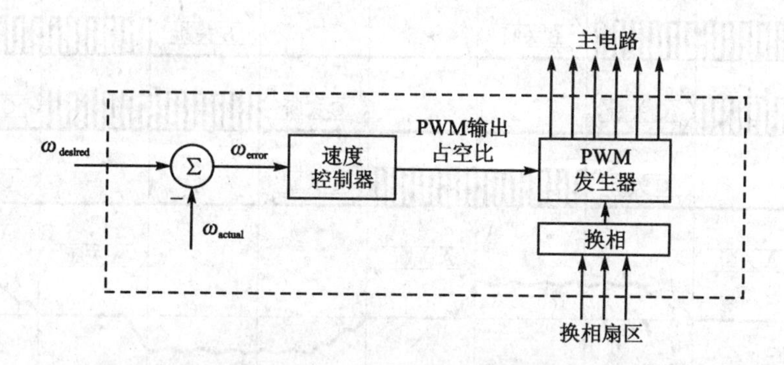

图11-10 BLDC电机的速度控制器

11.2 无刷直流电机控制DSP实现方法

11.2.1 系统构成

三相逆变器主电路为BLDC电机供电,如图11-11所示。DSP的PWM模块提供6路PWM信号,分别控制逆变器的3个桥臂。PWM控制信号及相应的电流波形如图11-12所示。

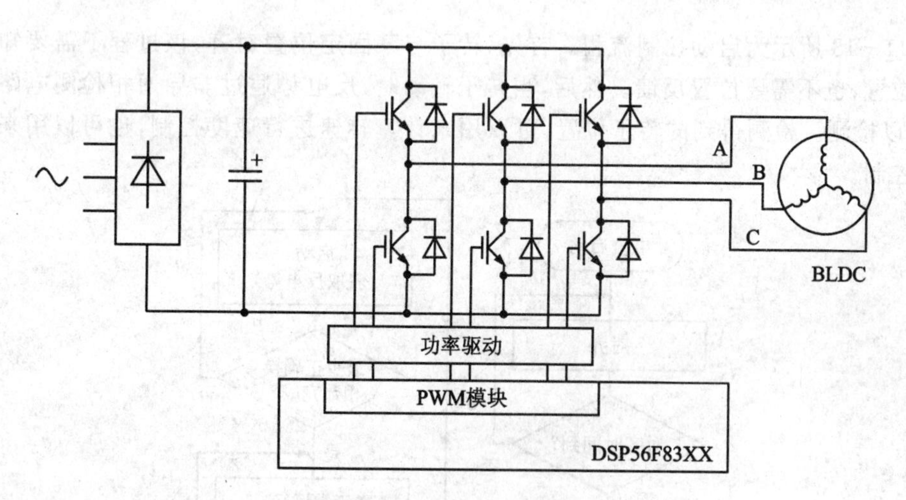

图11-11 BLDC电机主电路

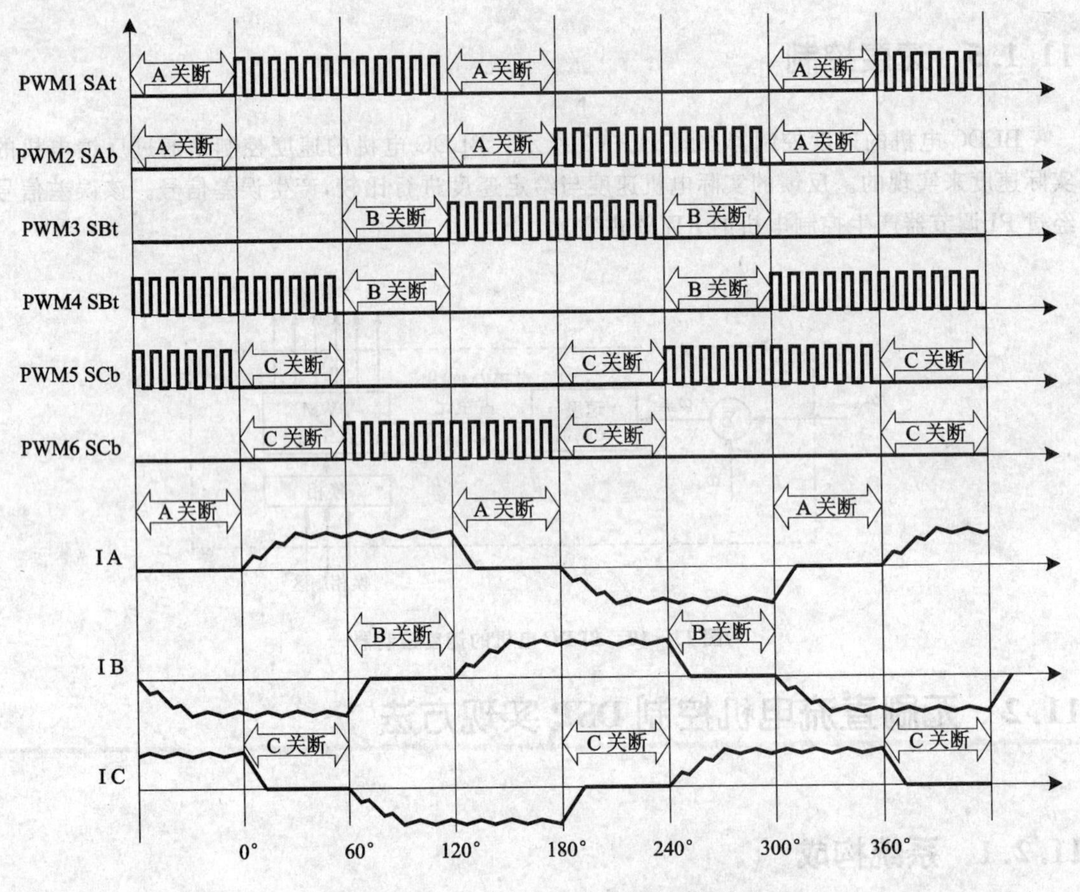

图 11-12　PWM 控制信号及相应电流波形

11.2.2　启动控制

图 11-13 所示为启动控制流程。首先，转子与某固定位置对齐，该过程不需要知道转子的初始位置，也不需要位置反馈。然后，当转子转动时，反电势通过非导通相检测电路并经过 ADC 加以检测。检测得到的转子位置，可以用来计算转速进行速度控制，也可以用来进行电机换相控制。

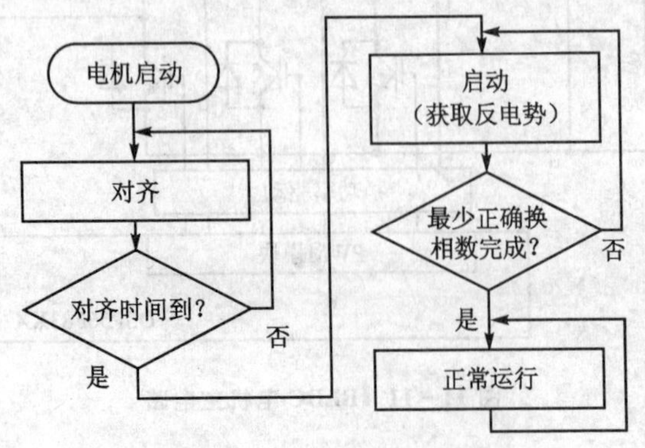

图 11-13　启动控制流程

11.2.3 反电势过零检测与换相控制

当完成一次电机换相过程之后，要设置一定时间延时(Per_Toff[n])，等待反电势波形稳定。这个稳定过程是必须的。这是因为电磁干扰和功率开关中的反并联二极管中的电流会产生一定干扰信号，并叠加到了反电势信号中，从而引起反电势的过零检测失误。

随后，计算出新的换相时间(T2[n])，并把该时间预先装载到一个变量中，一旦在一定时间内由于干扰使得反电势过零点没有检测到，就将在该时间进行换相操作。

如果在换相时间之前检测到了反电势过零点，那么就根据检测到的反电势过零点时刻(T_Zcros[n])计算出实际换相时间(T2* [n])，新的换相操作将按照这个新计算得到的换相时间进行。

这样就可以避免偶尔出现的干扰情况，使得反电势过零检测换相控制策略更加安全可靠。其详细过程如图 11 - 14 所示。

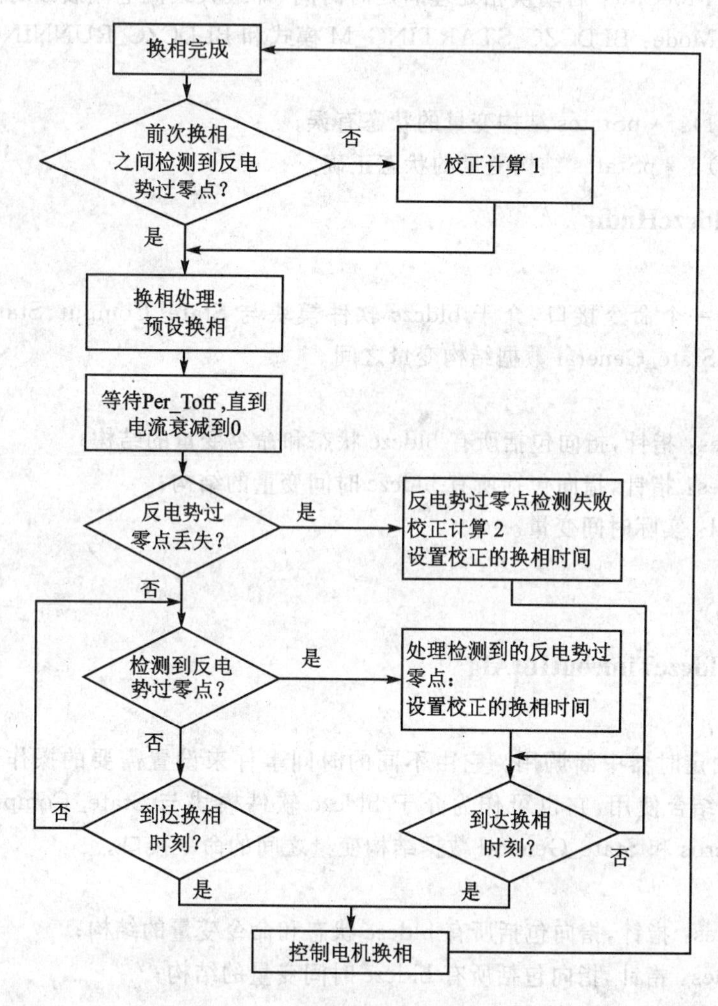

图 11 - 14 反电势过零检测换相过程

11.2.4 反电势过零检测 BLDC 控制的嵌入豆

在 CodeWarrior IDE 软件开发平台的 PE 中，集成了 BLDC 电机反电势过零点检测控制所需的函数库，主要包含 13 个嵌入豆函数。

1. MC1_bldczcHndlrInit

◇ 说明

该函数初始化命令接口：bldczcHndlr()。

◇ 参数

* pStates：指针，指向包括所有 bldczc 状态和命令变量的结构；

* pTimes：指针，指向包括所有 bldczc 时间变量的结构；

T_Actual：实际时间变量；

Start_PerProcCmt：启动换相处理的延时时间(即最大续流电流衰减时间)；

Starting_Mode：BLDCZC_STARTING_M 模式和 BLDCZC_RUNNING_M 模式。

◇ 返回值

FAIL(−1)：* pStates 结构变量的状态有误；

PASS (0)：* pStates 结构变量的状态正确。

2. MC1_bldczcHndlr

◇ 说明

该函数是一个命令接口，介于 bldczc 软件模块与 State_Comput、State_Cmt、State_Zcros 和 State_General 数据结构变量之间。

◇ 参数

* pStates：指针，指向包括所有 bldczc 状态和命令变量的结构；

* pTimes：指针，指向包括所有 bldczc 时间变量的结构；

T_Actual：实际时间变量。

◇ 返回值

PASS (0)。

3. MC1_bldczcTimeoutIntAlg

◇ 说明

该函数由定时器中断调用。它由不同的时间事件来设置需要的操作。通过与 bldczcHndlr 结合使用，它也可作为介于 bldczc 软件模块与 State_Comput、State_Cmt、State_Zcros 和 State_General 数据结构变量之间的命令接口。

◇ 参数

* pStates：指针，指向包括所有 bldczc 状态和命令变量的结构；

* pTimes：指针，指向包括所有 bldczc 时间变量的结构；

T_Actual：实际时间变量。

◇ 返回值

PASS (0)。

4. MC1_bldczcHndlrStop

◇ 说明

该函数通过对命令接口函数 bldczcHndlr()的数据结构进行设置来停止换相操作。

◇ 参数

* pStates：指针，指向包括所有 bldczc 状态和命令变量的结构。

◇ 返回值

PASS (0)。

5. MC1_bldczcComputInit

◇ 说明

该函数为 bldczcComput()算法(即时间间隔计算)初始化数据结构。

◇ 参数

* pStates：指针，指向包括所有 bldczc 状态和命令变量的结构；

* pTimes：指针，指向包括所有 bldczc 时间变量的结构；

T_Actual：实际时间变量；

* pComputInit：指针，指向初始化计算的结构。

◇ 返回值

PASS (0)。

6. MC1_bldczcComput

◇ 说明

该函数计算 BLDC 电机反电势过零点换相控制的时间间隔。

◇ 参数

* pState_Comput：指针，指向计算状态和命令变量的结构；

* pTimes：指针，指向包括所有 bldczc 时间变量的结构；

◇ 返回值

PASS (0)。

7. MC1_bldczcCmtInit

◇ 说明

该函数对 bldczcCmt()算法的数据结构中的 Start_Step_Cmt 和 Direction 初始化。

◇ 参数

* pStateCmt：指针，指向换相状态和命令变量的结构；

Start_Step_Cmt：启动换相过程；

Direction：给定的电机运行方向，即 BLDCZC_ABC 或 BLDCZC_ACB。

◇ 返回值

PASS (0)。

8. MC1_bldczcCmtServ

◇ 说明

该函数对 BLDC 电机的换相进行设置。需要软件在电机换相之前调用。它将改变 Cmd_Cmt 命令，并根据 pState_Cmt－>Cmd_Cmt. B. DIRFlag 更改下一步换相的变量 Step_Cmt_Next。

◇ 参数

* pStateCmt：指针，指向换相状态和命令变量的结构。

◇ 返回值

PASS (0)。

9. MC1_bldczcZCrosInit

◇ 说明

该函数对 BLDC 电机反电势过零检测函数 bldczcZCrosServ()、bldczcZCrosIntAlg()、bldczcZCrosEdgeServ()和 bldczcZCrosEdgeIntAlg()进行数据结构初始化。

◇ 参数

* pState_ZCros：指针，指向过零状态和命令变量结构；

* pStateCmt：指针，指向换相状态和命令变量的结构；

Min_ZCrosOKStart_Ini：成功检测过零点所经过的换相数的最小值，当达到该值时，设置 EndStart_ZCrosServ_CmdFlag 标志；

Max_ZCrosErr_Ini：过零检测错误所经过的换相数的最大值，当达到该值时，设置 MaxZCrosErr_ZCrosServ_CmdFlag 标志。

◇ 返回值

PASS (0)。

10. MC1_bldczcZCrosIntAlg

◇ 说明

该函数用于反电势过零检测。当 bldczcZCrosServ 用于过零检测时，如果连续检测到过零点(许多中断检测到过零点)，则需要利用该函数(bldczcZCrosIntAlg)进行过零点的边沿估计。

◇ 参数

* pState_ZCros：指针，指向过零状态和命令变量结构；

* T_ZCros：指针，指向过零时间变量；

T_ZCSample：过零采样时间；

Sample_ZCInput：过零采样输入(低 3 位：bit2(phase A)、bit1(phase B)和 bit0(phase C)被 Mask_ZCInp 屏蔽)。

◇ 返回值

PASS (0)。

11. MC1_bldczcZCrosEdgeIntAlg

◇ 说明

该函数用于反电势过零检测，仅当过零边沿出现时(过零边沿中断)，MC1_bldczcZCrosEdgeServ 调用该中断函数。

◇ 参数

* pState_ZCros：指针，指向过零状态和命令变量结构；

* T_ZCros：指针，指向过零时间变量；

T_ZCSample：过零采样时间；

U_ZCPhaseX：过零相采样电压。

◇ 返回值

PASS (0)。

12. MC1_bldczcZCrosServ

◇ 说明

该函数用于反电势过零检测。当连续检测到过零点时(出现多个过零检测中断)，MC1_bldczcZCrosServ 须与 bldczcZCrosIntAlg 结合使用，由 bldczcZCrosIntAlg 估计过零边沿。

◇ 参数

* pState_ZCros：指针，指向过零状态和命令变量结构；

* pStateCmt：指针，指向换相状态和命令变量的结构。

◇ 返回值

PASS (0)。

13. MC1_bldczcZCrosEdgeServ

◇ 说明

该函数用于反电势过零检测。仅当过零边沿出现时(过零边沿中断)，MC1_bldczcZCrosEdgeServ 调用中断函数 bldczcZCrosEdgeIntAlg。

◇ 参数

* pState_ZCros：指针，指向过零状态和命令变量结构；

* pStateCmt：指针，指向换相状态和命令变量的结构；

U_ZCPhaseX：过零相采样电压。

◇ 返回值

PASS (0)。

11.2.5　系统 DSP 实现

采用反电势过零点检测的无位置传感器 BLDC 电机控制系统的 DSP 实现框图如图 11-15 所示。其中比较重要的是反电势过零点位置及周期检测模块和换相控制模块。将 11.2.4 小节中介绍的有关嵌入豆连接起来，就很容易实现上述功能。另外，PI 调节器模块与异步电机控制系统中的类似，这里就不再赘述。图 11-16 所示为实际检测得到的反电势与电流波形，用于 BLDC 电机的换相控制。

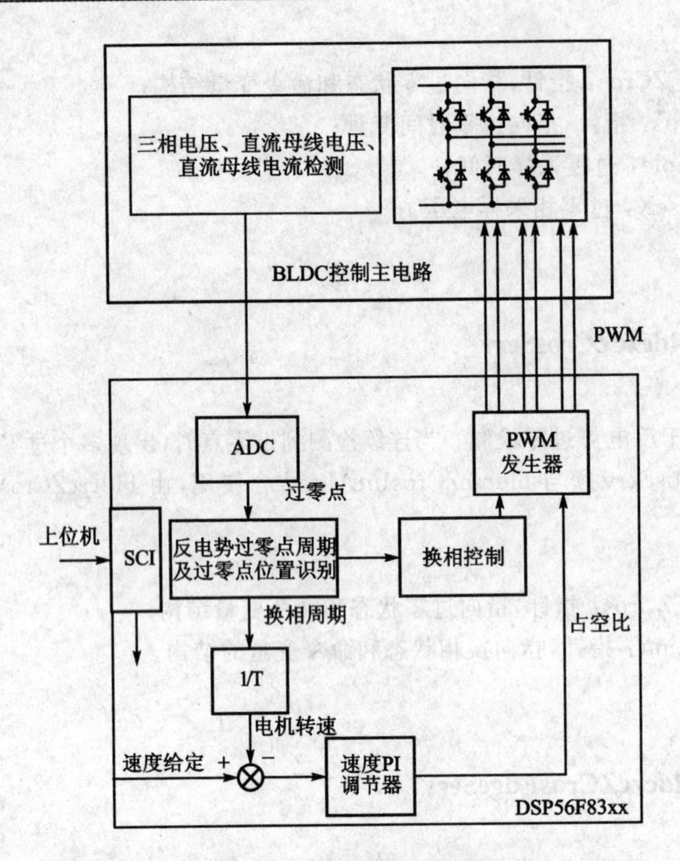

图 11－15　控制系统框图

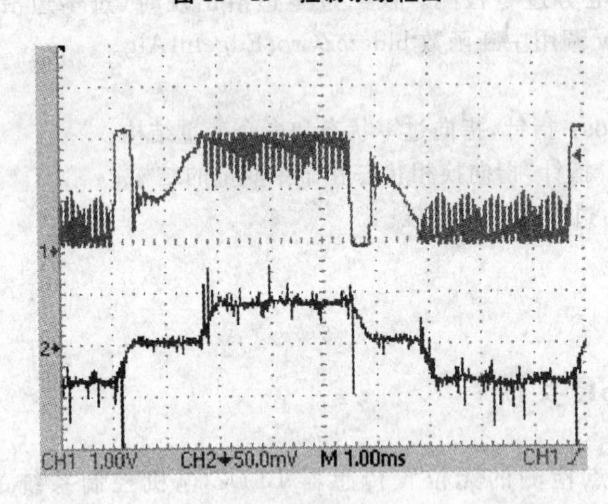

图 11－16　实际检测得到的反电势与电流波形

第 12 章 永磁同步电机的 DSP 控制

永磁同步电机 PMSM(Permenent Magnet Synchronous Motor)是从采用绕线式转子的同步电机发展而来的。它具有体积小,质量轻,效率高,惯性低以及转子无发热等优点。因此,一经出现,便在高性能伺服控制领域得到广泛应用,特别是在工业机器人、数控机床及柔性制造系统等应用领域到处都有 PMSM 的身影。

PMSM 与 BLDC 电机从结构上有些类似,其主要区别在于 BLDC 电机的转子产生的气隙磁场为梯形波,当 BLDC 电机以 120°电角度方波电流供电时,将产生恒定的电磁转矩输出;而 PMSM 中永磁转子所产生的气隙磁场波形为正弦波,当定子通以三相对称的正弦波交流电流时,将产生旋转的磁场,两个磁场相互作用产生恒定的电磁转矩。如果改变定子输入的三相交流电的频率、相位、幅值,就可以改变电机输出转矩,从而对电机的转速和位置进行控制。因此其控制多采用矢量控制,与三相异步电机的矢量控制也有类似之处。

由于 PMSM 转子磁场是由永磁体产生的,因此对转子磁场的检测和定向可以直接通过转子位置传感器来实现。而且除非需要进行弱磁,转子磁链的幅值不需要控制,因此 PMSM 的矢量控制比异步电机的矢量控制更加简单。

12.1 PMSM 电机模型

假设 PMSM 是三相对称的,定转子表面光滑,定子绕组为分布式绕组。其定子电压方程为

$$u_{sA} = R_s i_{sA} + \frac{d}{dt}\psi_{sA} \tag{12-1}$$

$$u_{sB} = R_s i_{sB} + \frac{d}{dt}\psi_{sB} \tag{12-2}$$

$$u_{sC} = R_s i_{sC} + \frac{d}{dt}\psi_{sC} \tag{12-3}$$

式中:u_{sA}、u_{sB}、u_{sC}为瞬时定子相电压;i_{sA}、i_{sB}、i_{sC}为瞬时定子电流;ψ_{sA}、ψ_{sB}、ψ_{sC}为瞬时定子磁链。

由式(12-1)~(12-3),经过 Clark 变换,两相静止坐标系下的 PMSM 模型可以表示为

$$u_{s\alpha} = R_s i_{s\alpha} + \frac{d}{dt}\psi_{s\alpha} \tag{12-4}$$

$$u_{s\beta} = R_s i_{s\beta} + \frac{d}{dt}\psi_{s\beta} \tag{12-5}$$

$$\psi_{s\alpha} = L_s i_{s\alpha} + \psi_R \cos(\theta_r) \tag{12-6}$$

$$\psi_{s\beta} = L_s i_{s\beta} + \psi_R \sin(\theta_r) \tag{12-7}$$

$$T_{em} = \frac{3}{2} p_n (\psi_{s\alpha} i_{s\beta} - \psi_{s\beta} i_{s\alpha}) \tag{12-8}$$

式中：α,β 表示两相静止坐标系；$u_{s\alpha,\beta}$ 为定子电压；$i_{s\alpha,\beta}$ 为定子电流；$\psi_{s\alpha,\beta}$ 为定子磁链；ψ_r 为转子磁链；R_s 为定子相电阻；L_s 为定子相电感；p_n 为极对数；θ_r 为静止坐标系（$\alpha-\beta$）下转子位置。

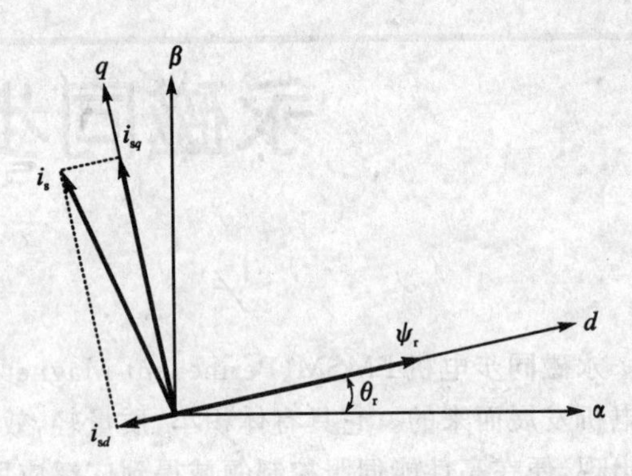

图 12－1　转子磁场定向的同步旋转坐标系

为了实现 PMSM 矢量控制，需要将电机模型从静止坐标系（$\alpha-\beta$ 坐标系）下变换为同步旋转坐标系（$d-q$ 坐标系）下。$d-q$ 坐标系以 $\omega_r = d\theta_r/dt$ 的速度与转子同步，d 轴与转子磁场方向重合，如图 12－1 所示。静止坐标系下的电机变量通过 Park 变换，转换到了同步旋转坐标系。

同步旋转坐标系下的 PMSM 模型可以表示为

$$u_{sd} = R_s i_{sd} + \frac{d}{dt}\psi_{sd} - \omega_r \psi_{sq} \tag{12-9}$$

$$u_{sq} = R_s i_{sq} + \frac{d}{dt}\psi_{sq} - \omega_r \psi_{sd} \tag{12-10}$$

$$\psi_{sd} = L_s i_{sd} + \psi_r \tag{12-11}$$

$$\psi_{sq} = L_s i_{sq} \tag{12-12}$$

$$T_{em} = \frac{3}{2} p_n (\psi_{sd} i_{sq} - \psi_{sq} i_{sd}) \tag{12-13}$$

12.2　PMSM 矢量控制 DSP 实现方法

PMSM 矢量控制与异步电机的矢量控制有许多相似之处，异步电机中的控制方法，甚至部分软件模块都可以借鉴到 PMSM 的控制当中。在 PMSM 矢量控制系统中，采用转子磁场定向的控制策略，用以对磁链、电流和电压的空间矢量进行控制。通过坐标变换分别对直轴（d 轴）和交轴（q 轴）电流进行控制，使得 PMSM 的控制方式如同对他励直流电机的控制。

12.2.1　系统构成

三相逆变器主电路为 PMSM 供电，如图 12－2 所示。DSP 的 PWM 模块提供 6 路 PWM 信号分别控制逆变器的 3 个桥臂。该主电路与异步电机控制的主电路和 BLDC 电机控制的主电路完全相同。

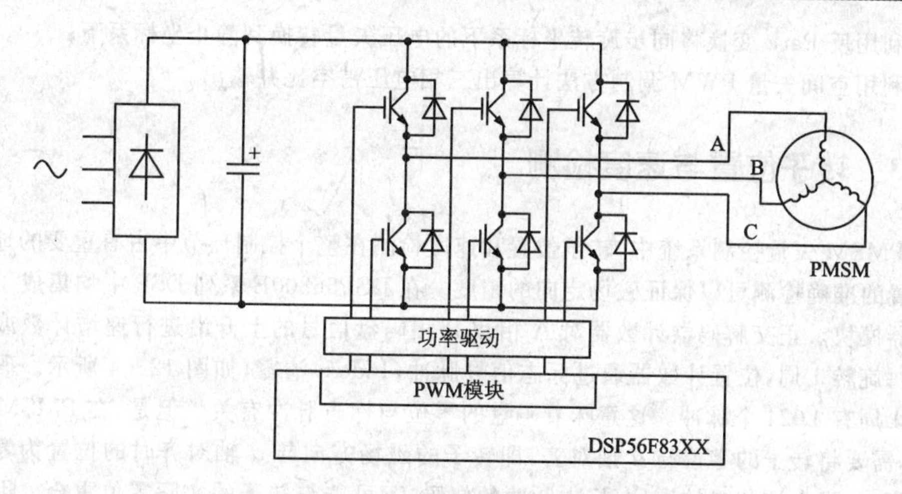

图 12－2　PMSM 电机主电路

12.2.2　软件控制简要说明

图 12－3 所示为 PMSM 矢量控制的基本软件结构。为了完成 PMSM 的矢量控制，必须进行以下工作：

◇ 检测电机的电压、电流等变量；

◇ 将检测得到的三相坐标系下变量利用 Clark 变换转换至两相静止坐标系（$\alpha-\beta$ 坐标系）下；

◇ 检测转子磁链矢量的角度位置；

◇ 利用 Park 变换将静止坐标系（$\alpha-\beta$ 坐标系）下的定子电流转换到同步旋转坐标系（$d-q$ 坐标系）下，并按转子磁场定向；

◇ 对定子电流的磁场分量 i_{sd} 和转矩分量 i_{sq} 分别进行控制；

◇ 计算输出定子电压空间矢量；

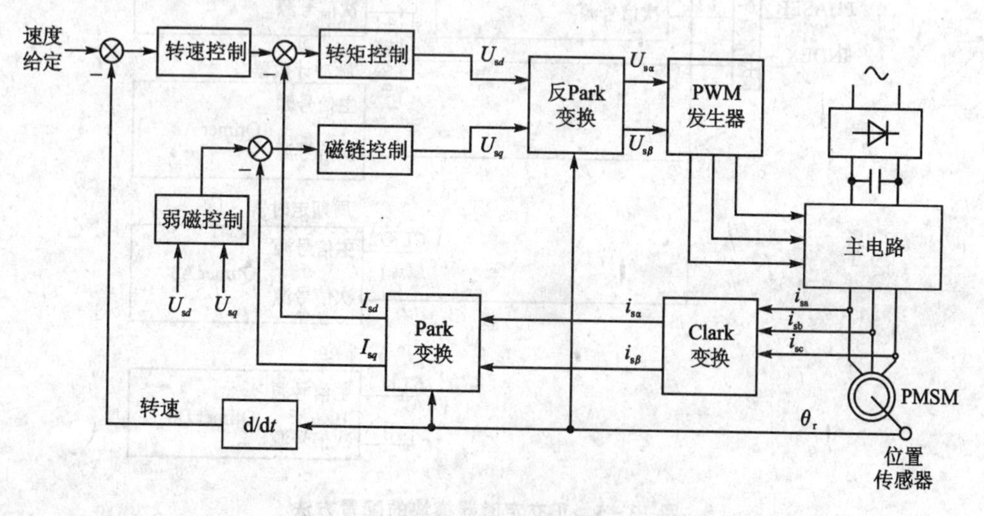

图 12－3　异步电机矢量控制结构框图

◇ 利用反 Park 变换将同步旋转坐标系下的电压矢量转换到静止坐标系下；

◇ 利用空间矢量 PWM 调制方法计算出三相电压占空比并输出。

12.2.3 转子位置与速度检测

在 PMSM 矢量控制系统中，转子位置和速度检测在整个控制环节中占有重要的地位。对转子位置的准确检测可以保证磁场定向的精度。在 DSP56800E 系列 DSP 中均集成了片内正交解码器模块。正交解码器计数器对 A 相和 B 相码盘信号的上升沿进行递增计数或者递减计数。每旋转 1 周，位置计数器通过标志信号脉冲(Index)清零，如图 12-4 所示。码盘的每相信号 1 周有 1024 个脉冲。这意味着码盘的零位与标志脉冲有关。但是，在 PMSM 的矢量控制中，需要将转子的零位与 d 轴对齐，即转子的磁场方向与 d 轴对齐时的位置为零位。在实际应用中，码盘安装时的零位(标志脉冲的位置)不可能与转子的实际零位重合。因此在使用正交解码器模块时，不仅需要检测码盘的位置，还需要检测码盘零位(标志脉冲)与转子零位(磁场方向)的位置差。这样才能够得到转子的实际位置。

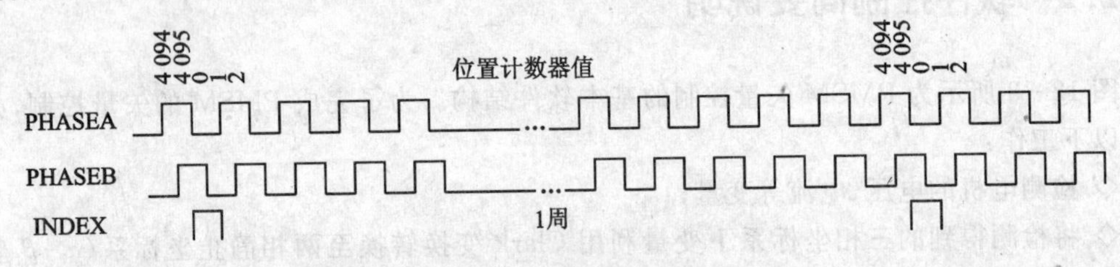

图 12-4 正交解码器信号

另外，利用正交定时器模块(每个正交定时器模块包含有 4 个正交定时器)也可以完成转子位置和速度的检测。用于转子位置和速度检测的定时器组配置如图 12-5 所示。

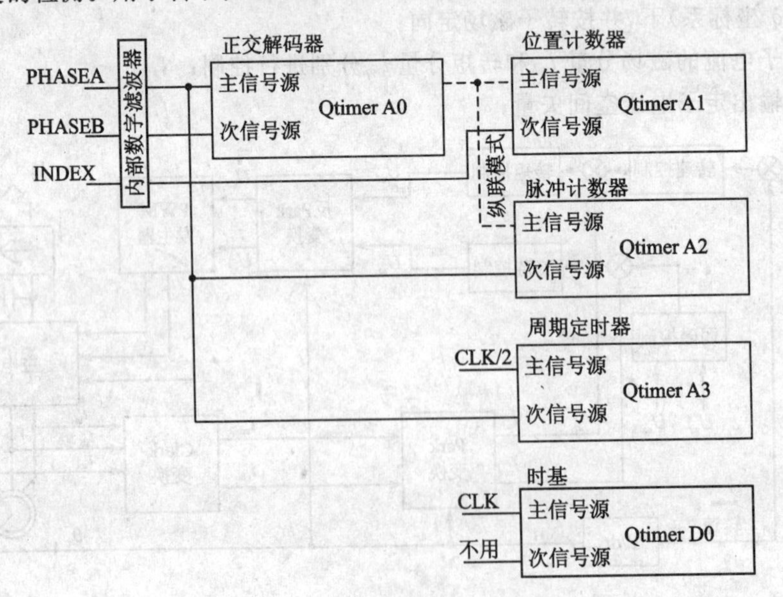

图 12-5 正交定时器模块的配置方法

1. 转子位置检测

转子位置检测和速度检测利用了定时器模块A中的4个正交定时器和1个用于时基的定时器。其中定时器A0和A1用于位置检测,A0仅用于正交解码器。这样,码盘的PHASEA和PHASEB两相信号输入给定时器A0,经过解码以后传递给定时器A1作为主输入信号。INDEX信号作为次输入信号。A0设置为正交计数模式,当计数值降为0时,重新初始化计数器。该定时器仅作为正交信号的解码器。定时器A1与A0级联,即A0的输出作为A1的输入。在这种模式下,递增计数或者递减计数的信息是通过内部传递给定时器A1的,因此A1的次输入端可以用于标志脉冲INDEX的输入。计数器A1设置成当计数到±((4×每转脉冲数)－1)并经过比较之后重新初始化,如图12－4所示。A1中的数值即为转子的位置。

转子位置的标志脉冲INDEX用于避免脉冲信号的丢失,这些脉冲信号丢失的原因主要是因为干扰引起的。一旦发生脉冲丢失,就会导致电机转子检测的误差。如果丢失了一些脉冲,并检测到与正常情况下不同的标志脉冲位置,就可以标出一个位置误差。如果在不希望出现的时刻检测到标志信号,则定时器A1内的数据被删除,计数器A0的值装入A1,并作为A1的位置。定时器的结果经过Q15定标后的表示范围是$[-1,1)$,表示$[-\pi,\pi)$。

2. 转子速度检测

通常检测转速的方法有两种:一种是测周法(T法);另外一种是测频法(M法)。测周法是检测正交解码器两个边沿信号之间的时间;测频法是在固定的一个时间内检测正交信号的脉冲个数,即检测一定时间内的位置差。测周法适用于低速范围的速度检测,而测频法适用于高速范围的速度检测。

为了提高速度检测的适用性和检测精度,可以将两种方法结合起来,就是所谓的M/T法。该方法同时检测一定时间内的码盘的输入脉冲信号个数,以及在该时间内第一个脉冲和最后一个脉冲之间的时间值(即时间基准脉冲的个数,时间基准脉冲频率远远高于码盘脉冲频率)。该方法的速度检测值为

$$\text{速度} = \frac{kN}{T} \tag{12-14}$$

式中:k为速度系数;N为一定周期内的脉冲个数;T为N个脉冲的准确时间。

该方法需要两个定时器分别对输入脉冲和这些脉冲的时间进行计数,第三个定时器作为时基,如图12－5所示。定时器A2对码盘的输入脉冲进行计数,定时器A3对系统时钟经过二分频后的脉冲计数。这两个定时器的值可以由PHASEA信号的上升沿捕获得到,即当PHASEA信号产生上升沿时,读出这两个定时器的值。时基是由定时器D0提供的,它可以提供900 μs的速度处理周期。

首先,新捕获的两个定时器中的值被读出,脉冲个数和准确的时间间隔与前一次值的差将被计算出,然后新的值被保存并用于下一个周期计算,并且捕获寄存器被使能。从这时起,PHASEA信号的第一个边沿捕获两个定时器(A2和A3)的值,同时捕获寄存器被禁止。这个过程在每个速度处理算法调用时不断重复,如图12－6所示。

3. 最小和最大转速计算

利用上面所介绍的转速计算方法,可以得到较为精确的电机转速。但是受到定时器的限

制，当电机超过一定转速时会发生溢出。因此，该算法计算转速存在最小可获得转速和最大可获得转速。最小转速为

$$\omega_{\min} = \frac{60}{4NT_{\text{calc}}} \qquad (12-15)$$

式中：$\omega_{\min}$为最小可获得转速(r/m)；N 为每转脉冲数；T_{calc}为速度检测周期(转速计算周期)(s)。

在实际应用中，假设正交编码器每转 1024 个脉冲，计算周期为 900 μs，则此时由式(12-15)计算得到的最小速度为 16.3 r/m。

最大转速可以表示为

$$\omega_{\max} = \frac{60}{4NT_{\text{clkT2}}} \qquad (12-16)$$

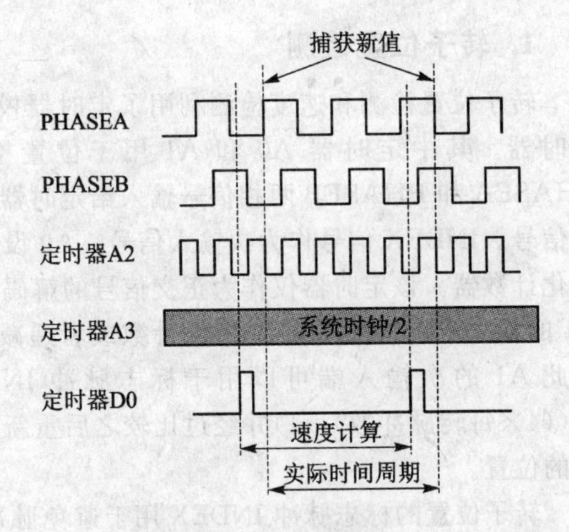

图 12-6　速度处理

式中：$\omega_{\max}$为最大可获得转速(r/m)；N 为每转脉冲数；T_{clkT2}为给定时器 A2 输入的时钟周期(s)。

将 1024 和 1/(36 MHz/2)分别代入式(12-16)(定时器 A2 输入时钟＝系统时钟 36 MHz/2)，得到最大转速为 263672 r/m。可以看出，该算法能够检测的速度范围很宽。由于在实际中电机转速不可能达到如此高的最高转速，因此，可以通过调整速度系数 k(见式(12-14))，使得最高转速达到实际需要值。速度系数为

$$k = \frac{60}{4NT_{\text{clkT2}}\omega_{\max}} \qquad (12-17)$$

式中：k 为速度系数；$\omega_{\max}$为最大可获得转速(r/m)；N 为每转脉冲数；T_{clkT2}为给定时器 A2 输入的时钟周期(s)。

在该例程中，最高可检测转速被限制为 6000 r/m。

12.3　控制系统软件模块说明

图 12-7 所示为 PMSM 矢量控制的基本结构框图。为了实现 PMSM 的矢量控制，必须进行以下工作：

◇ 检测电机参量(电压、电流)；

◇ 利用 Clark 变换将三相坐标系参数转换为两相静止坐标系($\alpha-\beta$ 坐标系)下参数；

◇ 计算转子磁链空间矢量的幅值和位置角度；

◇ 将静止坐标系下的定子电流利用 Park 变换转换为同步旋转坐标系($d-q$ 坐标系)下电流；

◇ 利用调节器分别对同步旋转坐标系下的定子电流的转矩分量(i_{sq})和磁链分量(i_{sd})进行调节；

◇ 输出定子电压空间矢量；

◇ 利用反 Park 变换将同步旋转坐标系下的定子电压空间矢量转换为静止坐标系下的电压空间矢量；

◇ 利用 SVPWM 模块，输出三相电压。

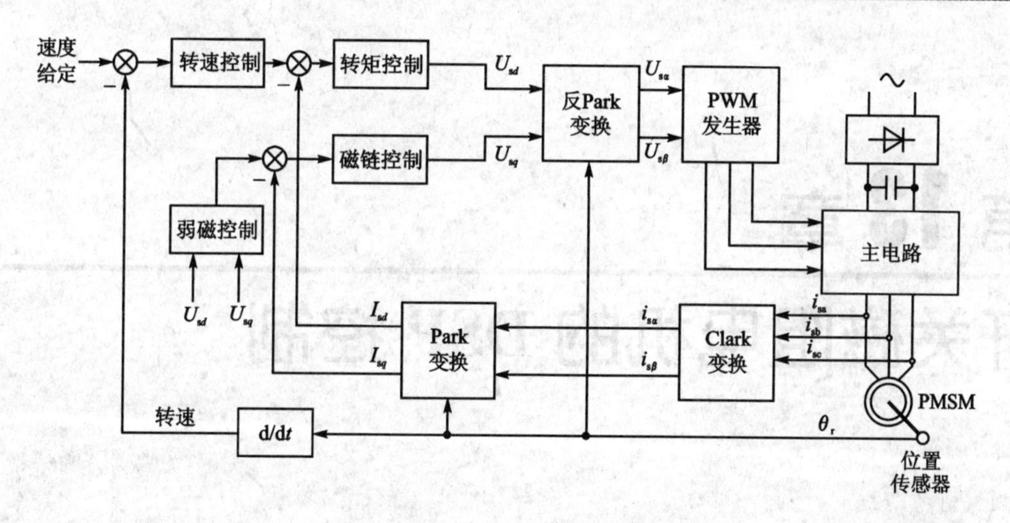

图 12-7　PMSM 矢量控制框图

第 13 章

开关磁阻电机的 DSP 控制

13.1 简　介

开关磁阻电机(Swtched Reluctance Motor,简称 SRM,见图 13－1)是 20 世纪 70 年代发展起来的新型电机系统。开关磁阻电机具有结构简单、坚固,控制性能好,效率高以及成本低等优点,因此,开关磁阻电机系统已经成为交流变频调速、无刷直流电机系统等的有力竞争者。

图 13－1　开关磁阻电机定转子结构

开关磁阻电机具有以下特点:

◇ 结构简单、坚固,可靠性高;
◇ 制造成本低;
◇ 启动转矩大;
◇ 控制灵活,适合四象限运行;
◇ 适合高速运行;
◇ 振动、噪声相对大。

13.2 开关磁阻电机系统组成

开关磁阻电机系统主要由开关磁阻电机、功率变换器、控制器及位置检测器四部分组成,其组成框图如图 13－2 所示。

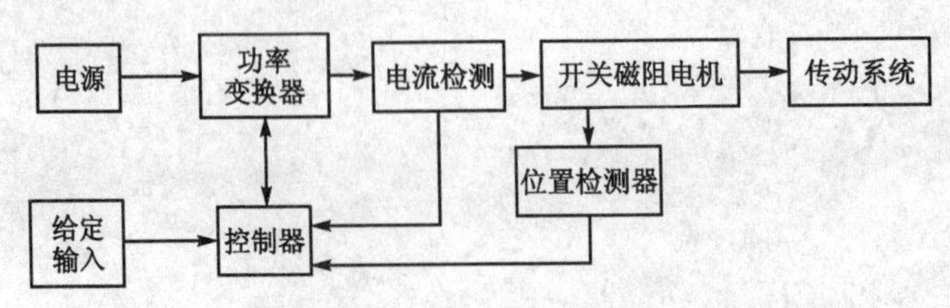

图 13－2　开关磁阻电动机驱动系统框图

图13-3所示为6/4结构开关磁阻电机截面图，定子中相对两齿极上的绕组串接成为一相，共分为3相，每相的通断根据转子的不同位置由图13-4所示主电路中的主开关管控制。当相绕组轴线（即对应的定子齿极轴线）与转子槽轴线重合时，定义为$\theta=0°$，该位置相电感为最小值L_{min}；再定义相绕组轴线与转子齿轴线重合时的位置为θ_m，其相电感具有最大值L_{max}，如图13-5所示。

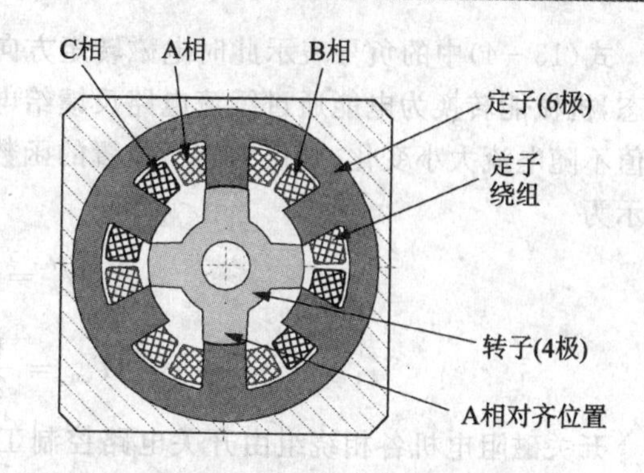

图13-3 6/4结构开关磁阻电机截面图

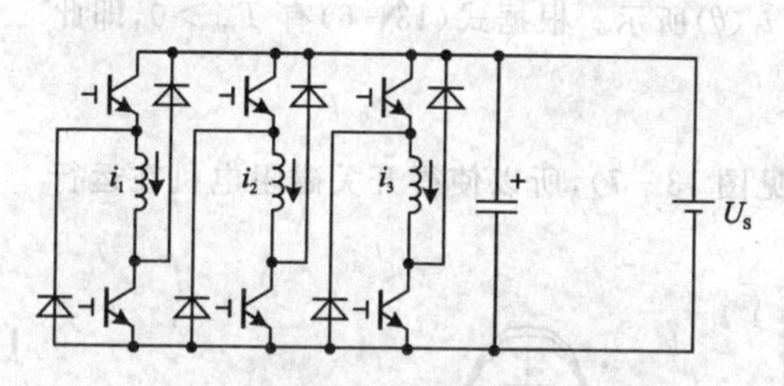

图13-4 不对称半桥结构主电路

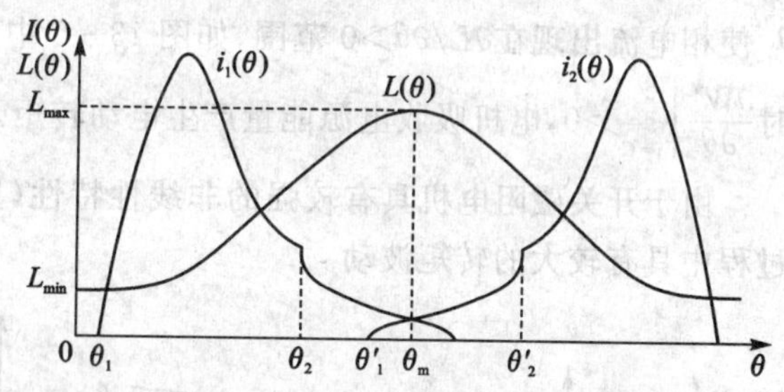

图13-5 相绕组电感曲线

13.3 开关磁阻电机工作原理

如图13-3所示，当A相单独通电时，设相电流为i_A，转子位置为θ，则磁共能（见图13-6）为

$$W' = \int_0^{i_A} \psi \mathrm{d}i \qquad (13-1)$$

式中：$\psi=iL(\theta,i)$。

根据电磁场的基本理论可知，开关磁阻电机的电磁转矩的数学表达式为

$$T_{em} = \frac{\partial W'}{\partial \theta}\bigg|_{i=C} \qquad (13-2)$$

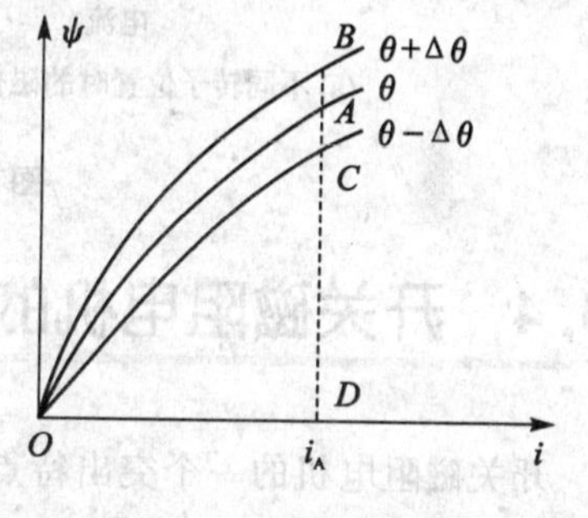

图13-6 磁共能与转子位置变化关系

定义电磁转矩方向与转子运动方向一致时为正，如图13-6所示。电机从当前磁状态出发，当转子有虚位移$+\Delta\theta$时，由式(13-2)可以得到电磁转矩如下：

$$T_{em} = \frac{\partial W'}{\partial \theta}\bigg|_{i=C} = \frac{面积\,ODBO - 面积\,ODAO}{\Delta\theta} = \frac{面积\,OABO}{\Delta\theta} \qquad (13-3)$$

此时电机输出的电磁转矩为正值，即电磁转矩方向与转子运动方向一致，电机工作于电动状态。电机从当前磁状态出发，当转子有虚位移$-\Delta\theta$时，由式(13-2)可以得到电磁转矩如下：

$$T_{em} = \frac{\partial W'}{\partial \theta}\bigg|_{i=C} = \frac{面积\,ODCO - 面积\,ODAO}{\Delta\theta} = -\frac{面积\,OACO}{\Delta\theta} \qquad (13-4)$$

式(13－4)中的负号表示此时电磁转矩方向与转子运动方向相反，即电机工作于再生制动状态，机械能转换为电能通过续流电路反馈给电源。假设开关磁阻电机的电感为线性的，即电感值不随电流大小变化，则仅为转子位置的函数：$\psi(\theta)=L(\theta)i$。磁共能和电磁转矩可以分别表示为

$$W' = \frac{1}{2}Li^2 \tag{13-5}$$

$$T_{em} = \frac{1}{2}i^2 \cdot \frac{\partial L}{\partial \theta} \tag{13-6}$$

开关磁阻电机各相绕组由开关电路控制工作。设主开关在 θ_1 时刻触发开通，θ_2 时刻关断，则在 $\theta_1 \sim \theta_2$ 范围内为电源向绕组供电阶段，$\theta > \theta_2$ 时为续流阶段(见图 13－5)。控制 θ_1 和 θ_2 使相电流出现在$\partial L/\partial \theta > 0$ 范围，如图 13－5 中 $i_1(\theta)$所示。根据式(13－6)有 $T_{em} > 0$，即此时$\left.\frac{\partial W'}{\partial \theta}\right|_{i=C} > 0$，电机吸收电源能量产生电动转矩。

由于开关磁阻电机具有较强的非线性特性(见图 13－7)，所以使得开关磁阻电机在运行过程中具有较大的转矩波动。

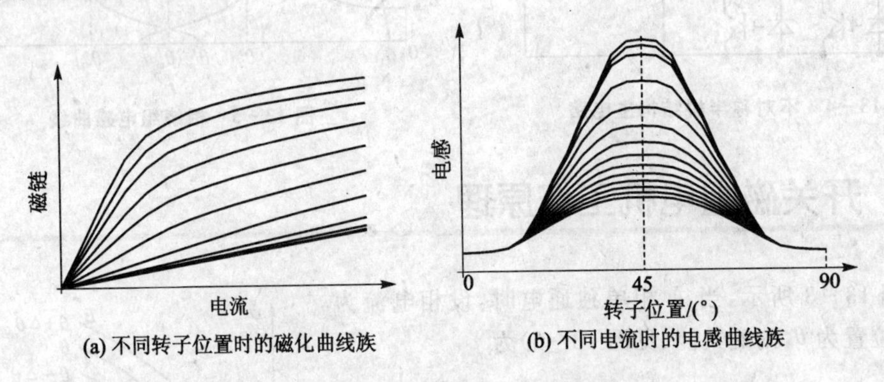

(a) 不同转子位置时的磁化曲线族　　(b) 不同电流时的电感曲线族

图 13－7　开关磁阻电机特性曲线

13.4　开关磁阻电机的控制

开关磁阻电机的一个突出特点就是控制灵活，目前有多种控制方法。其中，比较基本的控制方法有 3 种：电压控制方法，也称为电压斩波控制；电流控制方法，也称为电流斩波控制；角度位置控制方法，即通过改变主开关的开通角和关断角来调节相电流的大小和形状，以达到调控电机转速的目的。早期的开关磁阻电机控制多采用模拟电路进行斩波控制，随着 DSP 技术的发展，对开关磁阻电机的控制更加灵活，新的控制算法也不断涌现。本节将对前两种比较常用的控制方法进行介绍。

13.4.1　电压控制

电压控制方法也称为电压斩波控制，或者电压 PWM 控制。即采用 PWM 控制技术，对直流电压源实施斩波，调节相绕组的供电电压，实现对开关磁阻电机的调速控制，如图 13－8 所

示。在电压控制时，每相的开通角 $\theta_{on}=\theta_1$ 和 $\theta_{off}=\theta_2$ 保持不变，每个速度控制环采样周期中的电压控制占空比保持恒定。电机的换相控制通过检测转子位置来实现。

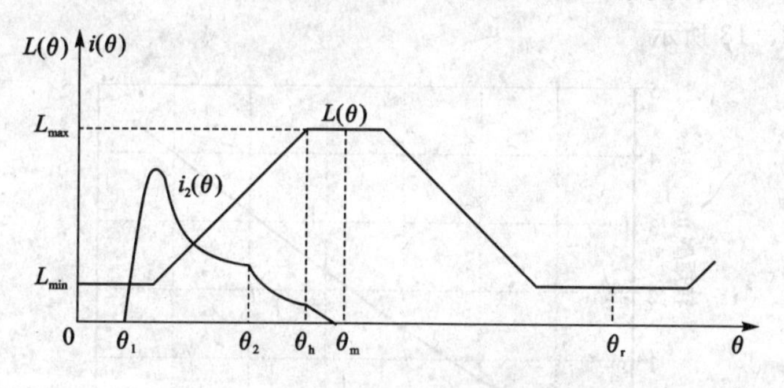

图 13-8　开关磁阻电机电压斩波控制

电机绕组的电压是由速度调节器来控制的，速度调节器对电机反馈的速度和给定转速的误差进行控制，并给出电压控制的占空比。在整个绕组导通过程中，占空比保持不变。其控制框图如图 13-9 所示。电机输出转矩与占空比的关系如图 13-10 所示。从图中可以看出，输出平均转矩大小与占空比近似成平方关系。

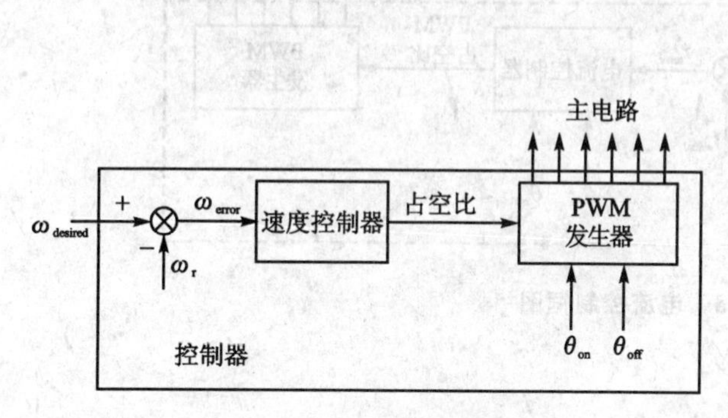

图 13-9　电压控制框图

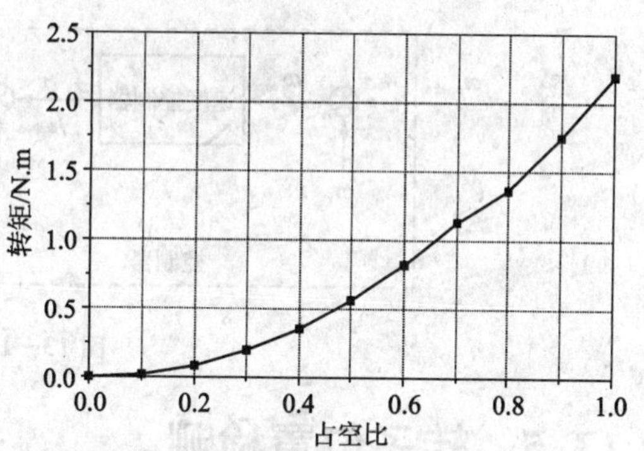

图 13-10　电机输出转矩与 PWM 占空比关系

13.4.2　电流控制

电流斩波控制同样使开通角 $\theta_{on}=\theta_1$ 和 $\theta_{off}=\theta_2$ 保持不变，通过主开关的导通与关断，使相电流保持恒定，并以此来控制电机的转矩。典型的电流斩波方式的电流波形如图 13-11 所示。由于相电感在一个周期内是不断变化的，因此电流的斩波的占空比也需要不断调节。通过调节相电流的大小，就可以调节电机的输出转矩，其关系如图 13-12 所示。从图中可以看出，输出平均转矩大小与相电流幅值近似成线性关系。

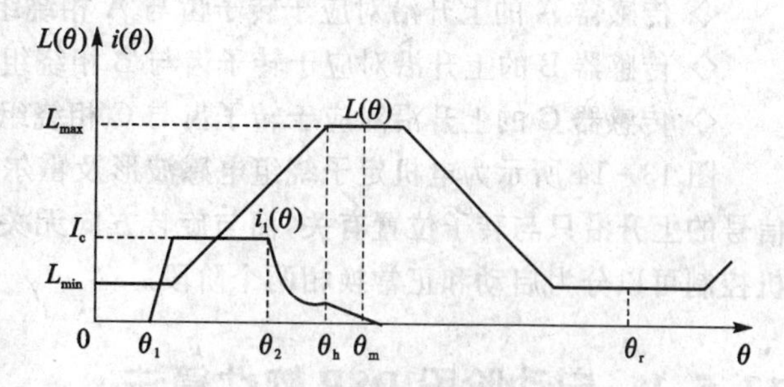

图 13-11　开关磁阻电机电流斩波控制

电流控制与换相控制协调进行，当某相绕组导通（换相）时，将 100%占空比加到该相绕组上，使相电流迅速上升。一旦相电流达到给定值，电流调节器启动，并输出适当的占空比，直到该相关断，如图 13-13 所示。

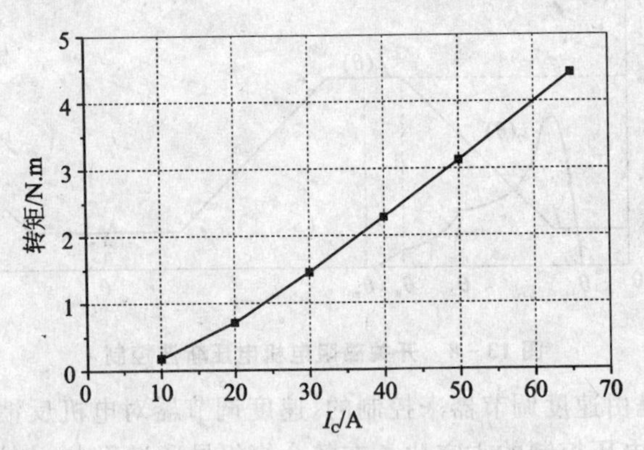

图 13-12 电机输出转矩与相电流幅值关系

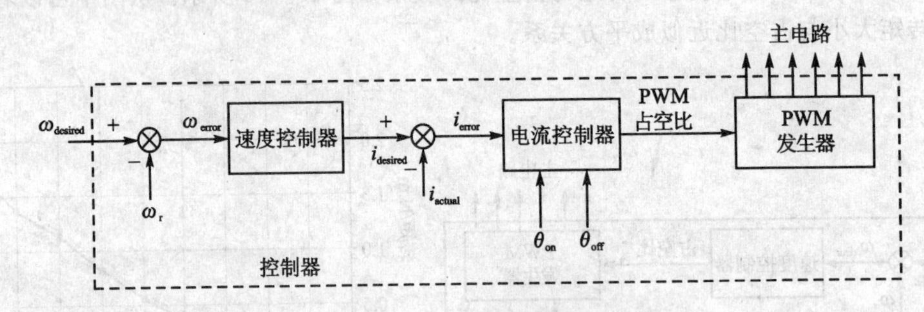

图 13-13 电流控制框图

13.5 转子位置检测

开关磁阻电机的换相控制必须检测转子位置，通常可以用编码器、光耦和霍尔传感器来检测转子位置。本例程中采用霍尔传感器，安装在转子轴上，其输出信号与转子位置的关系如下：

◇ 传感器 A 的上升沿对应于转子齿与 A 相绕组对齐；

◇ 传感器 B 的上升沿对应于转子齿与 B 相绕组对齐；

◇ 传感器 C 的上升沿对应于转子齿与 C 相绕组对齐。

图 13-14 所示为电机定子绕组电感波形及霍尔传感器信号波形。从图中可以看出，霍尔信号的上升沿只与转子位置有关，而与旋转方向无关。利用霍尔位置传感器进行开关磁阻电机控制可以分为启动和正常换相两个阶段。

13.5.1 启动阶段 DSP 软件算法

启动算法针对开关磁阻电机的启动而设计。在启动过程中，首先检测 3 个霍尔位置传感器的状态，然后根据电机的旋转方向来确定导通的相序。启动过程的软件流程如图 13-15 所示。

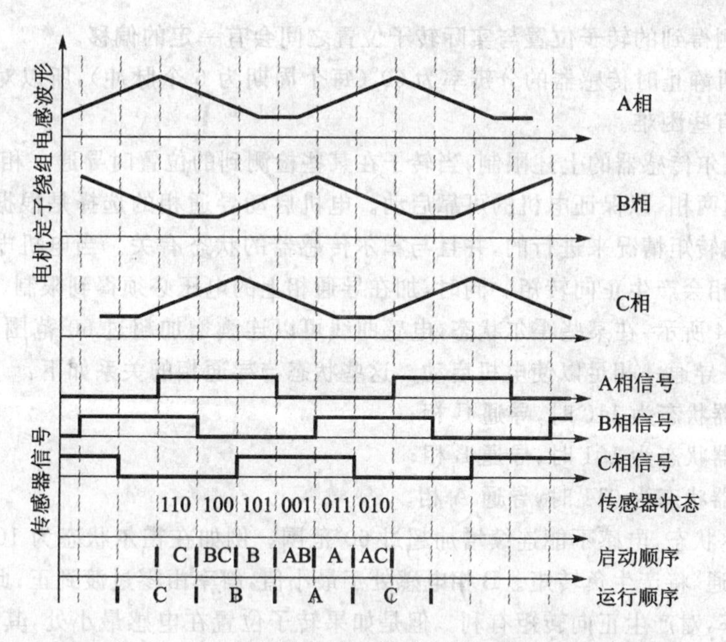

图13-14 电机定子绕组电感波形及霍尔传感器信号波形

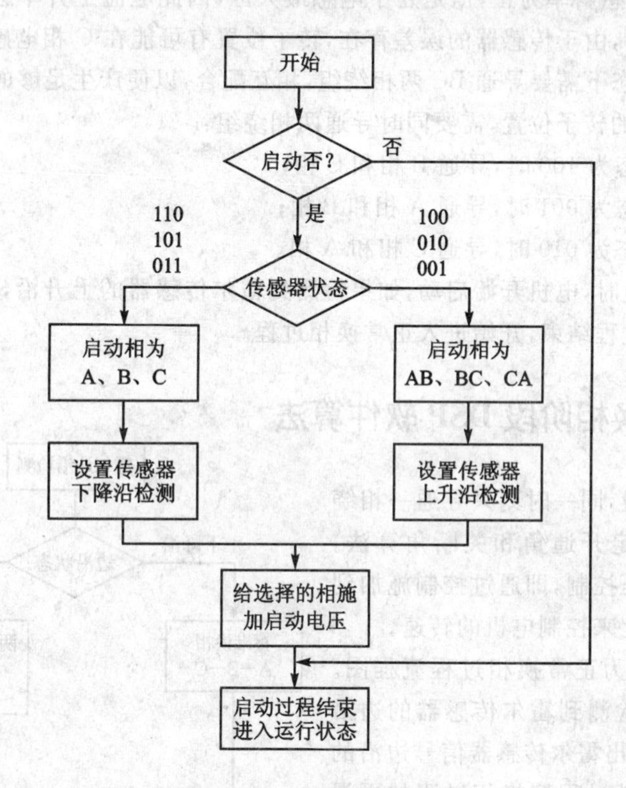

图13-15 启动过程流程图

在启动过程中，定期检测启动命令。当接收到启动命令后，检测当前霍尔传感器的状态，并选择需要导通的相。导通相的选择与转子的实际位置有关，并且会受到以下因素的影响：

◇ 由于机械结构和传感器安装工艺的影响，所以转子位置传感器检测精度是有限的。这使得检测得到的转子位置与实际转子位置之间会有一定的偏移。

◇ 由于电机静止时传感器的分辨率为 60°(每个周期为 6 个脉冲),所以对于初始导通相的选择有些困难。

由于受到霍尔传感器的上述限制,当转子在某些检测到的位置时导通一相,而在其他位置时需要同时导通两相,以保证电机的可靠启动。电机启动导通相的选择是根据不同转子位置各个相所产生的转矩情况来进行的,并且与霍尔传感器的状态有关。当电机电感随转子旋转增加时,导通该相会产生正向转矩。同时,加在导通相上的电压必须得到限制,以防止过流。

如图 13-14 所示,在某些霍尔状态,电感曲线可以连续增加超过 60°范围,因此电机可以产生正向转矩。导通一相足以使电机启动。这些状态与导通相的关系如下:

◇ 当传感器状态为 110 时,导通 C 相;

◇ 当传感器状态为 101 时,导通 B 相;

◇ 当传感器状态为 011 时,导通 A 相。

在其他霍尔状态,电感不能连续增加超过 60°范围。例如在霍尔状态为 100 时,A 相电感斜率为负,若导通,将产生负转矩。B 相电感处于最小值,斜率由零过渡到正,此时导通会有较大的电流上升率,对产生正向转矩有利。但是如果转子位置在电感最小处,其斜率为零,输出转矩也为零。C 相电感斜率为正,但是处于电感最大区,因此电流上升率会较小,无法产生较大的启动转矩。另外,由于传感器的误差存在,转子位置有可能在 C 相电感的下降区,产生负转矩。因此,在此状态下需要导通 BC 两相绕组,相互配合,以便产生足够的启动转矩。

同样,在不确定的转子位置,需要同时导通两相绕组:

◇ 当传感器状态为 100 时,导通 B 相和 C 相;

◇ 当传感器状态为 001 时,导通 A 相和 B 相;

◇ 当传感器状态为 010 时,导通 C 相和 A 相。

当两相绕组导通时,电机开始启动,如果检测到霍尔传感器的上升沿,就可以检测到准确的转子位置。启动过程结束,开始进入正常换相过程。

13.5.2 正常换相阶段 DSP 软件算法

在正常换相阶段,同一时刻只导通一相绕组。其控制采用固定开通角和关断角算法。电机的转速通过电压控制,即通过控制施加到绕组的 PWM 占空比来控制电机的转速。

图 13-16 所示为正常换相过程流程图。该流程的起始点为检测到霍尔传感器的边沿信号。第一步,检测出霍尔传感器信号边沿的极性。这对于从启动过程到换相过程的平滑过渡非常重要。在启动过程中,如果检测到信号的上升沿,则同时导通的两相绕组中的一个被关断,而另外一个仍然保持导通:

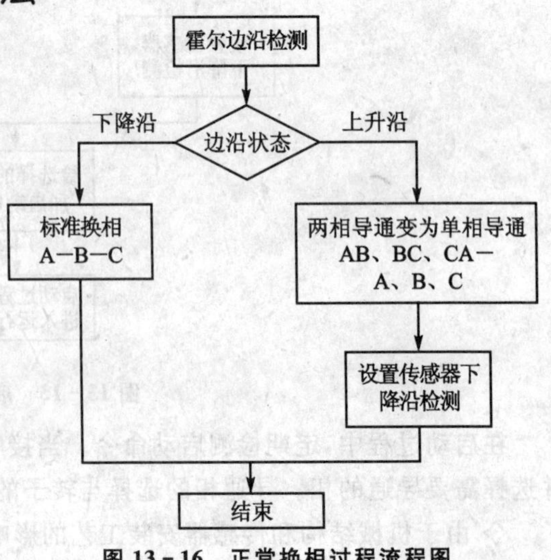

图 13-16 正常换相过程流程图

◇ 当传感器 A 有上升沿时,关断 A 相,

保持C相导通；

◇ 当传感器B有上升沿时，关断B相，保持A相导通；

◇ 当传感器C有上升沿时，关断C相，保持B相导通。

如果检测到霍尔传感器信号的下降沿，就切换到正常换相过程。在正常换相过程中，只检测霍尔传感器的下降沿。开通角和关断角通过霍尔传感器的信号来确定。当霍尔信号下降沿发生时，相应的相绕组被关断，另外一个适当的相绕组被导通。正向旋转时，换相顺序为C－B－A－C。

◇ 当传感器A有下降沿时，关断A相，导通C相；

◇ 当传感器B有下降沿时，关断B相，导通A相；

◇ 当传感器C有下降沿时，关断C相，导通B相。

13.6　基于DSP的开关磁阻电机控制

图13－17所示为开关磁阻电机控制的基本结构框图。为了实现开关磁阻电机的控制，必须进行以下工作：

◇ 检测电机参量(电压、电流)；

◇ 检测转子位置信号；

◇ 计算电机转速；

◇ 计算开通关断角度，并选择导通相绕组；

◇ 利用调节器对转速进行调节，并计算出导通相占空比；

◇ 利用PWM模块输出相电压。

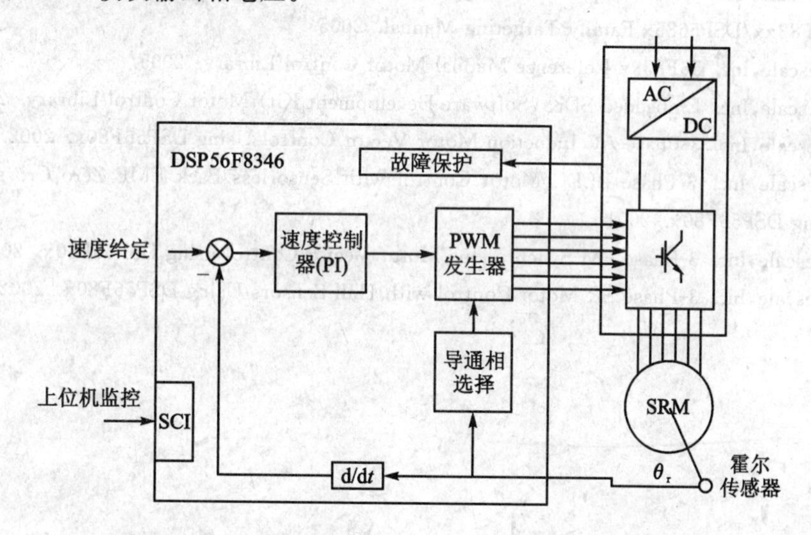

图13－17　开关磁阻电机控制

参考文献

[1] 陈伯时，陈敏逊. 交流调速系统[M]. 北京：机械工业出版社，1998.

[2] 李永东. 交流电机数字控制系统[M]. 北京：机械工业出版社，2002.

[3] A. E. Fitzgerald. 电机学[M]. 刘新正，等，译. 北京：机械工业出版社，2004.

[4] B. K. Bos. 现代电力电子学与交流传动[M]. 王聪，等，译. 北京：机械工业出版社，2005.

[5] 谢宝昌，任永德. 电机的DSP控制技术及其应用[M]. 北京：北京航空航天大学出版社，2005.

[6] 王晓明，王玲. 电动机的DSP控制——TI公司DSP应用[M]. 北京：北京航空航天大学出版社，2004.

[7] 詹琼华. 开关磁阻电动机[M]. 武汉：华中理工大学出版社，1992.

[8] 刘迪吉. 开关磁阻调速电动机[M]. 北京：机械工业出版社，1994.

[9] 陈昊. 开关磁阻调速电动机的原理、设计、应用[M]. 徐州：中国矿业大学出版社，2000.

[10] 张琛. 直流无刷电动机原理及应用[M]. 北京：机械工业出版社，1996.

[11] Freescale, Inc. DSP56800E 16-Bit Digital Signal Processor Core Reference Manual. 2001.

[12] Freescale, Inc. 56F8300 Peripheral User Manual. 2004.

[13] Freescale, Inc. CodeWarrior™ Development Studio for Freescale™ 56800/E Hybrid Controllers: C56F83xx/DSP5685x Family Targeting Manual. 2005.

[14] Freescale, Inc. 56F83xx Reference Manual Motor Control Library. 2005.

[15] Freescale, Inc. Embedded SDK (Software Development Kit) Motor Control Library. 2002.

[16] Freescale, Inc. 3-Phase AC Induction Motor Vector Control Using DSP56F80x. 2002.

[17] Freescale, Inc. 3-Phase BLDC Motor Control with Sensorless Back EMF Zero Crossing Detection Using DSP56F80x. 2001.

[18] Freescale, Inc. 3-Phase PM Synchronous Motor Vector Control using DSP56F80x. 2002.

[19] Freescale, Inc. 3-Phase SR Motor Control with Hall Sensors Using DSP56F80x. 2002.